T0225248

Differentialgleichungen für Einsteiger

Thorsten Imkamp · Sabrina Proß

Differentialgleichungen für Einsteiger

Grundlagen und Anwendungen mit
vielen Übungen, Lösungen und Videos

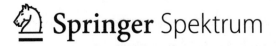 Springer Spektrum

Thorsten Imkamp
Bielefeld, Deutschland

Sabrina Proß
Ingenieurwissenschaften und Mathematik
Fachhochschule Bielefeld
Gütersloh, Deutschland

ISBN 978-3-662-59830-6   ISBN 978-3-662-59831-3   (eBook)
https://doi.org/10.1007/978-3-662-59831-3

Die Deutsche Nationalbibliothek verzeichnet diese Publikation in der Deutschen Nationalbibliografie;
detaillierte bibliografische Daten sind im Internet über http://dnb.d-nb.de abrufbar.

Springer Spektrum
© Springer-Verlag GmbH Deutschland, ein Teil von Springer Nature 2019

Planung/Lektorat: Annika Denkert

Springer Spektrum ist ein Imprint der eingetragenen Gesellschaft Springer-Verlag GmbH, DE und ist
ein Teil von Springer Nature.
Die Anschrift der Gesellschaft ist: Heidelberger Platz 3, 14197 Berlin, Germany

Inhaltsverzeichnis

Vorwort

Dieses Buch ist aus der Idee heraus entstanden, interessierten Leserinnen und Lesern einen ersten Einblick zu verschaffen in ein sehr wichtiges und faszinierendes Gebiet der Analysis, nämlich die gewöhnlichen und partiellen Differentialgleichungen. Damit wendet sich das Buch an Sie als Anfänger jeder Schattierung, also z. B. an Oberstufenschüler, die oft im Physik-Leistungskurs mit einfachen Differentialgleichungen konfrontiert werden, oder an Studierende des ersten oder zweiten Semesters, die im Rahmen eines natur-, ingenieur- oder wirtschaftswissenschaftlichen Studiums während der Grundvorlesungen an einer Fachhochschule oder Universität den ersten Kontakt mit diesem Gleichungstyp haben. Dabei hat man sich gerade an der Universität hohen Hürden zu stellen, wenn man etwa in den Vorlesungen „Analysis 2" oder „Differentialgleichungen 1" zunächst mit Existenz- und Eindeutigkeitssätzen samt ihren Beweisen konfrontiert wird.

Das vorliegende Werk soll Ihnen allen dabei helfen, ohne diese Hürden die wesentlichen Verfahren im Umgang mit Differentialgleichungen im Kontext naturwissenschaftlicher oder technischer Anwendungen zu erlernen und zu verstehen. Dabei soll es um ein grundlegendes Verständnis gehen, das zunächst aufgebaut wird, um Ihnen ein Gefühl von der breiten Anwendbarkeit von Differentialgleichungen in den unterschiedlichsten Disziplinen zu geben.

Die Anwendung von Differentialgleichungen soll dabei stets im Vordergrund stehen. Dazu werden wir uns auch mit der Lösungstheorie beschäftigen, die Ihnen in jedem Kapitel zunächst vermittelt wird. Wir werden aber nicht zu tief in formale Details eindringen, denn es geht uns um ein grundlegendes Verständnis der mathematischen Zusammenhänge. An innermathematischen Beispielen werden wir die Lösungsverfahren zunächst vorführen und anschließend zahlreiche Anwendungen für die unterschiedlichen Typen von Differentialgleichungen präsentieren, um ihre Bedeutung für die Modellierung naturwissenschaftlicher und technischer Phänomene zu verdeutlichen.

Die vielen Beispiele sollen Sie dabei unterstützen, sich die unterschiedlichen Lösungsverfahren in permanenter Übung anzueignen. Vollziehen Sie dabei am besten

die durchgeführten Rechnungen selbst nach und gehen ausgelassene Schritte ei-
genständig durch. Sie werden dabei leicht erkennen, dass sich die mathematischen
Verfahren in den unterschiedlichsten Kontexten wiederholen.

Als Vorkenntnisse benötigen Sie dafür nur die Grundlagen der Analysis, die Ihnen
in der gymnasialen Oberstufe vermittelt und in Kap. 0 zusammengefasst werden.
Ausführlich werden diese Inhalte in unserem Lehrbuch „Brückenkurs Mathematik
für den Studieneinstieg" mit einigen Vertiefungen und Ergänzungen dargestellt. Alles darüber Hinausgehende wird Ihnen an der entsprechenden Stelle vermittelt.

Zunächst beschäftigen wir uns mit gewöhnlichen Differentialgleichungen erster und
zweiter Ordnung sowie Systemen von Differentialgleichungen. In Kap. 5 erhalten
Sie eine Einführung in partielle Differentialgleichungen und in Kap. 6 geben wir
einen Einblick in die Welt der numerischen Mathematik, d. h. wie man Differentialgleichungen mithilfe von Algorithmen löst. Ein Kapitel über mathematische Modellierung, in dem Sie die Modellierungssprache Modelica kennenlernen, rundet den
gesamten Lernprozess ab.

Für die nicht immer einfachen Berechnungen und Integrationen stehen
heutzutage glücklicherweise verschiedene digitale Hilfsmittel zur Verfügung. Mathematische Softwaretools wie Mathematica, Maple oder
MATLAB sind nützliche und unverzichtbare Werkzeuge bei extensiven Berechnungen geworden. Des Weiteren werden in verschiedenen Bundesländern für diese Berechnungen auch grafikfähige Taschenrechner mit Computeralgebrasystem im Mathematikunterricht der gymnasialen Oberstufe eingesetzt. Um Ihnen Möglichkeiten
der Verwendung dieser digitalen Assistenten aufzuzeigen, führen wir die Grundfunktionen ausgewählter Systeme in Bezug auf unsere Thematik jeweils an den entsprechenden Stellen ein. Da es unmöglich ist, eine Einführung in alle Systeme zu
geben, müssen wir hier eine Auswahl treffen. Wir haben uns für die in Industrie und
Hochschule weit verbreiteten Tools Mathematica und MATLAB entschieden. Der
Code ist jeweils im Text farblich unterlegt: blau für MATLAB-Code und grün für
Mathematica-Code. Alle Programme, die in diesem Buch verwendet werden, stehen
auch als Download auf der Springer-Seite zum Buch bereit.

Falls Sie noch keine Kenntnisse im Umgang mit diesen beiden Softwaretools haben,
erhalten Sie in Kap. 8 eine kurze Einführung, die Sie vor Kap. 2 durcharbeiten sollten. Da wir den Code häufig für beide Tools angeben, reicht es aus, wenn Sie sich
mit einem der beiden Tools auseinandersetzen. Eine Ausnahme bildet Kap. 6 zur numerischen Lösung von Differentialgleichungen. Hier wird der Code ausschließlich
für MATLAB angegeben.

Sie finden am Ende eines jeden Kapitels zahlreiche Übungsaufgaben zur Überprüfung und Festigung Ihrer Kenntnisse. Sie können die vorgestellten Inhalte sowohl
an reinen Rechenaufgaben als auch an anwendungsorientierten Aufgaben üben. Zudem gibt es umfangreichere Projektaufgaben, die unter Einsatz von MATLAB oder
Mathematica zu bearbeiten sind.

Zu allen Aufgaben erhalten Sie Lösungen. Lösungen, deren Aufgaben mit dem Symbol Ⓥ gekennzeichnet sind, werden jeweils in einem Video, das über unseren YouTube-Kanal „Differentialgleichungen für Einsteiger" abrufbar ist, vorgestellt. Über den QR-Code neben der Aufgabe gelangen Sie direkt zum entsprechenden Video. Der Kanal wird ständig weiterentwickelt und weitere Lösungsvideos hochgeladen. Zudem gibt es Aufgaben, deren vollständig durchgerechnete Lösungen Sie im Anhang dieses Buches finden. Diese sind mit dem Symbol Ⓑ markiert. Zu allen anderen Aufgaben finden Sie das Ergebnis mit einigen Lösungshinweisen ebenfalls im Anhang.

Wir bedanken uns bei Dr. Annika Denkert und Dr. Meike Barth vom Springer-Verlag für die angenehme und konstruktive Zusammenarbeit. Ebenso danken wir Stefanie Schwarz für die Unterstützung bei der Übernahme der Aufzeichnungen in LaTeX.

Es bleibt uns noch, Ihnen viel Spaß und Erfolg beim Lernen eines hochinteressanten Fachgebietes zu wünschen.

Bielefeld,
im Juni 2019

Thorsten Imkamp
Sabrina Proß

Kapitel 0

Wiederholung: Differential- und Integralrechnung

Dieses Kapitel richtet sich an alle, die noch einmal einige Regeln, Definitionen, Fertigkeiten oder Kenntnisse aus der Oberstufe wiederholen möchten. Hierbei geht es um die Differential- und Integralrechnung als wesentliche Bestandteile der Analysis, die wir in den weiteren Kapiteln voraussetzen. Wir werden an dieser Stelle alles Wesentliche kurz zusammenfassen und auf Beweise verzichten, jedoch an einigen Beispielen die Verfahren noch einmal veranschaulichen. Eine ausführliche Einführung zu diesen Themen mit zahlreichen Beispielen und Übungsaufgaben samt kompletten Lösungswegen finden Sie in unserem Buch „Brückenkurs Mathematik für den Studieneinstieg – Grundlagen, Beispiele, Übungsaufgaben". Sie können dieses Kapitel auch zunächst überspringen und bei Bedarf später einen Blick hineinwerfen. Sie finden an allen Stellen im Text, wo dieses Vorwissen benötigt wird, einen Verweis auf dieses Wiederholungskapitel.

Für die Berechnung der Ableitung einer Funktion haben Sie einige Regeln kennengelernt, die wir in dem folgenden Satz zusammenfassen.

Satz 0.1. *(Ableitungsregeln)* Seien g und h im Punkt x_0 differenzierbare Funktionen. Dann ist auch die Funktion f in allen folgenden Fällen im Punkt x_0 differenzierbar, und es gilt:

(1) Faktorregel: $f(x) = c \cdot g(x) \Rightarrow f'(x_0) = c \cdot g'(x_0)$

(2) Summen- und Differenzregel: $f(x) = g(x) \pm h(x) \Rightarrow f'(x_0) = g'(x_0) \pm h'(x_0)$

(3) Produktregel: $f(x) = g(x) \cdot h(x) \Rightarrow f'(x_0) = g'(x_0) \cdot h(x_0) + h'(x_0) \cdot g(x_0)$

(4) Quotientenregel: $f(x) = \frac{g(x)}{h(x)}$ und $h(x_0) \neq 0 \Rightarrow f'(x_0) = \frac{g'(x_0) \cdot h(x_0) - h'(x_0) \cdot g(x_0)}{h(x_0)^2}$

(5) Kettenregel: $f(x) = h(g(x)) \Rightarrow f'(x_0) = h'(g(x_0)) \cdot g'(x_0)$

(6) Allgemeine Potenzregel: $f(x) = x^r \Rightarrow f'(x_0) = r \cdot x_0^{r-1}$ mit $r \in \mathbb{R}$ $\lhd$

Bemerkung. Aus der Kettenregel folgt die Ableitung für den natürlichen Logarithmus einer Funktion g:

© Springer-Verlag GmbH Deutschland, ein Teil von Springer Nature 2019
T. Imkamp und S. Proß, *Differentialgleichungen für Einsteiger*,
https://doi.org/10.1007/978-3-662-59831-3_1

$$f(x) = \ln(g(x)) \quad \Rightarrow \quad f'(x_0) = \frac{g'(x_0)}{g(x_0)}.$$

◁

Der Zusammenhang zwischen Differentiation und Integration wird im Hauptsatz der Differential- und Integralrechnung formuliert.

Satz 0.2. (*Hauptsatz der Differential- und Integralrechnung*) Sei $f : I \to \mathbb{R}$ stetig und $a \in I$. Für $x \in I$ definieren wir $F(x) := \int_a^x f(t)dt$. Dann ist $F : I \to \mathbb{R}$ differenzierbar, und es gilt $F' = f$.

◁

Etwas vereinfacht ausgedrückt: Das Integrieren ist die Umkehrung des Differenzierens. Wir wollen einige Integrationsverfahren betrachten, die beim Lösen von DGLs immer wieder angewendet werden müssen.

Das erste wichtige Verfahren ist die Integration durch *Substitution*. Hier wird die Kettenregel der Differentialrechnung in die Integralrechnung übertragen (siehe Satz 0.1). Wir formulieren dieses Verfahren als Satz.

Satz 0.3. Sei $f : I \to \mathbb{R}$ eine stetige Funktion und $\varphi : [a;b] \to \mathbb{R}$ eine stetig differenzierbare Funktion, sodass $\varphi([a;b]) \subset I$. Dann gilt:

$$\int_a^b f(\varphi(x))\varphi'(x)dx = \int_{\varphi(a)}^{\varphi(b)} f(z)dz.$$

◁

Beispiel 0.1.

$$\int_0^1 xe^{x^2} dx = \frac{1}{2} \int_0^1 \underbrace{2x}_{\varphi'(x)} \underbrace{e^{x^2}}_{f(\varphi(x))} dx$$

$$= \frac{1}{2} \int_{\varphi(a)}^{\varphi(b)} e^z dz = \frac{1}{2} \int_0^1 e^z dz$$

$$= \frac{1}{2} e^z \Big|_0^1 = \frac{1}{2}(e-1)$$

$\varphi(x) = x^2 \Rightarrow \varphi'(x) = 2x$
$f(z) = e^z$
$a = 0, \ b = 1$
$\varphi(a) = 0, \ \varphi(b) = 1$

◀

Beispiel 0.2.

$$\int_0^{\frac{\pi}{2}} \cos x \, e^{\sin x} dx = \int_0^1 e^z dz$$

$$= e^z \Big|_0^1 = e-1$$

$\varphi(x) = \sin x \Rightarrow \varphi'(x) = \cos(x)$
$f(z) = e^z$
$a = 0, \ b = \dfrac{\pi}{2}$
$\varphi(a) = 0, \ \varphi(b) = 1$

◀

Ein Spezialfall dieser Art der Substitution ist die sogenannte *logarithmische Integration*:

$$\int \frac{f'(x)}{f(x)}dx = \int \frac{dz}{z} = \int \frac{1}{z}dz$$

$$= \ln|z| + C = \ln|f(x)| + C$$

$$\boxed{\begin{array}{l} z = f(x) \\ \dfrac{dz}{dx} = f'(x) \Leftrightarrow dz = f'(x)dx \end{array}}$$

Die Betragsstriche beim Logarithmus sind notwendig, um den Fall $z < 0$ mit einzuschließen. Für $z = f(x) > 0$ ist

$$(\ln f(x))' = f'(x) \cdot \frac{1}{f(x)} = \frac{f'(x)}{f(x)}.$$

Im Fall $z = f(x) < 0$ ist

$$(\ln(-f(x)))' = -f'(x) \cdot \frac{1}{-f(x)} = \frac{f'(x)}{f(x)}.$$

Die beiden Gleichungen zusammen zeigen, dass die Funktion $x \mapsto \ln|f(x)|$ eine Stammfunktion der Funktion $x \mapsto \frac{f'(x)}{f(x)}$ ist.

Man kann sich mithilfe der Formel für die logarithmische Integration durch genaues Hinsehen eine umständliche Rechnung ersparen, wie das folgende Beispiel zeigt.

Beispiel 0.3. Wir wollen das unbestimmte Integral

$$\int \frac{x}{2x^2 + 7}dx$$

berechnen. Wie Sie unschwer erkennen, ist das Zählerpolynom bis auf den Faktor 4 gleich der Ableitung des Nennerpolynoms. Somit können wir das Integral mithilfe der Formel für die logarithmische Integration einfach berechnen, indem wir geeignet erweitern:

$$\int \frac{x}{2x^2 + 7}dx = \frac{1}{4}\int \frac{4x}{2x^2 + 7}dx = \frac{1}{4}\ln(2x^2 + 7) + C$$

mit einer beliebigen Konstante $C \in \mathbb{R}$. Die Betragsstriche beim Logarithmus können hier entfallen, da $2x^2 + 7 > 0$ gilt für alle reellen Zahlen x. ◄

Eine wichtige Methode zur Berechnung von Integralen rationaler Funktionen ist die sogenannte *Partialbruchzerlegung*.

Verfahren zur Integration rationaler Funktionen

1. Schritt: Sei $f(x) = \frac{p(x)}{q(x)}$ mit Polynomen $p(x)$ und $q(x)$. Wir überprüfen zunächst $\mathrm{grad}\,p(x)$ und $\mathrm{grad}\,q(x)$. Gilt $\mathrm{grad}\,p(x) \geq \mathrm{grad}\,q(x)$, so führen wir eine Polynomdivision durch, sodass $\frac{p(x)}{q(x)} = g(x) + \frac{r(x)}{q(x)}$ mit Polynomen $g(x), r(x)$ und $q(x)$ und $\mathrm{grad}\,r(x) < \mathrm{grad}\,q(x)$.

2. Schritt: Wir zerlegen das Nennerpolynom $q(x)$ in Linearfaktoren.

3. Schritt: Wir schreiben $\frac{r(x)}{q(x)}$ als Summe von Partialbrüchen. Dabei gibt es im Fall mehrfacher Nullstellen des Nennerpolynoms zu jedem zugehörigen Faktor $(x-a)^n$ mit $n \in \mathbb{N}$ in dieser Darstellung eine Summe $\sum_{i=1}^{n} \frac{A_i}{(x-a)^i}$ mit $A_i \in \mathbb{R} \, \forall \, i \in \{1,2,3,\dots,n\}$.

4. Schritt: Wir berechnen das Integral mittels bekannter Methoden.

Beispiel 0.4. Gesucht ist

$$\int \frac{-2x+3}{(x-1)(x-2)^2} dx.$$

Wir wenden das eben gelernte Verfahren an. Wir müssen jedoch berücksichtigen, dass 2 eine doppelte Nullstelle des Nennerpolynoms ist. Wir zerlegen daher folgendermaßen:

$$\frac{-2x+3}{(x-1)(x-2)^2} = \frac{A}{x-1} + \frac{B}{x-2} + \frac{C}{(x-2)^2}$$

und berechnen A, B und C:

$$-2x+3 = A(x-2)^2 + B(x-1)(x-2) + C(x-1)$$
$$-2x+3 = A(x^2-4x+4) + B(x^2-3x+2) + C(x-1)$$
$$-2x+3 = Ax^2 - 4Ax + 4A + Bx^2 - 3Bx + 2B + Cx - C$$
$$-2x+3 = (A+B)x^2 + (-4A-3B+C)x + 4A + 2B - C.$$

Es ergibt sich das Gleichungssystem

$$A+B = 0$$
$$-4A-3B+C = -2$$
$$4A+2B-C = 3$$

mit der Lösung

$$A = 1, \quad B = -1, \quad C = -1.$$

Also folgt:

$$\int \frac{-2x+3}{(x-1)(x-2)^2} dx$$
$$= \int \frac{1}{x-1} dx - \int \frac{1}{x-2} dx - \int \frac{1}{(x-2)^2} dx$$
$$= \ln|x-1| - \ln|x-2| + \frac{1}{x-2} + C$$
$$= \ln\left|\frac{x-1}{x-2}\right| + \frac{1}{x-2} + C.$$

Hier wurde das dritte Integral mithilfe der Substitution $z = x - 2$ gelöst: Mit $\frac{dz}{dx} = 1$ ergibt sich

$$\int \frac{1}{z^2} dz = \int z^{-2} dz = -z^{-1} + C = -\frac{1}{x-2} + C$$

mit $C \in \mathbb{R}$. Die Logarithmen können mithilfe der Logarithmengesetze zusammengefasst werden. ◄

Um die Methode der Partialbruchzerlegung anwenden zu können, muss das Nennerpolynom einen höheren Grad haben als das Zählerpolynom. Um den Grad des Zählerpolynoms zu reduzieren, bis er kleiner ist als der Grad des Nennerpolynoms, benötigen wir eine Polynomdivision, wie das folgende Beispiel zeigt.

Beispiel 0.5. Wir wollen das unbestimmte Integral

$$\int \frac{3x^3 + 5x^2 - 29x - 25}{x^2 + x - 12} dx$$

berechnen. Dazu führen wir zunächst eine Polynomdivision aus, da Zählergrad $= 3 > 2 =$ Nennergrad.

Wir erhalten:

$$(3x^3 + 5x^2 - 29x - 25) : (x^2 + x - 12) = 3x + 2 + \frac{5x - 1}{x^2 + x - 12}$$
$$\underline{-(3x^3 + 3x^2 - 36x)}$$
$$2x^2 + 7x - 25$$
$$\underline{-(2x^2 + 2x - 24)}$$
$$5x - 1$$

Wir haben den Integranden jetzt als Summe einer (linearen) Polynomfunktion und einer rationalen Funktion geschrieben, bei der der Nennergrad $(= 2)$ größer als der Zählergrad $(= 1)$ ist.

Wir bestimmen jetzt die Nullstellen des Nennerpolynoms:

$$x^2 + x - 12 = 0$$
$$x = -\frac{1}{2} \pm \sqrt{\frac{1}{4} + \frac{48}{4}}$$
$$x = \frac{-1 \pm 7}{2}$$
$$x = -4 \vee x = 3$$

Somit folgt

$$\frac{5x - 1}{x^2 + x - 12} = \frac{5x - 1}{(x+4)(x-3)} = \frac{A}{x+4} + \frac{B}{x-3}.$$

Wir erhalten nach Multiplikation mit $x^2 + x - 12$ und Koeffizientenvergleich die Werte $A = 3$, $B = 2$.

Jetzt können wir das Integral berechnen:

$$\int \frac{3x^3 + 5x^2 - 29x - 25}{x^2 + x - 12} dx$$
$$= \int \left(3x + 2 + \frac{5x - 1}{(x+4)(x-3)} \right) dx$$
$$= \int (3x + 2) dx + \int \frac{3}{x+4} dx + \int \frac{2}{x-3} dx$$
$$= \frac{3}{2} x^2 + 2x + 3 \ln |x+4| + 2 \ln |x-3| + C. \qquad \blacktriangleleft$$

Kapitel 1
Einführung und Grundbegriffe

Viele Prozesse in der Natur und Technik lassen sich mithilfe *mathematischer Modelle* untersuchen. Ein System mathematisch zu modellieren bedeutet, die Gesamtheit der Aspekte des Systemprozesses in eine geeignete mathematische Aufgabenstellung umzuwandeln. Viele Größen des beschriebenen Systems und ihre Änderung gehen mit der Änderung bestimmter anderer Größen einher. Zum Beispiel ändert sich beim Start einer Rakete permanent die Geschwindigkeit, aber auch die Treibstoffmenge, bis der gesamte Treibstoff aufgebraucht ist. Beim Einschalten eines Gleichstroms steigt dieser zunächst an, bevor er sich einem konstanten Grenzwert nähert. Die Geschwindigkeit und die Position eines Autos ändern sich im Straßenverkehr permanent und das Langzeitverhalten eines Wassertropfens in einem strömenden Fluss ist gar ein selbst numerisch sehr schwer zu modellierender und real unvorhersagbarer Prozess.

All diese Beispiele zeigen die Notwendigkeit einer mathematischen Modellierung von Prozessen mit veränderlichen Größen auf. Genau dazu benötigt man *Differentialgleichungen*: Diese stellen eine Relation her zwischen einer Größe und ihrer Änderungsrate oder sogar zur Änderungsrate der Änderungsrate. Das bedeutet, dass in einer Differentialgleichung die erste Ableitung oder höhere Ableitungen einer Funktion (in der Regel auch die unbekannte Funktion selbst) auftauchen. Die Lösungsmenge einer Differentialgleichung besteht aus allen Funktionen, die man mit den entsprechenden Ableitungen in die Gleichung einsetzen kann, sodass diese erfüllt ist. Um es deutlich zu sagen: Lösungen von Differentialgleichungen sind Funktionen, und nicht etwa Zahlen wie bei algebraischen Gleichungen.

Betrachten wir die *Weg-Zeit-Funktion* einer Bewegung, etwa die eines freien Falls. Die zugehörige Funktionsgleichung lautet

$$s(t) = \frac{1}{2}gt^2,$$

wobei g der Ortsfaktor ist, der auf der Erde durchschnittlich $9.81 \, \text{m/s}^2$ beträgt. Diese Gleichung gibt an, um welche Strecke s ein frei fallender Körper in der Zeit t

© Springer-Verlag GmbH Deutschland, ein Teil von Springer Nature 2019
T. Imkamp und S. Proß, *Differentialgleichungen für Einsteiger*,
https://doi.org/10.1007/978-3-662-59831-3_2

fällt. Der Luftwiderstand wird hierbei vernachlässigt. Die zeitliche momentane Änderungsrate der Strecke gibt die Momentangeschwindigkeit zum Zeitpunkt t wieder. Dies wird mathematisch formuliert als erste (zeitliche) Ableitung:

$$\dot{s}(t) = v(t) = gt$$

Diese Gleichung stellt das Geschwindigkeits-Zeit-Gesetz des freien Falles dar und ist bereits eine einfache Differentialgleichung. Dabei bezeichnet der Punkt über s eben diese zeitliche Ableitung der Größe s, die hier gesucht wird. Diese Schreibweise verwendet man häufig zur Kennzeichnung der Ableitung bei der Beschreibung von zeitlichen Prozessen anstelle des Ihnen aus dem Mathematikunterricht bekannten Strichs. Sie geht auf Sir Isaac Newton (1643–1727) zurück, einem der ersten Begründer der Analysis. Die Unterscheidung zwischen Punkt und Strich wird später wichtig, wenn in physikalischen oder technischen Prozessen sowohl Ableitungen nach der Zeit als auch nach räumlichen Variablen notwendig werden. Dies ist z. B. der Fall bei der mathematischen Beschreibung von Wellen.

Im Beispiel ist die momentane Änderungsrate der Geschwindigkeit zu einem Zeitpunkt t wiederum die Momentanbeschleunigung zur Zeit t, aufgefasst als zweite zeitliche Ableitung der Weg-Zeit-Funktion:

$$\ddot{s}(t) = \dot{v}(t) = a(t) = g.$$

Bei gegebener Beschleunigungs-Zeit-Funktion (in diesem Fall gegeben durch die Funktionsgleichung $a(t) = g$) kann somit die Geschwindigkeits-Zeit-Funktion $v(t)$ und die Weg-Zeit-Funktion $s(t)$ durch Integrieren gewonnen werden. Allgemein werden Differentialgleichungen durch Integrieren gelöst. Wie das im Einzelfall erfolgen kann, davon handelt dieses Buch.

Wir wollen zunächst einige wichtige Grundbegriffe für Differentialgleichungen (die wir im Singular praktischerweise mit DGL und im Plural mit DGLs abkürzen) vorstellen, um dann in den nächsten Kapiteln spezielle Typen von DGLs mitsamt praktischen Anwendungen zu untersuchen.

Wir haben bereits erwähnt, dass es bei einer DGL um den Zusammenhang zwischen einer Funktion und Ableitungen dieser Funktion geht. Insofern stellt die Gleichung

$$y' = y$$

ein Beispiel für eine DGL dar, wenn wir y als Funktion von x auffassen, die letzte Gleichung also ausführlicher als

$$y'(x) = y(x)$$

schreiben. In diesem Fall soll die Ableitung einer Funktion mit der Funktion selbst übereinstimmen. (Von der Schule her sind Sie vielleicht eher die dort üblichen Schreibweisen $f(x)$ bzw. $f'(x)$ gewohnt.) Sie werden sich eventuell noch daran erinnern, dass Exponentialfunktionen der Form

$$y(x) = Ce^x$$

mit beliebigen reellen Zahlen C diese Eigenschaft haben. Solche Funktionen nennt man *Lösungen* der DGL. Wir werden uns mit der Frage zu beschäftigen haben, ob die angegebene Funktionenschar alle Lösungen der DGL enthält. In diesem Fall werden wir von der *allgemeinen Lösung* der DGL sprechen, während wir einzelne *spezielle Lösungen* auch als *partikuläre Lösungen* bezeichnen.

Um es hier noch einmal deutlich herauszustellen: Lösungen von DGLs sind Funktionen und nicht etwa Zahlen, wie Sie es von algebraischen Gleichungen her gewohnt sind.

In der obigen DGL kommt nur die erste Ableitung einer Funktion vor. Man spricht hier von einer *DGL erster Ordnung*. Die Lösungsmenge einer DGL (in Form einer Funktionenschar, also der allgemeinen Lösung) zu finden, kann in manchen Fällen sehr einfach sein, wenn man nur genau hinschaut.

Beispiel 1.1. Betrachten Sie etwa die DGL erster Ordnung

$$y'(x) \cdot x^2 + y(x) \cdot 2x = 1.$$

Fällt Ihnen etwas auf? Wenn Sie sich an die Produktregel der Differentialrechnung erinnern (siehe Satz 0.1, vgl. Proß und Imkamp 2018, Abschn. 10.2), dann stellen Sie fest, dass auf der linken Seite der DGL die Ableitung von $y(x) \cdot x^2$ steht. Es gilt nämlich

$$\left(y(x) \cdot x^2\right)' = y'(x) \cdot x^2 + y(x) \cdot 2x.$$

Daher können wir unmittelbar integrieren:

$$y'(x) \cdot x^2 + y(x) \cdot 2x = 1 \quad \Big| \int$$
$$y(x) \cdot x^2 = x + C$$
$$y(x) = \frac{1}{x} + \frac{C}{x^2}$$

mit $C \in \mathbb{R}$. Damit haben wir schon die allgemeine Lösung gefunden! ◄

Beispiel 1.2. Gesucht ist die allgemeine Lösung der DGL

$$y'(x) \cdot y(x)^2 = \cos x.$$

Hier finden Sie sehr schnell den richtigen Ansatz, wenn Sie sich an die Kettenregel erinnern (siehe Satz 0.1, vgl. Proß und Imkamp 2018, Abschn. 10.2). Auf der linken Seite steht nichts anderes als $\left(\frac{1}{3}y(x)^3\right)'$. Somit gilt

$$\left(\frac{1}{3}y(x)^3\right)' = \cos x \quad | \int$$

$$\frac{1}{3}y(x)^3 = \sin x + C_1$$

$$y(x) = \sqrt[3]{3\sin x + C},$$

wobei $3C_1 =: C \in \mathbb{R}$. ◄

Dies waren Beispiele für DGLs erster Ordnung, die Ihnen einen ersten Eindruck vermitteln sollen. Allgemein nennt man eine DGL *n-ter Ordnung* eine DGL, in der die höchste vorkommende Ableitung n-ter Ordnung ist. So sind z. B. die beiden DGLs

$$y''(x) = 2y(x) + 1$$

bzw.

$$xy''' - 2\sin(x)y''(x) - y(x) = 0$$

von zweiter bzw. dritter Ordnung. Die Lösungen sind hier nicht mehr so einfach zu finden, wie bei den obigen DGLs erster Ordnung.

Allgemein versteht man unter einer DGL n-ter Ordnung eine Gleichung der Form

$$y^{(n)} = f\left(x, y, y', y'', \dots, y^{(n-1)}\right),$$

wobei $y^{(n)}$ die n-te Ableitung symbolisiert und f formal eine Funktion in den Variablen $x, y, y', y'', \dots, y^{(n-1)}$ ist. Streng genommen ist dies die sogenannte *explizite Form* einer DGL, mit der wir es in diesem Buch fast ausschließlich zu tun haben werden. Manchmal ist es nicht möglich, die Gleichung nach der höchsten Ableitung $y^{(n)}$ aufzulösen, dann wird die DGL in der *impliziten Form* angegeben:

$$F\left(x, y, y', y'', \dots, y^{(n-1)}, y^{(n)}\right) = 0$$

Unser Ziel ist es, verschiedene Typen von DGLs vorzustellen und Ihnen Lösungsverfahren zu präsentieren. Dabei werden wir sowohl allgemeine Lösungen als auch spezielle Lösungen behandeln, wobei insbesondere die letzteren für ein jeweils ausgewähltes Problem relevant sind. Hierzu werden wir sogenannte *Anfangsbedingungen* an den jeweiligen Kontext anpassen, um eine adäquate Beschreibung des zugehörigen Prozesses zu erhalten. Beginnen wollen wir im nächsten Kapitel mit den einfachsten DGLs, nämlich den bereits erwähnten DGLs erster Ordnung.

Beispiele für veränderliche Größen, deren Beziehungen zu anderen Größen sich durch Differentialgleichungen darstellen lassen, gibt es viele. Aus diesem Grund müssen Physiker, Ingenieure, Biologen oder auch Wirtschaftswissenschaftler sich mit ihnen beschäftigen. Aus der Modellgleichung lassen sich jeweils Rückschlüsse auf das Verhalten des Systems in der Zukunft ziehen, egal ob es sich dabei um das Populationswachstum in einem Ökosystem, die Konkurrenz zweier Tierarten (etwa

Räuber und Beute) oder die Bewegung eines Flugzeugmodells in einem Windkanal handelt. Die Kunst ist es nun nicht nur, die richtige Differentialgleichung zur Beschreibung des Prozesses heranzuziehen, sondern auch geeignete Anfangs- oder Randbedingungen einzuarbeiten, die dem Prozess angemessen sind. Dadurch ergeben sich sehr individuelle und oft auch überraschende Lösungen des zugehörigen gestellten Problems.

Um Differentialgleichungen erfolgreich lösen zu können, ist es zunächst notwendig, ein wenig in ihre Theorie einzusteigen. Somit wird es in den einzelnen Kapiteln in der Regel ein motivierendes Einstiegsbeispiel geben, deren zugehöriger Differentialgleichungstyp danach theoretisch analysiert wird. Anschließend wird die entwickelte Lösungstheorie in mehreren innermathematischen Beispielen erprobt und vorgeführt. Dieses Vorgehen hat den Vorteil, dass zunächst kein Kontext die mathematische Methodik „vernebelt". Wenn diese hinreichend klar geworden ist, werden Beispiele aus der Praxis vorgestellt, schwerpunktmäßig aus Physik, Technik, Biologie oder Chemie, die unter geeigneten Anfangs- und Randbedingungen analysiert werden, sodass die Lösungen im Kontext gedeutet werden können.

Einige wichtige Prozesse in der Natur, z. B. Wellen, machen es notwendig, sowohl räumliche als auch zeitliche Änderungsraten zu betrachten. Bei anderen Systemen ist es häufig notwendig, veränderliche Größen im dreidimensionalen Raum zu betrachten, z. B. die Temperaturverteilung in einem Hörsaal. Hierzu benötigt man zur Beschreibung Funktionen mehrerer Veränderlichen und ihre Änderungsraten. Die adäquate mathematische Beschreibung führt dann auf sogenannte *partielle Differentialgleichungen*. Beispiele hierfür sind die Wellengleichung, die Maxwell-Gleichungen oder die Schrödinger-Gleichung. Auch für diesen Typ von Differentialgleichungen werden Lösungsverfahren vorgestellt, sodass der Leser sich die Grundlagen selbstständig erarbeiten kann.

Differentialgleichungen können auch analytisch gar nicht oder nur schwer lösbar sein, d. h., es ist nicht möglich, die gesuchte Funktion in einer geschlossenen Form anzugeben, oder die Lösung ist zu aufwendig. In diesen Fällen greift man auf numerische Lösungsverfahren zurück. Hierbei wird eine Näherung für die Lösung mithilfe von Algorithmen und Computer ermittelt.

Kapitel 2

Differentialgleichungen erster Ordnung

Im Sinne unserer Ausführungen in Kap. 1 hat eine DGL erster Ordnung die Form

$$y'(x) = f(x, y).$$

Häufig werden wir jedoch als unabhängige Variable t anstelle von x verwenden, weil wir etwa zeitliche Prozesse betrachten. Wir werden dann häufig eine andere Variable als y verwenden, z. B. u, sodass wir eine Gleichung der Form

$$\dot{u}(t) = f(t, u)$$

verwenden.

Wie kann man sich die Lösungsschar, also die als Funktionenschar aufgefasste allgemeine Lösung einer DGL, veranschaulichen?

Wir fassen x und y als Koordinaten von Punkten in einer Ebene auf. Die Gleichung $y' = f(x, y)$ bedeutet allgemein, dass man die Steigung y' im Punkt $(x|y)$ durch den Wert $f(x, y)$ ausdrücken kann. Wenn eine Lösungskurve im Punkt $(x|y)$ angekommen ist, wird sie mit dieser Steigung weitergeführt. Somit kann man die Lösung durch ein (gerichtetes) Linienelement in diesem Punkt approximieren. Zeichnet man diese Linienelemente mit der entsprechenden Steigung für viele Punkte, so erhält man das sogenannte *Richtungsfeld* der DGL. Es gibt einen ersten Eindruck, wie die Lösungskurven der DGL aussehen.

Im einführenden Beispiel gilt $y'(x) = y(x)$. Somit ist $f(x, y) = y$. Mit MATLAB und Mathematica erhält man das Richtungsfeld in diesem Fall durch die Eingabe:

```
[x,y]=meshgrid(-3:0.3:3,-3:0.3:3);
dy=y;
norm=sqrt(1+dy.^2);
quiver(x,y,ones(size(x))./norm,dy./norm)
xlabel('x')
ylabel('y')
xlim([-3 3])
ylim([-3 3])
```

© Springer-Verlag GmbH Deutschland, ein Teil von Springer Nature 2019
T. Imkamp und S. Proß, *Differentialgleichungen für Einsteiger*,
https://doi.org/10.1007/978-3-662-59831-3_3

```
StreamPlot[{1,y},{x,-3,3},{y,-3,3}]
```

Diese Eingabe wird verständlich, wenn man sich vorstellt, dass dem Punkt $(x|y)$ ein Richtungsvektor $(1|f(x,y))$ zugeordnet wird, und in unserem Fall gilt $f(x,y) = y$. Zusätzlich sollen alle Vektoren in unserem Richtungsfeld die gleiche Länge a haben. Dazu müssen wir die Vektoren normieren, d. h., wir müssen ihre Vektorkomponenten durch ihre jeweilige Länge teilen und mit dem Skalierungsfaktor a multiplizieren:

$$\begin{pmatrix} x \\ y \end{pmatrix} \mapsto \frac{a}{\sqrt{1^2 + f(x,y)^2}} \begin{pmatrix} 1 \\ f(x,y) \end{pmatrix}.$$

Der *Punktoperator* in MATLAB bewirkt, dass jeweilige Operation, z. B. das Quadrieren, auf die einzelnen Vektorkomponenten angewendet wird und nicht nach den Regeln der Matrizenrechnung vorgegangen wird (siehe Abschn. 8.1.2). Wir wählen bei unserer Darstellung $a = 1$. In Mathematica werden die Vektoren automatisch entsprechend skaliert!

Als Output (MATLAB) ergibt sich das in Abb. 2.1 dargestellte Richtungsfeld. Mit Mathematica sieht die Darstellung ähnlich aus.

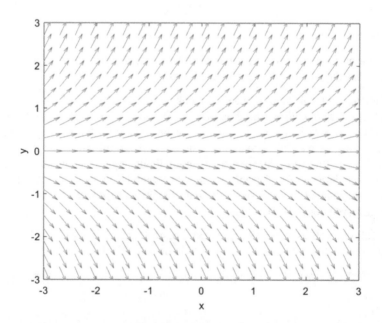

Abb. 2.1: Richtungsfeld der DGL $y' = y$

Anhand des Richtungsfeldes lässt sich die Lösungsschar erahnen. Eine Lösungskurve muss in jedem Punkt die durch das Richtungsfeld vorgegebene Steigung haben. Sie schmiegt sich also an die Linienelemente an. Einige Funktionen der Schar sind in Abb. 2.2 zum Vergleich geplottet.

```
syms xx
[x,y]=meshgrid(-3:0.3:3,-3:0.3:3)
dy=y;
norm=sqrt(1+dy.^2);
quiver(x,y,ones(size(x))./norm,dy./norm)
hold on
fplot([exp(xx),-exp(xx),2*exp(xx),-2*exp(xx),3*exp(xx),-3*exp(xx),...
    0.5*exp(xx),-0.5*exp(xx),0.25*exp(xx),-0.25*exp(xx)],[-3 3],...
    'lineWidth',1.2)
hold off
xlabel('x')
ylabel('y')
xlim([-3 3])
ylim([-3 3])
```

In Mathematica kann man den folgenden Code eingeben und sofort ausführen:

```
Show[StreamPlot[{1,y},{x,-3,3},{y,-3,3}],Plot[{E^x,-E^x,2*E^x,-2*E^x,
    3*E^x,-3*E^x,0.5*E^x,-0.5*E^x,0.25*E^x,0.25*E^x},{x,-3,3},
    PlotRange->{-3,3},AspectRatio->Automatic]]
```

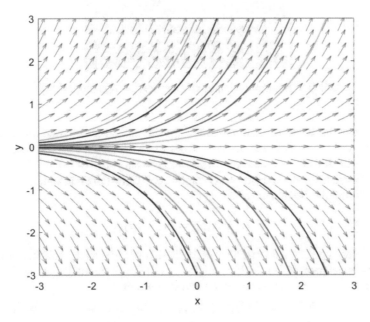

Abb. 2.2: Richtungsfeld und Lösungen der DGL $y' = y$

Nach diesen Vorüberlegungen nähern wir uns jetzt der Thematik weiter mit einem einführenden Beispiel aus der Raumfahrttechnik.

2.1 Einführendes Beispiel: Raketenstart

Ein besonders einfaches Beispiel einer DGL erster Ordnung stellt die mathematische Beschreibung eines Raketenstarts unter idealisierten Annahmen dar. Der größte Teil der Masse einer startenden Rakete, wie z. B. der im Apollo-Programm der NASA in den sechziger Jahren des letzten Jahrhunderts verwendeten Saturn-V-Rakete (siehe Abb. 2.3), besteht nicht in der Nutzlast (also z. B. den Apollo-Modulen), sondern in der Treibstoffmenge.

Abb. 2.3: Saturn-V-Mondrakete der NASA (Quelle: NASA)

Nennen wir die (Gesamt-)Startmasse der Rakete m_0, so ändert sich diese Größe im Laufe des Starts aufgrund des Abbrandes des Treibstoffs. Zur Zeit t nach dem Start hat die Rakete nur noch die Masse $m(t) = m_0 - \mu t$, wobei μ die (hier als zeitlich konstant angenommene) Ausströmrate des Treibstoffs sein soll. Die variable Gewichtskraft der Rakete ist dann

$$F_G(t) = m(t)g = (m_0 - \mu t)g,$$

wobei g den sogenannten Ortsfaktor darstellt, den wir hier auch einfacherweise als konstant annehmen. In Wirklichkeit nimmt er mit der Entfernung von der Erde ab, was hier beim Raketenstart aber noch nicht so relevant ist.

Unter dem Schub oder der Schubkraft F_S der Rakete versteht man das Produkt aus Ausströmgeschwindigkeit w und Ausströmrate μ, also $F_S := w\mu$. Auch die Ausströmgeschwindigkeit w soll hier idealisiert als konstant angenommen werden.

Dem Schub wirkt die Gewichtskraft der Rakete entgegen. Somit erhalten wir für die beschleunigende Kraft der Rakete die Gleichung:

$$F_b(t) = F_S - F_G(t) = w\mu - (m_0 - \mu t)g$$

Für die zeitabhängige Beschleunigung $a(t)$ der Rakete ergibt sich wegen $F_b(t) = m(t)a(t)$ die Gleichung

$$m(t)a(t) = (m_0 - \mu t)a(t) = w\mu - (m_0 - \mu t)g,$$

und daher

$$a(t) = \frac{w\mu}{m_0 - \mu t} - g.$$

Inwiefern stellt diese Gleichung ein einfaches Beispiel einer DGL erster Ordnung dar?

Man kann aus der *Beschleunigungs-Zeit-Funktion* $t \mapsto a(t)$ die *Geschwindigkeits-Zeit-Funktion* $t \mapsto v(t)$ rekonstruieren, da bekanntlich $a(t) = \dot{v}(t)$ gilt, wobei der Punkt die zeitliche Ableitung symbolisiert.

Somit erhalten wir die Gleichung

$$\dot{v}(t) = \frac{w\mu}{m_0 - \mu t} - g.$$

Dies ist eine DGL erster Ordnung, denn es taucht die erste Ableitung einer Funktion auf. In der oben genannten allgemeinen Schreibweise hat sie die Darstellung $\dot{v} = f(v,t) = f(t)$, mit

$$f(t) = \frac{w\mu}{m_0 - \mu t} - g,$$

da die Funktion v selbst hier zunächst keine Rolle spielt.

Wie lösen wir diese DGL?

In der gymnasialen Oberstufe haben Sie gelernt, dass man eine Funktion aus ihrer Ableitung durch *Integration*rekonstruieren kann. Nach dem Hauptsatz der Differential- und Integralrechnung (siehe Satz 0.2, vgl. Proß und Imkamp 2018, Abschn. 14.1) gilt:

$$v(t) - v(0) = \int_0^t \dot{v}(\tau)d\tau$$

Hier haben wir für die Integrationsvariable anstelle von t den griechischen Buchstaben τ benutzt, um zu verhindern, dass die Integrationsvariable mit einer der Integrationsgrenzen übereinstimmt. Dies ist in der Mathematik allgemein üblich. Wir müssen also das Integral

$$v(t) - v(0) = \int_0^t \dot{v}(\tau)d\tau = \int_0^t \left(\frac{w\mu}{m_0 - \mu\tau} - g \right) d\tau$$

berechnen. Hierzu können wir das Verfahren der Integralsubstitution (siehe Satz 0.3, vgl. Proß und Imkamp 2018, Abschn. 14.2) verwenden. Wir erhalten als Lösung mittels der Substitution $z := m_0 - \mu\tau$:

$$v(t) - v(0) = \int_0^t \left(\frac{w\mu}{m_0 - \mu\tau} - g \right) d\tau = w \ln \left(\frac{m_0}{m_0 - \mu t} \right) - gt$$

Rechnen Sie dies selbstständig nach!

Da die Rakete zu Beginn auf der Startrampe steht, gilt $v(0) = 0$, sodass wir als Lösung erhalten:

$$v(t) = w \ln \left(\frac{m_0}{m_0 - \mu t} \right) - gt$$

Dies ist die gesuchte Geschwindigkeits-Zeit-Funktion der startenden Rakete. Aus dieser Funktion kann man wegen $\dot{s}(t) = v(t)$ auch die Weg-Zeit-Funktion $t \mapsto s(t)$ rekonstruieren. Hierzu benötigt man sowohl partielle Integration als auch Substitution. Dies bleibt Ihnen zur Übung überlassen.

Führen Sie dazu Aufg. 2.1 durch!

Reflektieren wir an dieser Stelle noch einmal unser Vorgehen:

1. Zunächst haben wir aus den Gegebenheiten des Prozesses (Raketenstart unter idealisierten Bedingungen) eine einfache Differentialgleichung aufgestellt, die das Problem geeignet modelliert.

2. Dann haben wir diese durch Integrieren gelöst.

3. Zum Schluss haben wir eine sinnvolle Anfangsbedingung eingearbeitet, die sich aus dem Ablauf des Prozesses ergeben hat.

Diese Schritte stellen die typische Vorgehensweise dar, die wir in diesem Buch mit einigen Modifikationen immer wieder verwenden werden. Charakteristisch für diese Vorgehensweise sind auch Idealisierungen in unseren Betrachtungen, die die Rechnungen vereinfachen sollen. So gingen wir im Beispiel von konstanten Ausströmraten und Ausströmgeschwindigkeiten aus und nahmen einen konstanten Ortsfaktor an. Verzichtet man auf derartige Idealisierungen, dann ergibt sich in der Regel ein sehr komplexer Prozess, der häufig nicht mehr mathematisch exakt zu modellieren ist. Hier kommen dann numerische Verfahren zur Anwendung (siehe Kap. 6).

Um etwas tiefer in die Thematik einzudringen, betrachten wir jetzt zunächst sogenannte lineare DGLs erster Ordnung und beginnen mit einem Beispiel aus der Physik, bevor wir uns ein wenig mit den theoretischen Grundlagen beschäftigen.

2.2 Lineare DGLs erster Ordnung

Im vorherigen Abschnitt haben Sie gelernt, dass man Differentialgleichungen durch Integrieren löst, wobei man in der Regel noch eine geeignete Anfangsbedingung einarbeiten muss, um eine dem Problem angemessene (und eindeutige) Lösung zu erhalten. Genau dieses Verfahren benutzt man auch bei der Modellierung des radioaktiven Zerfalls.

2.2.1 Radioaktiver Zerfall

Radioaktive Atomkerne zerfallen unter Abgabe ionisierender Strahlung in andere Atomkerne. Ein sogenanntes Mutternuklid, z. B. $^{238}_{94}$Pu, zerfällt dabei in ein Tochternuklid, hier in $^{234}_{92}$U. In diesem speziellen Fall findet ein α-Zerfall statt. Derartige radioaktive Stoffe finden in der Raumfahrttechnik Anwendung bei sogenannten Radioisotopenbatterien (RTGs), die die Zerfallswärme etwa von $^{238}_{94}$Pu nutzen, um diese mithilfe eines thermoelektrischen Wandlers zum Teil in elektrischen Strom umzuwandeln. Die Cassini-Sonde, die ab 2005 das Saturnsystem erforschte, hatte über 30 kg Plutoniumdioxid als Energiequelle an Bord.

Betrachten wir ein radioaktives Präparat (also z. B. ein Plutoniumpräparat in der Form $^{238}_{94}$Pu), bestehend aus N_0 aktiven Kernen zum Zeitpunkt $t = 0$ zu Beginn einer Messung, so verändert sich diese Anzahl durch den Zerfall im Laufe der Zeit. Wir interessieren uns hier nicht für das weitere Verhalten der Tochterkerne, sondern für die Entwicklung der Anzahl der aktiven Mutterkerne. Diese bezeichnen wir zum Zeitpunkt t mit $N(t)$.

Um $N(t)$ zu bestimmen, betrachten wir die Aktivität $A(t)$ des radioaktiven Präparates zum Zeitpunkt t. Darunter versteht man die Anzahl der radioaktiven Zerfälle während einer Zeiteinheit, etwa einer Sekunde. Die Einheit der Aktivität wird nach dem französischen Physiker Antoine Henri Becquerel (1852–1908, Entdecker der Radioaktivität) benannt. Dabei bezeichnet 1 Becquerel = 1 Bq = 1 Zerfall pro Sekunde.

In der Kernphysik lernt man, dass die Aktivität zu jedem Zeitpunkt t proportional zur Anzahl der noch vorhandenen aktiven Kerne ist:

$$A(t) = \lambda N(t)$$

Die Proportionalitätskonstante λ heißt *Zerfallskonstante*.

Mit jedem Zerfallsprozess verschwindet ein aktiver Kern:

$$A(t) = -\dot{N}(t)$$

Aus den beiden vorherigen Gleichungen folgt:

$$\dot{N}(t) = -\lambda N(t)$$

Dies ist die DGL des radioaktiven Zerfalls. Wir sehen hier das bereits in Kap. 1 erwähnte Besondere einer DGL: Es ist eine Gleichung, die einen Zusammenhang zwischen einer unbekannten Funktion und ihrer Ableitung herstellt. In diesem Fall taucht, im Gegensatz zu dem einführenden Beispiel in Abschn. 2.1, die Ausgangsfunktion auch in der Gleichung auf. Die Lösung zu finden bedeutet auch hier, die gesuchte(n) unbekannte(n) Funktion(en) zu identifizieren. Hier wird noch einmal deutlich: Funktionen sind Lösungen von DGLs, nicht etwa Zahlen, wie das bei den Gleichungen, mit denen Sie während Ihrer Schulzeit in Berührung gekommen sind, der Fall war!

In unserem Fall wird eine Funktion gesucht, die mit dem Faktor $-\lambda$ multipliziert ihre Ableitung ergibt.

Wie Sie leicht erkennen können, ist die Funktion $t \mapsto N(t) = 0$ eine Lösung unserer Differentialgleichung. Man nennt sie die *triviale Lösung*. Im physikalischen Kontext ist diese uninteressant. Betrachten wir also den physikalisch-realistischen Fall $N(t) > 0$.

Differentialgleichungen löst man, wie bereits zuvor erwähnt, allgemein durch Integrieren. In unserem Fall gilt:

$$\frac{\dot{N}(t)}{N(t)} = -\lambda \qquad \Big| \int$$

$$\int \frac{\dot{N}(t)}{N(t)} dt = - \int \lambda \, dt$$

$$\int \frac{\dot{N}(t)}{N(t)} dt = -\lambda t + C \qquad (C \in \mathbb{R})$$

Wir können hier also logarithmische Integration verwenden (siehe Bsp. 0.3, vgl. Proß und Imkamp 2018, Abschn. 14.2). Es gilt demnach in mathematischer Allgemeinheit

$$\ln |N(t)| = -\lambda t + C$$

(die Mathematik selbst kann nicht erkennen, ob wir an einer positiven oder negativen Lösung interessiert sind!) und damit

$$|N(t)| = e^{-\lambda t + C} = e^{C} e^{-\lambda t}.$$

Wir lösen den Absolutbetrag auf. Es folgt:

$$N(t) = \pm e^{C} e^{-\lambda t}$$

Daher erhalten wir als Lösung ein konstantes Vielfaches von $e^{-\lambda t}$. Da auch die Nullfunktion $t \mapsto N(t) = 0$ eine Lösung der Differentialgleichung ist, lautet die *all-*

gemeine Lösung der DGL:

$$N(t) = ke^{-\lambda t} \quad \text{mit } k \in \mathbb{R}.$$

Allgemeine Lösung heißt, dass es keine weiteren Lösungen gibt!

Um diese allgemeine Lösung auf den von uns betrachteten Prozess zu spezialisieren, müssen wir berücksichtigen, dass wir am Anfang, also zum Zeitpunkt $t = 0$, eine Anzahl von $N(0) = N_0$ aktiven Atomkernen hatten. Wir nennen dies eine *Anfangsbedingung*. Mit ihrer Hilfe erhalten wir eine eindeutige Lösung, die unseren Prozess beschreibt, also die Anfangsbedingung erfüllt. Eine solche *spezielle Lösung* nennt man auch *partikuläre Lösung*.

Wir erhalten:

$$N(0) = ke^{-\lambda \cdot 0} = k = N_0,$$

somit lautet unsere Lösung

$$N(t) = N_0 e^{-\lambda t}.$$

Man nennt diese Gleichung auch das *Zerfallsgesetz*.

Um die Bedeutung der Zerfallskonstante besser zu verstehen, stellen wir uns ein Präparat vor, das zum Zeitpunkt $t = 0$ aus N_0 aktiven Atomkernen besteht. Diese zerfallen nach und nach. Zu einem Zeitpunkt $t = T$ soll nur noch die Hälfte der Atomkerne des ursprünglichen Präparates vorhanden sein. Man nennt T auch die *Halbwertszeit* des radioaktiven Zerfalls. Aus dem Zerfallsgesetz ergibt sich somit die Gleichung:

$$\frac{1}{2}N_0 = N_0 e^{-\lambda T}$$

und daher mithilfe von ln nach λ aufgelöst:

$$\lambda = \frac{\ln 2}{T}$$

Die Zerfallskonstante hängt also auf diese Weise mit der Halbwertszeit des radioaktiven Präparates zusammen.

Beispiel 2.1. Das oben genannte Plutoniumisotop $^{238}_{94}\text{Pu}$ hat eine Halbwertszeit von 87.7 Jahren. Daher eignet es sich hervorragend als Energiequelle für Raumfahrzeuge und Sonden, die im Rahmen einer langjährigen Mission in die Tiefen des Sonnensystems vordringen (siehe Abb. 2.4).

Gehen wir bei einem RTG der Cassini-Sonde von ca. 8 kg reinem $^{238}_{94}\text{Pu}$ aus, so gibt es am Anfang der Mission

$$N_0 = \frac{m}{A \cdot u} = \frac{8\,\text{kg}}{238 \cdot 1.661 \cdot 10^{-27}\,\text{kg}} \approx 2 \cdot 10^{25}$$

Abb. 2.4: Cassini beim Saturn (Quelle: NASA)

aktive $^{238}_{94}$Pu-Kerne. (Dabei ist A die Massenzahl, also 238, und u die atomare Masseeinheit.) Mithilfe des Zerfallsgesetzes, das in diesem Fall

$$N(t) = 2 \cdot 10^{25} e^{-\frac{\ln 2}{87.7a}t}$$

lautet, lässt sich die Anzahl aktiver Kerne und somit die Aktivität zu einem beliebigen Zeitpunkt der Mission bestimmen. Da die Leistung einer Isotopenbatterie in etwa proportional zur noch vorhandenen Aktivität ist, sind diese Informationen wichtig für die an der Mission beteiligten Techniker.   ◄

Wir wollen uns jetzt, nachdem wir uns von der Nützlichkeit von Differentialgleichungen überzeugt haben, mit der allgemeinen Lösungstheorie für DGLs erster Ordnung beschäftigen, ohne dabei zu formal zu werden. Im Vordergrund soll der Prozess des Auffindens von Lösungen stehen.

2.2.2 Lösungstheorie

Allgemein nennen wir eine Gleichung der Form

$$y'(x) + f(x) \cdot y(x) = s(x)$$

eine *lineare Differentialgleichung erster Ordnung*. Dabei sind y, s und f Funktionen abhängig von x. Für die Funktion y müssen wir zusätzlich Differenzierbarkeit voraussetzen. Die *Ordnung* bezieht sich darauf, dass wir keine höhere Ableitung als die erste in der DGL verwenden, und *linear* bezieht sich darauf, dass die gesuchte Funktion y mitsamt ihrer Ableitung nur in der linearen Form vorkommt, also ohne Quadrat, Wurzel oder Ähnliches (dies bezieht sich nur auf die gesuchte Funktion y, die Funktionen f und s können dabei auch nichtlinear sein!). Dabei gilt:

1. Falls $f(x) = $ const., handelt es sich um eine lineare DGL mit *konstanten Koeffizienten* (Beispiel: $\dot{N}(t) = -\lambda N(t)$).

2. Falls $s(x) = 0$, so ist es eine *homogene DGL*, sonst eine *inhomogene DGL*.

Die Funktion f heißt auch *Koeffizientenfunktion*, die Funktion s werden wir gelegentlich auch als *Störfunktion* bezeichnen. Wir können in allen Fällen als Variable statt x auch t verwenden.

Beispiel 2.2. Wir betrachten die folgende lineare homogene DGL erster Ordnung:

$$y'(x) = 3y(x)$$

Verwenden wir das Lösungsverfahren aus Abschn. 2.2.1 und gehen vollkommen analog vor, so erhalten wir als allgemeine Lösung die Funktionenschar

$$y(x) = Ce^{3x}$$

mit $C \in \mathbb{R}$.

Führen Sie die einzelnen Schritte des Lösungsverfahrens selbstständig durch!

Mit MATLAB oder Mathematica können wir diese DGL wie folgt lösen:

```
syms y(x)
dsolve(diff(y,x)==3*y)
```

```
DSolve[Derivative[1][y][x]==3*y[x],y[x],x]
```

◄

Beispiel 2.3. Wir betrachten jetzt die lineare inhomogene DGL erster Ordnung

$$y'(x) = 3y(x) + x.$$

Logarithmische Integration wie in Abschn. 2.2.1 führt hier nicht zum Ziel, da wir jetzt eine nicht-verschwindende Störfunktion s (hier $s(x) = x$) haben. Wir probieren zunächst, mit MATLAB\Mathematica eine Lösung zu finden. Die Eingabe

```
syms y(x)
dsolve(diff(y,x)==3*y+x)
```

```
DSolve[Derivative[1][y][x]==3*y[x]+x,y[x],x]
```

liefert die Lösung

$$y(x) = Ce^{3x} - \frac{1}{9} - \frac{x}{3}.$$

Sie erkennen, dass die Lösung jetzt aus der Summe aus der allgemeinen Lösung der homogenen Gleichung aus Bsp. 2.2

$$y_h(x) = Ce^{3x}$$

und einem Zusatzterm

$$y_p(x) = -\frac{1}{9} - \frac{x}{3}$$

besteht. Dieser Term ist der Funktionsterm einer speziellen Lösungsfunktion der DGL.

Überprüfen Sie dies durch Einsetzen!

◀

Dahinter steckt ein wichtiger Satz aus der Theorie der linearen gewöhnlichen DGLs, den wir in diesem Buch immer wieder benötigen. Diesen Satz wollen wir auch beweisen. Der Beweis ist nicht sehr schwer zu verstehen. Diejenigen Leser, die nicht so sehr an den theoretischen Zusammenhängen interessiert sind, können ihn aber auch überspringen. Wir formulieren diesen Satz zunächst für lineare DGLs erster Ordnung.

Satz 2.1. Man erhält die allgemeine Lösung $y(x)$ (und nur diese) einer linearen inhomogenen DGL erster Ordnung, indem man zu irgendeiner partikulären Lösung $y_p(x)$ dieser DGL die allgemeine Lösung $y_h(x)$ der zugehörigen homogenen DGL addiert:

$$y(x) = y_p(x) + y_h(x) \qquad\qquad \triangleleft$$

Beweis. Wir betrachten die allgemeine lineare DGL erster Ordnung:

$$y'(x) + f(x) \cdot y(x) = s(x)$$

Sei y_p eine partikuläre Lösung der DGL und y_h die allgemeine Lösung der homogenen DGL, dann gilt:

$$y_h'(x) + f(x) \cdot y_h(x) = 0 \quad \text{und} \quad y_p'(x) + f(x) \cdot y_p(x) = s(x).$$

Somit gilt für $y(x) = y_p(x) + y_h(x)$:

$$
\begin{aligned}
y'(x) + f(x) \cdot y(x) &= ((y_p(x) + y_h(x))' + f(x) \cdot (y_p(x) + y_h(x)) \\
&= y_p'(x) + y_h'(x) + f(x) \cdot y_p(x) + f(x) \cdot y_h(x) \\
&= \underbrace{\left(y_p'(x) + f(x) \cdot y_p(x)\right)}_{=s(x)} + \underbrace{\left(y_h'(x) + f(x) \cdot y_h(x)\right)}_{=0} \\
&= s(x)
\end{aligned}
$$

y ist somit als Summe von y_p und y_h eine Lösung der inhomogenen DGL.

Sei nun umgekehrt y eine beliebig vorgegebene Lösung der inhomogenen DGL

$$y'(x) + f(x) \cdot y(x) = s(x).$$

Für $z := y - y_p$ gilt dann:

$$\begin{aligned}
z'(x) + f(x) \cdot z(x) &= y'(x) - y'_p(x) + f(x) \cdot (y(x) - y_p(x)) \\
&= y'(x) + f(x) \cdot y(x) - (y'_p(x) + f(x) \cdot y_p(x)) \\
&= s(x) - s(x) = 0
\end{aligned}$$

Somit ist z eine Lösung der homogenen DGL und es ist wegen $y = z + y_p$ eine beliebig vorgegebene Lösung der inhomogenen DGL gleich der Summe aus y_p und einer geeigneten Lösung der zugehörigen homogenen DGL. $\quad\square$

Bemerkung. Der Beweis lässt sich nahezu wörtlich auf lineare DGLs n-ter Ordnung übertragen, also auf

$$y^{(n)}(x) + a_{n-1}(x)y^{(n-1)}(x) + \ldots + a_1(x)y'(x) + a_0(x)y(x) = s(x). \quad\triangleleft$$

Der theoretisch etwas ambitioniertere Leser führe dies durch!

Wir werden von dieser Tatsache im nächsten Kapitel bei DGLs zweiter Ordnung Gebrauch machen.

Es stellt sich die Frage, wie man bei einer gegebenen Störfunktion s eine partikuläre Lösung der inhomogenen DGL findet. Während wir uns in Bsp. 2.3 auf MATLAB bzw. Mathematica verlassen haben, können wir das Problem im folgenden Beispiel durch Hinsehen lösen.

Beispiel 2.4. Wir betrachten die DGL

$$y'(x) = 2y(x) + 1.$$

Die allgemeine Lösung der homogenen Gleichung ist mithilfe logarithmischer Integration schnell gefunden:

$$y_h(x) = Ce^{2x}$$

mit $C \in \mathbb{R}$. In diesem einfachen Fall können wir eine partikuläre Lösung raten, indem wir erkennen, dass für

$$y_p(x) = -\frac{1}{2}$$

gilt: $y'_p(x) = 0$. Somit erfüllt y_p die inhomogene DGL. Nach Satz 2.1 ist also y mit

$$y(x) = -\frac{1}{2} + Ce^{2x}$$

die allgemeine Lösung der inhomogenen DGL.   ◀

Beispiel 2.5. Wir betrachten die DGL

$$y'(x) = 5y(x) + e^{2x}$$

mit der zugehörigen homogenen Gleichung

$$y'(x) = 5y(x).$$

Die allgemeine Lösung der homogenen DGL erhalten wir durch logarithmische Integration:

$$y_h(x) = Ce^{5x}$$

mit $C \in \mathbb{R}$.

Wir suchen eine partikuläre Lösung der inhomogenen DGL. Dazu machen wir den Ansatz

$$y_p(x) = Ae^{2x},$$

da die Störfunktion von dieser Form ist, und erhalten

$$y_p'(x) = 2Ae^{2x}.$$

Durch Einsetzen von $y_p(x)$ und $y_p'(x)$ in die ursprüngliche DGL ergibt sich

$$2Ae^{2x} = 5Ae^{2x} + e^{2x}$$
$$\Leftrightarrow -3Ae^{2x} = e^{2x}.$$

Also gilt $A = -\frac{1}{3}$. Somit erhalten wir als partikuläre Lösung

$$y_p(x) = -\frac{1}{3}e^{2x}.$$

Die allgemeine Lösung unserer Ausgangsgleichung lautet demnach

$$y(x) = y_h(x) + y_p(x) = Ce^{5x} - \frac{1}{3}e^{2x}.$$

Wir plotten zur Veranschaulichung das Richtungsfeld der DGL mit einigen Funktionen der Lösungsschar (siehe Abb. 2.5).

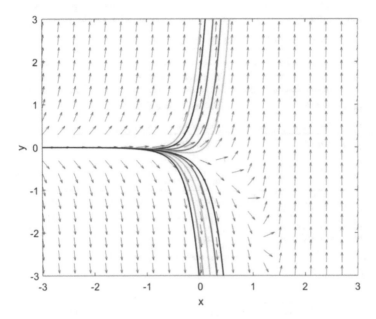

Abb. 2.5: Richtungsfeld und Lösungen der DGL $y'(x) = 5y(x) + e^{2x}$ ◀

Wenn es sich bei der betrachteten DGL um eine lineare DGL mit *konstanten Koeffizienten* handelt, d. h. $f(x) = a = const.$, dann kann man den geeigneten Ansatz für eine partikuläre Lösung bei gegebener Störfunktion s aus Tab. 2.1 entnehmen.

Bei der DGL in Bsp. 2.5 handelt es sich um eine lineare DGL mit konstanten Koeffizienten $(a = 5)$, somit kann man die Ansätze aus Tab. 2.1 verwenden.

Bemerkung. Setzt sich die Störfunktion aus mehreren Summanden zusammen $(s(x) = s_1(x) + s_2(x) + \cdots + s_n(x))$, so erhält man den Lösungsansatz für y_p, indem man die Summe der Lösungsansätze für die einzelnen Summanden bildet $(y_p = y_{p1} + y_{p2} + \cdots + y_{pn})$.   ◁

Beispiel 2.6. Wir betrachten die lineare DGL erster Ordnung mit konstanten Koeffizienten

$$y'(x) - y(x) = e^x.$$

Die allgemeine Lösung der homogenen Gleichung lautet demnach

$$y_h(x) = Ce^x \qquad \text{mit } C \in \mathbb{R}.$$

Da der Koeffizient der DGL $a = 1$ ist, ebenso wie der Koeffizient c der Störfunktion, müssen wir jetzt nach Tab. 2.1 für die partikuläre Lösung der inhomogenen DGL den Ansatz

Tab. 2.1: Lösungsansätze für die partikuläre Lösung der DGL $y'(x) = ay(x) + s(x)$ $(a = const., a \neq 0)$ bei gegebener Störfunktion s

Störfunktion $s(x)$	Lösungsansatz für $y_p(x)$
Polynom vom Grad m $b_0 + b_1 x + \cdots + b_m x^m$	**Polynom vom Grad m** $A_0 + A_1 x + \cdots + A_m x^m$
Exponentialfunktion $b_0 \cdot e^{cx}$	**Exponentialfunktion** $A \cdot e^{cx} \quad (c \neq a)$ $A \cdot x e^{cx} \quad (c = a)$
$(b_0 + b_1 x + \cdots + b_m x^m) \cdot e^{cx}$	$(A_0 + A_1 x + \cdots + A_m x^m) \cdot e^{cx} \quad (c \neq a)$ $(A_0 + A_1 x + \cdots + A_m x^m) \cdot x e^{cx} \quad (c = a)$
Trigonometrische Funktion $b_1 \cdot \cos(dx)$ $b_2 \cdot \sin(dx)$ $b_1 \cdot \cos(dx) + b_2 \cdot \sin(dx)$	**Trigonometrische Funktion** $A_1 \cdot \cos(dx) + A_2 \cdot \sin(dx)$
$(b_0 + b_1 x + \cdots + b_m x^m) \cdot \cos(dx)$ $(b_0 + b_1 x + \cdots + b_m x^m) \cdot \sin(dx)$	$(A_0 + A_1 x + \cdots + A_m x^m) \cdot \cos(dx) +$ $(B_0 + B_1 x + \cdots + B_m x^m) \cdot \sin(dx)$
$(b_0 + b_1 x + \cdots + b_m x^m) \cdot e^{cx} \cdot \cos(dx)$ $(b_0 + b_1 x + \cdots + b_m x^m) \cdot e^{cx} \cdot \sin(dx)$	$(A_0 + A_1 x + \cdots + A_m x^m) \cdot e^{cx} \cdot \cos(dx) +$ $(B_0 + B_1 x + \cdots + B_m x^m) \cdot e^{cx} \cdot \sin(dx)$

$$y_p(x) = Axe^x$$

verwenden.

Der Ansatz $y_p(x) = Ae^x$ läuft ins Leere. Probieren Sie es aus!

Wir leiten den Ansatz ab
$$y_p'(x) = Ae^x(1+x),$$
setzen in die inhomogene DGL ein
$$Ae^x(1+x) - Axe^x = e^x \quad \Leftrightarrow \quad Ae^x = e^x,$$
und erhalten den Wert $A = 1$.

Somit gilt
$$y_p(x) = xe^x$$
und für die allgemeine Lösung der inhomogenen DGL folgt
$$y(x) = Ce^x + xe^x = (x+C)e^x. \qquad \blacktriangleleft$$

Beispiel 2.7. Wir betrachten folgendes Anfangswertproblem

$$y'(x) - 2y(x) = \cos(2x) + 7x - 1, \quad y(0) = 1.$$

Als allgemeine Lösung der homogenen Gleichung erhalten wir

$$y_h(x) = Ce^{2x}.$$

Die Störfunktion $s(x) = \cos(2x) + 7x - 1$ ist die Summe aus $s_1(x) = \cos(2x)$ und $s_2(x) = 7x + 1$. Wir machen folgende Ansätze für die beiden Teile der Störfunktion:

$$y_{p1}(x) = A_1 \cos(2x) + A_2 \sin(2x)$$
$$y_{y2}(x) = A_3 t + A_4$$

Es ergibt sich somit folgender Ansatz für die partikuläre Lösung:

$$y_p(x) = A_1 \cos(2x) + A_2 \sin(2x) + A_3 t + A_4$$

Wir leiten diesen Ansatz ab:

$$y_p'(x) = -2A_1 \sin(2x) + 2A_2 \cos(2x) + A_3,$$

und setzen ihn in die DGL ein:

$$-2A_1 \sin(2x) + 2A_2 \cos(2x) + A_3 - 2(A_1 \cos(2x) + A_2 \sin(2x) + A_3 t + A_4)$$
$$= \cos(2x) + 7x - 1$$
$$-2A_1 \sin(2x) + 2A_2 \cos(2x) + A_3 - 2A_1 \cos(2x) - 2A_2 \sin(2x) - 2A_3 t - 2A_4)$$
$$= \cos(2x) + 7x - 1$$

Wir führen den sogenannten *Koeffizientenvergleich* durch, indem wir die Koeffizienten vor den Termen mit $\cos(2x)$, $\sin(2x)$, x und der Konstanten vergleichen:

$$\sin(2x): \qquad\qquad -2A_1 - 2A_2 = 0$$
$$\cos(2x): \qquad\qquad 2A_1 - 2A_2 = 1$$
$$x: \qquad\qquad -2A_3 = 7$$
$$\text{const.}: \qquad\qquad A_3 - 2A_4 = -1$$

und erhalten folgende Werte:

$$A_1 = -\frac{1}{4}, \; A_2 = \frac{1}{4}, \; A_3 = -\frac{7}{2}, \; A_4 = -\frac{5}{4}$$

Somit erhalten wir als partikuläre Lösung

$$y_p(x) = -\frac{1}{4}\cos(2x) + \frac{1}{4}\sin(2x) - \frac{7}{2}x - \frac{5}{4}$$

und als allgemeine Lösung

$$y(x) = y_h(x) + y_p(x) = Ce^{2x} - \frac{1}{4}\cos(2x) + \frac{1}{4}\sin(2x) - \frac{7}{2}x - \frac{5}{4}.$$

Wir arbeiten den Anfangswert ein:

$$y(0) = C - \frac{1}{4} - \frac{5}{4} = 1 \quad \Leftrightarrow \quad C = \frac{5}{2},$$

und erhalten die Lösung

$$y(x) = \frac{5}{2}e^{2x} - \frac{1}{4}\cos(2x) + \frac{1}{4}\sin(2x) - \frac{7}{2}x - \frac{5}{4}. \qquad \blacktriangleleft$$

2.2.3 Variation der Konstanten

Es ist nicht immer einfach, bei einer linearen inhomogenen DGL eine partikulä-re Lösung zu finden. Im Fall von DGLs mit konstanten Koeffizienten haben wir bei bestimmten Störfunktionen bereits Regeln vorgestellt, wie man diese partiku-lären Lösungen finden kann (siehe Tab. 2.1). Etwas schwieriger wird es, wenn die Störfunktionen eine andere Form haben oder die Koeffizienten variabel sind. Hier müssten wir durch geschicktes Raten eine Lösung finden. Dies ist auf die Dauer natürlich keine befriedigende Methode. Wir stellen deshalb jetzt die Methode der Variation der Konstanten für lineare DGLs erster Ordnung vor, die uns hier weiter-bringt. Wir erklären die Methode und ihre Anwendung ausführlich für DGLs erster und im Abschn. 3.3 auch für DGLs zweiter Ordnung. Sie lässt sich aber entspre-chend auf lineare DGLs n-ter Ordnung übertragen.

Wir schreiben die lineare DGL erster Ordnung in der Form

$$y'(x) + a(x)y(x) = s(x).$$

Die allgemeine Lösung der homogenen DGL $y'(x) + a(x)y(x) = 0$ sei $y_h(x) :=$ $C_1 y_1(x)$ mit $C \in \mathbb{R}$. Der Ansatz zum Finden einer partikulären Lösung der inho-mogenen Gleichung besteht nun darin, dass man die Konstante C selbst als ver-änderlich auffasst, und zwar als differenzierbare Funktion in der Variablen x. Man schreibt also

$$y_c(x) := C(x)y_1(x).$$

Einsetzen von y_c und der Ableitung

$$y_c'(x) = C(x)y_1'(x) + C'(x)y_1(x)$$

(Produktregel!) in die DGL liefert

$$y_c'(x) + a(x)y_c(x) = C(x)y_1'(x) + C'(x)y_1(x) + a(x)C(x)y_1(x)$$
$$= C'(x)y_1(x) + C(x)\underbrace{\left(y_1'(x) + a(x)y_1(x)\right)}_{=0}$$
$$= C'(x)y_1(x) = s(x),$$

da $y_1(x)$ eine Lösung der homogenen DGL ist.

Um $C(x)$ zu finden, müssen wir jetzt nur noch die Gleichung

$$C'(x)y_1(x) = s(x)$$

durch Integrieren lösen und aus dem daraus erhaltenen $C(x)$ die partikuläre Lösung $y_p(x) = C(x)y_1(x)$ erstellen.

Wir zeigen das Verfahren an einigen Beispielen.

Beispiel 2.8. Wir betrachten die DGL

$$\dot{u}(t) - \frac{1}{t}u(t) = t^2$$

und beschränken uns auf $t > 0$, also das Lösungsintervall $]0; \infty[$. Als allgemeine Lösung der homogenen DGL erhalten wir

$$u_h(t) = Cu_1(t) = Ct.$$

Somit gilt

$$u_c := C(t)t.$$

Daher gilt

$$\dot{u}_c(t) = \dot{C}(t)t + C(t)$$

und durch Einsetzen in die Ausgangs-DGL folgt

$$\dot{u}_c(t) - \frac{1}{t}u_c(t) = \dot{C}(t)t + C(t) - \frac{1}{t}C(t)t = \dot{C}t = t^2.$$

Aus der letzten Gleichung folgt sofort

$$\dot{C}(t) = t.$$

Eine Lösung für $C(t)$ lautet also

$$C(t) = \frac{1}{2}t^2.$$

Auf eine additive Konstante können wir hier verzichten (also $= 0$ setzen!), weil wir lediglich auf der Suche nach einer partikulären Lösung sind. Diese haben wir jetzt gefunden:

$$u_p(t) = C(t)t = \frac{1}{2}t^2 \cdot t = \frac{1}{2}t^3$$

Somit lautet die allgemeine Lösung:

$$u(t) = \frac{1}{2}t^3 + Ct$$

MATLAB bzw. Mathematica bestätigt dies mit dem Befehl:

```
syms u(t)
dsolve(diff(u,t)==1/t*u+t^2)
```

```
DSolve[Derivative[1][u][t]==(1/t)*u[t]+t^2,u[t],t]
```

◀

Beispiel 2.9. Wir betrachten das Anfangswertproblem

$$\dot{u}(t) + 2tu(t) = t^3, \quad u(0) = 1.$$

Die allgemeine Lösung der homogenen Gleichung ist

$$u_h(t) = Ce^{-t^2}.$$

Daher ist

$$u_c(t) := C(t)e^{-t^2}.$$

Einsetzen liefert:

$$\dot{C}(t)e^{-t^2} + C(t)(-2t)e^{-t^2} + 2te^{-t^2} = t^3,$$

also

$$\dot{C}(t) = t^3 e^{t^2}.$$

Zweimaliges partielles Integrieren mit anschließender Substitution bringt

$$C(t) = \int t^3 e^{t^2}\,dt = \frac{1}{2}e^{t^2}(t^2 - 1).$$

(Wir verzichten auch hier wieder auf die additive Konstante). Also gilt

$$u_p(t) = C(t)e^{-t^2} = \frac{1}{2}(t^2 - 1)$$

und die allgemeine Lösung lautet

$$u(t) = \frac{1}{2}(t^2 - 1) + Ce^{-t^2}.$$

Mit der Anfangsbedingung $u(0) = 1$ erhalten wir $u(0) = 1 = -\frac{1}{2} + C$, also $C = \frac{3}{2}$:

$$u(t) = \frac{1}{2}(t^2 - 1) + \frac{3}{2}e^{-t^2}.$$

```
syms u(t)
dsolve(diff(u,t)==-2*t*u+t^3,u(0)==1)
```

```
FullSimplify[DSolve[{Derivative[1][u][t]+2*t*u[t]==t^3,u[0]==1},u[t],t]]
```

◀

2.3 Allgemeine DGLs erster Ordnung

In diesem Abschnitt lernen Sie weitere Lösungsverfahren für DGLs kennen. Wir werden spezielle Formen von DGLs erster Ordnung und adäquate Lösungsverfahren kennenlernen. Dabei sollen wieder mehr der praktische Gebrauch und die Anwendung im Vordergrund stehen als die zugehörige mathematische Lösungstheorie.

2.3.1 DGLs mit getrennten Variablen

Falls die DGL in der Form

$$y'(x) = f(x) \cdot g(y)$$

geschrieben werden kann, kann man das Verfahren der *Separation* oder *Trennung der Variablen* benutzen. Hierbei benutzen wir die Differentialquotientenschreibweise

$$y' = \frac{dy}{dx}$$

und hantieren mit den Differentialen dx und dy so, als wären es Zahlen. Dieses Verfahren lässt sich mathematisch formal begründen. Wir werden aber auch hier nicht zu sehr ins formale Detail gehen, sondern das Grundprinzip des Verfahrens an Beispielen erläutern.

Allgemein verfahren wir also nach folgendem Schema:

Wir gehen aus von

$$y'(x) = f(x)g(y)$$

und benutzen die Schreibweise

$$\frac{dy}{dx} = f(x)g(y).$$

Trennung der Variablen liefert

$$\frac{dy}{g(y)} = f(x)dx.$$

Nach unbestimmter Integration wird dies zu

$$\int \frac{dy}{g(y)} = \int f(x)dx + C.$$

Diese letzte Gleichung wird dann, wenn möglich, nach der Lösungsfunktion y aufgelöst.

Beispiel 2.10. Wir lösen das Anfangswertproblem

$$y' = -2\frac{x}{y}, \quad y(0) = 1$$

mit dem Verfahren Trennung der Variablen:

$$\frac{dy}{dx} = -2\frac{x}{y}$$

$$ydy = -2xdx \quad \Big| \int$$

$$\int ydy = \int -2xdx$$

$$\frac{1}{2}y^2 = -x^2 + C$$

$$y^2 = 2C - 2x^2$$

$$y = \pm\sqrt{2C - 2x^2}$$

Aufgrund der Anfangsbedingung $y(0) = 1$ wählen wir hier den Lösungszweig $y = \sqrt{2C - 2x^2}$ aus. Einpassen der Anfangsbedingung liefert dann

$$y(0) = 1 = \sqrt{2C - 2 \cdot 0^2}$$

$$1 = 2C$$

$$C = \frac{1}{2}$$

und somit die spezielle Lösung

$$y = \sqrt{1 - 2x^2}. \qquad \blacktriangleleft$$

Beispiel 2.11. Wir betrachten folgendes Anfangswertproblem:

$$y' = \frac{e^{2x}}{y^2}, \qquad y(0) = 1.$$

Hier ist also $f(x) = e^{2x}$, $g(y) = \frac{1}{y^2}$. Somit ergibt sich folgende Rechnung:

$$\frac{dy}{dx} = \frac{e^{2x}}{y^2}$$

$$y^2 dy = e^{2x} dx \qquad \Big| \int$$

$$\int y^2 dy = \int e^{2x} dx$$

$$\frac{1}{3} y^3 = \frac{1}{2} e^{2x} + C$$

$$y = \sqrt[3]{\frac{3}{2} e^{2x} + 3C}$$

Die Anfangsbedingung liefert

$$y(0) = 1$$

$$1 = \sqrt[3]{\frac{3}{2} + 3C}$$

$$1 = \frac{3}{2} + 3C$$

$$-\frac{1}{2} = 3C$$

$$C = -\frac{1}{6}.$$

Somit erhalten wir die spezielle Lösung

$$y(x) = \sqrt[3]{\frac{3}{2} e^{2x} - \frac{1}{2}}. \qquad \blacktriangleleft$$

2.3.2 Euler-homogene DGL

Man kann bestimmte Differentialgleichungen auch dadurch lösen, dass man eine geschickte *Substitution* der Variablen vornimmt. Dieses Verfahren erklären wir an einem Beispiel.

Beispiel 2.12. Wir betrachten die DGL

$$xy' = 2x - y, \qquad x > 0.$$

Wir suchen die allgemeine Lösung dieser DGL und formen diese zunächst um zu

$$y' = 2 - \frac{y}{x}.$$

Nun substituieren wir

$$z := \frac{y}{x},$$

und es ergibt sich:

$$y = z \cdot x$$
$$y' = (z \cdot x)' = z' \cdot x + z \cdot x' = z' \cdot x + z$$

Wir setzen y und y' in die DGL ein und erhalten:

$$x \cdot z' + z = 2 - z$$
$$x \cdot z' = 2 - 2z$$

Nun können wir die Methode der Trennung der Variablen anwenden:

$$\frac{dz}{dx} = \frac{2 - 2z}{x}$$
$$\frac{dz}{2 - 2z} = \frac{dx}{x} \qquad \Big| \int$$
$$\frac{1}{2} \int \frac{1}{1 - z} dz = \int \frac{1}{x} dx$$
$$-\frac{1}{2} \ln|1 - z| = \ln x + C$$
$$\ln|1 - z| = -2\ln x - 2C$$
$$\ln|1 - z| = \ln(x^{-2}) - 2C$$
$$\ln|1 - z| = \ln\left(\frac{1}{x^2}\right) - 2C \qquad \big| e^{(\,)}$$
$$1 - z = \pm e^{\ln\left(\frac{1}{x^2}\right) - 2C}$$
$$1 - z = \pm e^{-2C} \cdot \frac{1}{x^2}$$
$$z(x) = 1 \pm e^{-2C} \cdot \frac{1}{x^2}$$
$$z(x) = 1 + K \cdot \frac{1}{x^2} \qquad \left(K = \pm e^{-2C}\right)$$

Resubstitution liefert die gesuchte Lösung der DGL:

$$y(x) = x \cdot z(x) = x + K \cdot \frac{1}{x}$$

Die Konstante K ist hier eine beliebige reelle Zahl, sodass der Fall $K = 0$ einge-schlossen ist.   ◀

Allgemein sieht das Verfahren aus Bsp. 2.12 so aus:

Wir haben eine DGL der Form

$$y' = f\left(\frac{y}{x}\right).$$

Wir substituieren

$$\frac{y}{x} =: z.$$

Dann ergibt sich

$$y = zx$$
$$y' = z'x + z.$$

Wir setzen y und y' in die DGL ein und erhalten

$$z'x + z = f(z).$$

Nun können wir Trennung der Variablen anwenden:

$$x\frac{dz}{dx} = f(z) - z$$
$$\frac{dz}{f(z) - z} = \frac{1}{x}dx$$
$$\int \frac{dz}{f(z) - z} = \ln|x| + C.$$

Diese Gleichung wird jetzt nach z aufgelöst. Anschließend wird

$$y(x) = x \cdot z(x)$$

resubstituiert.

Eine DGL der Form $y' = f\left(\frac{y}{x}\right)$ wird in der Theorie der DGLs auch *Euler-homogen* genannt. Man kann das Lösungsverfahren für diesen DGL-Typ, wie eben gesehen, auf das Verfahren der getrennten Variablen zurückführen.

> Die DGL in Bsp. 2.10 ist auch Euler-homogen. Lösen Sie diese doch noch einmal zur Übung mit dem gerade beschriebenen Verfahren!

2.3.3 Bernoulli'sche DGL

Unter einer *Bernoulli'schen DGL* versteht man eine DGL der Form

$$y'(x) = g(x)y(x) + h(x)y(x)^\rho,$$

wobei g und h stetige Funktionen sind. Als Lösungsmethode bietet sich hier wieder Substitution an, und zwar

$$z(x) := y(x)^{1-\rho}.$$

Es ergibt sich

$$y(x) = z(x)^{\frac{1}{1-\rho}},$$

und daraus folgt für die Ableitung:

$$y'(x) = \frac{1}{1-\rho}z(x)^{\frac{1}{1-\rho}-1} \cdot z'(x) = \frac{1}{1-\rho}z(x)^{\frac{\rho}{1-\rho}} \cdot z'(x)$$

Einsetzen liefert:

$$\frac{1}{1-\rho}z(x)^{\frac{\rho}{1-\rho}} \cdot z'(x) = g(x)z(x)^{\frac{1}{1-\rho}} + h(x)z(x)^{\frac{\rho}{1-\rho}}.$$

Kürzen mit $z(x)^{\frac{\rho}{1-\rho}}$ und Multiplikation mit $1-\rho$ führt auf

$$z'(x) = (1-\rho)g(x)z(x) + (1-\rho)h(x)$$

und somit auf eine lineare DGL in z!

Diese lässt sich mit den Ihnen schon bekannten Methoden lösen. Die Resubstitution

$$y(x) = z(x)^{\frac{1}{1-\rho}}$$

liefert die Lösung für y.

Beispiel 2.13. Wir betrachten die DGL

$$xy'(x) - 4y(x) + xy(x)^2 = 0.$$

Dies ist eine Bernoulli'sche DGL, wie man an der Form

$$y'(x) = \frac{4}{x}y(x) - y(x)^2$$

unschwer erkennt ($\rho = 2$, $g(x) = 4/x$, $h(x) = -1$). Wir wandeln sie mittels der Substitution

$$y(x) = z(x)^{1-2} = \frac{1}{z(x)}$$

$$y'(x) = -\frac{z'(x)}{z(x)^2}$$

in eine lineare DGL um und erhalten

$$-\frac{z'(x)}{z(x)^2} = \frac{4}{x}\frac{1}{z(x)} - \frac{1}{z(x)^2} \qquad |\cdot\left(-z(x)^2\right)$$

$$z'(x) = -\frac{4}{x}z(x) + 1.$$

Mithilfe der Methode der Variation der Konstanten (siehe Abschn. 2.2.3) können wir diese lineare DGL lösen. Die allgemeine Lösung der homogenen DGL lautet

$$z_h(x) = \frac{C}{x^4}$$

und somit gilt

$$z_c(x) = \frac{C(x)}{x^4}.$$

Die Ableitung

$$z_c'(x) = \frac{C'(x)}{x^4} - 4\frac{C(x)}{x^5}$$

und $z_c(x)$ setzen wir in die DGL ein und erhalten

$$\frac{C'(x)}{x^4} - 4\frac{C(x)}{x^5} = -\frac{4}{x}\frac{C(x)}{x^4} + 1$$

$$C'(x) = x^4$$

$$C(x) = \frac{1}{5}x^5.$$

Wir erhalten somit die partikuläre Lösung

$$z_p(x) = \frac{x}{5}$$

und damit die allgemeine Lösung

$$z(x) = \frac{C}{x^4} + \frac{x}{5} = \frac{5C + x^5}{5x^4}.$$

Nach der Resubstitution $z(x) = 1/y(x)$ folgt

$$y(x) = \frac{5x^4}{5C + x^5}.$$

(Zudem ist $y(x) = 0$ eine Lösung der DGL.)

Auch MATLAB\Mathematica liefert diese Lösung mit dem Befehl:

```
syms y(x)
dsolve(x*diff(y,x)-4*y+x*y^2==0)
```

```
DSolve[x*Derivative[1][y][x]-4*y[x]+x*y[x]^2==0,y[x],x]
```

◄

2.4 Anwendungen

In diesem Abschnitt werden einige Anwendungen von DGLs erster Ordnung vorgestellt. Die ersten drei Anwendungen spielen bereits im Physikunterricht der gymnasialen Oberstufe eine Rolle. Sie liefern eine adäquate mathematische Beschreibung der zugehörigen physikalischen Prozesse, und ihre Gültigkeit lässt sich durch Experimente gut bestätigen.

2.4.1 Selbstinduktion

DGL-Typ: Erster Ordnung, linear, inhomogen, konstante Koeffizienten

In der Physik bzw. der Elektrotechnik spielt das Phänomen der *Induktion* eine Rolle. Darunter versteht man die Entstehung einer Spannung U durch Veränderung eines magnetischen Flusses Φ durch eine Leiterschleife. Formal schreibt man das zugrunde liegende *Faraday'sche Induktionsgesetz* (Michael Faraday, 1791–1867, englischer Physiker und Chemiker) mit der Gleichung

$$U_{ind}(t) = -\dot{\Phi}(t).$$

Die variable Induktionsspannung ist also die negative zeitliche Ableitung, d.h. die negative zeitliche momentane Änderungsrate des magnetischen Flusses. Anwendungen sind z. B. Transformatoren, Induktionsschleifen an Ampeln, Wirbelstrombremsen oder der Induktionsherd.

Im Physikunterricht der Oberstufe lernt man, dass in Spulen sogenannte *Selbstinduktionsspannungen* auftreten, die nach dem Einschalten einer Spannungsquelle das Anwachsen eines Stromes behindern. Dies hat zur Folge, dass die Glühlampe in Abb. 2.6, die zu der Spule in Reihe geschaltet ist, verzögert aufleuchtet.

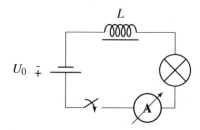

Abb. 2.6: Stromkreis („Masche") mit Selbstinduktion

Wir wollen eine DGL für die Stromstärke-Zeit-Funktion $t \mapsto I(t)$ aufstellen. Dazu ignorieren wir die Glühlampe und betrachten nur die Spannungsquelle und die Spule. Das Amperemeter dient zur Stromstärkemessung. Aus der Mittelstufe kennen Sie das Ohm'sche Gesetz über den Zusammenhang von Stromstärke, Spannung und Widerstand:

$$I(t) = \frac{U(t)}{R}$$

Der Gesamtwiderstand R des Kreises ist hier konstant. Für den Stromkreis in Abb. 2.6 ohne Glühlampe gilt die Kirchhoff'sche Maschenregel. Diese besagt, dass für die Gesamtspannung in der Masche gilt:

$$U(t) = U_0 + U_{ind}(t)$$

Dabei gilt

$$U_{ind}(t) = -L\dot{I}(t),$$

wobei die Induktivität L der Spule eine Konstante ist. Die gesuchte DGL lautet also

$$I(t) = \frac{U_0 + U_{ind}(t)}{R} = \frac{U_0 - L\dot{I}(t)}{R}.$$

Umstellen ergibt:

$$I(t) = -\frac{L}{R}\dot{I}(t) + \frac{U_0}{R}$$

$$\frac{L}{R}\dot{I}(t) + I(t) = \frac{U_0}{R}$$

$$\dot{I}(t) + \frac{R}{L}I(t) = \frac{U_0}{L}$$

Es handelt sich somit um eine lineare, inhomogene DGL erster Ordnung mit konstanten Koeffizienten.

Also bestimmen wir zunächst die allgemeine Lösung der zugehörigen homogenen Gleichung:

$$\dot{I}(t) + \frac{R}{L}I(t) = 0$$

$$\dot{I}(t) = -\frac{R}{L}I(t)$$

$$\frac{\dot{I}(t)}{I(t)} = -\frac{R}{L} \quad \Big| \int$$

$$\int \frac{\dot{I}(t)}{I(t)}dt = -\int \frac{R}{L}dt$$

$$\ln|I(t)| = -\frac{R}{L}t + C$$

und erhalten als allgemeine Lösung der homogenen Gleichung

$$I_h(t) = ke^{-\frac{R}{L}t} \quad \text{mit } k \in \mathbb{R}.$$

Eine partikuläre Lösung der inhomogenen DGL können wir Tab. 2.1 entnehmen. Da die Störfunktion eine Konstante ist, wählen wir auch eine Konstante als Ansatz für unsere partikuläre Lösung:

$$I_p(t) = A.$$

Einsetzen in die DGL liefert die partikuläre Lösung

$$I_p(t) = \frac{U_0}{R}.$$

Somit lautet die allgemeine Lösung unserer inhomogenen DGL gemäß Satz 2.1

$$I(t) = I_h(t) + I_p(t) = ke^{-\frac{R}{L}t} + \frac{U_0}{R}.$$

Um die spezielle Lösung für unser Problem des anwachsenden Stromes zu bestimmen, arbeiten wir die Anfangsbedingung $I(0) = 0$ ein. Diese gilt, da zu Beginn der Stromstärkemessung, also beim Einschalten der Spannungsquelle, noch kein Strom floss.

Es ergibt sich

$$I(0) = 0 = ke^{-\frac{R}{L}0} + \frac{U_0}{R} = k + \frac{U_0}{R},$$

also

$$k = -\frac{U_0}{R}.$$

Somit erhalten wir folgende spezielle Lösung:

$$I(t) = -\frac{U_0}{R}e^{-\frac{R}{L}t} + \frac{U_0}{R}$$
$$= \frac{U_0}{R}\left(1 - e^{-\frac{R}{L}t}\right)$$

Der Graph dieser Funktion ist mit den Werten $U_0 = 10\,\text{V}$, $R = 50\,\Omega$, $L = 10\,\text{Hz}$ in Abb. 2.7 dargestellt. Er nähert sich asymptotisch dem Grenzwert $\frac{U_0}{R} = 0.2\,\text{A}$, wie es zu erwarten war.

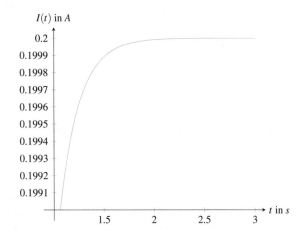

Abb. 2.7: Stromstärke-Zeit-Funktion

2.4.2 Kondensatoraufladung und -entladung

Kondensatoren werden als Energiespeicher für unterschiedlichste Zwecke verwendet. Bei Fahrrädern sorgen sie dafür, dass das Rücklicht auch dann leuchtet, wenn man an einer Ampel steht. Blitzlichtgeräte oder Defibrillatoren nutzen die Möglichkeit, einen Kondensator schnell entladen zu können. Den Vorgang des Aufladens bzw. Entladens wollen wir uns jetzt genauer ansehen.

Betrachten wir zunächst den Aufladevorgang (siehe Abb. 2.8).

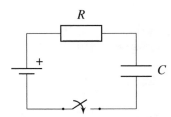

Abb. 2.8: Kondensatoraufladung über einen Widerstand R

Der Kondensator sei am Anfang ungeladen, an der Spannungsquelle liegt die Spannung U_0 an. Nach dem Schließen des Schalters beginnt ein Ladestrom zu fließen, der dazu führt, dass der Kondensator sich auflädt. Für die Spannungen an der Quelle, am Widerstand und am Kondensator gilt die Kirchhoff'sche Maschenregel

$$U_0 - U_R(t) - U_C(t) = 0.$$

Unter Berücksichtigung des Ohm'schen Gesetzes $U_R(t) = RI(t)$ und $I(t) = \dot{Q}_C(t)$ ergibt sich die Gleichung

$$U_0 - R\dot{Q}_C(t) - \frac{Q_C(t)}{C} = 0,$$

dabei symbolisiert $Q_C(t) = CU_C(t)$ die Ladung auf dem Kondensator zur Zeit t.

Umgeformt:

$$\dot{Q}_C(t) + \frac{1}{RC}Q_C(t) = \frac{U_0}{R}$$

Sie erkennen unschwer eine inhomogene lineare DGL erster Ordnung mit konstanten Koeffizienten. Die Lösungen können wir nach dem bisher Gelernten einfach angeben:

Die homogene Gleichung

$$\dot{Q}_C(t) + \frac{1}{RC}Q_C(t) = 0$$

hat die allgemeine Lösung

$$Q_{C,h}(t) = Ae^{-\frac{1}{RC}t}$$

mit $A \in \mathbb{R}$.

Als partikuläre Lösung der inhomogenen Gleichung findet man die konstante Funktion mit

$$Q_{C,p}(t) = CU_0$$

(siehe Tab. 2.1). Somit lautet die Lösung

$$Q_C(t) = CU_0 + Ae^{-\frac{1}{RC}t}.$$

Da der Kondensator anfangs ungeladen war, ist die Anfangsbedingung $Q_C(0) = 0$. Einarbeiten dieser Anfangsbedingung liefert die Lösung

$$Q_C(t) = CU_0(1 - e^{-\frac{1}{RC}t}).$$

Im realen Experiment verwenden wir z. B. $C = 1\,\mu\text{F}$, $R = 1\,\text{M}\Omega$ und eine Spannung $U_0 = 300\,\text{V}$. Es ergibt sich somit:

$$Q_C(t) = 1\,\mu\text{F} \cdot 300\,\text{V} \left(1 - e^{-\frac{1}{1\,\text{M}\Omega 1\,\mu\text{F}} \cdot t}\right)$$

$$= 10^{-6}\,\text{F} \cdot 300\,\text{V} \left(1 - e^{-\frac{1}{10^6\,\Omega 10^{-6}\,\text{F}} \cdot t}\right)$$

$$= 3 \times 10^{-4}\,\text{C}\,\text{V}^{-1}\,\text{V} \cdot \left(1 - e^{-\frac{1}{1\,\text{VA}^{-1}1\,\text{AsV}^{-1}} \cdot t}\right)$$

$$= 3 \times 10^{-4}\,\mathrm{C}\left(1 - e^{-1\,\mathrm{s}^{-1}\cdot t}\right).$$

Beachten Sie, dass der Großbuchstabe C hier einmal für die Kapazität des Kondensators und einmal als Einheitensymbol für die Ladungseinheit Coulomb verwendet wird ($1\,\mathrm{C} = 1\,\mathrm{As}$). Diese Doppelbelegung von Symbolen lässt sich in der Physik leider nicht immer verhindern.

Wir plotten den Funktionsgraphen mit MATLAB\Mathematica:

```
syms t
fplot(3*10^-4*(1-exp(-t)),[0,10],'black','LineWidth',1.5)
xlabel('t in s')
ylabel('Q_c(t) in C')
```

```
Q_C[t_]:=3*10^(-4)*(1-E^(-t))
Plot[Q_C[t]],{t,0,10},AxesLabel->{"t in s","Q_C(t) in C"}]
```

Der Graph unserer Lösung ist in Abb. 2.9 dargestellt.

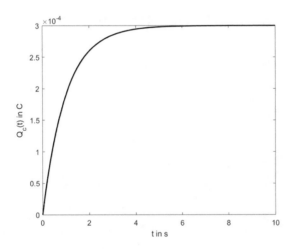

Abb. 2.9: Ladungskurve eines Kondensators

Sie sehen, dass der Kondensator in knapp 6 Sekunden nahezu voll aufgeladen ist.

Jetzt sehen wir uns den Entladevorgang an. Hier gilt $I(t) = -\dot{Q}_C(t)$, da dem Kondensator jetzt Ladung entnommen wird. Es ergibt sich

$$U_C(t) = RI(t) = -R\dot{Q}_C(t) = \frac{Q_C(t)}{C},$$

also die homogene DGL

$$\dot{Q}_C(t) + \frac{1}{RC}Q_C(t) = 0.$$

Die Anfangsbedingung lautet jetzt $Q_C(t) = Q_0 = CU_0$, da diese Ladung zu Beginn des Entladevorgangs auf dem Kondensator saß. Somit lautet die Lösung

$$Q_C(t) = CU_0 e^{-\frac{1}{RC}t}$$

und für die Spannung

$$U_C(t) = U_0 e^{-\frac{1}{RC}t}.$$

Die Ladekurve plotten wir wieder mit den obigen Werten (siehe Abb. 2.10:

```
syms t
fplot(3*10^-4*exp(-t),[0,10],'black','LineWidth',1.5)
xlabel('t in s')
ylabel('Q_c(t) in C')
```

```
Q_C[t_]:=3*10^(-4)*-E^(-t)
Plot[Q_C[t]],{t,0,10},AxesLabel->{"t in s","Q_C(t) in C"}]
```

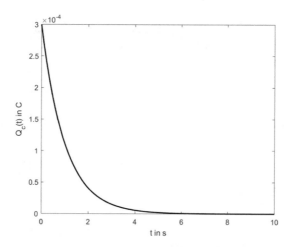

Abb. 2.10: Entladekurve eines Kondensators

Wie Sie sehen, entlädt sich der Kondensator in einigen Sekunden, die Entladung dauert aber real länger als die Aufladung. Für die Entladegeschwindigkeit ist der Faktor $1/RC$ im Exponenten maßgeblich verantwortlich. Durch die Auswahl eines geeigneten Widerstandes in Verbindung mit dem Kondensator kann man also Auf- und Entladezeit bestimmen.

2.4.3 Wechselstrom und Induktivität

DGL-Typ: Erster Ordnung, linear, inhomogen, konstante Koeffizienten

Wir betrachten in diesem Beispiel ein elektrisches Netzwerk, bestehend aus einer Spule (Induktivität), einem Widerstand sowie einem Wechselspannungsgenerator, der einen sinusförmigen Wechselstrom erzeugt (siehe Abb. 2.11).

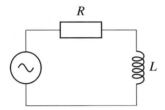

Abb. 2.11: Wechselstromgenerator mit Induktivität und Widerstand

Wir wollen eine DGL für die Stromstärke $I(t)$ aufstellen und unter der Anfangsbedingung $I(0) = 0$ lösen. Nach der Kirchhoff'schen Maschenregel gilt hier

$$U_L(t) + U_R(t) = U_0 \sin \omega t.$$

Daraus ergibt sich unter Berücksichtigung der Vorzeichen die DGL

$$L\dot{I}(t) + RI(t) = U_0 \sin \omega t,$$

umgeformt

$$\dot{I}(t) + \frac{R}{L}I(t) = \frac{U_0}{L} \sin \omega t.$$

Dies ist wegen $I(0) = 0$ ein Anfangswertproblem für eine inhomogene lineare DGL erster Ordnung.

Die zugehörige homogene DGL lautet

$$\dot{I}(t) + \frac{R}{L}I(t) = 0$$

und hat die allgemeine Lösung

$$I(t) = C_0 e^{-\frac{R}{L}t}.$$

Um eine partikuläre Lösung der inhomogenen DGL zu finden, machen wir nach Tab. 2.1 den Ansatz

$$I_p(t) = C_1 \cos \omega t + C_2 \sin \omega t.$$

Dann gilt

$$\dot{I}_p(t) = -\omega C_1 \sin \omega t + \omega C_2 \cos \omega t.$$

Einsetzen in die inhomogene DGL liefert

$$-\omega C_1 \sin \omega t + \omega C_2 \cos \omega t + \frac{RC_1}{L} \cos \omega t + \frac{RC_2}{L} \sin \omega t = \frac{U_0}{L} \sin \omega t.$$

Zusammenfassen der Sinus- bzw. Kosinusterme und Koeffizientenvergleich liefert das lineare Gleichungssystem

$$\sin \omega t : \qquad \frac{U_0}{L} = \frac{RC_2}{L} - \omega C_1$$

$$\cos \omega t : \qquad 0 = \omega C_2 + \frac{RC_1}{L}$$

mit der Lösung

$$C_1 = -\frac{U_0 \omega L}{R^2 + \omega^2 L^2} \quad \text{und} \quad C_2 = \frac{U_0 R}{R^2 + \omega^2 L^2}.$$

Somit erhalten wir zunächst die allgemeine Lösung

$$I(t) = \frac{U_0 R}{R^2 + \omega^2 L^2} \sin \omega t - \frac{U_0 \omega L}{R^2 + \omega^2 L^2} \cos \omega t + C_0 e^{-\frac{R}{L}t}.$$

Diese Lösung können wir auch mit MATLAB und Mathematica erhalten:

```
syms U0 R C1 C2 omega L
sol=solve([U0/L==R*C2/L-omega*C1,0==omega*C2+R*C1/L],[C1 C2]);
sol.C1
sol.C2
```

```
DSolve[Derivative[1][i][t] + (R/L)*i[t] == (U0/L)*Sin[omega*t], i[t], t]
```

Hier ist zu beachten, dass der Großbuchstabe I in Mathematica für die imaginäre Einheit reserviert ist, weshalb wir für die Stromstärke das Symbol i verwendet haben. Einsetzen der Anfangsbedingung $I(0) = 0$ liefert die spezielle Lösung

$$I(t) = \frac{U_0 R}{R^2 + \omega^2 L^2} \sin \omega t - \frac{U_0 \omega L}{R^2 + \omega^2 L^2} + \frac{U_0 \omega L}{R^2 + \omega^2 L^2} e^{-\frac{R}{L}t}.$$

Wir können uns den Verlauf der Stromfunktion ansehen, wenn wir mit konkreten Daten arbeiten. Sei $U_0 = 325\,\text{V}$, also die Scheitelspannung des Netzstromes, $\omega = 2\pi \cdot 50\,\text{Hz} \approx 314\,\text{Hz}$, und als Ohm'schen Widerstand verwenden wir $R = 50\,\Omega$ sowie eine Spule der Induktivität $L = 50\,\text{mH}$. Dann lautet unsere Lösung:

$$I(t) = 5.92\,\text{A} \cdot \sin\left(314\,\text{s}^{-1} \cdot t\right) - 1.86\,\text{A} \cdot \cos\left(314\,\text{s}^{-1} \cdot t\right) + 1.86\,\text{A} \cdot e^{-1000\,\text{s}^{-1}t}$$

Wir plotten die Lösung mit MATLAB\Mathematica (siehe Abb. 2.12):

```
syms t
fplot(5.92*sin(314*t)-1.86*cos(314*t)+1.86*exp(-1000*t),[0,0.05],'black',...
    'LineWidth',1.5)
xlabel('t in s')
ylabel('I(t) in A')
```

```
i[t_]:=5.92*Sin[314*t]-1.86*Cos[314*t]+1.86*E^(-1000*t)
Plot[i[t],{x,0,0.05},AxesLabel->{"t in s","I(t) in A"}]
```

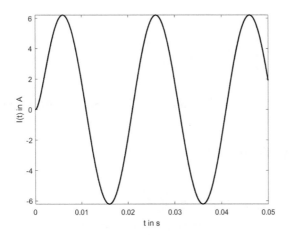

Abb. 2.12: Stromfunktion

Das Verhalten zum Zeitpunkt des Einschaltens erkennen wir besser, wenn wir etwas heranzoomen:

```
syms t
fplot(5.92*sin(314*t)-1.86*cos(314*t)+1.86*exp(-1000*t),[0,0.005],...
    'black','LineWidth',1.5)
xlabel('t in s')
ylabel('I(t) in A')
```

```
i[t_]:=5.92*Sin[314*t]-1.86*Cos[314*t]+1.86*E^(-1000*t)
Plot[i[t],{x,0,0.005},AxesLabel->{"t in s","I(t) in A"}]
```

Wir erkennen einen sich zunächst in einer konvexen Kurve aufbauenden Strom, der mit der Frequenz 50 Hz hin- und herschwingt (siehe Abb. 2.13).

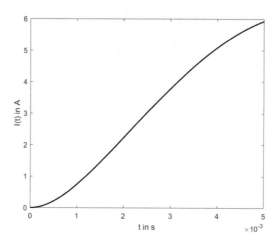

Abb. 2.13: Stromfunktion zum Zeitpunkt des Einschaltens

2.4.4 Wachstumsprozesse

DGL-Typ: Erster Ordnung, verschiedene

DGLs erster Ordnung spielen eine große Rolle bei der Modellierung von Wachstumsprozessen sowie bei Zerfalls- und Abnahmeprozessen. Wir stellen in diesem Abschnitt die wichtigsten Wachstumsmodelle vor.

Lineares Wachstum

DGL-Typ: Erster Ordnung, linear, inhomogen, konstante Koeffizienten

Die einfachste Form des Wachstums ist das *lineare Wachstum*. Das bedeutet, dass die Wachstumsrate (Geburtenrate – Sterberate) zeitlich konstant ist. Die zugehörige DGL

$$\dot{p}(t) = \alpha$$

(mit $\alpha > 0$ konstant) ist einfach durch direktes Integrieren zu lösen.

Die allgemeine Lösung lautet

$$p(t) = \alpha t + C$$

mit einer Konstanten $C \in \mathbb{R}$. Mit der Anfangsbedingung $p(0) = p_0 \geq 0$ ergibt sich

$$p(t) = \alpha t + p_0.$$

Wie Sie in Abb. 2.14 leicht erkennen können, ist dies kein realistisches Modell, da die zeitliche Änderung der Population völlig unabhängig von der aktuellen Populationsgröße ist. Dies wollen wir nun ändern.

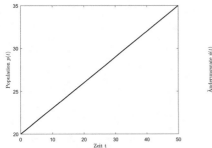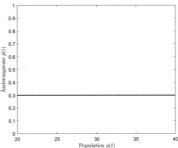

Abb. 2.14: Lineares Wachstum: links: Entwicklung der Population, rechts: Änderungsrate in Abhängigkeit der Population

Exponentielles Wachstum

DGL-Typ: Erster Ordnung, linear, homogen, konstante Koeffizienten

Das *exponentielle Wachstum* geht auf Thomas Robert Malthus (1766–1834) zurück und beschreibt z. B. das Wachstum einer Bakterienkolonie in einer Petrischale über einen begrenzten Zeitraum. Die zugehörige DGL

$$\dot{p}(t) = \alpha p(t)$$

(mit $\alpha > 0$ konstant) lässt sich wieder mittels logarithmischer Integration bewältigen.

Die allgemeine Lösung lautet

$$p(t) = Ce^{\alpha t}$$

mit einer Konstanten $C \in \mathbb{R}$. Mit der Anfangsbedingung $p(0) = p_0 \geq 0$ ergibt sich

$$p(t) = p_0 e^{\alpha t}.$$

Das Problem bei exponentiellem Wachstum ist, dass die dadurch beschriebene Population bis in die Ewigkeit wachsen würde (siehe Abb. 2.15). Ressourcenknappheit wie z. B. Nahrungsmittel- oder Wasserknappheit sowie ein begrenztes Habitat (wie z. B. die Petrischale) erlauben aber keine ewige Vermehrung. Das Modell funktioniert somit nur bei hinreichend kleinen Populationen über einen begrenzten Zeitraum. Dieses Wachstumsmodell muss also geeignet modifiziert werden. Eine Möglichkeit ist das Modell des begrenzten Wachstums.

Begrenztes Wachstum

DGL-Typ: Erster Ordnung, linear, inhomogen, konstante Koeffizienten

Beim *begrenzten Wachstum* setzt man von vornherein eine obere Grenze K für die Größe der Population voraus, sodass sich die Populationsgröße $p(t)$ im Laufe der

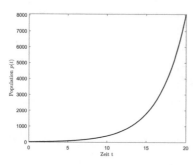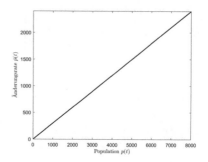

Abb. 2.15: Exponentielles Wachstum: links: Entwicklung der Population, rechts: Änderungsrate in Abhängigkeit der Population

Zeit dieser oberen Grenze nähert. Das bedeutet, dass sich die Wachstumsrate $\dot{p}(t)$ mit zunehmender Zeit (also kleiner werdendem $K - p(t)$) gegen null strebt. Die DGL für diesem Prozess lautet demnach

$$\dot{p}(t) = \alpha\,(K - p(t))$$

mit $\alpha, K > 0$ konstant.

Dies ist eine lineare inhomogene DGL erster Ordnung mit konstanten Koeffizienten, die wir wieder mittels der Summe aus allgemeiner Lösung der homogenen Gleichung und partikulärer Lösung der inhomogenen DGL lösen können.

Für die allgemeine Lösung der homogenen DGL erhalten wir

$$p_h(t) = Ce^{-\alpha t}.$$

Da es sich bei der Störfunktion um eine Konstante handelt, wählen wir als Ansatz für die partikuläre Lösung auch eine Konstante (siehe Tab. 2.1)

$$p_p(t) = A.$$

Einsetzen von $p_p(t)$ und $\dot{p}_p(t) = 0$ in die DGL liefert $A = K$ und somit erhalten wir folgende allgemeine Lösung der DGL:

$$p(t) = p_h(t) + p_p(t) = Ce^{-\alpha t} + K$$

mit der Konstanten $C \in \mathbb{R}$. Mit der Anfangsbedingung $p(0) = p_0$ erhalten wir

$$p(t) = (p_0 - K)e^{-\alpha t} + K.$$

Wenn wir die Änderungsrate $\dot{p} = 0$ setzen, erhalten wir den sogenannten *Gleichgewichtspunkt* oder *Fixpunkt*

$$\dot{p}(t) = \alpha \left(K - \overline{p} \right) = 0 \quad \Leftrightarrow \quad \overline{p} = K.$$

Die Lösungen streben je nach Anfangswert p_0 von unten $(p_0 < \overline{p})$ bzw. von oben $(p_0 > \overline{p})$ gegen den Gleichgewichtspunkt $\overline{p}$ (siehe Abb. 2.16).

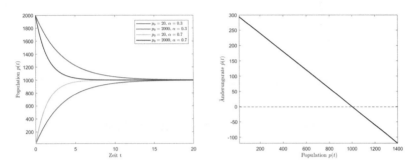

Abb. 2.16: Begrenztes Wachstum: links: Entwicklung der Population mit $K = 1000$, rechts: Änderungsrate in Abhängigkeit der Population

Beispiel 2.14. In einem großen Gartenteich befinden sich 20 Fische, die sich so vermehren, dass die jährliche Wachstumsrate 5 % der Differenz zwischen der oberen Grenze von $K = 100$ Fischen, die der Teich noch beherbergen und ernähren könnte, und dem aktuellen Fischbestand beträgt. Wann sind 80 Fische im Teich zu erwarten?

Wir stellen zunächst die DGL für das beschriebene begrenzte Wachstum auf. Sei $p(t)$ die Populationsgröße der Fische zum Zeitpunkt t. Dann gilt mit den angegebenen Werten

$$\dot{p}(t) = \frac{1}{20} (100 - p(t))$$

mit der Anfangsbedingung $p(0) = 20$. Die allgemeine Lösungsfunktion ergibt sich aus den obigen Betrachtungen zu

$$p(t) = 100 + Ce^{-\frac{1}{20}t}.$$

Anpassen der Anfangsbedingung liefert $C = p_0 - K = 20 - 100 = -80$, also ergibt sich

$$p(t) = 100 - 80e^{-\frac{1}{20}t}.$$

Die Entwicklung der Fischpopulation ist in Abb. 2.17 dargestellt.

Wir müssen also die Gleichung

$$100 - 80e^{-\frac{1}{20}t_{80}} = 80$$

lösen. Dies geschieht durch Logarithmieren:

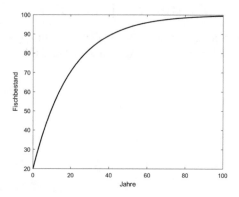

Abb. 2.17: Entwicklung der Fischpopulation

$$-80e^{-\frac{1}{20}t_{80}} = -20$$

$$e^{-\frac{1}{20}t_{80}} = \frac{1}{4}$$

$$-\frac{1}{20}t_{80} = \ln\left(\frac{1}{4}\right)$$

$$-\frac{1}{20}t_{80} = \ln(1) - \ln(4)$$

$$t_{80} = -\ln(4) \cdot (-20) \approx 27.7259$$

Nach etwa 28 Jahren sind 80 Fische im Teich zu erwarten.

Auch mit MATLAB und Mathematica können wir diese Gleichung lösen

```
syms t
t80=solve(100-80*exp((-1/20*t))==80,t)
eval(t80)
```

```
Solve[100-80*E^(-1/20*t)==80,t,Reals]
```

Es vergehen also über 27 Jahre, bis die Fischpopulation auf 80 Individuen angewachsen ist, wenn sie sich streng nach diesem Gesetz entwickelt. In der Realität
kann es aber auch große Abweichungen von derart einfachen Modellen geben. Es
gibt sicherlich unterschiedlich günstige Entwicklungen der Teichökologie, wie z. B.
eine Vergrößerung einer Fischreiherpopulation in der Nähe des Teichs, die sich sehr
negativ auf die Fischpopulation auswirken würde. Derartige Wechselbeziehungen
werden wir mithilfe von Differentialgleichungssystemen in Abschn. 6.4.1 untersuchen. Des Weiteren berücksichtigt das Modell nicht die Möglichkeit von Viruser-
krankungen unter den Fischen oder gar die Möglichkeit temporärer Nahrungsmit-
telknappheit. Eine gute mathematische Modellierung eines realen Prozesses ist also
nicht so einfach, wie sie in der Regel dargestellt wird.   ◀

Beispiel 2.15. Wir betrachten noch ein Anwendungsbeispiel, das scheinbar ein völlig anderes Problem darstellt, nämlich die Vorhersage darüber, zu welchem Zeitpunkt eine sich abkühlende Flüssigkeit (etwa eine Tasse Tee) eine bestimmte Temperatur erreicht. Dabei gehen wir von einer konstanten Außentemperatur ϑ_A aus. Der griechische Buchstabe ϑ ist in der Physik das Standardformelzeichen für die in der Einheit Grad Celsius (°C) gemessene Temperatur. $\vartheta(0) = \vartheta_0$ sei die Anfangstemperatur der Flüssigkeit zum Zeitpunkt 0 mit $\vartheta_0 > \vartheta_A$, und $\vartheta(t)$ gebe die zum Zeitpunkt t erreichte Temperatur an.

Die Flüssigkeit gibt nach den Gesetzen der Thermodynamik so lange Wärme an die Umgebung ab, bis ein thermodynamisches Gleichgewicht entstanden ist in dem Sinne, dass beide Temperaturen gleich sind. Dieser Prozess erfolgt nach dem *Newton'schen Abkühlungsgesetz*

$$\dot{\vartheta}(t) = -\kappa(\vartheta(t) - \vartheta_A)$$

mit $\kappa > 0$ konstant.

Dies ist eine inhomogene lineare DGL erster Ordnung, die einer DGL beschränkten Wachstums gleicht, nur, dass die Temperatur im Beispiel abnimmt bis zur Grenztemperatur ϑ_A. Sie sehen, dass man diese DGL also auch dazu benutzen kann, um die Erwärmung z. B. einer kühlen Flasche Wein an einem warmen Sommertag zu beschreiben.

Unter der Anfangsbedingung $\vartheta(0) = \vartheta_0$ ergibt sich die Lösung

$$\vartheta(t) = \vartheta_A + (\vartheta_0 - \vartheta_A) e^{-\kappa t}.$$

Als Beispiel betrachten wir ein Glas Tee mit einer Anfangstemperatur von 90 °C, das wir zum Abkühlen bei einer Außentemperatur von 15 °C auf die Terrasse stellen. Gesucht ist der Zeitpunkt, zu dem der Tee auf 60 °C abgekühlt ist.

Wir wenden das Abkühlungsgesetz mit den gegebenen Daten an. Für die Konstante κ nehmen wir den beim Abkühlen von Wasser realisierten Wert $0.012 \, \text{min}^{-1}$ an. Dann gilt für die Temperatur des Wassers zum Zeitpunkt t:

$$\vartheta(t) = 15°\text{C} + 75°\text{C} \cdot e^{-0.012\,\text{min}^{-1} \cdot t} \quad (t \text{ in Minuten})$$

Den gesuchten Zeitpunkt t_0 bestimmen wir durch Umformen und Logarithmieren:

$$60°\text{C} = 15°\text{C} + 75°\text{C} \cdot e^{-0.012\,\text{min}^{-1} \cdot t_0}$$

$$45°\text{C} = 75°\text{C} \cdot e^{-0.012\,\text{min}^{-1} \cdot t_0}$$

$$0,6 = e^{-0.012\,\text{min}^{-1} \cdot t_0}$$

$$\ln 0,6 = \ln\left(e^{-0.012\,\text{min}^{-1} \cdot t_0}\right)$$

$$\ln 0,6 = -0.012\,\text{min}^{-1} \cdot t_0$$

Somit erhalten wir $t_0 \approx 42,57°$C. Der Tee hat also nach 42 Minuten und 34 Sekunden eine Temperatur von 60 °C.   ◄

Das begrenzte Wachstum beschreibt die Annäherung der Population an den Gleichgewichtspunkt $\bar{p} = K$, an dem sich Geburten- und Sterberate ausgleichen. Die Wachstumsrate ist hierbei proportional zum Abstand zur Kapazitätsgrenze, sodass das Wachstum von Anfang an abnimmt. Eigentlich würde man aber erwarten, dass sich, wenn die Kapazitätsgrenze noch weit entfernt ist, exponentielles Wachstum einstellt. Diese Annahme führt uns zum nächsten Modell.

Logistisches Wachstum

DGL-Typ: Erster Ordnung, nichtlinear, Bernoulli'sche DGL

Wir lernen nun ein Modell kennen, dass das Verhalten des exponentiellen Wachstums mit dem des begrenzten vereint. Für kleine Populationen ähnelt es dem des exponentiellen Wachstums und für große Populationen dem des begrenzten Wachstums.

Wir gehen dabei zunächst von der bekannten Differentialgleichung des exponentiellen Wachstums aus:

$$\dot{p}(t) = \alpha p(t)$$

mit einer reellen Zahl $\alpha > 0$, der sogenannten *Wachstumsrate* und der Zeitvariablen t. Nun wählen wir keine konstante Wachstumsrate, sondern eine Funktion in Abhängigkeit von $p(t)$

$$\alpha(p(t)) = \gamma - \delta p(t),$$

wobei γ die Geburten- und δ die Sterberate darstellt. Wenn wir $\alpha(p(t))$ in die DGL einsetzen, erhalten wir

$$\dot{p}(t) = (\gamma - \delta p(t))p(t) = \gamma p(t) - \delta p(t)^2$$

mit $\gamma \gg \delta > 0$. Diese Gleichung zur Modellierung von Wachstum schlug der Biomathematiker Pierre-François Verhulst (1804–1849) vor, und sie wird deshalb auch als *Verhulst-Gleichung* oder auch als *logistische Differentialgleichung* bezeichnet. Es handelt sich hierbei um eine nichtlineare gewöhnliche DGL erster Ordnung.

Wir nutzen zur Lösung die Tatsache, dass es sich bei der Verhulst-Gleichung um eine Bernoulli'sche DGL mit $\rho = 2$ und $g(t) = \gamma$, $h(t) = -\delta$ handelt.

Wir substituieren

$$z(t) = \frac{1}{p(t)}.$$

Mit

$$\dot{p}(t) = -\frac{\dot{z}(t)}{z(t)^2}$$

folgt

$$-\frac{\dot{z}(t)}{z(t)^2} = \gamma \frac{1}{z(t)} - \delta \frac{1}{z(t)^2}.$$

Nach Multiplikation mit $-z(t)^2$ ergibt sich die lineare DGL

$$\dot{z}(t) = -\gamma z(t) + \delta.$$

Als allgemeine Lösung der homogenen DGL erhalten wir

$$z_h = Ce^{-\gamma t}.$$

Da es sich bei der Störfunktion um eine Konstante handelt, wählen wir nach Tab. 2.1 den Ansatz $z_p = A$ für die partikuläre Lösung. Einsetzen in die DGL liefert $A = \delta/\gamma$ und wir erhalten die allgemeine Lösung der DGL durch Addition dieser beiden Lösungen:

$$z(t) = z_h(t) + z_p(t) = Ce^{-\gamma t} + \frac{\delta}{\gamma}$$

Resubstitution liefert die allgemeine Lösung der Verhulst-Gleichung

$$p(t) = \frac{1}{Ce^{-\gamma t} + \frac{\delta}{\gamma}}.$$

Nun arbeiten wir die Anfangsbedingung $p(0) = p_0 \geq 0$ ein und erhalten

$$C = \frac{1}{p_0} - \frac{\delta}{\gamma}$$

und damit

$$p(t) = \frac{\gamma}{\delta + \left(\frac{\gamma}{p_0} - \delta\right)e^{-\gamma t}}.$$

> Die logistische DGL lässt sich auch mit der Methode der Trennung der Variablen lösen. Die Integration ist allerdings etwas schwieriger. Probieren Sie es aus!

Wir plotten zur Veranschaulichung und zur Entdeckung weiterer Eigenschaften den Graphen der logistischen Funktion und den der Wachstumsrate für verschiedene Anfangswerte p_0 (siehe Abb. 2.18).

Was lässt sich an diesem Graphen ablesen?

Zunächst fällt auf, dass sich die Population für $t \to \infty$, also real nach sehr langer Zeit, bei dem Wert γ/δ stabilisiert, was auch die Forderung $\gamma \gg \delta$ erklärt. Diesen Wert bezeichnen wir, wie beim begrenzten Wachstum, mit K und nennen ihn *Trägerkapazität*. Im Unterschied zu exponentiellem Wachstum, das unbeschränkt anhält, führt logistisches Wachstum schließlich zu einer Stabilisation bei eben dieser Trägerka-

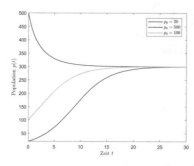 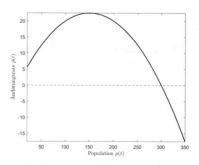

Abb. 2.18: Logistisches Wachstum: links Entwicklung der Population, rechts Änderungsrate in Abhängigkeit der Population mit $\gamma = 0.3$ und $\delta = 0.001$

pazität. $K = \gamma/\delta$ ist also unser Gleichgewichtspunkt, bei dem sich die Population nicht mehr ändert, und wir erhalten ihn, indem wir die Änderungsrate gleich null setzen $(\dot{p}(t) = \gamma p(t) - \delta p(t)^2 = 0)$. Aus Abb. 2.18 (rechts) wird auch ersichtlich, dass bei $p = 300$ die Änderungsrate $\dot{p} = 0$ ist.

Bei unseren Beispielfunktionen ist $\gamma = 0.3$ und $\delta = 0.001$, somit ergibt sich die Trägerkapazität $K = 300$.

Ferner vermutet man einen Wendepunkt der Graphen mit dem Funktionswert $p(t_W) = 150$, falls der Anfangswert kleiner als dieser Wert ist (hier $p_0 = 20$ bzw. $p_0 = 100$). Dies entspricht genau der Hälfte der Trägerkapazität und wird insbesondere in der abgebildeten Änderungsrate deutlich. Diese hat an der Stelle $p = 150$ einen Hochpunkt.

Diese Vermutung gilt ganz allgemein und wird im folgenden Satz formuliert.

Satz 2.2. Die logistische Funktion p mit

$$p(t) = \frac{\gamma}{\delta + \left(\frac{\gamma}{P_0} - \delta\right) e^{-\gamma t}}$$

und $p(0) = p_0 < \frac{K}{2}$ hat an der Stelle

$$t_W = -\frac{1}{\gamma} \ln\left(\frac{\delta}{\frac{\gamma}{P_0} - \delta}\right)$$

einen Wendepunkt mit dem Funktionswert

$$p(t_W) = \frac{\gamma}{2\delta} = \frac{K}{2}. \hspace{2cm} \triangleleft$$

Beweis. Der Beweis verläuft so, wie Sie es aus dem Oberstufenunterricht noch in Erinnerung haben. Zunächst liefert die Berechnung der zweiten Ableitung

$$\ddot{p}(t) = -\frac{e^{t\gamma}\gamma^3 p_0(\gamma - \delta p_0)(-\gamma + (1 + e^{t\gamma})\delta p_0)}{(\gamma + (e^{t\gamma} - 1)\delta p_0)^3}.$$

Notwendige Bedingung für Wendestellen:

$$\ddot{p}(t_W) = 0 \quad \Leftrightarrow \quad -\gamma + (1 + e^{t_W\gamma})\delta p_0 = 0.$$

(Der Term von $\ddot{p}(t_W)$ ist genau dann null, wenn der Zähler null ist und der Nenner ungleich null. Der einzige Faktor im Zähler von $\ddot{p}(t_W)$, der gleich null werden kann ist $-\gamma + (1 + e^{t_W\gamma})\delta p_0$.)

Diese Gleichung hat die Lösung

$$t_W = \frac{1}{\gamma}\ln\left(\frac{\gamma}{\delta p_0} - 1\right) = \frac{1}{\gamma}\ln\left(\frac{\gamma - \delta p_0}{\delta p_0}\right) = \frac{1}{\gamma}\ln\left(\frac{1}{\frac{\delta p_0}{\gamma - \delta p_0}}\right)$$

$$= \frac{1}{\gamma}\left(\ln 1 - \ln\left(\frac{\delta p_0}{\gamma - \delta p_0}\right)\right) = -\frac{1}{\gamma}\ln\left(\frac{\delta}{\frac{\gamma}{p_0} - \delta}\right).$$

Da die zweite Ableitung bei t_W gleich null ist und einen Vorzeichenwechsel hat (hinreichende Bedingung für die Existenz eines Wendepunktes), liegt bei t_W tatsächlich ein Wendepunkt vor. Seine y-Koordinate erhalten Sie durch Einsetzen in den Term der Funktion p zu $p(t_W) = \frac{\gamma}{2\delta} = \frac{K}{2}$. □

Führen Sie alle Schritte des Beweises selbstständig durch!

Populationsdynamische Interpretation des Satzes:

Die Population wächst zunächst mit steigender Zuwachsrate $\dot{p}(t)$, bis sie die Größe der halben Trägerkapazität erreicht hat (beschleunigtes Wachstum, konvexer Graph der Funktion bis zum Wendepunkt). Beim Überschreiten des Wertes $K/2$ (also der halben Trägerkapazität) erleidet die Population einen „Vitalitätseinbruch" und wächst nur noch mit einer ständig kleiner werdenden Wachstumsgeschwindigkeit, was sich in einem konkaven Graphen bemerkbar macht. Schließlich nähert sich die Populationsgröße der Trägerkapazität K, was sich im asymptotischen Verhalten des Graphen widerspiegelt.

Wenn die Anfangspopulation größer als die Trägerkapazität ist, strebt die Lösung von oben gegen die Trägerkapazität. In diesem Fall hat die Funktion auch keine Wendestelle, da der Wert im Logarithmus in Satz 2.2 negativ wird. Auch das können wir aus der Abb. 2.18 (rechts) ablesen: Für Werte $p > 300$ wird die Änderungsrate negativ.

Bemerkung. Zur Modellierung des Populationswachstums mithilfe einer logistischen Funktion bleibt anzumerken, dass die reale Populationsgröße nur natürliche Zahlenwerte annehmen kann, während im Modell beliebige reelle Werte auftauchen. Man erhält daher eine nur angenäherte, aber hinreichend aussagekräftige Beschreibung der Realität.   ◁

Beispiel 2.16. Wir wollen jetzt ein wenig die Verhulst-Gleichung variieren, indem wir den Exponenten des zweiten Summanden verändern. Somit betrachten wir Populationen, die sich nach einem anderen Gesetz entwickeln.

Wir betrachten die beiden Bernoulli'schen DGLs

$$\dot{p}_1(t) = \gamma p_1(t) - \delta p_1(t)^{\frac{5}{2}}$$

und

$$\dot{p}_2(t) = \gamma p_2(t) - \delta p_2(t)^{\frac{3}{2}}.$$

In beiden Fällen liegt ein verändertes Konvergenzverhalten der Population vor. Mit $\rho = 5/2$ bzw. $\rho = 3/2$ erhalten wir nach der in Abschn. 2.3.3 beschriebenen Methode die linearen DGLs

$$z'(t) = -\frac{3}{2}\gamma z(t) + \frac{3}{2}\delta$$

und

$$z'(t) = -\frac{1}{2}\gamma z(t) + \frac{1}{2}\delta$$

mit den Lösungen

$$z(t) = \frac{\delta}{\gamma} + Ce^{-\frac{3}{2}\gamma t}$$

bzw.

$$z(t) = \frac{\delta}{\gamma} + Ce^{-\frac{1}{2}\gamma t}.$$

Somit gilt für die ursprünglichen Funktionen p_1 bzw. p_2 unter der Anfangsbedingung $p(0) = p_0$

$$p_1(t) = \frac{1}{\left(\frac{\delta}{\gamma} + \left(\frac{1}{p_0^{\frac{3}{2}}} - \frac{\delta}{\gamma}\right)e^{-\frac{3}{2}\gamma t}\right)^{\frac{2}{3}}}$$

und

$$p_2(t) = \frac{1}{\left(\frac{\delta}{\gamma} + \left(\frac{1}{p_0^{\frac{1}{2}}} - \frac{\delta}{\gamma}\right)e^{-\frac{1}{2}\gamma t}\right)^{2}}.$$

Mit den Zahlenwerten $\gamma = 0.03$, $\delta = 0.00002$ und $P_0 = 500$ ergibt sich dann

$$p_1(t) = \frac{1}{\left(0.0006667 - 0.0005772e^{-0.045t}\right)^{\frac{2}{3}}}$$

und

$$p_2(t) = \frac{1}{\left(0.0006667 + 0.0440547e^{-0.015t}\right)^2}.$$

Die Graphen sind in Abb. 2.19 dargestellt.

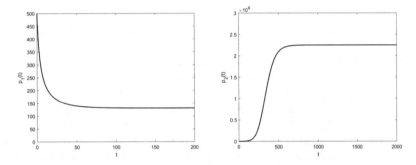

Abb. 2.19: Graphen der Funktionen p_1 und p_2

Im ersten Fall stabilisiert sich die Population langfristig bei einer Individuenzahl von etwa 130, also unterhalb der Anfangspopulation, trotz der geringen Sterberate. Im zweiten Fall wächst die Population bei denselben Werten auf 2,25 Millionen an.

◄

Beispiel 2.17. Wir wollen mithilfe des logistischen Wachstums eine grobe Abschätzung der Entwicklung der Weltbevölkerung machen. Wir entnehmen verschiedenen Internetquellen geeignete Daten über die Größe der Weltbevölkerung seit 1900 ($t = 0$) und erhalten etwa die in Tab. 2.2 zusammengefasste Datenliste.

Die erste Zahl des jeweiligen Datenpaares gibt die Anzahl der Jahre, die seit 1900 vergangen sind, an. Die zweite Zahl gibt die Weltbevölkerung in Milliarden an.

Wir nehmen für unsere Analyse an, die Weltbevölkerung entwickle sich logistisch unter Zugrundelegung dieser Daten. Betrachten Sie dieses Beispiel aber nur als eine Übung im Umgang mit der logistischen Funktion. Man kann auf diese Art und

Tab. 2.2: Entwicklung der Weltbevölkerung

Jahre nach 1900	Weltbevölkerung in Mrd.
0	1.6
27	2
50	2.53
60	3.03
70	3.69
80	4.45
90	5.32
100	6.13
110	6.92
115	7.35
116	7.44

Weise tatsächlich keine reale Projektion machen, da die Populationsentwicklung gerade in diesem Fall sehr vielschichtig ist und von zahlreichen Faktoren wie u. a. Ressourcen- und Trinkwasserknappheit, Seuchen, Kriegen und Klimawandel abhängt. All dies sind schwer vorhersagbare und variable Faktoren, die eine echte Vorhersage bzgl. der Entwicklung der Weltbevölkerung schwierig machen. Durch derartige Entwicklungen in den nächsten Jahren werden weitere Datenpaare hinzukommen, die vielleicht auf eine andere logistische Funktion führen, die eine bessere Beschreibung des realen Wachstums liefern könnte. Aussagen, die auf einem derart kleinen Datensatz beruhen, wie wir ihn hier verwenden, können daher nur als Übung der Methodik dienen.

Wir führen einen logistischen Fit mit MATLAB und Mathematica durch. Unsere Modellfunktion lautet

$$g(x) = \frac{a}{1 + be^{-cx}} + d.$$

```
xdata=[0 27 50 60 70 80 90 100 110 115 116];
ydata=[1.6 2 2.53 3.03 3.69 4.45 5.32 6.13 6.92 7.35 7.44];
gt=fittype('a/(1+b*exp(-c*x))+d');
g=fit(xdata',ydata',gt,'StartPoint', [1,1,0.1,1],'Algorithm',...
    'Levenberg-Marquardt','MaxFunEvals',1000)
```

```
data={{0,1.6},{27,2},{50,2.53},{60,3.03},{70,3.69},{80,4.45},{90,5.32},
    {100,6.13},{110,6.92},{115,7.35},{116,7.44}};
nlm=NonlinearModelFit[data,a/(1+b*Exp[(-c)*x])+d,{a,b,c,d},x]
```

(Die MATLAB-Funktionen fittype und fit sind Teil der CURVE FITTING-Toolbox, siehe Abschn. 8.1.)

Wir erhalten den Fit

$$g(x) = \frac{8.0929}{1 + 56.1089e^{-0.0434x}} + 1.4877,$$

den wir mit der Definition

```
syms x
gx=g.a/(1+g.b*exp(-g.c*x))+g.d;
```

```
g[x_]:=1.4877+8.0929/(1+56.1089/E^(0.0434*x))
```

in die gewohnte Darstellung bringen können. Diese Funktion gibt die Datenpaare aus der Liste „data" gut wieder, wovon man sich am besten durch Einsetzen überzeugt. Wir erhalten die „Trägerkapazität der Erde", indem wir uns den Grenzwert mittels

```
gmax=eval(limit(g,x,inf))
```

```
gmax:=Limit[g[x],x->Infinity]
```

anzeigen lassen. Das angezeigte Ergebnis lautet:

$$g_{\max} = 9.5806$$

Somit wäre nach diesem Modell bei einer Weltbevölkerung von 9.58 Milliarden Menschen das Limit erreicht. Die Abb. 2.20 stellt den Graphen der Funktion g dar.

Bearbeiten Sie Aufg. 2.22, um sich weitergehend mit der CURVE FITTING-Toolbox in MATLAB vertraut zu machen!

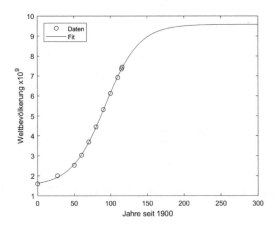

Abb. 2.20: Der Graph der Funktion g

2.4.5 Raketengleichung

Der russische Mathematiker Konstantin Eduardowitsch Ziolkowski (1857–1935) entwickelte 1903 eine Gleichung zur Berechnung der Endgeschwindigkeit einer Rakete unter Berücksichtigung der variablen Treibstoffmasse. Wir haben uns mit dieser Thematik bereits im Einstiegsbeispiel dieses Kapitels beschäftigt.

Eine Rakete der Anfangsmasse m_0 treibe im freien Weltraum und stoße in der differentiell kurzen Zeit dt eine differentiell kleine Treibstoffmasse dm mit der (näherungsweise konstanten) Geschwindigkeit v aus. Wegen des Impulserhaltungssatzes muss der entgegengesetzte Impuls, also $-vdm$, von der Rakete aufgenommen werden. Dieser Impuls bewirkt eine Erhöhung der Raketengeschwindigkeit um du.

Es gilt also

$$vdm = -m(t)du$$

oder nach Division durch dt

$$v\frac{dm}{dt} = -m(t)\frac{du}{dt}$$

oder äquivalent

$$v\dot{m}(t) = -m(t)\dot{u}(t).$$

Dies können wir als eine DGL mit getrennten Variablen auffassen, die sich in der Form

$$\frac{1}{m(t)}\frac{dm}{dt} = -\frac{1}{v}\frac{du}{dt}$$

integrieren lässt:

$$\int \frac{\dot{m}(t)}{m(t)} = -\frac{1}{v}\int \dot{u}(t)dt$$

mit der allgemeinen Lösung

$$\ln m(t) = -\frac{1}{v}u(t) + C$$

$$m(t) = Ke^{-\frac{u(t)}{v}}.$$

Mit der Anfangsmasse m_0 der Rakete erhalten wir wegen $u(0) = 0$ („Rakete treibt zu Beginn")

$$m(t) = m_0 e^{-\frac{u(t)}{v}}.$$

Die Masse der Rakete nimmt also mit der Zeit nach einem Exponentialgesetz ab.

2.4.6 Atmosphärenphysik

DGL-Typ: Erster Ordnung, nichtlinear, Trennung der Variablen

Glücklicherweise besitzt unser Planet Erde eine Atmosphäre, die zum großen Teil aus Stickstoff (ca. 78 %) und Sauerstoff (ca. 21 %) besteht. Dadurch können wir am Erdboden bequem atmen. In größeren Höhen, z. B. auf dem 8848 m hohen Mount Everest, benötigt man dagegen Sauerstoffgeräte. Letzteres, weil der Atmosphären-druck (und mit ihm die Luftdichte und der Sauerstoffpartialdruck) mit der Höhe abnimmt. Aus dem Weltall betrachtet, sieht unsere Atmosphäre sehr dünn aus. Tat-sächlich beginnt die Exosphäre, also der Übergang in den Weltraum, schon in unter 1000 km Höhe, das Wettergeschehen spielt sich überwiegend im Bereich der Tro-posphäre und der unteren Stratosphäre ab, also auf den ersten 10 bis 15 km (siehe Abb. 2.21).

Abb. 2.21: Ein typisches Atmosphärenphänomen: Supertaifun Noru, aus dem All fotografiert. Hier lässt sich auch sehen, wie dünn die Atmosphären-schicht der Erde ist. (Quelle: NASA)

Wir wollen die Veränderung des Luftdrucks mit der Höhe untersuchen. Der normale Luftdruck am Boden oder, wie man besser sagt, auf Meereshöhe beträgt 1013 hPa.

Der Schweredruck in einer Flüssigkeitssäule wird nach der Formel $p = \rho g h$ be-rechnet, wobei ρ die Dichte der Flüssigkeit, g der Ortsfaktor und h die Höhe der Flüssigkeitssäule über der Messhöhe ist. Bei einer Luftschicht können wir diese Gleichung jedoch nur näherungsweise auf eine dünne Schicht dh anwenden. Das liegt daran, dass die Dichte bei (hier einmal zumindest näherungsweise angenom-mener) konstanter Temperatur mit dem Druck proportional abnimmt. Somit gilt für die Druckänderung dp die DGL

$$dp = -\rho g \, dh.$$

Die Dichte ρ kann mithilfe des *Boyle-Mariotte'schen Gesetzes* eliminiert werden. Es gilt:

$$\frac{p}{\rho} = \frac{p_0}{\rho_0} \quad \Leftrightarrow \quad \rho = p\frac{\rho_0}{p_0},$$

wobei der Index 0 andeutet, dass die Werte auf Meereshöhe gemeint sind. Die DGL lautet nach Einsetzen

$$\frac{dp}{dh} = -\frac{\rho_0}{p_0} g p,$$

wobei p als eine von h abhängige Größe zu betrachten ist. Dies ist eine DGL erster Ordnung mit getrennten Variablen. Integrieren ergibt

$$\int \frac{dp}{p} = \int -\frac{\rho_0}{p_0} g \, dh,$$

also

$$p(h) = p_0 e^{-g\frac{\rho_0}{p_0} h},$$

wobei die Anfangsbedingung $p(0) = p_0$ auf Meereshöhe eingesetzt wurde. Die erhaltene Gleichung heißt auch *barometrische Höhenformel*.

Mit realen Werten (etwa bei 0 °C) erhalten wir

$$\frac{\rho_0}{p_0} g = \frac{1.29 \, \text{kg}\,\text{m}^{-3} \cdot 9.81 \, \text{N}\,\text{kg}^{-1}}{101\,325 \, \text{N}\,\text{m}^{-2}} \approx \frac{1}{8000}\,\text{m}^{-1}$$

und daher

$$p(h) = p_0 e^{-\frac{1}{8000}\,\text{m}^{-1} h}.$$

Daher ist der Bodenluftdruck von $p_0 = 1013$ hPa auf dem Gipfel des Mount Everest auf etwa 33 % abgefallen, also auf ca. 335 hPa (siehe Abb. 2.22). Bei akuter Atemnot also bitte nicht wundern!

Tatsächlich haben es Menschen schon geschafft, diesen Bedingungen trotzend (bei Temperaturen um die −40 °C) ohne künstlichen Sauerstoff den Gipfel des Mount Everest zu besteigen: Reinhold Messner und Peter Habeler gelang dieses Kunststück 1978, was vorher kaum jemand für möglich gehalten hatte!

2.4.7 Champagnerlaune

DGL-Typ: Erster Ordnung, linear, homogen

Öffnet man eine Flasche Champagner, Limonade oder Mineralwasser, so steigen sofort Gasblasen auf. Es handelt sich um gelöstes Kohlendioxid (CO_2), das offenbar

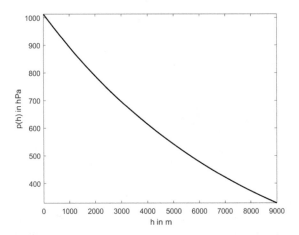

Abb. 2.22: Luftdruck in Abhängigkeit von der Höhe

dem Getränk mit Überdruck zugesetzt wurde. Nach dem Öffnen der Flasche wird das Gas wieder frei. Beobachten Sie diesen Vorgang: Wenn die Gasbläschen eine bestimmte Größe erreicht haben, lösen sie sich von der Flaschenwand ab und steigen auf.

Wir interessieren uns für das zeitliche Gesetz, mit dem die Blasen an Größe zunehmen.

Die Blase habe eine gewisse Größe, wir gehen von einer Kugelform aus. Das Volumen ist also

$$V(r) = \frac{4}{3}\pi r^3,$$

wobei r der Radius ist. Zum Wachsen benötigt die CO_2-Blase weitere CO_2-Moleküle, die sich an der Oberfläche ansammeln. Für die zeitliche Rate $\dot{N}(t)$ der an der Blase mit Radius r abgeschiedenen CO_2-Moleküle gilt offenbar Proportionalität zur Oberfläche:

$$\dot{N}(t) \sim 4\pi r^2$$

Wir nennen den Proportionalitätsfaktor α. Somit gilt die Gleichung

$$\dot{N}(t) = \alpha \cdot 4\pi r^2.$$

Nach dem idealen Gasgesetz

$$pV(t) = N(t)kT$$

(p = konstanter Druck, T = konstante absolute Temperatur, $N(t)$= Anzahl der CO_2-Moleküle, $k = 1.38 \times 10^{-23}\,\mathrm{J\,K^{-1}}$) gilt

$$N(t) = \frac{pV(t)}{kT}$$

und damit

$$\dot{N}(t) = \frac{p}{kT}\dot{V}(t).$$

Durch Gleichsetzen erhalten wir

$$\frac{p}{kT}\dot{V}(t) = \alpha \cdot 4\pi r^2.$$

Wir verwenden nun die Kettenregel (siehe Satz 0.1):

$$\dot{V}(t) = \frac{dV}{dt} = \frac{dV}{dr} \cdot \frac{dr}{dt}$$

(Formal sieht dies wie eine „Erweiterung" mit dr aus, liegt aber darin begründet, dass sich r zeitlich verändert und es somit einen funktionalen Zusammenhang $t \mapsto r(t)$ gibt.) Es gilt:

$$\dot{V}(t) = \frac{dV}{dt} = \frac{dV}{dr} \cdot \frac{dr}{dt} = 4\pi r^2 \cdot \dot{r}(t)$$

Aus

$$\frac{p}{kT}\dot{V}(t) = \alpha \cdot 4\pi r^2$$

und der letzten Gleichung folgt, nach $\dot{r}(t)$ aufgelöst, die einfache DGL

$$\dot{r}(t) = \frac{\alpha kT}{p}$$

mit der Lösung

$$r(t) = \frac{\alpha kT}{p}t + C.$$

Die DGL zeigt, dass die Gasblase einen linearen Wachstumsprozess durchläuft! Mit der Anfangsbedingung $r(0) = r_0$ (Anfangsgröße der Gasblase) ergibt sich

$$r(t) = \frac{\alpha kT}{p}t + r_0.$$

Die Konstante $\frac{\alpha kT}{p}$ ist als Wachstumsgeschwindigkeit des Blasenradius zu interpretieren.

2.4.8 Chemische Reaktionen

DGL-Typ: Erster Ordnung, nichtlinear, Trennung der Variablen

Die chemische Reaktionskinetik ist ein weiteres Anwendungsfeld für DGLs erster Ordnung mit getrennten Variablen. Bei chemischen Reaktionen wandeln sich Stoffe in andere Stoffe um, die unter Umständen völlig andere Eigenschaften haben als die Ausgangsstoffe. So entsteht aus dem reaktiven Alkalimetall Natrium (Na) und dem giftigen Gas Chlor (Cl) das für uns alle lebensnotwendige Kochsalz (NaCl). Die Reaktionsgleichung

$$Na + Cl \longrightarrow NaCl$$

ist ein Beispiel für eine bimolekulare Reaktion. Aus zwei Ausgangsstoffen (*Edukten*) entsteht ein einzelnes *Produkt*. Chemische Reaktionen laufen mit *Reaktionsgeschwindigkeiten* ab, die über die zeitliche Änderungsrate der Konzentration der beteiligten Stoffe definiert sind. So ist etwa die Verbrauchsgeschwindigkeit des Natriums definiert als

$$v_{Na} = -\frac{d[Na]}{dt}$$

und die Bildungsgeschwindigkeit des NaCl als

$$v_{NaCl} = \frac{d[NaCl]}{dt},$$

wobei die eckigen Klammern jeweils die (zeitlich veränderliche) Konzentration des betrachteten Stoffes symbolisieren sollen. Die Konzentration eines Stoffes kann in der Einheit $\frac{mol}{L}$ angegeben werden, wobei mol die SI-Basiseinheit für die Stoffmenge ist. Ein Mol enthält etwa $6.022 \cdot 10^{23}$ Teilchen. Beachten Sie, dass beide Geschwindigkeiten positiv sind, da während der Reaktion die Konzentration von Natrium abnimmt, und die von NaCl zunimmt. Es ist klar, dass bei dieser Reaktion

$$v_{NaCl} = v_{Na}$$

gilt. (Das Gleiche gilt natürlich auch für Chlor.) Die Geschwindigkeit kann in der Einheit $\frac{mol}{Ls}$ angegeben werden.

Etwas komplizierter liegt der Fall z. B. bei der Reaktion

$$6H_2O + 6CO_2 \longrightarrow C_6H_{12}O_6 + 6O_2,$$

bei der unter Einfluss von Licht aus Wasser und Kohlendioxid Traubenzucker und Sauerstoff hergestellt werden. Sie sollten dabei sofort die Grundgleichung der *Photosynthese* erkennen. Hier tauchen *stöchiometrische Koeffizienten* (in diesem Fall die Zahlen 6 vor dreien der beteiligten Stoffe und die nicht ausgeschriebene Zahl 1 vor Traubenzucker) auf, die bei der Bestimmung der Reaktionsgeschwindigkeit berücksichtigt werden müssen, um eine eindeutige Reaktionsgeschwindigkeit für die gesamte chemische Reaktion festzulegen.

Im allgemeinen Fall sind Reaktionsgeschwindigkeiten proportional zu einer Potenz der Konzentrationen der Reaktanten, also kann etwa bei der Reaktion

$$uA + wB + xC \longrightarrow yD + zE$$

gelten:

$$v = -\frac{1}{u}\frac{d[A]_t}{dt} = -\frac{1}{w}\frac{d[B]_t}{dt} = -\frac{1}{x}\frac{d[C]_t}{dt} = \frac{1}{y}\frac{d[D]_t}{dt} = \frac{1}{z}\frac{d[E]_t}{dt} = k[A]_t^u[B]_t^w[C]_t^x,$$

wobei k die sogenannte (temperaturabhängige) *Geschwindigkeitskonstante* ist, und u, w, x, y und z sind die stöchiometrischen Faktoren der Reaktion.

Die Struktur dieser Differentialgleichung lässt sich wie folgt erklären. In dem Beispiel müssen A-, B- und C-Teilchen aufeinandertreffen, damit es zu einer Reaktion kommt. Die Wahrscheinlichkeit, dass es zu einem solchen Zusammenstoß kommt, ist umso höher, je höher die Konzentrationen dieser Stoffe sind. Da alle drei Ausgangsstoffe benötigt werden, um die Produkte D und E zu bilden, werden die einzelnen Konzentrationen multipliziert. Sobald ein Ausgangsstoff fehlt, ist keine Reaktion mehr möglich und somit $v = 0$. Würde man die Änderung der Geschwindigkeit beschreiben, indem man die Konzentrationen addiert, könnte v größer als null sein, wenn einer der Ausgangsstoffe fehlt.

Eine Reaktion *erster Ordnung* bezüglich des Reaktanten A

$$A \longrightarrow \text{Produkte}$$

zeichnet sich durch ein Geschwindigkeitsgesetz der Form

$$\frac{d[A]_t}{dt} = -k[A]_t$$

aus. Dies ist eine DGL erster Ordnung mit getrennten Veränderlichen, die derjenigen des radioaktiven Zerfalls ähnelt (siehe Abschn. 2.2.1). Ihre Lösung lautet demnach

$$[A]_t = [A]_0 e^{-kt},$$

wobei der Faktor $[A]_0$ die Anfangskonzentration des Stoffes A angibt.

Überprüfen Sie dies!

Analog sieht eine Reaktion *zweiter Ordnung*

$$2A \longrightarrow \text{Produkte}$$

folgendermaßen aus:

$$\frac{d[A]_t}{dt} = -k[A]_t^2$$

Wir lösen diese DGL wieder mit der Methode der Trennung der Variablen

$$\frac{d[A]_t}{dt} = -k[A]_t^2$$

$$\int \frac{1}{[A]_t^2} d[A]_t = -k \int dt$$

$$-\frac{1}{[A]_t} = -kt + C$$

$$[A]_t = \frac{1}{kt - C}$$

$$[A]_0 = -\frac{1}{C} \quad \Leftrightarrow \quad C = -\frac{1}{[A]_0}.$$

Die Lösung dieser DGL lautet also:

$$[A]_t = \frac{1}{kt + \frac{1}{[A]_0}} = \frac{[A]_0}{kt[A]_0 + 1}$$

Beim *chemischen Gleichgewicht* erscheint eine chemische Reaktion äußerlich ruhend. Dabei laufen chemische Reaktionen in beiden Richtungen ab. Bei den in der Praxis relevanten Untersuchungen zur chemischen Reaktionskinetik laufen die Reaktionen so fern vom Gleichgewicht ab, dass die Rückreaktion (also die Rückumwandlung der Produkte) keine Rolle spielt. In der Nähe des Gleichgewichts wird jedoch die Berücksichtigung der Rückreaktion notwendig. Sei also der Stoff A mit dem Stoff B im Gleichgewicht. Wir gehen bei Hin- und Rückreaktion von erster Ordnung aus:

$$A \underset{k_B}{\overset{k_A}{\rightleftharpoons}} B$$

Dann gilt für die zeitliche Änderung der Konzentration von A die DGL

$$\frac{d[A]_t}{dt} = -k_A[A]_t + k_B[B]_t.$$

Sei wie oben die Konzentration von A zum Zeitpunkt $t = 0$ mit $[A]_0$ bezeichnet und der Stoff B zunächst nicht vorhanden, dann gilt

$$[A]_t + [B]_t = [A]_0 \quad \forall t,$$

da keine Substanz aus dem Prozess entfernt wird und nur Umwandlungen stattfinden. Somit erhalten wir die DGL

$$\frac{d[A]_t}{dt} = -k_A[A]_t + k_B([A]_0 - [A]_t).$$

In der Form

$$\frac{d[A]_t}{dt} + (k_A + k_B)[A]_t = k_B[A]_0$$

erkennen wir eine lineare inhomogene DGL erster Ordnung mit konstanten Koeffizienten, deren Lösung für Sie bereits zur Routine geworden ist:

$$[A]_t = [A]_0 \left(\frac{k_B}{k_A + k_B} + \frac{k_A}{k_A + k_B} e^{-(k_A + k_B)t} \right)$$

Damit gilt dann

$$[B]_t = [A]_0 - [A]_t = [A]_0 \left(1 - \frac{k_B}{k_A + k_B} - \frac{k_A}{k_A + k_B} e^{-(k_A + k_B)t} \right).$$

Das langfristige Verhalten der Konzentrationen liefern die Grenzwerte

$$\lim_{t \to \infty}[A]_t = \frac{k_B}{k_A + k_B}[A]_0 \quad \text{und} \quad \lim_{t \to \infty}[B]_t = \frac{k_A}{k_A + k_B}[A]_0.$$

Berechnen Sie die Lösung für $[B]_0 > 0$ (siehe Aufg. 2.18)!

Wir betrachten folgende Reaktion *zweiter Ordnung* mit zwei unterschiedlichen Ausgangsstoffen

$$A + B \longrightarrow C.$$

Wir erhalten folgende DGL für das Produkt C

$$\frac{d[C]_t}{dt} = k[A]_t[B]_t,$$

und es gilt

$$\frac{d[A]_t}{dt} = \frac{d[B]_t}{dt} = -\frac{d[C]_t}{dt}.$$

Daraus ergibt sich

$$\frac{d[A]_t}{dt} + \frac{d[C]_t}{dt} = 0$$

$$\frac{d[B]_t}{dt} + \frac{d[C]_t}{dt} = 0,$$

also

$$[A]_t + [C]_t = \text{const} = [A]_0 + [C]_0$$
$$[B]_t + [C]_t = \text{const} = [B]_0 + [C]_0.$$

Wir stellen diese Gleichungen nach $[A]_t$ bzw. $[B]_t$ um und setzen sie in die DGL ein:

$$\frac{d[C]_t}{dt} = k[A]_t[B]_t = k\left([A]_0 + [C]_0 - [C]_t\right)\left([B]_0 + [C]_0 - [C]_t\right)$$

Diese DGL können wir wieder mittels der Methode der Trennung der Variablen lösen:

$$\int \frac{1}{\left([A]_0 + [C]_0 - [C]_t\right)\left([B]_0 + [C]_0 - [C]_t\right)} d[C]_t = k \int dt$$

> Das linke Integral können Sie mithilfe der Partialbruchzerlegung lösen (siehe Bsp. 0.4 und Bsp. 0.5, vgl. Proß und Imkamp 2018, Abschn. 14.3). Probieren Sie es aus!

$$\frac{\ln\left([A]_0 + [C]_0 - [C]_t\right) - \ln\left([B]_0 + [C]_0 - [C]_t\right)}{[A]_0 - [B]_0} = kt + K$$

$$\ln\left(\frac{[A]_0 + [C]_0 - [C]_t}{[B]_0 + [C]_0 - [C]_t}\right) = (kt + K)\left([A]_0 - [B]_0\right)$$

Mit der Anfangsbedingung $[C]_0$ gilt:

$$K = \frac{\ln\left(\frac{[A]_0}{[B]_0}\right)}{[A]_0 - [B]_0}$$

$$\ln \underbrace{\overbrace{\frac{[A]_0 + [C]_0 - [C]_t}{[B]_0 + [C]_0 - [C]_t}}^{[A]_t}}_{[B]_t} = kt\left([A]_0 - [B]_0\right) + \ln\left(\frac{[A]_0}{[B]_0}\right)$$

$$\ln\frac{[A]_t}{[B]_t} = kt\left([A]_0 - [B]_0\right) + \ln\left(\frac{[A]_0}{[B]_0}\right)$$

Man kann die Geschwindigkeitskonstante k also aus der Steigung ermitteln, wenn man $\ln\frac{[A]_t}{[B]_t}$ gegen die Zeit t aufträgt.

Abschließend betrachten wir noch folgenden Reaktionstyp

$$A + B \underset{k_C}{\overset{k_{AB}}{\rightleftarrows}} C.$$

Für die Konzentration des Produkts C gilt folgende DGL:

$$\frac{d[C]_t}{dt} = k_{AB}[A]_t[B]_t - k_C[C]_t$$

Wie bei der Reaktion zuvor gelten auch hier die Erhaltungssätze

$$\frac{d[A]_t}{dt} + \frac{d[C]_t}{dt} = 0 \quad \text{und} \quad \frac{d[B]_t}{dt} + \frac{d[C]_t}{dt} = 0,$$

also

$$[A]_t + [C]_t = \text{const} = [A]_0 + [C]_0 \quad \text{und} \quad [B]_t + [C]_t = \text{const} = [B]_0 + [C]_0.$$

Wir stellen diese Gleichungen nach $[A]_t$ bzw. $[B]_t$ um und setzen sie in die DGL ein:

$$\frac{d[C]_t}{dt} = k_{AB}[A]_t[B]_t - k_C[C]_t = k_{AB}\left([A]_0 + [C]_0 - [C]_t\right)\left([B]_0 + [C]_0 - [C]_t\right) - k_C[C]_t$$

Auch diese DGL können wir wieder mittels der Methode der Trennung der Variablen lösen:

$$\int \frac{[C]_t}{\left([A]_0 + [C]_0 - [C]_t\right)\left([B]_0 + [C]_0 - [C]_t\right)}\,d[C]_t = \frac{k_{AB}}{k_C}\int dt$$

> Das linke Integral können Sie wieder mithilfe der Partialbruchzerlegung lösen (siehe Bsp. 0.4 und Bsp. 0.5, vgl. Proß und Imkamp 2018, Abschn. 14.3). Probieren Sie es aus!

$$\ln\left(\frac{\left([A]_0 + [C]_0 - [C]_t\right)^{[A]_0 + [C]_0}}{\left([B]_0 + [C]_0 - [C]_t\right)^{[B]_0 + [C]_0}}\right) = \left(\frac{k_{AB}}{k_C}t + K\right)\left([A]_0 - [B]_0\right)$$

$$\ln\left(\frac{[A]_t^{[A]_0 + [C]_0}}{[B]_t^{[B]_0 + [C]_0}}\right) = \left(\frac{k_{AB}}{k_C}t + K\right)\left([A]_0 - [B]_0\right)$$

Mehr zu chemischen Reaktionen finden Sie z. B. in Czeslik et al. (2009) und Kremling (2012).

2.4.9 Enzymkinetik

DGL-Typ: Erster Ordnung, nichtlinear, Trennung der Variablen

Aufbauend auf dem vorherigen Abschnitt betrachten wir nun chemische Reaktionen in biologischen Systemen. In diesen werden fast alle chemischen Reaktionen durch sogenannte *Enzyme* katalysiert. Enzyme sind meist Proteine und können die Reaktionsgeschwindigkeit enorm erhöhen. Sie sind an allen wichtigen Lebensvorgängen, wie beispielsweise Verdauung, Atmung und Wachstum direkt beteiligt. Enzyme sind reaktions- und substratspezifisch, d. h. sie katalysieren nur bestimmte Reaktionen mit einem bestimmten Substrat. Aus einer Reaktion gehen sie unverändert hervor und stehen für weitere Reaktionen zur Verfügung. Für eine detaillierte Einführung in Stoffwechselprozesse siehe z. B. Campbell et al. (2015).

Wir betrachten folgenden biochemischen Reaktionstyp

$$S + E \underset{k_{-1}}{\overset{k_1}{\rightleftharpoons}} ES \xrightarrow{k_2} P + E,$$

wobei S das Substrat, E das Enzym, ES den Enzym-Substrat-Komplex und P das Produkt bezeichnet. Das freie Enzym bindet also zunächst an das Substrat und bildet einen *Enzym-Substrat-Komplex*. In diesem Zustand wird das Substrat in das Produkt umgewandelt und das Enzym wieder freigesetzt.

Die folgende mathematische Beschreibung der Reaktionsgeschwindigkeiten geht auf Leonor Michaelis (1875–1949) und Maud Menten (1879–1960) zurück und wird *Michaelis-Menten-Kinetik* genannt.

Wir stellen die DGLs für diese Reaktion auf:

$$\frac{d[S]_t}{dt} = -k_1[S]_t[E]_t + k_{-1}[ES]_t$$

$$\frac{d[E]_t}{dt} = -k_1[S]_t[E]_t + k_{-1}[ES]_t + k_2[ES]_t$$

$$\frac{d[ES]_t}{dt} = k_1[S]_t[E]_t - k_{-1}[ES]_t - k_2[ES]_t$$

$$\frac{d[P]_t}{dt} = k_2[ES]_t$$

Wir sehen, dass die DGLs miteinander gekoppelt sind. Es handelt sich hier um ein sogenanntes *Differentialgleichungssystem* (DGLS). Mit DGLSs werden wir uns in Kap. 4 näher auseinandersetzen. Dieses DGLS ist nichtlinear und nur über aufwendige Integration zu lösen.

Deshalb versuchen wir das System zu vereinfachen, indem wir annehmen, dass sich die Konzentration des Enzym-Substrat-Komplexes während der Reaktion nicht ändert. Sie befindet sich im *Fließgleichgewicht* (*steady state*)

$$\frac{d[ES]_t}{dt} = 0.$$

Zusätzlich gilt, dass in einer Reaktion weder Enzyme produziert noch verbraucht werden. Sie treten nur frei oder als Komplex auf:

$$\frac{d[ES]_t}{dt} + \frac{d[E]_t}{dt} = 0$$

Die Konzentrationen von E und ES lassen sich nicht unmittelbar bestimmen, aber die in den Experimenten eingesetzte totale Enzymkonzentration $[E_T]$ ist bekannt:

$$[E_T] = [E]_t + [ES]_t.$$

Es gilt also:

$$\frac{d[ES]_t}{dt} = k_1 [S]_t [E]_t - k_{-1} [ES]_t - k_2 [ES]_t = 0$$

$$\Leftrightarrow [ES]_t = \frac{k_1 [E]_t [S]_t}{k_{-1} + k_2} = \frac{k_1 ([E_T] - [ES]_t) [S]_t}{k_{-1} + k_2}$$

$$\Leftrightarrow [ES]_t \left(1 + \frac{k_1 [S]_t}{k_{-1} + k_2} \right) = \frac{k_1 [E_T] [S]_t}{k_{-1} + k_2}$$

$$\Leftrightarrow [ES]_t = \frac{k_1 [E_T] [S]_t}{k_{-1} + k_2 + k_1 [S]_t} = \frac{[E_T] [S]_t}{[S]_t + \frac{k_{-1} + k_2}{k_1}}$$

Somit gilt für die Reaktionsrate des Produkts

$$v = \frac{d[P]_t}{dt} = k_2 [ES]_t = \frac{k_2 [E_T] [S]_t}{[S]_t + \frac{k_{-1} + k_2}{k_1}} = \frac{v_{max} [S]_t}{[S]_t + K_m}$$

mit $v_{max} = k_2 [E_T]$ und $K_m = \frac{k_{-1} + k_2}{k_1}$. k_2 wird in diesem Zusammenhang auch als *Wechselzahl* (*turnover number, k_{cat}*) bezeichnet. Sie gibt die Anzahl der Substratmoleküle an, die ein Enzymmolekül pro Sekunde bei vollständiger Sättigung mit Substrat in Produktmoleküle umwandeln kann. K_m entspricht der Substratkonzentration bei halbmaximaler Reaktionsrate (siehe Abb. 2.23).

Da das direkte Ablesen der Parameter in dieser Darstellung schwierig ist, hilft hier das *Lineweaver-Burk-Diagramm*. Dazu wird die Gleichung wie folgt transformiert:

$$\frac{1}{v} = \frac{1}{\frac{v_{max} [S]_t}{[S]_t + K_m}} = \frac{K_m}{v_{max}} \frac{1}{[S]_t} + \frac{1}{v_{max}}.$$

Hierdurch erhält man eine lineare Funktion, an deren Graph die Parameter sofort abgelesen werden können (siehe Abb. 2.24): Die Nullstelle entspricht $-1/K_m$ und der y-Achsenabschnitt $1/v_{max}$.

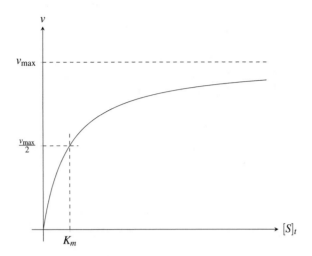

Abb. 2.23: Michaelis-Menten-Diagramm

Die DGL

$$\frac{d[S]_t}{dt} = -\frac{v_{max}[S]_t}{[S]_t + K_m}$$

kann wieder mittels Trennung der Variablen gelöst werden:

$$-\int \frac{[S]_t + K_m}{v_{max}[S]_t} d[S]_t = \int dt$$

$$-\int \left(\frac{1}{v_{max}} + \frac{K_m}{v_{max}} \frac{1}{[S]_t} \right) d[S]_t = t + C$$

$$-\frac{1}{v_{max}}[S]_t - \frac{K_m}{v_{max}} \ln[S]_t = t + C.$$

Wir verwenden die Anfangsbedingung $[S]_0$ und erhalten

$$v_{max}t = -K_m \ln \left(\frac{[S]_t}{[S]_0} \right) - ([S]_t - [S]_0).$$

Rechnen Sie dies nach!

Wenn Sie tiefer in diese Thematik einsteigen wollen, dann verweisen wir auf Kremling (2012) und Prüß et al. (2008).

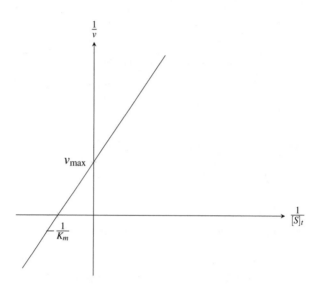

Abb. 2.24: Lineweaver-Burk-Diagramm

2.4.10 Wiedereintritt von Raumfahrzeugen in die Atmosphäre

DGL-Typ: Erster Ordnung, nichtlinear, Trennung der Variablen

Der gefährlichste Abschnitt eines Weltraumabenteuers ist der Wiedereintritt eines Raumfahrzeuges wie früher z. B. der Space-Shuttles oder der Apollo-Kapseln in die Atmosphäre. Dabei muss das Raumfahrzeug in etwa 120 km Höhe unter einem bestimmten Winkel eintreten. Dann verliert es einen Teil seiner kinetischen Energie und damit seiner Geschwindigkeit v durch atmosphärische Bremsung, wobei der Hitzeschild Temperaturen über 1000 °C aushalten muss. Wie gefährlich ein solches Manöver bei einem defekten Hitzeschutzschild sein kann, hat das Columbia-Unglück im Jahr 2003 gezeigt, bei dem alle sieben Astronauten ihr Leben ließen.

Im Bereich von 120 km bis auf 30 km Höhe gilt für die bremsende Kraft das Gesetz

$$m\dot{v}(t) = -\frac{1}{2}\rho c_W A v^2,$$

wobei m die Masse des Raumfahrzeugs, ρ die Dichte der Anströmung, A die angeströmte Querschnittsfläche und c_W der Luftwiderstandsbeiwert ist. Trennung der Variablen liefert uns das Geschwindigkeits-Zeit-Gesetz als Lösung dieser DGL:

$$\frac{dv}{dt} = -\frac{1}{2m}\rho c_W A v^2$$

$$\frac{dv}{v^2} = -\frac{1}{2m}\rho c_W A \, dt$$

Integriert bedeutet dies:

$$\int \frac{dv}{v^2} = -\frac{1}{2m}\rho c_W A t + C$$

$$-\frac{1}{v} = -\frac{1}{2m}\rho c_W A t + C$$

Nach v aufgelöst ergibt sich

$$v(t) = \frac{1}{\frac{\rho c_W A}{2m} t + C}$$

Für die Anfangsgeschwindigkeit gelte $v(0) = v_0$. Dann gilt

$$v(t) = \frac{1}{\frac{1}{v_0} + \frac{\rho c_W A}{2m} t} = \frac{v_0}{1 + \frac{\rho c_W A}{2m} v_0 t}.$$

Die Anfangsgeschwindigkeit beim Wiedereintritt betrug beim Space-Shuttle immerhin über $26\,000\,\mathrm{km\,h^{-1}}$! Das erhaltene Geschwindigkeits-Zeit-Gesetz zeigt, dass während dieser Phase des atmosphärischen Gleitens die Geschwindigkeit mit $\frac{1}{1+Bt}$ abnimmt (hier $B := \frac{\rho c_W A v_0}{2m}$). Der qualitative Verlauf entspricht dem Gesetz einer hyperbolischen Abnahme (siehe Abb. 2.25).

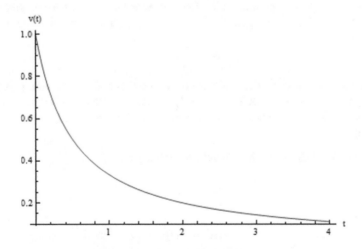

Abb. 2.25: Verlauf der Geschwindigkeit

Eine genauere Beschreibung der Phänomene und Prozesse während des Wiedereintritts finden Sie bei Messerschmid und Fasoulas (2004).

2.4.11 Eintauchen einer Kugel

DGL-Typ: Erster Ordnung, linear, inhomogen, konstante Koeffizienten,

Variation der Konstanten

Kleine Körper, die sich durch eine Flüssigkeit einer Viskosität („Zähigkeit") η, wie z. B. Öl oder Honig bewegen, erfahren neben der Schwerkraft auch eine Bremskraft, die proportional zur Geschwindigkeit v ist. Diese sogenannte *Stokes-Reibung* lässt sich beim Fall einer Kugel mit dem Radius r mithilfe der Formel

$$F_R = 6\pi\eta rv$$

berechnen. Für die resultierende beschleunigende Kraft $F = m\ddot{x}$ der Kugel in vertikaler Richtung gilt die Gleichung

$$m\ddot{x}(t) = mg - k\dot{x}(t),$$

wobei $\dot{x} = v$, m die Masse und g der Ortsfaktor ist. Die Konstante $k := 6\pi\eta r$ sei als abkürzende Bezeichnung gewählt. Die vertikale Achse ist bei dieser Wahl der Vorzeichen nach unten gerichtet.

Dies ist zwar streng genommen eine DGL zweiter Ordnung, aber wir können sie mittels $\dot{x} = v$ in eine inhomogene DGL erster Ordnung mit konstanten Koeffizienten überführen:

$$\dot{v}(t) + \frac{k}{m}v(t) = g$$

Diese lässt sich auch mit der herkömmlichen Methode lösen, da eine partikuläre Lösung der inhomogenen DGL $\left(v_p(t) = \frac{mg}{k}\right)$ leicht zu erraten ist. Unser Vertrauen in die Methode der Variation der Konstanten wird jedoch gestützt, wenn sie auch hier funktioniert.

Die allgemeine Lösung der homogenen Gleichung ist

$$v_h(t) = Ce^{-\frac{k}{m}t}.$$

Daher ist

$$v_C(t) = C(t)e^{-\frac{k}{m}t}.$$

Einsetzen nach Bildung der Ableitung liefert

$$\dot{C}(t)e^{-\frac{k}{m}t} + C(t)\left(-\frac{k}{m}\right)e^{-\frac{k}{m}t} + \frac{k}{m}C(t)e^{-\frac{k}{m}t} = g,$$

also

$$\dot{C}(t) = ge^{\frac{k}{m}t}.$$

Durch Integration folgt

$$C(t) = \frac{mg}{k}e^{\frac{k}{m}t}$$

und

$$v_p(t) = C(t)e^{-\frac{k}{m}t} = \frac{mg}{k}.$$

Die Kugel bewegt sich also gemäß des Geschwindigkeits-Zeit-Gesetzes

$$v(t) = Ce^{-\frac{k}{m}t} + \frac{mg}{k}.$$

Fällt die Kugel mit der Anfangsgeschwindigkeit $v(0) = v_0$ in die viskose Flüssigkeit, so folgt

$$v(t) = \left(v_0 - \frac{mg}{k}\right)e^{-\frac{k}{m}t} + \frac{mg}{k}.$$

Das bedeutet, dass sich die Geschwindigkeit dem Wert

$$\lim_{t\to\infty} v(t) = \frac{mg}{k}$$

nähert, sodass die beschleunigte Bewegung in eine mit konstanter Geschwindigkeit übergeht.

Bemerkung.

1. Bei der Bewegung eines Fallschirmspringers in der Luft ist die Reibungskraft proportional zum Quadrat der Geschwindigkeit (Newton-Reibung), sodass die zugehörige DGL

$$m\ddot{x}(t) = mg - k\dot{x}(t)^2$$

lautet (mit einer anderen Konstanten k, beachten Sie die Einheitendimension!). Dies ist eine nichtlineare DGL zweiter Ordnung, die sich auch mithilfe der Substitution $\dot{x} = v$ in eine solche erster Ordnung transformieren und sich (wenn auch umständlich) mit dem Verfahren getrennter Variablen lösen lässt.

Alternativ kann man sie auch als eine sogenannte *Riccati'sche DGL* auffassen und sie mit einer zugehörigen Methode lösen (siehe z. B. Heuser 2004). In diesem Fall nähert sich die Geschwindigkeit der Größe

$$\lim_{t\to\infty} v(t) = \sqrt{\frac{mg}{k}},$$

sodass der Fallschirmspringer eine Grenzgeschwindigkeit erreicht, die aber auch von der Körperhaltung abhängt. Bei der üblicherweise quer zum Fall eingenommenen Lage kann er vor der Fallschirmöffnung ca. $200\,\mathrm{km\,h^{-1}}$ erreichen.

2. Die obige DGL $m\ddot{x}(t) = mg - k\dot{x}(t)$ taucht noch in einem anderen physikalischen Zusammenhang auf, nämlich bei der Induktion in einer Leiterschleife, die frei in ein Magnetfeld hineinfällt (siehe Abb. 2.26). Dabei wird der Luftwiderstand vernachlässigt.

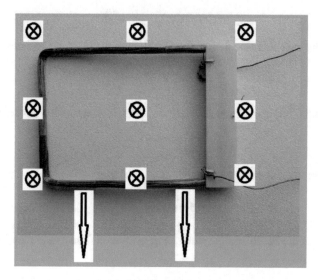

Abb. 2.26: Leiterschleife im B-Feld

Durch die fallende Leiterschleife bewegen sich Elektronen nach unten, was einem technischen Strom nach oben entspricht. Durch das in die Papierebene hineinzeigende B-Feld (symbolisch durch die Kreuze dargestellt) entsteht eine Lorentz-Kraft. Diese ist nach der Drei-Finger-Regel der rechten Hand nach links gerichtet: Im Magnetfeldbereich erfahren die Elektronen eine Lorentz-Kraft nach links. Die nach links fließenden Elektronen erfahren im B-Feld aber wiederum nach der Drei-Finger-Regel eine Kraft nach oben. Dahinter steckt die Lenz'schen Regel. Diese besagt, dass der Induktionsstrom so gerichtet ist, dass er seiner Ursache entgegenwirkt: Die Leiterschleife wird abgebremst!

Da die Lorentz-Kraft proportional zur Geschwindigkeit der Leiterschleife ist, also

$$F_L(t) = kv(t) = k\dot{x}(t),$$

gilt offensichtlich für die resultierende Kraft auf die Leiterschleife die Gleichung

$$F(t) = F_G - F_L(t)$$

(mit der Gewichtskraft F_G, die die Leiterschleife erfährt).

Daraus folgt die DGL

$$m\ddot{x} = mg - k\dot{x}(t).$$

Wirbelstrombremsen, wie sie z. B. in Free-Fall-Towern eingesetzt werden, funktionieren nach diesem Prinzip, wobei die Wirbelströme in fallenden Metallplatten entstehen. Sie sehen hier ein schönes Beispiel dafür, wie verschiedene (physikalische) Sachverhalte durch ein und dieselbe DGL beschrieben werden können.   ◁

Bemerkung. Wir haben in den vorhergehenden Beispielen jeweils das vollständige Verfahren der Variation der Konstanten durchgeführt. Wenn Sie sich lieber eine Formel merken möchten, in die alles eingesetzt werden kann, dann reflektieren Sie das Verfahren noch einmal etwas formaler anhand der folgenden Argumentation:

Wir gehen aus von der DGL

$$\dot{u}(t) = a(t)u(t) = s(t).$$

Die allgemeine Lösung der homogenen DGL

$$\dot{u}(t) = a(t)u(t) = 0$$

lautet

$$u_h(t) = Ce^{-\int a(t)dt}.$$

Variation der Konstanten liefert mit

$$u_C(t) = C(t)e^{-\int a(t)dt}$$

und der Ableitung

$$\dot{u}_C(t) = \dot{C}(t)e^{-\int a(t)dt} - C(t)a(t)e^{-\int a(t)dt}$$

nach Einsetzen in die inhomogene DGL die Gleichung

$$\dot{C}(t)e^{-\int a(t)dt} = s(t),$$

woraus durch Umstellen und Integrieren folgt:

$$C(t) = \int s(t)e^{\int a(t)dt}dt$$

Wir erhalten für die partikuläre Lösung die Formel

$$u_p(t) = e^{-\int a(t)dt}\int s(t)e^{\int a(t)dt}dt.$$ ◁

Gehen Sie alle Schritte dieser Argumentation sorgfältig auf dem Papier
durch!

Bemerkung. Für mehr an den theoretischen Grundlagen Interessierte: In der Theorie
der DGLs erster Ordnung stellt sich die Frage nach der Lösbarkeit des Anfangswertproblems

$$y'(x) = f(x, y), y(x_0) = y_0.$$

Der sogenannte Existenzsatz von Peano besagt, dass bereits die Stetigkeit der Funktion f hinreichend für die Existenz einer Lösung ist. Mithilfe einer weiteren Bedingung, der sogenannten Lipschitz-Bedingung, lässt sich zusätzlich auch die Eindeu-
tigkeit der Lösung nachweisen (Satz von Picard-Lindelöf). Wir verweisen den an
Details interessierten Leser an Heuser (2004).   ◁

2.5 Aufgaben

Übung 2.1. Bestimmen Sie die Weg-Zeit-Funktion $t \mapsto s(t)$ für den Raketenstart aus Abschn. 2.1.

Übung 2.2. Ⓥ Zeigen Sie, dass die Funktion

$$y(x) = \frac{5\sin(3x) - 1}{2x^2}$$

eine spezielle Lösung der DGL

$$y'(x) + \frac{2}{x}y(x) = \frac{15\cos(3x)}{2x^2}$$

darstellt, indem Sie die Funktion differenzieren und in die DGL einsetzen.

Übung 2.3. Ⓑ Welche der folgenden DGLs sind linear, welche nichtlinear? Unterscheiden Sie dabei, ob die linearen DGLs homogen oder inhomogen sind und ob die Koeffizienten konstant sind.

DGL	linear	nichtlinear	homogen	inhomogen	konstante Koeffizienten
$\sin(4x)y + 3y' + \sqrt{x} = 0$					
$\sin(y) + 3x = xy'$					
$y'y + x = 0$					
$\dot{u} + 3u = 0$					
$\dot{u} + 3u - t^2 = 0$					
$\sqrt{y} + 7x^2 y' = 3$					
$\dot{y} + \frac{1}{t^2}y = e^{3t}$					
$m\dot{v} + kv = mg$					
$\frac{dy}{dx} + 3y - e^y = 3$					
$\frac{dy}{dx} + 3y = 0$					

Übung 2.4. Lösen Sie die folgende DGL wie in Bsp. 1.1 und Bsp. 1.2 vorgeführt:

$$f'(x) \cdot x^3 + f(x) \cdot 3x^2 = 2$$

Übung 2.5. Ⓑ Plotten Sie das Richtungsfeld der folgenden DGLs mit MATLAB oder Mathematica und versuchen Sie aus diesem heraus die Lösungsfunktionsschar zu erraten. Überprüfen Sie anschließend Ihre Lösungen mit MATLAB oder Mathematica und plotten Sie einige dieser Lösungen zusammen mit dem Richtungsfeld.

a) $xy'(x) = y(x)$
b) $xy'(x) = \frac{y(x)}{2x}$

Übung 2.6. Lösen Sie die folgenden DGLs mithilfe logarithmischer Integration.

a) $y'(x) = 2xy(x)$
b) $y'(x) + x^2 y(x) = 0$

Übung 2.7. Lösen Sie die folgenden inhomogenen DGLs mit konstanten Koeffizienten mithilfe der in Tab. 2.1 zusammengefassten Ansätze für die partikuläre Lösung.

a) $y'(x) - y(x) = 1$
b) Ⓑ $y'(x) = 2y(x) + e^{-3x}$

c) Ⓑ $y'(x) = -y(x) + x^2$
d) Ⓑ $y'(x) = 2y(x) + \cos(2x) - \sin(2x)$

e) Ⓥ $2f'(x) + f(x) = e^x \sin x$

Übung 2.8. Lösen Sie die folgenden DGLs durch Variation der Konstanten.

a) Ⓥ $t\dot{u}(t) + u(t) = t^2$
b) $y'(x) + y(x) = x\cos x$

Übung 2.9. Lösen Sie die folgenden nichtlinearen DGLs bzw. Anfangswertprobleme mittels Trennung der Variablen.

a) $y'(x) = \frac{e^x}{y(x)^4}$
b) Ⓑ $y' = e^y \sin x, \quad y(0) = 0$

c) Ⓑ $t^2 u = (1+t)\dot{u}, \quad u(0) = 1$

Übung 2.10. Lösen Sie die folgenden Euler-homogenen DGLs durch Substitution.

a) Ⓥ $y'(x) = 1 + \frac{y(x)}{x}$

b) $y'(x) = 1 + \frac{y(x)}{x} + \left(\frac{y(x)}{x}\right)^2$

c) Ⓑ $(5x^2 + 3xy + 2y^2)dx + (x^2 + 2xy)dy = 0$

Übung 2.11. Lösen Sie folgenden Bernoulli'schen DGLs.

a) $xy'(x) - 2y(x) + 3xy^2 = 0$

b) Ⓥ $\dot{u}(t) = t^2 u(t) + t^2 u^4(t)$

Übung 2.12. Lösen Sie die folgenden Anfangswertprobleme. Suchen Sie dazu eine geeignete Methode aus.

a) $y'(x) = -2y(x) + x$, $y(0) = 1$

b) Ⓑ $f'(x) \cdot \sin x + f(x) \cdot \cos x = x$, $f\left(\frac{\pi}{2}\right) = 0$

c) $f'(x) + f(x) = xe^x$, $f(0) = 2$

d) Ⓥ $\dot{u}(t) + 2u(t) = te^t$, $u(0) = 1$

Übung 2.13. Bestimmen Sie alle Funktionen f mit der folgenden Eigenschaft, indem Sie jeweils zunächst die DGL aufstellen ($C \in \mathbb{R}$).

a) Die Tangente im Punkt $(x|f(x))$ schneidet die y-Achse im Punkt $(0|f(x) + C)$.

b) Die Tangente im Punkt $(x|f(x))$ schneidet die y-Achse im Punkt $(0|C \cdot f(x))$.

c) Die Tangente im Punkt $(x|f(x))$ hat die Steigung $\frac{C}{f(x)}$.

Übung 2.14.

a) **Halbwertszeit 1.** Ein Präparat aus 10^{-6}g $^{226}_{88}$Ra zerfällt mit einer Halbwertszeit von 1600 Jahren in $^{222}_{86}$Rn. Berechnen Sie, wie viele aktive $^{226}_{88}$Ra-Kerne nach 20000 Jahren noch vorhanden sind.

b) **Halbwertszeit 2.** Das weltweite Plutoniuminventar beträgt gegenwärtig mehr als 2000 Tonnen, dazu zählt sowohl Plutonium in hochangereicherter Form („weapons grade") aus nuklearen Sprengköpfen als auch aus nuklearen Brennelementen („reactor grade"). Das u. a. im täglichen Reaktorbetrieb entstehende Isotop $^{239}_{94}$Pu zerfällt mit einer Halbwertszeit von 24110 Jahren. Berechnen Sie, nach wie vielen Jahren eine endgelagerte Menge von 100 kg (etwa die Ausbeute von 100 Reaktortagen eines üblichen Leichtwasserreaktors!) davon durch Zerfall in $^{235}_{92}$U auf 1 kg geschrumpft ist.

Übung 2.15. Lurche. ⓥ In einem naturbelassenen See befinden sich
100 Lurche, die sich so vermehren, dass die jährliche Wachstumsrate
8 % der Differenz zwischen der oberen Grenze von 500 Lurchen und dem aktuellen
Bestand beträgt. Wann wird die Population auf 450 Lurche angewachsen sein?

Übung 2.16. Bakterienpopulation. Eine Population von 6000 Bakterien auf einer
Petrischale vermehrt sich über einen begrenzten Zeitraum so, dass ihre Anzahl pro
Stunde um 25 % zunimmt. Formulieren Sie ein Anfangswertproblem, dessen Lö-
sung diesen Wachstumsprozess beschreibt.

Übung 2.17. Longdrink mit Eis. ⓑ Eine anfänglich 2 cm dicke Wassereiskugel,
die kunstvoll und beeindruckend einen bunten Longdrink zieren soll, schmilzt (im
Getränk näherungsweise) mit einer zeitlichen Rate, die proportional zu ihrer aktuellen Oberfläche ist. Der Longdrink steht 20 Minuten unangetastet auf dem Partytisch,
sodass die Eiskugel in dieser Zeit auf den halben Durchmesser zusammenschmilzt.
Berechnen Sie den Zeitraum, bis die Eiskugel auf eine Dicke von 2 mm geschmolzen ist.

Übung 2.18. ⓑ In Abschn. 2.4.8 haben Sie die reversible Reaktion vom Typ

$$A \xrightleftharpoons[k_B]{k_A} B$$

kennengelernt. Aufgrund der Massenerhaltung gilt:

$$[A]_t + [B]_t = [A]_0 + [B]_0 \quad \forall t$$

Wir haben zunächst angenommen, dass $[B]_0 = 0$ ist. Leiten Sie nun die Lösung für
den Fall $[B]_0 > 0$ her.

Übung 2.19. Lichtabsorption. Die Abnahme der
Lichtintensität I mit zunehmender Meerestiefe erfolgt nach dem Gesetz

$$\dot{I}(z) = -\mu I(z),$$

wobei z die Meerestiefe in Meter angibt. Berechnen Sie, in welcher Tiefe die Ober-
flächenintensität auf 10 % gefallen ist, wenn der Absorptions- (oder Extinktions-)
Koeffizient $\mu = 1.5\,\text{m}^{-1}$ beträgt. Nach dem gleichen Gesetz werden auch Gamma-
oder Röntgenstrahlen in Materie (z. B. in Blei) absorbiert, was der Grund dafür ist,
dass Sie bei einer Röntgenuntersuchung einen Bleischutz bekommen. Das Absorp-
tionsgesetz, das als Lösung der hier benutzten DGL auftritt, heißt auch *Lambert-
Beer-Gesetz*.

Übung 2.20. Radionuklide in der Medizin. Das Radionuklid $^{131}_{52}$I (Iod) findet in der Medizin Verwendung als Kontrastmittel z. B. bei Schilddrüsenuntersuchungen. Alternativ verwendet man auch $^{99m}_{43}$Tc, ein Isomer des nur künstlich darstellbaren Technetiums. Während die Halbwertszeit von $^{131}_{52}$I etwa 8 Tage beträgt, beträgt sie bei $^{99m}_{43}$Tc lediglich 6 Stunden.

Die beiden Radionuklide werden in der Leber abgebaut mit einer Rate, die proportional zur aktuell noch vorhandenen Menge ist. Zu Beginn seien nun in der Leber 500 mg des betrachteten Radionuklids vorhanden. Erstellen Sie mithilfe der gegebenen Daten jeweils eine DGL, die die Entwicklung der Menge an $^{131}_{52}$I bzw. $^{99m}_{43}$Tc beschreibt, und entscheiden Sie damit, nach welcher Zeit jeweils die aktuelle Menge von 1 mg unterschritten wird.

Übung 2.21. Verschmutzung eines Sees. (V) Ein See enthält V m^3 Wasser. Pro Jahr werden ihm durch einmündende Flüsse mit r m^3 Wasser chemische und biologische Schadstoffe mit der Konzentration k kg/m^3 zugeführt. Durch abführende Flüsse entströmen ihm r m^3 Wasser pro Jahr. Zudem werden dem See durch eine anliegende chemische Fabrik noch direkt s kg Schadstoffe pro Jahr zugeführt. Diese Schadstoffe verbreiten sich sofort gleichmäßig im ganzen See.

a) Modellieren Sie die Schadstoffkonzentration im See $c(t)$ mithilfe einer DGL.

b) Lösen Sie die DGL mit $c(0) = c_0$.

c) Welchem Wert nähert sich die Schadstoffkonzentration im Laufe der Zeit?

d) Zur Zeit $t_0 = 0$ wird die Zufuhr von Schadstoffen in den See gestoppt ($k = s = 0$ für $t > 0$). Wie lange dauert es, bis die anfängliche Schadstoffkonzentration c_0 auf die Hälfte bzw. auf ein Zehntel reduziert ist?

e) Berechnen Sie diese Zeiten für den Gardasee mit $V = 49.3$ km^3. Hauptzufluss des Gardasees ist der Fluss Sarca. Als Mincio verlässt der Fluss den Gardasee. Der Zu- und Abfluss beträgt jeweils 60 m^3/s.

Übung 2.22. MATLAB-Projektaufgabe: Wachstumsprozesse. (B) Der Biologe T. Carlson hat sich 1913 mit dem Wachstum von Hefekulturen beschäftigt und seine Ergebnisse in einer Zeitschrift veröffentlicht. Sie sind in Tab. 2.3 zusammengestellt.

a) Stellen Sie die Messergebnisse mit MATLAB grafisch dar.

b) In Abschn. 2.4.4 haben Sie verschiedene Wachstumsmodelle kennengelernt. Welches Modell passt für diese Hefekulturen am besten?

Tab. 2.3: Wachstum einer Hefekultur

Zeit t (in Stunden)	Hefemenge $N(t)$ (in mg)
0	9.6
1	18.3
2	29.0
3	47.2
4	71.1
5	119.1
6	174.6
7	257.3
8	350.7
9	441.0
10	513.3
11	559.7
12	594.8
13	629.4
14	640.8
15	651.1
16	655.9
17	659.6
18	661.8

c) Bestimmen Sie mithilfe des CURVE FITTING-Tools in MATLAB die Parameter γ und δ des logistischen Wachstums. Hierzu wird die CURVE FITTING-Toolbox benötigt. Gehen Sie dazu wie folgt vor:

1. Legen Sie ein neues Live-Script an.

2. Geben Sie dort die Daten als Vektoren ein.

3. Gehen Sie auf den Reiter Apps und klicken Sie auf CURVE FITTING. Es öffnet sich das CURVE FITTING-Tool.

4. Wählen Sie für X Data die Zeitdaten und als Y Data die Daten für die Hefemenge.

5. Wählen Sie Custom Equation und geben Sie die logistische Gleichung ein.

d) Wie groß kann die Hefekultur nach diesem Modell maximal werden?

e) Wie groß ist sie laut dem Modell nach zwölf Tagen? Vergleichen Sie diesen Wert mit dem Messwert.

f) Zeigen Sie, dass die Hefekultur durchgängig wächst.

g) Bei welcher Propulationsgröße und ab dem wievielten Tag beginnt die Wachstumsrate abzunehmen?

2.6 Ergänzende und weiterführende Literatur

- Campbell N A et. al, (2015) Campbell Biologie. Pearson Studium, Hallbergmoos
- Czeslik C et al. (2009) Basiswissen Physikalische Chemie. Vieweg+Teubner Verlag, Wiesbaden
- Heuser H (2004) Gewöhnliche Differentialgleichungen – Einführung in Lehre und Gebrauch. Teubner Verlag, Wiesbaden
- Kremling A (2012) Kompendium Systembiologie. Vieweg+Teubner, Wiesbaden
- Meschede D (2015) Gerthsen Physik. 25. Auflage, Springer, Berlin, Heidelberg
- Messerschmid E, Fasoulas S (2004) Raumfahrtsysteme. Eine Einführung mit Übungen und Lösungen. 2. Auflage, Springer, Berlin, Heidelberg
- Proß S, Imkamp T (2018) Brückenkurs Mathematik für den Studieneinstieg – Grundlagen, Beispiele, Übungsaufgaben. Springer, Berlin, Heidelberg
- Prüß et al. (2008) Mathematische Modelle in der Biologie – Deterministische homogene Systeme. Birkhäuser, Basel, Bosten, Berlin

Kapitel 3
Differentialgleichungen zweiter Ordnung

Unter einer DGL zweiter Ordnung verstehen wir in Analogie zur DGL erster Ordnung allgemein eine Gleichung der Form

$$y''(x) = f(x, y, y').$$

Besonders wichtig sind die linearen DGLs zweiter Ordnung, denen wir uns nun ausführlich zuwenden wollen.

3.1 Lineare DGLs zweiter Ordnung mit konstanten Koeffizienten

In diesem Abschnitt betrachten wir lineare DGLs, in denen die zweiten Ableitungen der gesuchten Funktionen auftauchen. Wir beschränken uns dabei ausschließlich auf solche mit konstanten Koeffizienten. Das Neue ist hier, dass wir zur Bestimmung einer eindeutigen Lösung zwei Anfangsbedingungen brauchen.

3.1.1 Homogene DGLs zweiter Ordnung

Eine homogene lineare DGL mit konstanten Koeffizienten können wir schreiben als

$$y''(x) + ay'(x) + by(x) = 0$$

mit $a, b \in \mathbb{R}$. Wie findet man die Lösungen dieser DGL?

© Springer-Verlag GmbH Deutschland, ein Teil von Springer Nature 2019
T. Imkamp und S. Proß, *Differentialgleichungen für Einsteiger*,
https://doi.org/10.1007/978-3-662-59831-3_4

Um diese Frage zu beantworten, betrachten wir zunächst einige Eigenschaften dieser DGL. Trivialerweise ist die Funktion y mit $y = 0$ eine Lösung, eben die triviale Lösung. Damit ist natürlich noch nicht viel gewonnen. Des Weiteren sehen wir leicht, dass bei gegebenen Lösungen $y_1(x)$ und $y_2(x)$ auch die Linearkombination

$$y(x) = C_1 y_1(x) + C_2 y_2(x)$$

mit $C_1, C_2 \in \mathbb{R}$ eine Lösung der DGL darstellt. Dazu leiten wir die Linearkombination zweimal ab:

$$y(x) = C_1 y_1(x) + C_2 y_2(x) \quad \Rightarrow y'(x) = C_1 y_1'(x) + C_2 y_2'(x)$$
$$\Rightarrow y''(x) = C_1 y_1''(x) + C_2 y_2''(x),$$

und setzen alles in die DGL ein:

$$C_1 y_1''(x) + C_2 y_2''(x) + a(C_1 y_1'(x) + C_2 y_2'(x)) + b(C_1 y_1(x) + C_2 y_2(x))$$
$$= C_1 \underbrace{(y_1''(x) + a y_1'(x) + b y_1(x))}_{=0} + C_2 \underbrace{(y_2''(x) + a y_2'(x) + b y_2(x))}_{=0} = 0$$

Diese Aussage nennt man *Superpositionsprinzip*.

Zudem gilt: Wenn $y(x) = u(x) + iv(x)$ eine komplexe Lösung der DGL ist, dann ist auch der Realteil $(\mathrm{Re}(y(x)) = u(x))$ sowie der Imaginärteil $(\mathrm{Im}(y(x)) = v(x))$ eine Lösung der DGL. Diese Eigenschaft wollen wir beweisen.

Beweis. Wir setzen die komplexe Lösung $y(x) = u(x) + iv(x)$ in die DGL ein:

$$y''(x) + a y'(x) + b y(x) = (u(x) + iv(x))'' + a(u(x) + iv(x))' + b(u(x) + iv(x))$$
$$= u''(x) + iv''(x) + au'(x) + aiv'(x) + bu(x) + biv(x)$$
$$= u''(x) + au'(x) + bu(x) + i(v''(x) + av'(x) + bv(x)) = 0$$

Diese Gleichung kann nur erfüllt sein, wenn sowohl der Realteil als auch der Imaginärteil verschwinden:

$$u''(x) + au'(x) + bu(x) = 0 \quad \text{und} \quad v''(x) + av'(x) + bv(x) = 0$$

Somit sind auch der Realteil $u(x)$ und der Imaginärteil $v(x)$ Lösungen der DGL. $\square$

Falls Sie mit den Eigenschaften von komplexen Zahlen noch nicht vertraut sind oder Ihr Wissen auffrischen möchten, arbeiten Sie z. B. Kap. 5 im Buch „Brückenkurs Mathematik für den Studieneinstieg" durch (siehe Proß und Imkamp 2018)!

Die Eigenschaft, dass die Linearkombination aus zwei speziellen Lösungen auch eine Lösung der DGL ist, legt die Vermutung nahe, dass diese Linearkombination

$$y(x) = C_1 y_1(x) + C_2 y_2(x)$$

auch die allgemeine Lösung sein könnte. Wir betrachten dazu ein Beispiel.

Beispiel 3.1. Die DGL

$$y''(x) + 4y'(x) + 4y(x) = 0$$

hat u. a. die Lösungen

$$y_1(x) = e^{-2x} \quad \text{und} \quad y_2(x) = 3e^{-2x}.$$

> Überzeugen Sie sich von der Richtigkeit dieser Lösungen, indem Sie die Probe durchführen!

Wir bilden die Linearkombination dieser beiden Lösungen und erhalten

$$y(x) = C_1 y_1(x) + C_2 y_2(x) = C_1 e^{-2x} + C_2 \cdot 3e^{-2x} = \underbrace{(C_1 + 3C_2)}_{=C_3} e^{-2x} = C_3 e^{-2x}.$$

Die beiden Parameter lassen sich zu einem zusammenfassen. Also kann es sich hierbei nicht um die allgemeine Lösung handeln, da diese zwei voneinander unabhängige Parameter enthalten muss.

Probieren wir es erneut, diesmal mit den Lösungen

$$y_1(x) = e^{-2x} \quad \text{und} \quad y_2(x) = xe^{-2x}.$$

> Überzeugen Sie sich wieder von der Richtigkeit dieser Lösungen, indem Sie die Probe durchführen!

Wir bilden wieder die Linearkombination dieser beiden Lösungen und erhalten diesmal

$$y(x) = C_1 y_1(x) + C_2 y_2(x) = C_1 e^{-2x} + C_2 \cdot xe^{-2x}.$$

Nun lassen sich die beiden Parameter nicht zu einem zusammenfassen und diese Linearkombination stellt – wie wir später noch zeigen werden – die allgemeine Lösung der DGL dar. ◀

Wie wir an diesem Beispiel gesehen haben, können wir also nicht irgendwelche Lösungen der DGL linear kombinieren, um die allgemeine Lösung zu erhalten. Die Lösungen müssen linear unabhängig sein. Dies führt uns zur folgenden Definition.

Definition 3.1. Zwei Lösungen $y_1(x)$ und $y_2(x)$ einer homogenen linearen DGL zweiter Ordnung mit konstanten Koeffizienten

$$y''(x) + ay'(x) + by(x) = 0$$

werden als *Basislösungen* der DGL bezeichnet, wenn gilt:

$$W(y_1(x); y_2(x)) = \begin{vmatrix} y_1(x) & y_2(x) \\ y_1'(x) & y_2'(x) \end{vmatrix} \neq 0$$

Die Determinante W wird als *Wronski-Determinante* bezeichnet. Man bezeichnet $y_1(x)$ und $y_2(x)$ dann auch als *linear unabhängige* Lösungen. ◁

Wir wollen nun zeigen, dass die Linearkombination von zwei Basislösungen die allgemeine Lösung der DGL darstellt. Es genügt zu zeigen, dass dies für beliebige Anfangswerte

$$y(x_0) = y_0, \quad y'(x_0) = s$$

gilt. Wir setzen die Anfangswerte in die Lösung und in deren Ableitung

$$y(x) = C_1 y_1(x) + C_2 y_2(x) \quad \Rightarrow \quad y'(x) = C_1 y_1'(x) + C_2 y_2'(x)$$

ein und erhalten folgendes Gleichungssystem für C_1 und C_2:

$$C_1 y_1(x_0) + C_2 y_2(x_0) = y_0$$
$$C_1 y_1'(x_0) + C_2 y_2'(x_0) = s.$$

Wir erhalten genau eine Lösung, wenn die Determinante der Koeffizienten von null verschieden ist (siehe z. B. Papula 2015, Kap. I Abschn. 5):

$$\begin{vmatrix} y_1(x_0) & y_2(x_0) \\ y_1'(x_0) & y_2'(x_0) \end{vmatrix} \neq 0$$

Dies ist erfüllt, da es sich bei der Koeffizientendeterminante um die Wronski-Determinante an der Stelle x_0 handelt.

Um Lösungen zu finden, stellen wir zudem fest, dass nur die ersten beiden Ableitungen sowie die gesuchte Funktion selbst in der DGL vorkommen und ansonsten nur Konstanten. Daher versuchen wir einen Exponentialansatz der Form

$$y(x) = e^{\lambda x}$$

mit einer Konstanten $\lambda \in \mathbb{R}$. Mit $y'(x) = \lambda e^{\lambda x}$ und $y''(x) = \lambda^2 e^{\lambda x}$ erhalten wir durch Einsetzen

$$\lambda^2 e^{\lambda x} + a\lambda e^{\lambda x} + b e^{\lambda x} = (\lambda^2 + a\lambda + b) e^{\lambda x} = 0.$$

Da die e-Funktion nicht den Wert 0 annimmt, folgt

$$\lambda^2 + a\lambda + b = 0.$$

Diese Gleichung muss also erfüllt sein, damit unser Lösungsansatz funktioniert. Wir nennen diese Gleichung daher die *charakteristische Gleichung* der DGL und den Term auf der linken Seite *charakteristisches Polynom*. Nach der *p-q*-Formel hängt die Anzahl reeller Lösungen der Gleichung $\lambda^2 + a\lambda + b = 0$ von a und b ab. Wir berechnen die Lösungen dieser Gleichung zu

$$\lambda_{1,2} = -\frac{a}{2} \pm \sqrt{\left(\frac{a}{2}\right)^2 - b} = \frac{-a \pm \sqrt{a^2 - 4b}}{2}.$$

Reelle Lösungen liegen also nur im Fall $a^2 - 4b \geq 0$ vor.

Wir diskutieren folgende drei Fälle:

Fall 1: $a^2 - 4b > 0$

In diesem Fall liegen zwei reelle Lösungen der charakteristischen Gleichung vor, nämlich

$$\lambda_1 = \frac{-a + \sqrt{a^2 - 4b}}{2}$$

und

$$\lambda_2 = \frac{-a - \sqrt{a^2 - 4b}}{2}.$$

Somit sind $y_1(x) = e^{\lambda_1 x}$ und $y_2(x) = e^{\lambda_2 x}$ Lösungen der DGL und nach dem Superpositionsprinzip auch

$$y(x) = C_1 e^{\lambda_1 x} + C_2 e^{\lambda_2 x}$$

mit C_1, $C_2 \in \mathbb{R}$. Diese Linearkombination ist in diesem Fall sogar die allgemeine Lösung, da es sich bei $y_1(x)$ und $y_2(x)$ um Basislösungen handelt:

$$W(y_1(x); y_2(x)) = \begin{vmatrix} y_1(x) & y_2(x) \\ y_1'(x) & y_2'(x) \end{vmatrix} = \begin{vmatrix} e^{\lambda_1 x} & e^{\lambda_2 x} \\ \lambda_1 e^{\lambda_1 x} & \lambda_2 e^{\lambda_2 x} \end{vmatrix}$$
$$= \lambda_2 e^{\lambda_1 x} e^{\lambda_2 x} - \lambda_1 e^{\lambda_1 x} e^{\lambda_2 x}$$
$$= \underbrace{(\lambda_1 - \lambda_2)}_{\neq 0} e^{(\lambda_1 + \lambda_2)x} \neq 0$$

Beispiel 3.2. Wir betrachten die folgende homogene DGL

$$4y''(x) - 9y(x) = 0.$$

Somit lautet die charakteristische Gleichung

$$4\lambda^2 - 9 = 0$$

mit den Lösungen

$$\lambda_1 = \frac{3}{2} \quad \text{und} \quad \lambda_2 = -\frac{3}{2}$$

$(a = 0, b = -\frac{9}{4}$, also $a^2 - 4b = 9 > 0)$. Die allgemeine Lösung lautet demnach

$$y(x) = C_1 e^{\frac{3}{2}x} + C_2 e^{-\frac{3}{2}x}.$$

MATLAB und Mathematica bestätigen dies sofort mit:

```
syms y(x)
dsolve(4*diff(y,x,2)-9*y(x)==0)
```

```
DSolve[4*Derivative[2][y][x]-9*y[x]==0,y[x],x]
```

◀

Fall 2: $a^2 - 4b = 0$

In diesem Fall erhalten wir für die charakteristische Gleichung die Lösung

$$\lambda = -\frac{a}{2}.$$

Hier ist offensichtlich $y_1(x) = e^{\lambda x}$ eine Lösung der DGL. Durch Einsetzen verifiziert man, dass auch $y_2(x) = x e^{\lambda x}$ eine Lösung ist. Wir zeigen, dass die Lösungen linear unabhängig sind:

$$W(y_1(x); y_2(x)) = \begin{vmatrix} y_1(x) & y_2(x) \\ y_1'(x) & y_2'(x) \end{vmatrix} = \begin{vmatrix} e^{\lambda x} & x e^{\lambda x} \\ \lambda e^{\lambda x} & e^{\lambda x}(\lambda x + 1) \end{vmatrix}$$

$$= e^{\lambda x} e^{\lambda x}(\lambda x + 1) - x e^{\lambda x} \lambda e^{\lambda x} = e^{2\lambda x}(\lambda x + 1 - \lambda x) = e^{2\lambda x} \neq 0.$$

Somit können wir die allgemeine Lösung als Linearkombination dieser beiden Basislösungen angeben:

$$y(x) = C_1 e^{\lambda x} + C_2 x e^{\lambda x}.$$

mit $C_1, C_2 \in \mathbb{R}$

Beispiel 3.3. Wir betrachten die folgende homogene DGL aus der Einleitung dieses Abschnitts:

$$y''(x) + 4y'(x) + 4y(x) = 0.$$

Die charakteristische Gleichung lautet hier

$$\lambda^2 + 4\lambda + 4 = 0$$

mit den Lösungen

$$\lambda_{1,2} = -2$$

$(a = 4, b = 4$, also $a^2 - 4b = 0)$. Die allgemeine Lösung lautet demnach

$$y(x) = C_1 e^{-2x} + C_2 x e^{-2x}.$$

Auch hier liefern MATLAB und Mathematica sofort die Lösung mit:

```
syms y(x)
dsolve(diff(y,x,2)+4*diff(y,x)+4*y(x)==0)
```

```
DSolve[Derivative[2][y][x]+4*Derivative[1][y][x]+4*y[x]==0,y[x],x]
```

◄

Fall 3: $a^2 - 4b < 0$

In diesem Fall hat die charakteristischen Gleichung keine reelle Lösung, sondern zwei konjugiert komplexe Lösungen:

$$\lambda_1 = \frac{-a + i\sqrt{4b - a^2}}{2} = \mu + i\nu$$

und

$$\lambda_2 = \overline{\lambda_1} = \frac{-a - i\sqrt{4b - a^2}}{2} = \mu - i\nu.$$

Da $\lambda_1 = \mu + i\nu$ und $\lambda_2 = \mu - i\nu$ komplexe Zahlen darstellen, lassen sich $e^{\lambda_1 x}$ und $e^{\lambda_2 x}$ nach der Euler'schen Formel schreiben als

$$e^{\lambda_1 x} = e^{(\mu + i\nu)x} = e^{\mu x}(\cos(\nu x) + i\sin(\nu x)).$$

bzw.

$$e^{\lambda_2 x} = e^{(\mu - i\nu)x} = e^{\mu x}(\cos(\nu x) - i\sin(\nu x)).$$

Wir haben bereits bewiesen, dass Real- und Imaginärteil einer komplexen Lösung auch Lösungen der DGL sind. Es gilt also

$$y_1(x) = e^{\mu x}\cos(\nu x) \quad \text{und} \quad y_2(x) = e^{\mu x}\sin(\nu x).$$

Wir zeigen, dass diese beiden Lösungen linear unabhängig sind, und bilden dazu die Wronski-Determinante:

$$W(y_1(x); y_2(x)) = \begin{vmatrix} e^{\mu x}\cos(\nu x) & e^{\mu x}\sin(\nu x) \\ e^{\mu x}(\mu\cos(\nu x) - \sin(\nu x)) & e^{\mu x}(\mu\sin(\nu x) + \cos(\nu x)) \end{vmatrix}$$

$$= e^{\mu x}\cos(\nu x) \cdot e^{\mu x}(\mu\sin(\nu x) + \cos(\nu x)) - e^{\mu x}\sin(\nu x) \cdot e^{\mu x}(\mu\cos(\nu x) - \sin(\nu x))$$

$$= e^{2\mu x}\underbrace{(\cos^2(\nu x) + \sin^2(\nu x))}_{=1} \neq 0$$

Somit erhalten wir als allgemeine Lösung

$$y(x) = C_1 e^{\mu x}\cos(\nu x) + C_2 e^{\mu x}\sin(\nu x)$$

mit $C_1, C_2 \in \mathbb{R}$.

Beispiel 3.4. Wir betrachten die folgende homogene DGL

$$y''(x) + 6y'(x) + 45y(x) = 0.$$

Wir erhalten als charakteristischen Gleichung

$$\lambda^2 + 6\lambda + 45 = 0$$

mit den Lösungen

$$\lambda_{1,2} = -3 \pm 6i$$

und damit die allgemeine Lösung

$$y(x) = e^{-3x}(C_1 \cos(6x) + C_2 \sin(6x)).$$

MATLAB und Mathematica liefern diese Lösung mit:

```
syms y(x)
dsolve(diff(y,x,2)+6*diff(y,x)+45*y(x)==0)
```

```
DSolve[Derivative[2][y][x]+6*Derivative[1][y][x]+45*y[x]==0,y[x],x]
```

◀

Wir fassen zusammen:

Die homogene lineare DGL zweiter Ordnung mit konstanten Koeffizienten

$$y''(x) + ay'(x) + by(x) = 0$$

besitzt folgende allgemeine Lösung, die von der Art der Lösung der zugehörigen charakteristischen Gleichung

$$\lambda^2 + a\lambda + b = 0$$

abhängt:

1. Fall $\lambda_1 \neq \lambda_2$ (reell)

$$y(x) = C_1 e^{\lambda_1 x} + C_2 e^{\lambda_2 x}$$

2. Fall $\lambda = \lambda_1 = \lambda_2$ (reell)

$$y(x) = C_1 e^{\lambda x} + C_2 x e^{\lambda x}$$

3. Fall $\lambda = \mu \pm iv$ (konjugiert komplex)

$$y(x) = C_1 e^{\mu x} \cos(vx) + C_2 e^{\mu x} \sin(vx)$$

Wir beschäftigen uns jetzt mit sogenannten *Anfangswertproblemen*. Im Vergleich zu DGLs erster Ordnung tauchen im Fall zweiter Ordnung zwei frei wählbare Konstanten $C_1, C_2 \in \mathbb{R}$ auf. Um eine Lösung eindeutig festzulegen, benötigt man somit auch zwei Anfangsbedingungen. Für $y''(x) + ay'(x) + by(x) = 0$ legt man $y(x_0) = y_0$ und $y'(x_0) = y'_0$ fest. Der Begriff „Anfangswertproblem" resultiert daraus, dass in Anwendungen häufig zeitliche Prozesse betrachtet werden, die zum Startzeitpunkt (also etwa zu Beginn einer Messung) feste Werte haben. Wir werden dieses Problem intensiv im Rahmen von Schwingungsvorgängen im Abschn. 3.6 studieren.

Beispiel 3.5. Wir betrachten das Anfangswertproblem

$$4y''(x) - 9y(x) = 0$$

mit den Anfangsbedingungen $y(0) = 0$ und $y'(0) = 1$. Die allgemeine Lösung der DGL ist uns aus Bsp. 3.2 bekannt. Sie lautet

$$y(x) = C_1 e^{\frac{3}{2}x} + C_2 e^{-\frac{3}{2}x}.$$

Wir setzen die Anfangsbedingungen ein und erhalten das Gleichungssystem

$$y(0) = 0 = C_1 + C_2$$
$$y'(0) = 1 = \frac{3}{2}C_1 - \frac{3}{2}C_2$$

mit der Lösung $C_1 = \frac{1}{3}$ und $C_2 = -\frac{1}{3}$. Somit lautet die Lösung des Anfangswertproblems:

$$y(x) = \frac{1}{3}e^{\frac{3}{2}x} - \frac{1}{3}e^{-\frac{3}{2}x}.$$

Mathematica liefert mit dem Befehl

```
DSolve[{4*Derivative[2][y][x]-9*y[x]==0,y[0]==0,Derivative[1][y][0]==1},
  y[x],x]
```

direkt die Lösung des Anfangswertproblems, wenn auch in der etwas gewöhnungsbedürftigen Form

$$y(x) = \frac{1}{3} \frac{(-1 + e^{3x})}{e^{\frac{3}{2}x}}.$$

Mithilfe der `Simplify`- bzw. `FullSimplify`-Funktion lässt sich die Darstellung verändern und in vielen Fällen deutlich vereinfachen:

```
FullSimplify[((1/3)*(-1+E^(3*x)))/E^((3*x)/2)]
```

Wir können unsere Lösung also auch mithilfe der sinh-Funktion schreiben:

$$y(x) = \frac{1}{3} \frac{(-1 + e^{3x})}{e^{\frac{3}{2}x}} = \frac{2}{3} \sinh\left(\frac{3}{2}x\right)$$

Man muss sich bei Mathematica manchmal auf etwas ungewohnte Formen der Ergebnisausgabe einstellen.

In MATLAB erhalten wir mit der Eingabe

```
syms y(x)
Dy=diff(y,x);
cond=[y(0)==0,Dy(0)==1];
sol=dsolve(4*diff(y,x,2)-9*y(x)==0,cond)
```

direkt die Ausgabe in der Form

$$y(x) = \frac{1}{3}e^{\frac{3}{2}x} - \frac{1}{3}e^{-\frac{3}{2}x}.$$

Mit der Funktion `simplify` erhalten wir die Darstellung mit der sinh-Funktion:

```
simplify(sol)
```

◀

3.1.2 Inhomogene DGLs zweiter Ordnung

Wir betrachten nun analog zu unserer Vorgehensweise bei den DGLs erster Ordnung die inhomogene DGL zweiter Ordnung

$$y''(x) + ay'(x) + by(x) = s(x)$$

mit einer Störfunktion s. Auch für DGLs zweiter Ordnung gilt Satz 2.1. Die allgemeine Lösung ergibt sich aus der Summe der Lösung der homogenen DGL und einer partikulären Lösung

$$y(x) = y_h(x) + y_p(x).$$

Wie die Lösung der zugehörigen homogenen DGL bestimmt wird, wurde im vorhergehenden Abschnitt erläutert. Nun benötigen wir noch einen Ansatz für die partikuläre Lösung. Wir beschränken uns dabei auf die in den Anwendungen wichtigsten Störfunktionen, nämlich Polynom-, Exponential- sowie Sinus- und Kosinusfunktionen und Kombinationen aus diesen. Wir formulieren den allgemeinen Fall als Satz, den wir ohne Beweis angeben.

Satz 3.1. Die Störfunktion s der DGL $y''(x) + ay'(x) + by(x) = s(x)$ habe die Form

$$s(x) = (a_m x^m + a_{m-1}x^{m-1} + \ldots a_1 x + a_0)e^{cx}\cos(dx)$$

oder

$$s(x) = (a_m x^m + a_{m-1}x^{m-1} + \ldots a_1 x + a_0)e^{cx}\sin(dx).$$

Dann gilt für den Lösungsansatz

$$y_p(x) = \left((A_m x^m + A_{m-1} x^{m-1} + \ldots A_1 x + A_0) \cos(dx)\right.$$
$$\left. + (B_m x^m + B_{m-1} x^{m-1} + \ldots B_1 x + B_0) \sin(dx)\right) e^{cx},$$

falls das charakteristische Polynom nicht die Nullstelle $c + id$ besitzt, und

$$y_p(x) = \left((A_m x^m + A_{m-1} x^{m-1} + \ldots A_1 x + A_0) \cos(dx)\right.$$
$$\left. + (B_m x^m + B_{m-1} x^{m-1} + \ldots B_1 x + B_0) \sin(dx)\right) x^r e^{cx},$$

falls $c + id$ eine r-fache Nullstelle des charakteristischen Polynoms ist.   ◁

Dies sieht auf den ersten Blick ein wenig kompliziert aus, aber mit etwas Übung wird es doch schnell wunderbar einfach. Der Satz lässt sich auch auf inhomogene DGLs n-ter Ordnung anwenden. Zur einfacheren Anwendung stellen wir die Ansätze für DGLs zweiter Ordnung noch einmal tabellarisch dar (siehe Tab. 3.1).

Bemerkung. Wie schon bei den DGLs erster Ordnung gilt auch bei den DGLs zweiter Ordnung: Setzt sich die Störfunktion aus mehreren Summanden zusammen $(s(x) = s_1(x) + s_2(x) + \cdots + s_n(x))$, so erhält man den Lösungsansatz für y_p, indem man die Summe der Lösungsansätze für die einzelnen Summanden bildet $(y_p = y_{p1} + y_{p2} + \cdots + y_{pn})$.   ◁

> Kontrollieren Sie in den folgenden Beispielen die angegebenen Lösungen
> Schritt für Schritt!

Beispiel 3.6. Wir betrachten folgende DGL

$$y''(x) - 5y'(x) + 6y(x) = xe^x.$$

Die allgemeine Lösung der homogenen DGL lautet

$$y_h(x) = C_1 e^{3x} + C_2 e^{2x}.$$

Die Störfunktion ist ein Produkt aus einem Polynom vom Grad 1 und einer Exponentialfunktion. Deshalb wählen wir folgenden Ansatz für die partikuläre Lösung der inhomogenen DGL:

$$y_p(x) = (Ax + B)e^x$$

Wir leiten den Ansatz zweimal ab:

$$y_p'(x) = Ae^x + (Ax + B)e^x = (Ax + A + B)e^x$$
$$y_p''(x) = Ae^x + (Ax + A + B)e^x = (Ax + 2A + B)e^x$$

Tab. 3.1: Lösungsansätze für die partikuläre Lösung der DGL $y''(x) + ay'(x) + by(x) = s(x)$ $(a, b = const.)$ bei gegebener Störfunktion s

Störfunktion $s(x)$	Lösungsansatz für $y_p(x)$
Polynom vom Grad m $b_0 + b_1 x + \cdots + b_m x^m$	**Polynom** $A_0 + A_1 x + \cdots + A_m x^m$ $\quad (b \neq 0)$ $x(A_0 + A_1 x + \cdots + A_m x^m)$ $\quad (a \neq 0,\ b = 0)$ $x^2(A_0 + A_1 x + \cdots + A_m x^m)$ $\quad (a = 0,\ b = 0)$
Exponentialfunktion $b_0 \cdot e^{cx}$	**Exponentialfunktion** c ist keine Lösung der charakteristischen Gleichung $A \cdot e^{cx}$ c ist r-fache Lösung der charakteristischen Gleichung $A \cdot x^r e^{cx}$
$(b_0 + b_1 x + \cdots + b_m x^m) \cdot e^{cx}$	c ist keine Lösung der charakteristischen Gleichung $(A_0 + A_1 x + \cdots + A_m x^m) \cdot e^{cx}$ c ist r-fache Lösung der charakteristischen Gleichung $(A_0 + A_1 x + \cdots + A_m x^m) \cdot x^r e^{cx}$
Trigonometrische Funktion $b_1 \cdot \cos(dx)$ $b_2 \cdot \sin(dx)$ $b_1 \cdot \cos(dx) + b_2 \cdot \sin(dx)$	**Trigonometrische Funktion** id ist keine Lösung der charakteristischen Gleichung $A_1 \cdot \cos(dx) + A_2 \cdot \sin(dx)$ id ist eine Lösung der charakteristischen Gleichung $x(A_1 \cdot \cos(dx) + A_2 \cdot \sin(dx))$
$(b_0 + b_1 x + \cdots + b_m x^m) \cdot e^{cx} \cdot \cos(dx)$ $(b_0 + b_1 x + \cdots + b_m x^m) \cdot e^{cx} \cdot \sin(dx)$	$c + id$ ist keine Lösung der charakteristischen Gleichung $e^{cx}\big[(A_0 + A_1 x + \cdots + A_m x^m) \cdot \cos(dx) +$ $\quad (B_0 + B_1 x + \cdots + B_m x^m) \cdot \sin(dx)\big]$ $c + id$ ist eine Lösung der charakteristischen Gleichung $xe^{cx}\big[(A_0 + A_1 x + \cdots + A_m x^m) \cdot \cos(dx) +$ $\quad (B_0 + B_1 x + \cdots + B_m x^m) \cdot \sin(dx)\big]$

Nun setzen wir alles in die DGL ein:

$$(Ax + 2A + B)e^x - 5(Ax + A + B)e^x + 6(Ax + B)e^x = xe^x$$
$$Ax + 2A + B - 5Ax - 5A - 5B + 6Ax + 6B = x$$

Wir führen den Koeffizientenvergleich durch, indem wir die Koeffizienten vor den Termen mit x und den Konstanten vergleichen:

$$x: \qquad\qquad A - 5A + 6A = 1 \quad \Leftrightarrow \quad A = \frac{1}{2}$$

$$\text{const.}: \qquad 2A + B - 5A - 5B + 6B = 0 \quad \Leftrightarrow \quad B = \frac{3}{4}$$

Somit erhalten wir als partikuläre Lösung

$$y_p(x) = \frac{1}{4}e^x(3 + 2x)$$

und als allgemeine Lösung der inhomogenen DGL

$$y(x) = \frac{1}{4}e^x(3 + 2x) + C_1 e^{3x} + C_2 e^{2x}. \qquad \blacktriangleleft$$

Beispiel 3.7. Wir betrachten folgende DGL

$$y''(x) + 4y'(x) + 4y(x) = 2\sin x.$$

Die allgemeine Lösung der homogenen DGL lautet

$$y_h(x) = C_1 e^{-2x} + C_2 x e^{-2x}$$

(siehe Bsp. 3.3). Als Ansatz für die partikuläre Lösung der inhomogenen DGL wählen wir aufgrund der trigonometrischen Störfunktion

$$y_p(x) = A\cos x + B\sin x.$$

Wir leiten wieder zweimal ab:

$$y_p'(x) = -A\sin x + B\cos x$$
$$y_p''(x) = -A\cos x - B\sin x$$

Dann setzen wir alles in die DGL ein:

$$-A\cos x - B\sin x + 4\left(-A\sin x + B\cos x\right) + 4\left(A\cos x + B\sin x\right) = 2\sin x$$
$$-A\cos x - B\sin x - 4A\sin x + 4B\cos x + 4A\cos x + 4B\sin x = 2\sin x$$

Nun führen wir den Koeffizientenvergleich durch:

$$\cos x: \qquad\qquad -A + 4B + 4A = 0$$
$$\sin x: \qquad\qquad -B - 4A + 4B = 2,$$

und erhalten die Werte

$$A = -\frac{8}{25}, \quad B = \frac{6}{25}.$$

Als partikuläre Lösung ergibt sich

$$y_p(x) = \frac{2}{25}(3\sin x - 4\cos x)$$

und als allgemeine Lösung der inhomogenen DGL

$$y(x) = \frac{2}{25}(3\sin x - 4\cos x) + C_1 e^{-2x} + C_2 x e^{-2x}. \qquad \blacktriangleleft$$

Wir betrachten jetzt zwei Beispiele mit DGLs dritter Ordnung. Das Prinzip funktioniert genauso. Die allgemeine Lösung der homogenen DGL lässt sich wieder in Abhängigkeit der Lösung der charakteristischen Gleichung angeben.

Die homogene lineare DGL n-ter Ordnung mit konstanten Koeffizienten

$$y^{(n)}(x) + a_{n-1}y^{(n-1)}(x) + \cdots + a_1 y'(x) + a_0 y(x) = s(x)$$

besitzt folgende allgemeine Lösung, die von der Art der Lösung der zugehörigen charakteristischen Gleichung

$$\lambda^n + a_{n-1}\lambda^{n-1} + \cdots + a_1\lambda + a_0 = 0$$

abhängt:

1. Fall Die λ_i $(i = 1, ..., n)$ sind paarweise verschieden und reell:

$$y(x) = C_1 e^{\lambda_1 x} + C_2 e^{\lambda_2 x} \cdots + C_n e^{\lambda_n x}$$

2. Fall Die charakteristische Gleichung besitzt die r-fache reelle Lösung λ, dann ergibt sich folgender Beitrag zur allgemeinen Lösung:

$$\left(C_1 + C_2 x + C_3 x^2 + \cdots + C_r x^{r-1}\right) e^{\lambda x}$$

3. Fall Die charakteristische Gleichung besitzt die konjugiert komplexe Lösung $\lambda = \mu \pm iv$, dann ergibt sich folgender Beitrag zur allgemeinen Lösung:

$$y(x) = C_1 e^{\mu x} \cos(vx) + C_2 e^{\mu x} \sin(vx)$$

Beispiel 3.8. Zuerst betrachten wir

$$y'''(x) + 3y''(x) + 3y'(x) + y(x) = x^2.$$

Es ergibt sich folgende charakteristische Gleichung

$$\lambda^3 + 3\lambda^2 + 3\lambda + 1 = 0$$

mit den Lösungen

Tab. 3.2: Lösungsansätze für die partikuläre Lösung der DGL $y^{(n)}(x) +$ $a_{n-1}y^{(n-1)}(x) + \cdots + a_1 y'(x) + a_0 y(x) = s(x)$ $(a_{n-1}, \ldots a_0 = const.)$ bei gegebener Störfunktion s

Störfunktion $s(x)$	Lösungsansatz für $y_p(x)$
Polynom vom Grad m $b_0 + b_1 x + \cdots + b_m x^m$	**Polynom** $A_0 + A_1 x + \cdots + A_m x^m$ $\quad(b \neq 0)$ $x^k(A_0 + A_1 x + \cdots + A_m x^m)$ $\quad(a_0 = \cdots = a_{k-1} = 0)$
Exponentialfunktion $b_0 \cdot e^{cx}$	**Exponentialfunktion** c ist keine Lösung der charakteristischen Gleichung $A \cdot e^{cx}$ c ist r-fache Lösung der charakteristischen Gleichung $A \cdot x^r e^{cx}$
$(b_0 + b_1 x + \cdots + b_m x^m) \cdot e^{cx}$	c ist keine Lösung der charakteristischen Gleichung $(A_0 + A_1 x + \cdots + A_m x^m) \cdot e^{cx}$ c ist r-fache Lösung der charakteristischen Gleichung $(A_0 + A_1 x + \cdots + A_m x^m) \cdot x^r e^{cx}$
Trigonometrische Funktion $b_1 \cdot \cos(dx)$ $b_2 \cdot \sin(dx)$ $b_1 \cdot \cos(dx) + b_2 \cdot \sin(dx)$	**Trigonometrische Funktion** id ist keine Lösung der charakteristischen Gleichung $A_1 \cdot \cos(dx) + A_2 \cdot \sin(dx)$ id ist eine Lösung der charakteristischen Gleichung $x(A_1 \cdot \cos(dx) + A_2 \cdot \sin(dx))$
$(b_0 + b_1 x + \cdots + b_m x^m) \cdot e^{cx} \cdot \cos(dx)$ $(b_0 + b_1 x + \cdots + b_m x^m) \cdot e^{cx} \cdot \sin(dx)$	$c + id$ ist keine Lösung der charakteristischen Gleichung $e^{cx}\big[(A_0 + A_1 x + \cdots + A_m x^m) \cdot \cos(dx) +$ $(B_0 + B_1 x + \cdots + B_m x^m) \cdot \sin(dx)\big]$ $c + id$ ist eine r-fache Lösung der charakteristischen Gleichung $x^r e^{cx}\big[(A_0 + A_1 x + \cdots + A_m x^m) \cdot \cos(dx) +$ $(B_0 + B_1 x + \cdots + B_m x^m) \cdot \sin(dx)\big]$

$$\lambda_{1,2,3} = 1.$$

Die allgemeine Lösung der homogenen DGL lautet daher

$$y_h(x) = (C_1 + C_2 x + C_3 x^2)e^{-x}.$$

Als Ansatz für die partikuläre Lösung der inhomogenen DGL ergibt sich

$$y_p(x) = Ax^2 + Bx + C.$$

Wir leiten dreimal ab und setzen alles in die DGL ein:

$$y_p'(x) = 2Ax + B, \quad y_p''(x) = 2A, \quad y_p'''(x) = 0$$
$$\Rightarrow 6A + 6Ax + 3B + Ax^2 + Bx + C = x^2$$

Nun führen wir den Koeffizientenvergleich durch:

$$x^2 : \qquad\qquad\qquad\qquad A = 1$$
$$x : \qquad\qquad\qquad\qquad 6A + B = 0$$
$$\text{const.:} \qquad\qquad\qquad 6A + 3B + C = 0,$$

und erhalten die Koeffizienten

$$A = 1, \, B = -6, \, C = 12.$$

Somit ergibt sich als partikuläre Lösung

$$y_p(x) = x^2 - 6x + 12$$

und als allgemeine Lösung der inhomogenen DGL

$$y(x) = x^2 - 6x + 12 + (C_1 + C_2 x + C_3 x^2)e^{-x}. \qquad \blacktriangleleft$$

Beispiel 3.9. Jetzt betrachten wir eine andere Störfunktion:

$$y'''(x) + 3y''(x) + 3y'(x) + y(x) = e^{-x}.$$

Hier müssen wir für die partikuläre Lösung den Ansatz

$$y_p(x) = Ax^3 e^{-x}$$

wählen, da -1 eine dreifache Nullstelle des charakteristischen Polynoms $\lambda^3 + 3\lambda^2 + 3\lambda + 1$ ist! Wir leiten wieder dreimal ab:

$$y_p'(x) = Ae^{-x}(3x^2 - x^3)$$
$$y_p''(x) = Ae^{-x}(6x - 6x^2 + x^3)$$
$$y_p'''(x) = Ae^{-x}(6 - 18x + 9x^2 - x^3),$$

und setzen in die DGL ein:

$$Ae^{-x}(6 - 18x + 9x^2 - x^3) + 3Ae^{-x}(6x - 6x^2 + x^3) + 3Ae^{-x}(3x^2 - x^3) + Ax^3 e^{-x} = e^{-x}$$

Mithilfe des Koeffizientenvergleichs erhalten wir

$$A = \frac{1}{6}$$

und damit die allgemeine Lösung der inhomogenen DGL

$$y(x) = \frac{1}{6}x^3 e^{-x} + (C_1 + C_2 x + C_3 x^2)e^{-x}. \qquad \blacktriangleleft$$

Beispiel 3.10. Jetzt lösen wir noch ein Anfangswertproblem:

$$y''(x) + 2y'(x) + y(x) = (x+1)e^x, \quad y(0) = 1, \quad y'(0) = -1$$

Die allgemeine Lösung der homogenen DGL lautet

$$y_h(x) = C_1 e^{-x} + C_2 x e^{-x}.$$

Als Ansatz für die partikuläre Lösung der inhomogenen DGL ergibt sich

$$y_p(x) = (Ax + B)e^x.$$

Wir leiten den Ansatz zweimal ab:

$$y_p'(x) = (Ax + A + B)e^x$$
$$y_p''(x) = (Ax + 2A + B)e^x,$$

und setzen wieder in die DGL ein:

$$(Ax + 2A + B)e^x + 2(Ax + A + B)e^x + (Ax + B)e^x = (x+1)e^x$$
$$4Ax + 4A + 4B = x + 1$$

Der Koeffizientenvergleich liefert

$$x: \qquad\qquad 4A = 1 \quad \Leftrightarrow \quad A = \frac{1}{4}$$

$$\text{const.:} \qquad\qquad 4A + 4B = 1 \quad \Leftrightarrow \quad B = 0$$

und damit die partikuläre Lösung

$$y_p(x) = \frac{1}{4}x e^x.$$

Als allgemeine Lösung der inhomogenen DGL ergibt sich dann

$$y(x) = \frac{1}{4}x e^x + C_1 e^{-x} + C_2 x e^{-x}.$$

Um die allgemeine Lösung des Anfangswertproblems zu ermitteln, leiten wir die Lösung ab und setzen die Anfangswerte ein:

$$y(0) = C_1 = 1$$

$$y'(x) = \frac{1}{4}e^x + \frac{1}{4}xe^x - C_1e^{-x} + C_2e^{-x} - C_2xe^{-x}$$

$$y'(0) = \frac{1}{4} - C_1 + C_2 = -1 \quad \Leftrightarrow \quad C_2 = -\frac{1}{4}.$$

Somit ergibt sich als Lösung für das Anfangswertproblem

$$y(x) = \frac{1}{4}xe^x + e^{-x} - \frac{1}{4}xe^{-x}. \qquad \blacktriangleleft$$

Am Ende des Kapitels finden Sie hierzu viele Übungsaufgaben, um das Gelernte zu festigen und zu vertiefen.

3.2 Laplace-Transformation

In diesem Abschnitt lernen Sie eine *Integraltransformation* kennen, die sogenannte *Laplace-Transformation*. Sie dient zur Analyse des Langzeitverhaltens eines Systems. Wir können mit ihrer Hilfe also Fragen beantworten wie: Wächst ein Signal im Laufe der Zeit an oder klingt es ab. Oder: Unter welchen Bedingungen erzeugt das betrachtete System anwachsende oder abklingende Signale? Sie ist auch nützlich, um Probleme zu lösen, die sonst nur schwer oder sogar gar nicht lösbar sind. Der französische Mathematiker Pierre-Simon de Laplace (1749–1827) führte diese Integraltransformation ein, um DGLs leichter zu lösen.

Wenn wir eine DGL mithilfe der Laplace-Transformation vom Zeitbereich in den Bildbereich überführen, dann wird aus der DGL eine algebraische Gleichung (siehe Abb. 3.1), die wir mit den bekannten Methoden lösen können. Für die Rücktransformation nutzt man in der Praxis meist Tabellen. Sie finden eine derartige Transformationstabelle in Abschn. 3.2.4.

Integraltransformation: Vereinfacht ausgedrückt ist eine *Transformation* ein Operator $\mathcal{O}$, der eine Funktion f aus einem gegebenen Funktionenraum auf eine Funktion F aus einem gegebenen anderen Funktionenraum abbildet:

$$f \to \mathcal{O}\{f\} = F$$

Bei einer *Integraltransformation* treten hierbei Integrale auf:

$$f(t) \to \int K(t,u)f(t)dt = F(u),$$

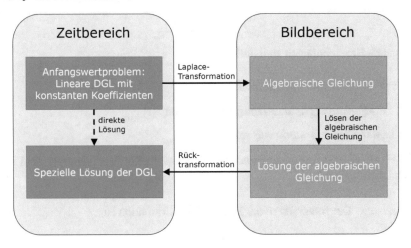

Abb. 3.1: DGLs lösen mithilfe der Laplace-Transformation

wobei *K* als *Kern* bezeichnet wird, der die Eigenschaften der Transformation bestimmt. Durch eine Transformation kann man Informationen über die Funktion erhalten, die in der ursprünglichen Form nicht ersichtlich sind.

Bemerkung. Eine weitere, in der Praxis häufig eingesetzte Integraltransformation ist die *Fourier-Transformation*, mit deren Hilfe die spektrale Zusammensetzung von Signalen analysiert werden kann. ◁

Bevor wir die Laplace-Transformation nutzen können, um DGLs zu lösen, müssen wir uns zunächst die Theorie erarbeiten.

3.2.1 Definition der Laplace-Transformation

Bei vielen technischen Anwendungen ist das Verhalten eines Systems ab einem bestimmten Zeitpunkt von Interesse, z. B. Einschaltvorgänge in der Elektro- und Regelungstechnik. Wir betrachten also Funktionen, deren interessanter Verlauf erst bei $t = 0$ beginnt. Für $t < 0$ gilt $f(t) = 0$. Die Laplace-Transformierte einer Funktion f ist für $t \geq 0$ wie folgt definiert.

Definition 3.2. Die Funktion

$$F(s) = \int_0^\infty f(t)e^{-st}\, dt$$

heißt *Laplace-Transformierte* der Funktion $f(t)$ mit $t \geq 0$, falls das Integral existiert. Symbolisch schreibt man auch

$$F(s) = \mathcal{L}\{f(t)\}.$$

Folgende Bezeichnungen sind üblich:

$f(t)$: *Originalfunktion (Zeitfunktion)*

$F(s)$: *Bildfunktion (Laplace-Transformierte)* von $f(t)$

$\mathcal{L}$: *Laplace-Transformationsoperator*

$f(t)\circ\!\!-\!\!\bullet F(s)$: *Korrespondenz* (das hier verwendete Korrespondenz-Symbol heißt auch Doetsch-Symbol) ◁

Bemerkung. Der Integralkern der Laplace-Transformation ist

$$K(t,s) = e^{-st},$$

wobei die unabhängige Variable $s = \sigma + j\omega$ komplex sein kann. (Die Fourier-Transformation enthält im Gegensatz dazu nur den imaginären Anteil $-j\omega$ im Exponenten der e-Funktion.) Wir verwenden in diesem Kapitel, wie in der Elektrotechnik üblich, das Symbol j anstelle von i für die imaginäre Einheit. (Für eine Einführung in das Thema „Komplexe Zahlen" siehe z. B. Proß und Imkamp (2018), Kap. 5.) ◁

Zur Konvergenz des Laplace-Integrals: Wir können das Laplace-Integral wie folgt umformen

$$F(s) = \int_0^\infty f(t)e^{-st}\,dt = \int_0^\infty f(t)e^{-\sigma t}e^{-j\omega t}\,dt = \int_0^\infty g(t)e^{-j\omega t}\,dt.$$

Beim Laplace-Integral handelt es sich um ein uneigentliches Integral. Es existiert, wenn $g(t)$

- stückweise monoton und stetig verläuft,
- absolut integrierbar ist, d. h.

$$\int_0^\infty |g(t)|\,dt < \infty.$$

Anschaulich bedeutet dies, dass die Fläche unter der Kurve $y = g(t)$ einen endlichen Wert besitzt. Die Funktion g ist absolut integrierbar, wenn die Funktion f nicht stärker steigt als eine e-Funktion

$$|f(t)| \le Ke^{\alpha t},$$

wobei $K > 0$, α reell. Das Laplace-Integral konvergiert, d. h. existiert, in der komplexen Halbebene $Re(s) = \sigma > \alpha$, die man auch *Konvergenzhalbebene* nennt.

Beispiel 3.11. Wir betrachten die Sprungfunktion (siehe Abb. 3.2)

$$f(t) = \begin{cases} 1 & \text{für } t \geq 0 \\ 0 & \text{für } t < 0 \end{cases}$$

und berechnen die zugehörige Laplace-Transformierte:

$$\begin{aligned} F(s) &= \int_0^\infty f(t)e^{-st}\,dt = \int_0^\infty e^{-st}\,dt \\ &= \left[\frac{e^{-st}}{-s}\right]_0^\infty = \lim_{\lambda \to \infty} \left[\frac{e^{-st}}{-s}\right]_0^\lambda \\ &= -\frac{1}{s}\lim_{\lambda \to \infty}\left(e^{-s\lambda} - 1\right) = \frac{1}{s} \end{aligned}$$

Für den Grenzwert gilt

$$\lim_{\lambda \to \infty} e^{-s\lambda} = \lim_{\lambda \to \infty} e^{-(\sigma + j\omega)\lambda} = \lim_{\lambda \to \infty} e^{-\sigma\lambda} \cdot \lim_{\lambda \to \infty} e^{-j\omega\lambda} = 0,$$

wenn $\sigma > 0$, da $\left|e^{-j\omega\lambda}\right| = 1$. Für $\text{Re}(s) = \sigma > 0$ gilt somit

$$F(s) = \frac{1}{s},$$

also

$$\mathscr{L}\{1\} = \frac{1}{s} \quad \text{oder} \quad 1\!\circ\!\!-\!\!\bullet\frac{1}{s}.$$

Die Bildfunktion $F(s)$ ist zwar für alle $s \neq 0$ definiert, aber nur in der Halbebene, die durch $\text{Re}(s) = \sigma > 0$ bestimmt wird, ist sie die Laplace-Transformierte der Sprungfunktion (siehe Abb. 3.3).

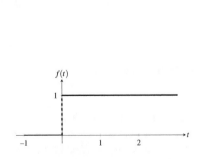

Abb. 3.2: Sprungfunktion

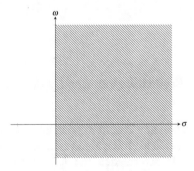

Abb. 3.3: Konvergenzhalbebene

Zur Wiederholung und Auffrischung der Themen „Grenzwerte" und „Uneigentliche Integrale" seien die Kap. 6 und 7 sowie Abschn. 14.4 des Buches „Brückenkurs Mathematik für den Studieneinstieg" empfohlen (siehe Proß und Imkamp 2018).

Beispiel 3.12. Als weiteres Beispiel bestimmen wir die Laplace-Transformierte der Exponentialfunktion

$$f(t) = \begin{cases} e^{at} & \text{für } t \geq 0 \\ 0 & \text{für } t < 0 \end{cases}$$

mit $a \in \mathbb{C}$. Es gilt

$$F(s) = \int_0^\infty f(t) e^{-st} \, dt = \int_0^\infty e^{at} e^{-st} \, dt = \int_0^\infty e^{-(s-a)t} \, dt$$

$$= \left[\frac{e^{-(s-a)t}}{-(s-a)} \right]_0^\infty = -\frac{1}{s-a} \lim_{\lambda \to \infty} \left(e^{-(s-a)\lambda} - 1 \right) = \frac{1}{s-a},$$

wenn $\mathrm{Re}(s - a) = \sigma - \mathrm{Re}(a) > 0$. Die Laplace-Transformierte der Funktion $f(t)$ existiert in der durch $\sigma > \mathrm{Re}(a)$ definierten Halbebene. Es gilt die Korrespondenz

$$e^{at} \multimap\!\!\bullet \frac{1}{s-a}. \qquad \blacktriangleleft$$

Wir erhalten die Laplace-Transformierte einer Zeitfunktion in MATLAB und Mathematica mit folgenden Befehlen:

```
syms a t
f=exp(a*t);
laplace(f)
```

```
LaplaceTransform[E^(a*t),t,s]
```

3.2.2 Eigenschaften der Laplace-Transformation

Um die Laplace-Transformation zur Lösung von DGLs nutzen zu können, müssen wir uns zunächst mit einigen wichtigen Sätzen vertraut machen. Weitere Sätze zur Laplace-Transformation, mit denen man aus bekannten Korrespondenzen neue gewinnen kann, finden Sie z. B. in Papula (2015).

Satz 3.2 (Linearitätssatz). Es gilt für die Laplace-Transformierte einer Linearkombination aus n Zeitfunktionen $f_1(t), f_2(t), \ldots, f_n(t)$:

$$\mathscr{L}\{c_1f_1(t)+c_2f_2(t)+\cdots+c_nf_n(t)\}$$
$$= c_1\mathscr{L}\{f_1(t)\}+c_2\mathscr{L}\{f_2(t)\}+\cdots+c_n\mathscr{L}\{f_n(t)\}$$
$$= c_1F_1(s)+c_2F_2(s)+\cdots+c_nF_n(s) \qquad \lhd$$

Beweis. Der Beweis erfolgt durch Einsetzen in die Definition und Berücksichtigung der Integrationsregeln:

$$\mathscr{L}\{c_1f_1(t)+c_2f_2(t)+\cdots+c_nf_n(t)\} = \int_0^\infty (c_1f_1(t)+c_2f_2(t)+\cdots+c_nf_n(t))\,e^{-st}\,dt$$

$$= c_1\int_0^\infty f_1(t)e^{-st}\,dt + c_2\int_0^\infty f_2(t)e^{-st}\,dt + \cdots + c_n\int_0^\infty f_n(t)e^{-st}\,dt$$

$$= c_1\mathscr{L}\{f_1(t)\}+c_2\mathscr{L}\{f_2(t)\}+\cdots+c_n\mathscr{L}\{f_n(t)\}$$

$$= c_1F_1(s)+c_2F_2(s)+\cdots+c_nF_n(s) \qquad \Box$$

Beispiel 3.13. Wir wollen die Laplace-Transformierte der folgenden Zeitfunktion

$$f(t) = 17 + 42e^{5t}$$

bestimmen. Es gilt nach dem Linearitätssatz

$$\mathscr{L}\{f(t)\} = \mathscr{L}\{17+42e^{5t}\} = 17\mathscr{L}\{1\}+42\mathscr{L}\{e^{5t}\}.$$

Aus Bsp. 3.11 und Bsp. 3.12 kennen wir bereits die Korrespondenzen

$$1 \circ\!\!-\!\!\bullet\, \frac{1}{s}$$

$$e^{at} \circ\!\!-\!\!\bullet\, \frac{1}{s-a}.$$

Es gilt also

$$\mathscr{L}\{f(t)\} = 17\mathscr{L}\{1\}+42\mathscr{L}\{e^{5t}\} = \frac{17}{s} + \frac{42}{s-5}. \qquad \blacktriangleleft$$

Satz 3.3 (Ableitungssatz für die Originalfunktion). Die Laplace-Transformierte der Ableitung der Originalfunktion nach der Variablen t lautet:

$$\mathscr{L}\{f'(t)\} = sF(s)-f(0)$$
$$\mathscr{L}\{f''(t)\} = s^2F(s)-sf(0)-f'(0)$$
$$\vdots$$
$$\mathscr{L}\{f^{(n)}(t)\} = s^nF(s)-s^{n-1}f(0)-s^{n-2}f'(0)-s^{n-3}f''(0)-\cdots-f^{(n-1)}(0) \qquad \lhd$$

Beweis. Wir betrachten zunächst die Laplace-Transformierte der ersten Ableitung. Es gilt

$$\mathscr{L}\{f'(t)\} = \int_0^\infty f'(t)e^{-st}\,dt.$$

Das Integral lösen wir durch partielle Integration:

$$\int_0^\infty \underbrace{f'(t)}_{v'}\underbrace{e^{-st}}_{u}\,dt = \left[f(t)e^{-st}\right]_0^\infty - \int_0^\infty f(t)(-se^{-st})\,dt$$

$$= \underbrace{\left[f(t)e^{-st}\right]_0^\infty}_{-f(0)} + s\underbrace{\int_0^\infty f(t)e^{-st}\,dt}_{F(s)}$$

$$= sF(s) - f(0)$$

Auf analoge Weise erhalten wir die Formeln für höhere Ableitungen. Man kann hierzu auch das Verfahren der vollständigen Induktion unter Zuhilfenahme partieller Integration verwenden. □

Beispiel 3.14. Gegeben sei die Funktion $f(t) = \cos t$ mit dem Anfangswert $f(0) = 1$ und der Bildfunktion

$$F(s) = \mathscr{L}\{\cos t\} = \frac{s}{s^2+1}.$$

Wir nutzen den Ableitungssatz, um die Laplace-Transformierte der Sinusfunktion zu erhalten:

$$\mathscr{L}\{f'(t)\} = -\mathscr{L}\{\sin t\} = sF(s) - f(0)$$

$$= s\frac{s}{s^2+1} - 1 = \frac{s^2 - s^2 - 1}{s^2+1} = -\frac{1}{s^2+1}.$$

Wir erhalten somit folgende Korrespondenz:

$$\sin t \circ\!\!-\!\!\bullet \frac{1}{s^2+1} \qquad\qquad \blacktriangleleft$$

In vielen Anwendungen spielt der genaue Kurvenverlauf nur eine nebensächliche Rolle und man ist vielmehr am Anfangs- ($t = 0$) bzw. Langzeitverhalten ($t \to \infty$) des Systems interessiert. In diesem Fall kann man auf die Rücktransformation verzichten und die folgenden Grenzwertsätze nutzen.

Satz 3.4 (Grenzwertsätze). Anfangswert $f(0^+)$ und Endwert $f(\infty)$ einer Zeitfunktion $f(t)$ lassen sich aus einer gegebenen Bildfunktion $F(s)$ wie folgt ohne Rücktransformation bestimmen:

$$f(0^+) = \lim_{t\to 0^+} f(t) = \lim_{s\to\infty} sF(s)$$

$$f(\infty) = \lim_{t\to\infty} f(t) = \lim_{s\to 0} sF(s),$$

sofern die Grenzwerte existieren. (Wir verwenden die formal nicht ganz korrekte Schreibweise $f(\infty)$ hier aus Gründen der einfachen Darstellung.)   ◁

Beweis. Wir beweisen den Grenzwertsatz für den Endwert. Nach dem Ableitungssatz für die Originalfunktion gilt

$$\mathscr{L}\{f'(t)\} = sF(s) - f(0)$$

und für die Laplace-Transformierte der Ableitung gilt nach Def. 3.2

$$\mathscr{L}\{f'(t)\} = \int_0^\infty f'(t)e^{-st}dt.$$

Wir setzen beide Ausdrücke gleich

$$\int_0^\infty f'(t)e^{-st}dt = sF(s) - f(0)$$

und bilden den Grenzübergang $s \to 0$:

$$\lim_{s\to 0}\int_0^\infty f'(t)e^{-st}dt = \lim_{s\to 0}sF(s) - f(0)$$

$$\int_0^\infty f'(t)\underbrace{\lim_{s\to 0}e^{-st}}_{=1}dt = \lim_{s\to 0}sF(s) - f(0)$$

$$\left[f(t)\right]_0^\infty = \lim_{s\to 0}sF(s) - f(0)$$

$$f(\infty) - f(0) = \lim_{s\to 0}sF(s) - f(0)$$

$$f(\infty) = \lim_{s\to 0}sF(s) \qquad \qquad \square$$

Beispiel 3.15. Wir betrachten die Bildfunktion der Exponentialfunktion (siehe Bsp. 3.12)

$$F(s) = \frac{1}{s-a}$$

und bestimmen damit den Anfangs- und Endwert im Zeitbereich:

$$f(0^+) = \lim_{t\to 0^+} f(t) = \lim_{s\to\infty} sF(s) = \lim_{s\to\infty} s\frac{1}{s-a} = \lim_{s\to\infty}\frac{s}{s\left(1-\frac{a}{s}\right)} = \lim_{s\to\infty}\frac{1}{1-\frac{a}{s}} = 1$$

$$f(\infty) = \lim_{t\to\infty} f(t) = \lim_{s\to 0} sF(s) = \lim_{s\to 0} s\frac{1}{s-a} = 0$$

Beachten Sie: Der Grenzwert des Endwerts existiert nur für $a < 0$.   ◀

3.2.3 Lösung von Differentialgleichungen mithilfe der Laplace-Transformation

Nun haben wir alles zusammen, um DGLs bzw. Anfangswertprobleme mithife der Laplace-Transformation zu lösen. Wir gehen dazu wie in Abb. 3.1 dargestellt vor und wollen das Verfahren direkt an einem Beispiel vorführen.

Beispiel 3.16. Gegeben ist folgendes Anfangswertproblem:

$$y'' + 6y' + 9y = 4e^{2t}, \quad y(0) = 0, \ y'(0) = 1$$

Wir transformieren die DGL in den Bildbereich

$$\mathscr{L}\{y'' + 6y' + 9y\} = \mathscr{L}\{4e^{2t}\}$$

und wenden dazu zunächst den Linearitätssatz an:

$$\mathscr{L}\{y''\} + 6\mathscr{L}\{y'\} + 9\mathscr{L}\{y\} = 4\mathscr{L}\{e^{2t}\}$$

Nun nutzen wir den Ableitungssatz der Originalfunktion und erhalten

$$s^2 Y(s) - sy(0) - y'(0) + 6\left(sY(s) - y(0)\right) + 9Y(s) = \frac{4}{s-2}.$$

Die Laplace-Transformierte der Exponentialfunktion haben wir bereits in Bsp. 3.12 bestimmt. Wir setzen die Anfangswerte ein:

$$s^2 Y(s) - 1 + 6sY(s) + 9Y(s) = \frac{4}{s-2}$$

Im Bildbereich müssen wir jetzt eine algebraische Gleichung lösen:

$$Y(s)\left(s^2 + 6s + 9\right) = \frac{4}{s-2} + 1$$
$$Y(s)\left(s^2 + 6s + 9\right) = \frac{2+s}{s-2}$$
$$Y(s) = \frac{2+s}{(s-2)\left(s^2 + 6s + 9\right)}$$
$$Y(s) = \frac{2+s}{(s-2)\left(s+3\right)^2}$$

Dies ist die Lösung im Bildbereich. Um die Lösung im Zeitbereich zu erhalten, müssen wir die Rücktransformation durchführen. Wir nutzen dazu die Transformationstabelle in Abschn. 3.2.4. In dieser Tabelle können wir unsere Bildfunktion in der Form nicht finden. Wir müssen sie zunächst in Partialbrüche zerlegen (siehe Bsp. 0.4 in Kap. 0) und können dann diese in der Tabelle nachschlagen. Mit dem

Ansatz

$$\frac{2+s}{(s-2)(s+3)^2} = \frac{A}{s+3} + \frac{B}{(s+3)^2} + \frac{C}{s-2}$$

erhalten wir die Gleichung

$$2+s = A(s+3)(s-2) + B(s-2) + C(s+3)^2.$$

Wir berechnen die Koeffizienten

$$s = -3: \qquad -1 = -5B \qquad\qquad \Leftrightarrow \quad B = \frac{1}{5}$$

$$s = 2: \qquad\quad 4 = 25C \qquad\qquad\quad \Leftrightarrow \quad C = \frac{4}{25}$$

$$s = 0: \qquad\quad 2 = -6A - 2\frac{1}{5} + 9\frac{4}{25} \qquad \Leftrightarrow \quad A = -\frac{4}{25}$$

und erhalten

$$Y(s) = -\frac{4}{25}\frac{1}{s+3} + \frac{1}{5}\frac{1}{(s+3)^2} + \frac{4}{25}\frac{1}{s-2}.$$

Wir erhalten die gesuchte Lösung mithilfe der Transformationstabelle in Abschn. 3.2.4 (Nr. 3 mit $a = -3$ bzw. $a = 2$ und Nr. 6 mit $a = -3$):

$$y(t) = \mathscr{L}^{-1}\{Y(s)\} = \mathscr{L}^{-1}\left\{-\frac{4}{25}\frac{1}{s+3} + \frac{1}{5}\frac{1}{(s+3)^2} + \frac{4}{25}\frac{1}{s-2}\right\}$$

$$= -\frac{4}{25}\mathscr{L}^{-1}\left\{\frac{1}{s+3}\right\} + \frac{1}{5}\mathscr{L}^{-1}\left\{\frac{1}{(s+3)^2}\right\} + \frac{4}{25}\mathscr{L}^{-1}\left\{\frac{1}{s-2}\right\}$$

$$= -\frac{4}{25}e^{-3t} + \frac{1}{5}te^{-3t} + \frac{4}{25}e^{2t} \qquad\qquad\qquad \blacktriangleleft$$

In Abschn. 4.5 erfahren Sie, wie Differentialgleichungssysteme mithilfe der Laplace-Transformation gelöst werden.

3.2.4 Tabelle spezieller Laplace-Transformationen

Bildfunktion $F(s)$	Originalfunktion $f(t)$
(1) 1	$\delta(t)$
(2) $\frac{1}{s}$	1 (Sprungfunktion $\sigma(t)$)
(3) $\frac{1}{s-a}$	e^{at}
(4) $\frac{1}{s^2}$	t
(5) $\frac{1}{s(s-a)}$	$\frac{e^{at}-1}{a}$
(6) $\frac{1}{(s-a)^2}$	$t \cdot e^{at}$
(7) $\frac{1}{(s-a)(s-b)}$	$\frac{e^{at}-e^{bt}}{a-b}$
(8) $\frac{s}{(s-a)^2}$	$(1+at)e^{at}$
(9) $\frac{s}{(s-a)(s-b)}$	$\frac{a \cdot e^{at}-b \cdot e^{bt}}{a-b}$
(10) $\frac{1}{s^3}$	$\frac{1}{2}t^2$
(11) $\frac{1}{s^2(s-a)}$	$\frac{e^{at}-at-1}{a^2}$
(12) $\frac{1}{s(s-a)^2}$	$\frac{(at-1) \cdot e^{at}+1}{a^2}$
(13) $\frac{1}{(s-a)^3}$	$\frac{1}{2}t^2 \cdot e^{at}$
(14) $\frac{s}{(s-a)^3}$	$\left(\frac{1}{2}at^2+t\right) \cdot e^{at}$
(15) $\frac{s^2}{(s-a)^3}$	$\left(\frac{1}{2}a^2t^2+2at+1\right) \cdot e^{at}$
(16) $\frac{1}{s^n}$ $(n=1,2,3,\dots)$	$\frac{t^{n-1}}{(n-1)!}$

(17)	$\frac{1}{(s-a)^n}$ $(n = 1,2,3, \dots)$	$\frac{t^{n-1} \cdot e^{at}}{(n-1)!}$
(18)	$\frac{1}{s^2+a^2}$	$\frac{\sin(at)}{a}$
(19)	$\frac{s}{s^2+a^2}$	$\cos(at)$
(20)	$\frac{(\sin b) \cdot s + a \cdot \cos b}{s^2+a^2}$	$\sin(at+b)$
(21)	$\frac{(\cos b) \cdot s - a \cdot \sin b}{s^2+a^2}$	$\cos(at+b)$
(22)	$\frac{1}{(s-b)^2+a^2}$	$\frac{e^{bt} \cdot \sin(at)}{a}$
(23)	$\frac{s-b}{(s-b)^2+a^2}$	$e^{bt} \cos(at)$
(24)	$\frac{1}{s^2-a^2}$	$\frac{\sinh(at)}{a}$
(25)	$\frac{s}{s^2-a^2}$	$\cosh(at)$
(26)	$\frac{1}{(s-b)^2-a^2}$	$\frac{e^{bt} \cdot \sinh(at)}{a}$
(27)	$\frac{s-b}{(s-b)^2-a^2}$	$e^{bt} \cdot \cosh(at)$
(28)	$\frac{1}{s(s^2+4a^2)}$	$\frac{\sin^2(at)}{2a^2}$
(29)	$\frac{s^2+2a^2}{s(s^2+4a^2)}$	$\cos^2(at)$
(30)	$\frac{s}{(s^2+a^2)^2}$	$\frac{t \cdot \sin(at)}{2a}$
(31)	$\frac{s^2-a^2}{(s^2+a^2)^2}$	$t \cdot \cos(at)$
(32)	$\frac{s}{(s^2-a^2)^2}$	$\frac{t \cdot \sinh(at)}{2a}$
(33)	$\frac{s^2+a^2}{(s^2-a^2)^2}$	$t \cdot \cosh(at)$
(34)	$\arctan\left(\frac{a}{s}\right)$	$\frac{\sin(at)}{t}$

3.3 Variation der Konstanten

Wir haben im Abschn. 2.2.3 die Methode der Variation der Konstanten zum Auffinden einer partikulären Lösung bei DGLs erster Ordnung beschrieben. Etwas komplizierter ist die Methode der Variation der Konstanten für DGLs zweiter Ordnung. Die Methode lässt sich analog auf DGLs n-ter Ordnung übertragen. Wir führen in diesem Abschnitt die Methode für DGLs zweiter Ordnung durch für diejenigen Leser, die sich etwas tiefer in die mathematische Methodik einarbeiten wollen. Wir schreiben dazu die lineare DGL zweiter Ordnung in der Form

$$\ddot{u}(t) + a(t)\dot{u}(t) + b(t)u(t) = s(t).$$

Die allgemeine Lösung der homogenen DGL

$$\ddot{u}(t) + a(t)\dot{u}(t) + b(t)u(t) = 0$$

sei

$$u_h(t) = C_1 u_1(t) + C_2 u_2(t)$$

mit $C_1, C_2 \in \mathbb{R}$.

Variation der Konstanten bedeutet auch hier wieder, dass wir diese Lösung schreiben als

$$u_C(t) = C_1(t)u_1(t) + C_2(t)u_2(t).$$

Dann bilden wir die erste und zweite Ableitung:

$$\dot{u}_C(t) = \dot{C}_1(t)u_1(t) + C_1(t)\dot{u}_1(t) + \dot{C}_2(t)u_2(t) + C_2(t)\dot{u}_2(t)$$
$$\ddot{u}_C(t) = \ddot{C}_1(t)u_1(t) + 2\dot{C}_1(t)\dot{u}_1(t) + C_1(t)\ddot{u}_1(t) + \ddot{C}_2(t)u_2(t) + 2\dot{C}_2(t)\dot{u}_2(t)$$
$$+ C_2(t)\ddot{u}_2(t)$$

Da wir nur eine partikuläre Lösung suchen, setzen wir zur Vereinfachung der Ausdrücke willkürlich in der ersten Ableitung

$$\dot{C}_1(t)u_1(t) + \dot{C}_2(t)u_2(t) = 0,$$

sodass sich diese reduziert zu

$$\dot{u}_C(t) = C_1(t)\dot{u}_1(t) + C_2(t)\dot{u}_2(t).$$

Damit vereinfacht sich auch die zweite Ableitung zu

$$\ddot{u}_C(t) = \dot{C}_1(t)\dot{u}_1(t) + C_1(t)\ddot{u}_1(t) + \dot{C}_2(t)\dot{u}_2(t) + C_2(t)\ddot{u}_2(t).$$

Dies bringen wir als Lösungsansatz in die DGL ein:

$$\ddot{u}_C(t) + a(t)\dot{u}_C(t) + b(t)u_C(t)$$
$$= C_1(t)\ddot{u}_1(t) + C_2(t)\ddot{u}_2(t) + \dot{C}_1(t)\dot{u}_1(t) + \dot{C}_2(t)\dot{u}_2(t) + a(t)C_1(t)\dot{u}_1(t)$$
$$+ a(t)C_2(t)\dot{u}_2(t) + b(t)C_1(t)u_1(t) + b(t)C_2(t)u_2(t) = s(t)$$

Wir fassen dies etwas anders zusammen und erhalten:

$$C_1(t)\big(\ddot{u}_1(t) + a(t)\dot{u}_1(t) + b(t)u_1(t)\big) + C_2(t)\big(\ddot{u}_2(t) + a(t)\dot{u}_2(t) + b(t)u_2(t)\big)$$
$$+ \dot{C}_1(t)\dot{u}_1(t) + \dot{C}_2(t)\dot{u}_2(t) = s(t)$$

Da u_1 und u_2 Lösungen der homogenen DGL sind, ergeben die Klammerausdrücke jeweils 0. Somit ergibt sich

$$\dot{C}_1(t)\dot{u}_1(t) + \dot{C}_2(t)\dot{u}_2(t) = s(t)$$

und mit der willkürlichen Vorgabe

$$\dot{C}_1(t)u_1(t) + \dot{C}_2(t)u_2(t) = 0$$

das Gleichungssystem

$$\dot{C}_1(t)u_1(t) + \dot{C}_2(t)u_2(t) = 0$$
$$\dot{C}_1(t)\dot{u}_1(t) + \dot{C}_2(t)\dot{u}_2(t) = s(t).$$

Die Lösung für $\dot{C}_1(t)$ und $\dot{C}_2(t)$ liefert uns die partikuläre Lösung wie bei der DGL erster Ordnung.

Beispiel 3.17. Wir betrachten folgende DGL zweiter Ordnung:

$$\ddot{u}(t) - 5\dot{u}(t) + 6u(t) = te^t$$

Die allgemeine Lösung der homogenen Gleichung

$$u_h(t) = C_1 e^{3t} + C_2 e^{2t}$$

fassen wir wieder auf als

$$u_C(t) = C_1(t)e^{3t} + C_2(t)e^{2t}.$$

Wir müssen also das Gleichungssystem

$$\dot{C}_1(t)e^{3t} + \dot{C}_2(t)e^{2t} = 0$$
$$3\dot{C}_1(t)e^{3t} + 2\dot{C}_2(t)e^{2t} = te^t$$

lösen. (Wer sich das Gleichungssystem nicht merken möchte, kann es jeweils für die betreffende Aufgaben immer wieder herleiten.)

Wir erhalten $\dot{C}_1(t) = te^{-2t}$ und $\dot{C}_2(t) = -te^{-t}$. Damit ergibt sich

$$C_1(t) = -e^{-2t}\left(\frac{1}{4} + \frac{t}{2}\right) \quad \text{und} \quad C_2(t) = e^{-t}(1+t).$$

Einsetzen in $u_C(t) = C_1(t)e^{3t} + C_2(t)e^{2t}$ liefert die partikuläre Lösung

$$u_p(t) = \left(\frac{t}{2} + \frac{3}{4}\right)e^t$$

und somit die allgemeine Lösung

$$u(t) = C_1e^{3t} + C_2e^{2t} + \left(\frac{t}{2} + \frac{3}{4}\right)e^t.$$

Dieses Ergebnis liefern MATLAB und Mathematica mit:

```
syms u(t)
dsolve(diff(u,t,2)-5*diff(u,t)+6*u(t)==t*exp(t))
```

```
DSolve[Derivative[2][u][t]-5*Derivative[1][u][t]+6*u[t]==t*E^t,u[t],t]
```

◄

3.4 Randwertprobleme

Bisher haben wir bei verschiedenen DGLs erster oder zweiter Ordnung Anfangswertprobleme untersucht. Dabei ging es darum, für eine Größe einen Wert zu Beginn eines Prozesses oder einer Messung festzulegen, wie z. B. den Bestand an
radioaktiven Kernen eines Präparates zu einem festen Zeitpunkt oder die Anfangsgeschwindigkeit einer Rakete bei einer weiteren Triebwerkzündung.

In diesem Abschnitt wollen wir einen Blick auf sogenannte *Randwertprobleme* wer-
fen. Hierbei wird eine Funktion gesucht, die am Rand ihres Definitionsbereichs
bestimmte Werte annehmen soll. Der Definitionsbereich kann bei innermathematischen Problemen willkürlich gewählt werden, während er sich bei physikalisch-
technischen Anwendungen aus der Problemstellung ergibt. Insbesondere in Kap. 5
werden wir uns mit diesem Thema noch ausführlich auseinandersetzen. Dabei spielen auch Randwerte der Ableitung der Lösungsfunktion in verschiedenen Kontexten
eine entscheidende Rolle. In diesem Abschnitt gibt es erst einmal einen ersten Über-
blick. Wir betrachten zunächst ein innermathematisches Beispiel, um die Methode
zu verdeutlichen.

Beispiel 3.18. Wir betrachten die DGL

$$y''(x) - 9y(x) = 0$$

mit den Randbedingungen $y(0) = 1$ und $y(1) = 2$, die die Lösung erfüllen soll. Für eine eindeutige Lösung benötigt man bei einer DGL zweiter Ordnung natürlich auch zwei Randbedingungen. Die allgemeine Lösung der DGL lautet

$$y(x) = C_1 e^{3x} + C_2 e^{-3x}.$$

Wir arbeiten die Anfangsbedingungen ein:

$$y(0) = 1 = C_1 + C_2$$
$$y(1) = 2 = C_1 e^3 + C_2 e^{-3},$$

und lösen das Gleichungssystem. Als Ergebnisse erhalten wir

$$C_1 = \frac{2e^3 - 1}{e^6 - 1}$$

und

$$C_2 = \frac{e^6 - 2e^3}{e^6 - 1}.$$

Damit ergibt sich nach geeignetem Zusammenfassen die Lösung

$$y(x) = \frac{1}{e^6 - 1} (2e^{3x+3} - e^{3x} + e^{-3x+6} - 2e^{-3x+3}).$$

Eingabe in MATLAB und Mathematica:

```
syms y(x)
dsolve(diff(y,x,2)-9*y(x)==0,[y(0)==1,y(1)==2])
```

```
DSolve[{Derivative[2][y][x]-9*y[x]==0,y[0]==1,y[1]==2},y[x],x]
```

Das Gleichungssystem wird gelöst mit der Eingabe:

```
syms C1 C2
sol=solve([C1+C2==1,C1*exp(3)+C2*exp(-3)==2],[C1 C2])
sol.C1
sol.C2
```

```
Solve[{C1+C2==1,C1*E^3+C2/E^3==2},{C1,C2}]
```

◀

3.5 Reduktion der Ordnung

Wir betrachten ein Verfahren zur Reduktion einer DGL zweiter Ordnung zu einer DGL erster Ordnung und gehen dazu von der allgemeinen DGL

$$y''(x) = f(y(x))$$

aus mit einer geeigneten Funktion f. Multiplikation der DGL mit $y'(x)$ liefert

$$y''(x)y'(x) = f(y(x))y'(x).$$

Integration führt auf

$$\frac{1}{2}y'(x)^2 = \int f(y(x))y'(x)dx.$$

Überprüfen Sie dies durch Bildung der Ableitung auf beiden Seiten
mithilfe der Kettenregel!

Sei F eine Stammfunktion von f. Dann gilt nach der Kettenregel (siehe Satz 0.1)

$$F'(y(x)) = f(y(x))y'(x)$$

und daher nach dem Hauptsatz der Differential- und Integralrechnung (siehe Satz 0.2)

$$\frac{1}{2}y'(x)^2 = F(y(x)) + C_0$$

mit $C_0 \in \mathbb{R}$. Aufgelöst nach $y'(x)$ ergibt sich

$$y'(x) = \pm\sqrt{2F(y(x)) + C}$$

mit $C = 2C_0$. Das Vorzeichen muss dabei geeignet gewählt werden, eventuell in Abhängigkeit von Anfangsbedingungen. Diese DGL lässt sich nur in Ausnahmefällen, je nach Beschaffenheit von F, durch Separation der Variablen lösen. Einen dieser Fälle lernen Sie beim Problem des Sternkollapses kennen (siehe Abschn. 3.6.8). Es handelt sich dabei um die DGL

$$y''(x) = -\frac{1}{y(x)^2}.$$

Ein weiteres Beispiel zeigt, dass auch die dritte Potenz bei geeigneten Anfangsbedingungen keine Probleme macht.

Beispiel 3.19. Wir betrachten die DGL

$$y''(x) = -\frac{1}{y(x)^3}$$

mit $y(0) = 1$ und $y'(0) = 1$. Die Lösung lautet:

$$y''(x) = -\frac{1}{y(x)^3}$$

$$y''(x)y'(x) = -\frac{1}{y(x)^3}y'(x)$$

$$\frac{1}{2}y'(x)^2 = \frac{1}{2y(x)^2} + C_0$$

$$y'(x) = \pm\sqrt{\frac{1}{y(x)^2} + C}$$

Wegen der Anfangsbedingungen wählen wir nur das positive Vorzeichen vor der Wurzel und erhalten mit diesen Anfangsbedingungen

$$1 = y'(0) = \sqrt{\frac{1}{y(0)^2} + C} = \sqrt{1+C},$$

also $C = 0$. Somit haben wir das Problem auf die Lösung der DGL

$$y'(x) = \sqrt{\frac{1}{y(x)^2}} = \frac{1}{y(x)}$$

reduziert (hierbei betrachten wir wieder den für die Anfangsbedingungen relevanten positiven Zweig). Diese DGL lösen wir durch Separation der Variablen:

$$\frac{dy}{dx} = \frac{1}{y}$$

$$ydy = dx$$

$$\int ydy = x + c$$

$$\frac{1}{2}y^2 = x + c$$

$$y = \pm\sqrt{2x + 2c}$$

Wegen $y(0) = 1$ ergibt sich daraus

$$y(x) = \sqrt{2x+1}. \qquad \blacktriangleleft$$

3.6 Anwendungen

3.6.1 Das ungedämpfte Federpendel

DGL-Typ: Zweiter Ordnung, linear, homogen, konstante Koeffizienten

Schwingungsfähige Systeme, auch als *Oszillatoren* bezeichnet, nehmen in der Physik eine nicht zu überschätzende Rolle ein. Sie spielen beispielsweise bei der Konstruktion von Bauwerken, Maschinen und Anlagen – gewollt oder ungewollt – eine große Rolle. Wir werden es in diesem Buch in den unterschiedlichsten Zusammenhängen mit Schwingungen bzw. Wellen zu tun bekommen. Unter einer *Schwingung* versteht man vereinfacht gesprochen einen sich immer wiederholenden, periodischen Vorgang. Dabei kann es sich um eine Schaukel handeln, die Beine eines Marathonläufers oder die Bewegung eines Uhrwerks. *Wellen* breiten sich entlang gekoppelter Oszillatoren aus.

Der einfachste Fall für einen solchen Oszillator ist das *(Schrauben-)Federpendel* (siehe Abb. 3.4), anhand dessen wir uns die mathematische Theorie erarbeiten wollen. Das Schraubenfederpendel ist ein Musterbeispiel für einen *harmonischen Oszillator*, d. h. einen Schwinger, der zwischen zwei Umkehrpunkten gemäß einem Sinusgesetz hin- und herpendelt. Man kann sich einen solchen harmonischen Oszillator denken als die Projektion einer gleichmäßigen Kreisbewegung auf eine Ebene senkrecht zur Kreisebene.

Die *Schwingungsdifferentialgleichung* für die Schwingung einer Masse m an einer Schraubenfeder der Federhärte D ist Ihnen aus dem Physikunterricht der Oberstufe bekannt.

Wir wenden das von Newton stammende Grundgesetz der Mechanik an: Das Produkt aus Masse m und Beschleunigung $a = \ddot{x}(t)$ ist gleich der Summe der einwirkenden Kräfte F:

$$m\ddot{x}(t) = F$$

Wir betrachten zunächst ein ungedämpftes Pendel, das auch durch keine Kraft von außen beeinflusst wird. Es wirkt also nur die zur Auslenkung proportionale Rückstellkraft der Feder auf das Pendel ein:

$$F = -Dx(t), \quad D > 0.$$

Dieser Zusammenhang ist als *Hooke'sches Gesetz* bekannt. Es gilt also

$$m\ddot{x}(t) = -Dx(t)$$

und wir erhalten die DGL

$$\ddot{x}(t) + \frac{D}{m}x(t) = 0.$$

Abb. 3.4: Schraubenfederpendel

Die charakteristische Gleichung lautet

$$\lambda^2 + \frac{D}{m} = 0$$

und hat die Lösungen

$$\lambda = \pm\sqrt{\frac{D}{m}}\,i.$$

Der Realteil ist also gleich null, sodass der exponentielle Faktor gleich 1 ist. Somit erhalten wir als allgemeine Lösung

$$x(t) = C_1 \cos\sqrt{\frac{D}{m}}\,t + C_2 \sin\sqrt{\frac{D}{m}}\,t.$$

In Abhängigkeit von verschiedenen Anfangsbedingungen bei der Federpendelschwingung ergeben sich somit spezielle Lösungen für unterschiedliche Schwingungsvorgänge.

Wir lösen jetzt die Schwingungsdifferentialgleichung

$$\ddot{x}(t) + \frac{D}{m}x(t) = 0$$

unter den Anfangsbedingungen $x(0) = 0$, $\dot{x}(0) = v_0 > 0$. Physikalisch bedeutet dies, dass wir mit der Messung beginnen (Zeitpunkt $t = 0$), wenn der Pendelkörper durch die Nulllage nach oben schwingt. In dieser Richtung messen wir nach Konvention eine positive Geschwindigkeit.

Aus der allgemeinen Lösung

$$x(t) = C_1 \cos \sqrt{\frac{D}{m}} t + C_2 \sin \sqrt{\frac{D}{m}} t$$

erhalten wir

$$x(0) = 0 = C_1 \cos \left(\sqrt{\frac{D}{m}} \cdot 0 \right) + C_2 \sin \left(\sqrt{\frac{D}{m}} \cdot 0 \right) = C_1$$

und wegen

$$\dot{x}(t) = -C_1 \sqrt{\frac{D}{m}} \sin \left(\sqrt{\frac{D}{m}} \cdot t \right) + C_2 \sqrt{\frac{D}{m}} \cos \left(\sqrt{\frac{D}{m}} \cdot t \right) \quad \text{(Kettenregel!)}$$

$$\dot{x}(0) = v_0 = -C_1 \sqrt{\frac{D}{m}} \sin \left(\sqrt{\frac{D}{m}} \cdot 0 \right) + C_2 \sqrt{\frac{D}{m}} \cos \left(\sqrt{\frac{D}{m}} \cdot 0 \right)$$

$$= C_2 \sqrt{\frac{D}{m}},$$

und somit

$$C_2 = v_0 \sqrt{\frac{m}{D}}.$$

Die spezielle Lösung lautet also in diesem Fall:

$$x(t) = v_0 \sqrt{\frac{m}{D}} \sin \left(\sqrt{\frac{D}{m}} \cdot t \right).$$

Dass hier der Sinus herauskommt und der Kosinusterm wegfällt, ist anschaulich klar, da wir mit der Messung im Nullpunkt beginnen.

Man definiert $\omega_0 := \sqrt{\frac{D}{m}}$ und nennt diese Größe auch *Kreisfrequenz*. Man kann daraus mittels der Beziehung $T = \frac{2\pi}{\omega_0}$ die Schwingungsdauer bestimmen: Es gilt $T = 2\pi \sqrt{\frac{m}{D}}$. Eine größere Masse liefert also ebenso eine höhere Schwingungsdauer wie eine weniger harte Feder.

3.6.2 Das gedämpfte Federpendel

DGL-Typ: Zweiter Ordnung, linear, homogen, konstante Koeffizienten

Das ungedämpfte Federpendel schwingt streng genommen bis in alle Ewigkeit harmonisch und mit konstanter Amplitude weiter. Ein reales Federpendel stellt jedoch mit der Zeit seine Schwingung ein und endet als ruhender Pendelkörper im Nullpunkt der Schwingung. Das passiert schon dadurch, dass es eben nicht im idealen Vakuum schwingt, sondern in der Luft, und der Pendelkörper permanent Energie mit dieser austauscht (Reibung, Dissipation). Dadurch entsteht eine sogenannte *gedämpfte Schwingung*. Eine stärkere Dämpfung der Schwingung erzielt man, wenn man den Pendelkörper in Wasser, Öl oder gar in Honig schwingen lässt. Wir wollen uns in diesem Abschnitt mit der DGL des gedämpften Federpendels und ihren Lösungen beschäftigen. Die eine bestehende Bewegung bremsende Reibungskraft ist proportional zur Geschwindigkeit

$$F_R = -kv(t).$$

Dabei ist k der sogenannte *Reibungskoeffizient*, der von der Zähigkeit des das Pendel umgebenden Mediums abhängt. Wir müssen den Kraftansatz, den wir beim ungedämpften Federpendel verwendet haben, deshalb folgendermaßen modifizieren:

$$m\ddot{x}(t) = -k\dot{x}(t) - Dx(t).$$

Die Bezeichnungen sind dieselben wie im ungedämpften Fall. Wir bringen diese Gleichung in die von uns favorisierte Form

$$\ddot{x}(t) + \frac{k}{m}\dot{x}(t) + \frac{D}{m}x(t) = 0,$$

und erkennen sie als lineare, homogene DGL zweiter Ordnung mit konstanten Koeffizienten. Mit $\omega_0 = \sqrt{\frac{D}{m}}$ und $\delta = \frac{k}{2m}$ führen wir zwei Standardbezeichnungen ein, sodass wir die Gleichung in der etwas handlicheren Form

$$\ddot{x}(t) + 2\delta\dot{x}(t) + \omega_0^2 x(t) = 0$$

schreiben können. Die charakteristische Gleichung

$$\lambda^2 + 2\delta\lambda + \omega_0^2 = 0$$

liefert zunächst

$$\lambda = -\delta \pm \sqrt{\delta^2 - \omega_0^2}.$$

Es müssen bei der Lösung drei verschiedene Fälle berücksichtigt werden, je nachdem, ob $\delta^2 - \omega_0^2 < 0$, $\delta^2 - \omega_0^2 > 0$, oder $\delta^2 - \omega_0^2 = 0$ gilt, d. h. je nach Stärke

der Reibung. Die drei zu unterscheidenden Fälle heißen *Schwingfall*, *Kriechfall* und
aperiodischer Grenzfall.

1) Schwingfall

In diesem Fall gilt $\delta^2 - \omega_0^2 < 0$. Die allgemeine Lösung der DGL lautet gemäß der
Lösungstheorie
$$x(t) = e^{-\delta t}(C_1 \cos(\omega t) + C_2 \sin(\omega t)),$$
wobei $\omega := \sqrt{\omega_0^2 - \delta^2}$ gilt.

Es handelt sich hierbei um ein schwach gedämpftes Pendel, dessen Schwingungsamplitude mit der Zeit exponentiell abnimmt. Für den zeitlichen Verlauf der Elongation erwartet man qualitativ einen wie in Abb. 3.5 dargestellten Verlauf.

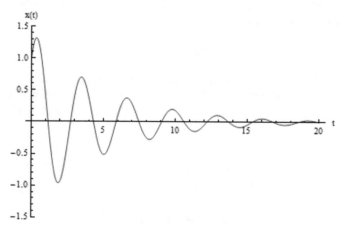

Abb. 3.5: Schwache Dämpfung, dargestellt mit $x(t) = e^{-0.2t}(\cos 2t + \sin 2t)$

Im Fall einer gedämpften reinen Sinusschwingung erhält man den in Abb. 3.6 dargestellten Verlauf.

Die Schwingung wird hierbei durch den Term $\pm e^{-\delta t}$ begrenzt, im Beispiel speziell
durch $\pm e^{-0.2t}$ (siehe Abb. 3.7).

Um eine konkrete Schwingung zu beschreiben, benötigen wir reale Daten sowie
zwei Anfangsbedingungen. Wir hängen dazu einen Körper der Masse $m = 50\,\text{g}$ an
eine Feder der Federhärte $D = 3\,\text{N}\,\text{m}^{-1}$ und lenken ihn um $x_0 = 10\,\text{cm}$ aus. Somit
gilt:

$$\omega_0 = \sqrt{\frac{D}{m}} = \sqrt{\frac{3\,\text{N}\,\text{m}^{-1}}{0.05\,\text{kg}}} = \sqrt{60}\,\text{s}^{-1} \approx 7.75\,\text{s}^{-1}$$

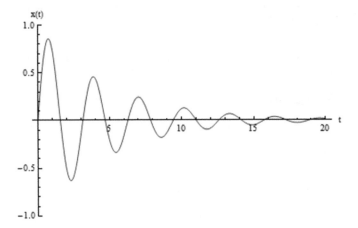

Abb. 3.6: Schwache Dämpfung – reiner Sinus, dargestellt mit $x(t) = e^{-0.2t} \sin 2t$

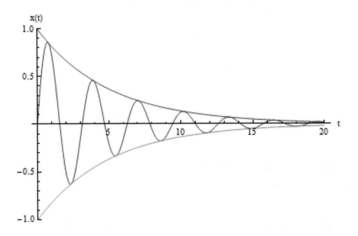

Abb. 3.7: Darstellung mit exponentieller Dämpfung

Für δ wählen wir den Wert $\delta = 2\,\text{s}^{-1}$. Im Moment des Loslassens beginnt die Zeitmessung. Die Anfangsbedingungen ergeben sich hier mit $x(0) = 0.1\,\text{m}$ und $\dot{x}(0) = 0\,\text{s}^{-1}$, da im oberen Umkehrpunkt die Geschwindigkeit null ist.

Wir lösen also die Schwingungsdifferentialgleichung mit diesen Daten und den beiden Anfangsbedingungen:

```
syms x(t)
Dx=diff(x,t);
cond=[x(0)==0.1,Dx(0)==0];
dsolve(diff(x,t,2)+4*diff(x,t)+60*x==0,cond)
```

```
DSolve[{Derivative[2][x][t]+4*Derivative[1][x][t]+60*x[t]==0,x[0]==0.1,
    Derivative[1][x][0]==0},x[t],t]
```

Es ergibt sich als Lösung:

$$x(t) = \frac{1}{10} e^{-2t} \left(\cos\left(2\sqrt{14}t\right) + \frac{\sqrt{14}}{140} \sin\left(2\sqrt{14}t\right) \right)$$

Der zeitliche Verlauf der Elongation $x(t)$ ist in Abb. 3.8 dargestellt. Die Dämpfung ist hier schon deutlich stärker.

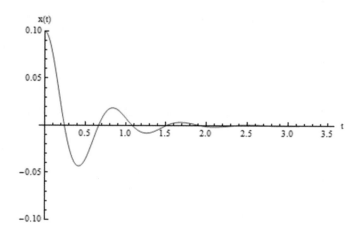

Abb. 3.8: Stärkere Dämpfung (Beispiel)

Die folgende Tabelle zeigt die Werte, die C_1 und C_2 unter verschiedenen Anfangsbedingungen annehmen.

Tab. 3.3: Schwingfall mit verschiedenen Anfangsbedingungen

$x(0)$	$\dot{x}(0)$	C_1	C_2
x_0	0	x_0	$x_0 \frac{\delta}{\omega}$
0	v_0	0	$\frac{v_0}{\omega}$
x_0	v_0	x_0	$x_0 \frac{\delta}{\omega} + v$

Der Fall in der ersten Zeile stellt den im Beispiel vorgestellten Oszillator dar, der um ein Stück ausgelenkt und dann losgelassen wird. Beim Fall in der zweiten Zeile beginnt die Zeitmessung beim Nulldurchgang eines vorher ausgelenkten Pendels („gedämpfter Sinus"). Im dritten Fall ist der Oszillator zu Beginn der Messung ausgelenkt und bewegt sich bereits mit einer Geschwindigkeit v_0.

2) Kriechfall

In diesem Fall gilt $\delta^2 - \omega_0^2 > 0$. Bei einer derart hohen Dämpfung kann man wohl kaum mit einer sich einigermaßen periodisch verhaltenden Lösung rechnen. Die Überlegungen im Theorieabschnitt sagen uns direkt, welchen allgemeinen Lösungsansatz wir zu wählen haben:

$$x(t) = C_1 e^{\lambda_1 t} + C_2 e^{\lambda_2 t},$$

wobei

$$\lambda_{1,2} = -\delta \pm \sqrt{\delta^2 - \omega_0^2}.$$

Beide Werte λ_1 und λ_2 sind negativ, daher gilt

$$\lim_{t \to \infty} x(t) = 0.$$

Wir untersuchen auch diesen Fall unter verschiedenen Anfangsbedingungen. Es ergibt sich die Tab. 3.4.

Tab. 3.4: Kriechfall mit verschiedenen Anfangsbedingungen

$x(0)$	$\dot{x}(0)$	C_1	C_2
x_0	0	$\dfrac{x_0}{2\sqrt{\delta^2-\omega_0^2}}\left(\delta + \sqrt{\delta^2 - \omega_0^2}\right)$	$-\dfrac{x_0}{2\sqrt{\delta^2-\omega_0^2}}\left(\delta - \sqrt{\delta^2 - \omega_0^2}\right)$
0	v_0	$\dfrac{v_0}{2\sqrt{\delta^2-\omega_0^2}}$	$-\dfrac{v_0}{2\sqrt{\delta^2-\omega_0^2}}$

Der Fall in der ersten Zeile stellt wieder den Oszillator dar, der um ein Stück ausgelenkt und dann losgelassen wird, beim Fall in der zweiten Zeile beginnt wieder die Zeitmessung beim Nulldurchgang eines vorher ausgelenkten Pendels. Wir schauen uns nun in den beiden Fällen anhand von Beispielen das zeitliche Verhalten von $x(t)$ an.

Beispiel 3.20. Wir lösen das Anfangswertproblem

$$\ddot{x}(t) + 4\dot{x}(t) + x(t) = 0, \quad x(0) = 1, \ \dot{x}(0) = 0$$

mit MATLAB und Mathematica

```
syms x(t)
Dx=diff(x,t);
cond=[x(0)==1,Dx(0)==0];
dsolve(diff(x,t,2)+4*diff(x,t)+x==0,cond)
```

```
DSolve[{Derivative[2][x][t]+4*Derivative[1][x][t]+x[t]==0,x[0]==1,
    Derivative[1][x][0]==0},x[t],t]
```

und erhalten die Lösung

$$x(t) = e^{(\sqrt{3}-2)t} \left(\frac{\sqrt{3}}{3} + \frac{1}{2} \right) + \frac{e^{(-\sqrt{3}-2)t} \left(3 - 2\sqrt{3} \right)}{6}.$$

Der Plot ist in Abb. 3.9 dargestellt.

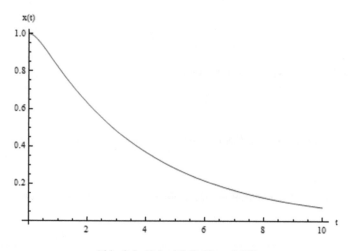

Abb. 3.9: Kriechfall (Bsp. 3.20)

Physikalische Interpretation: Der ausgelenkte Oszillator wird losgelassen. Nach kurzem „Verharren" in der Ausgangsstellung bewegt er sich langsam in die Ruhelage.   ◄

Beispiel 3.21. Wir lösen das Anfangswertproblem

$$\ddot{x}(t) + 4\dot{x}(t) + x(t) = 0, \quad x(0) = 0, \ \dot{x}(0) = 1$$

mit MATLAB und Mathematica

```
syms x(t)
Dx=diff(x,t);
cond=[x(0)==0,Dx(0)==1];
dsolve(diff(x,t,2)+4*diff(x,t)+x==0,cond)
```

```
DSolve[{Derivative[2][x][t]+4*Derivative[1][x][t]+x[t]==0,x[0]==0,
    Derivative[1][x][0]==1},x[t],t]
```

und erhalten die Lösung

$$x(t) = \frac{\sqrt{3}e^{(\sqrt{3}-2)t}}{6} - \frac{\sqrt{3}e^{(-\sqrt{3}-2)t}}{6}.$$

Der Plot ist in Abb. 3.10 dargestellt.

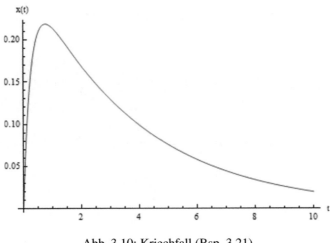

Abb. 3.10: Kriechfall (Bsp. 3.21)

Physikalische Interpretation: Der ausgelenkte Oszillator wird in der Ruhelage an-
gestoßen, bewegt sich schnell von dort weg bis zur maximalen Auslenkung, um
anschließend wieder langsam zurückzukehren. ◄

3) Aperiodischer Grenzfall

Dieser Fall, in dem $\delta^2 - \omega_0^2 = 0$ gilt, stellt sozusagen einen Grenzfall zwischen den
bisher betrachteten Fällen dar. Die Bedeutung der aperiodischen Dämpfung ist im
Wesentlichen in der Messtechnik zu finden, z. B. bei Drehspulmessinstrumenten
(„Strommessern"), deren Messwerk einen harmonischen Oszillator in Form eines
Drehpendels darstellt. Hier sollte dessen Einschwingvorgang nur eine kurze Zeit
andauern, damit man möglichst schnell das Messergebnis am Zeiger ablesen kann.
Auch für den aperiodischen Fall sagt uns die Theorie wieder, wie die Lösung aus-
sieht, nämlich

$$x(t) = e^{-\delta t}(C_1 + C_2 t).$$

Für verschiedene Anfangsbedingungen ergibt sich Tab. 3.5.

Tab. 3.5: Aperiodischer Grenzfall mit verschiedenen Anfangsbedingungen

$x(0)$	$\dot{x}(0)$	C_1	C_2
x_0	0	x_0	$x_0 \delta$
0	v_0	0	v_0

Beispiel 3.22. Wir betrachten wieder die MATLAB- bzw. Mathematica-Lösung einer DGL mit gegebenen Anfangswerten

$$\ddot{x}(t) + 2\dot{x}(t) + x(t) = 0, \quad x(0) = 1, \ \dot{x}(0) = 0.$$

```
syms x(t)
Dx=diff(x,t);
cond=[x(0)==1,Dx(0)==0];
dsolve(diff(x,t,2)+2*diff(x,t)+x==0,cond)
```

```
DSolve[{Derivative[2][x][t]+2*Derivative[1][x][t]+x[t]==0,x[0]==1,
    Derivative[1][x][0]==0},x[t],t]
```

Lösung:
$$x(t) = e^{-t}(1+t)$$

(siehe Abb. 3.11).

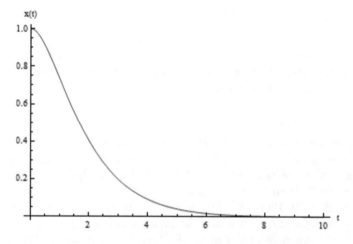

Abb. 3.11: Aperiodischer Grenzfall (Bsp. 3.22)   ◀

Beispiel 3.23. Und noch einmal mit anderen Anfangsbedingungen:

$$\ddot{x}(t) + 2\dot{x}(t) + x(t) = 0, \quad x(0) = 0, \ \dot{x}(0) = 1.$$

```
syms x(t)
Dx=diff(x,t);
cond=[x(0)==0,Dx(0)==1];
dsolve(diff(x,t,2)+2*diff(x,t)+x==0,cond)
```

```
DSolve[{Derivative[2][x][t]+2*Derivative[1][x][t]+x[t]==0,x[0]==0,
    Derivative[1][x][0]==1},x[t],t]
```

Lösung:

$$x(t) = e^{-t}t$$

(siehe Abb. 3.12).

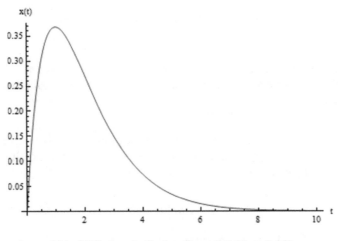

Abb. 3.12: Aperiodischer Grenzfall (Bsp. 3.23) ◀

Die physikalische Interpretation ist in beiden Beispielen im Wesentlichen dieselbe wie beim Kriechfall, wie man anhand der Plots unschwer erkennen kann.

3.6.3 Die Macht der Analogie: Elektromagnetischer Schwingkreis

DGL-Typ: Zweiter Ordnung, linear, homogen, konstante Koeffizienten

Die im letzten Abschnitt behandelte DGL einer ungedämpften bzw. gedämpften Schwingung eines Federpendels mitsamt ihren Lösungen lässt sich eins zu eins übertragen auf ein anderes System, nämlich den sogenannten elektromagnetischen Schwingkreis. Ein solcher besteht aus einer Spule der Induktivität L und einem Kondensator der Kapazität C. Der Kondensator lässt sich mithilfe einer angeschlossenen Spannungsquelle (Ausgangsspannung) mittels fließender elektrischer Ladung auf eine Spannung $U = Q/C$ aufladen und nach Umlegen des Schalters in Abb. 3.13 über die Spule wieder entladen. Die Ladung schwingt dann zwischen den Kondensatorplatten hin und her und lädt diese abwechselnd positiv und negativ auf.

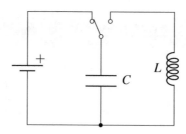

Abb. 3.13: Elektromagnetischer Schwingkreis

Nach der Kirchhoff'schen Maschenregel gilt in der aus dem Kondensator und der Spule bestehenden Masche für die Spannungen an der Spule und dem Kondensator die Beziehung

$$U_C + U_L = 0.$$

Aus dem Oberstufenunterricht in Physik wissen Sie, dass die Beziehungen $U_C = Q/C$ und wegen $I(t) = -\dot{Q}(t)$ auch $U_L = -L\dot{I}(t) = L\ddot{Q}(t)$ gelten. Somit erhalten wir für die Ladung die DGL

$$\ddot{Q}(t) + \frac{1}{LC}Q(t) = 0.$$

Vergleichen wir diese DGL mit der entsprechenden des Federpendels, also

$$\ddot{x}(t) + \frac{D}{m}x(t) = 0,$$

so erkennen wir hier eine ungedämpfte Schwingung der Ladung mit der Eigenfrequenz $\omega_0 = \frac{1}{\sqrt{LC}}$.

Diese Gleichung heißt auch *Thomson'sche Schwingungsformel*. Die allgemeine Lösung der DGL können wir direkt angeben:

$$Q(t) = C_1 \cos(\omega_0 t) + C_2 \sin(\omega_0 t).$$

Wir haben es aus mathematischer Sicht bei der DGL des ungedämpften Federpendels und der des ungedämpften Schwingkreises mit ein und derselben DGL zu tun! Die Mathematik interessiert sich weder für die von uns benutzten Kontexte noch dafür, wie wir die Lösungen der Gleichungen interpretieren. Der Vorteil liegt klar auf der Hand: Man muss nur die Form der DGL wiedererkennen und spart sich eine Menge Rechenarbeit!

Gibt es auch eine Analogie zur reibungsbedingten Dämpfung des Federpendels? Natürlich kann auch ein elektromagnetischer Schwingkreis nicht für alle Zeiten weiter die Ladungen hin- und herschwingen lassen, weil die Spule selbst und alle anderen leitenden Verbindungen Ohm'sche Widerstände besitzen, die eine Umwandlung von elektrischer Energie in Wärme hervorrufen und somit für eine Dämpfung eines jeden realen Schwingkreises sorgen. Bauen wir also symbolisch in unsere Schaltung einen Ohm'schen Widerstand R ein, so liefert die Maschenregel

$$U_C + U_R + U_L = 0,$$

woraus sich unter Berücksichtigung der Vorzeichen wegen $U_R = -RI = R\dot{Q}$ die DGL

$$\ddot{Q}(t) + \frac{R}{L}\dot{Q}(t) + \frac{1}{LC}Q(t) = 0$$

ergibt.

Wir erkennen hier die vollständige Analogie: Die Ladung Q übernimmt die Rolle der Elongation x, die Induktivität L der Spule die der Masse, der Ohm'sche Widerstand ersetzt den Reibungskoeffizienten und die Federkonstante D wird ersetzt durch $1/C$, also die reziproke Kapazität.

Der zu wählende Lösungsansatz richtet sich hier wieder nach dem Vorzeichen von $\delta^2 - \omega_0^2$ mit $\delta = \frac{R}{2L}$ und dem bereits oben definierten $\omega_0 = \frac{1}{\sqrt{LC}}$.

3.6.4 Erzwungene Schwingung – Resonanz 1

DGL-Typ: Zweiter Ordnung, linear, inhomogen, konstante Koeffizienten

Dieser Abschnitt ist relativ anspruchsvoll und kann beim ersten Lesen übersprungen werden, insbesondere dann, wenn der Leser seinen Schwerpunkt nicht in dieser Thematik sucht. Er behandelt ein ebenso bedeutendes wie interessantes Phänomen der Physik, nämlich die *Resonanz*. Man versteht hierunter das Mitschwingen eines Oszillators unter äußerer Anregung durch periodisch veränderliche Kräfte. Dabei muss die Erregerfrequenz gleich (oder nahezu gleich) der Oszillatorfrequenz sein, wodurch der Oszillator zum Resonator wird. Zum Beispiel ist eine Stimmgabel, die den Kammerton von 440 Hz wiedergibt, auf einem Holzkörper (Resonanzkörper) befestigt, um den Ton zu verstärken.

Der Effekt kann mitunter zu einer Resonanzkatastrophe führen, weil besonders hohe Amplituden angeregt werden können, wenn keine geeignete Dämpfung das System daran hindert, diese Amplituden immer weiter anwachsen zu lassen. So werden Brücken durch Stürme manchmal in starke Schwingungen versetzt, die zum Bruch der Brücke führen können. In Wolkenkratzern kommen mehrere Schwingungstilger zum Einsatz, die die durch starken Wind entstehenden Schwingungen des Gebäudes um mehrere Zentimeter dämpfen. Des Weiteren können mithilfe eines Tongenerators Eigenschwingungen bei (dünnen) Gläsern erzeugt werden, die zu ihrem Zerspringen führen.

Wir behandeln das Phänomen der erzwungenen Schwingung allgemein für gedämpfte Schwingungen. Wie kann man erzwungene Schwingungen herstellen?

Die einfachste Möglichkeit, ein Federpendel zum Resonator zu machen, geschieht dadurch, dass man das obere Ende der Feder an einem (möglichst starren) Faden befestigt, der über eine feste Rolle zu einem Exzenter führt (siehe Abb. 3.14). Ein angeschlossener Motor dreht diesen Exzenter mit einer konstanten Winkelgeschwindigkeit Ω.

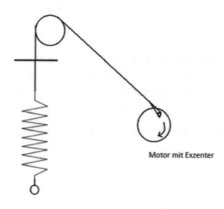

Abb. 3.14: Erzwungene Schwingung

Dadurch bewegt sich das obere Ende des Federpendels periodisch auf und ab mit einer Amplitude A gemäß einem Kosinusgesetz $A \cos \Omega t$ (genauso gut könnte man auch den Ansatz $A \sin \Omega t$ wählen). Der Term für die rücktreibende Kraft in der DGL der gedämpften Schwingung, also $Dx(t)$, ändert sich jetzt dahingehend, dass die Exzenterkraft mit eingeht:

$$m\ddot{x}(t) + k\dot{x}(t) + D(x(t) - A\cos \Omega t) = 0.$$

Die DGL der erzwungenen Schwingung lautet somit in der von uns favorisierten Form

$$\ddot{x}(t) + \frac{k}{m}\dot{x}(t) + \frac{D}{m}x(t) = \frac{D}{m}A\cos \Omega t$$

bzw.

$$\ddot{x}(t) + 2\delta\dot{x}(t) + \omega_0^2 x(t) = A\omega_0^2 \cos \Omega t$$

und zeigt sich so als lineare inhomogene DGL zweiter Ordnung mit konstanten Koeffizienten. Wir können sie also gemäß unserer oben präsentierten Lösungstheorie behandeln. Im Schwingfall ist Ihnen die allgemeine Lösung der homogenen Gleichung bekannt als

$$x_h(t) = e^{-\delta t}(C_1 \cos(\omega_0 t) + C_2 \sin(\omega_0 t)).$$

Wir betrachten zunächst den Fall $\Omega \neq \omega_0$, d. h., die äußere periodische Kraft regt nicht mit derselben Kreisfrequenz zu erzwungenen Schwingungen an. Eine partikuläre Lösung der inhomogenen DGL finden wir über den Ansatz

$$x_p(t) = C_1 \cos(\Omega t) + C_2 \sin(\Omega t)$$

(siehe Tab. 3.1). Die wenig erfreuliche Rechnung liefert dann

$$x_p(t) = \frac{A\omega_0^2(\omega_0^2 - \Omega^2)}{(\omega_0^2 - \Omega^2)^2 + 4\delta^2\Omega^2} \cos\Omega t + \frac{2\delta\Omega A\omega_0^2}{(\omega_0^2 - \Omega^2)^2 + 4\delta^2\Omega^2} \sin\Omega t,$$

also insgesamt die allgemeine Lösung

$$x(t) = e^{-\delta t}(C_1\cos(\omega_0 t) + C_2\sin(\omega_0 t)) +$$
$$\frac{A\omega_0^2(\omega_0^2 - \Omega^2)}{(\omega_0^2 - \Omega^2)^2 + 4\delta^2\Omega^2} \cos\Omega t + \frac{2\delta\Omega A\omega_0^2}{(\omega_0^2 - \Omega^2)^2 + 4\delta^2\Omega^2} \sin\Omega t.$$

Um uns von einem derartigen Lösungsmonstrum nicht einschüchtern zu lassen, betrachten wir zunächst den Fall ohne Dämpfung.

Ungedämpfter Fall:

Es sei $\Omega \neq \omega_0$. Hier gilt $\delta = 0$ und somit lautet die allgemeine Lösung

$$x(t) = C_1\cos(\omega_0 t) + C_2\sin(\omega_0 t) + \frac{A\omega_0^2}{\omega_0^2 - \Omega^2} \cos\Omega t.$$

Wir diskutieren die Lösung unter speziellen Anfangsbedingungen. Sei $x_0 = 0$, $\dot{x}(0) = v(0) = v_0$, sodass der Pendelkörper des Federpendels zu Beginn der Zeitmessung mit der Geschwindigkeit v_0 durch die Nulllage schwingt. Es ergibt sich das Gleichungssystem

$$x(0) = 0 = C_1 + \frac{A\omega_0^2}{\omega_0^2 - \Omega^2},$$
$$v(0) = v_0 = C_2\omega_0,$$

also

$$C_1 = -\frac{A\omega_0^2}{\omega_0^2 - \Omega^2},$$
$$C_2 = \frac{v_0}{\omega_0}.$$

Die Lösung lautet also

$$x(t) = \frac{v_0}{\omega_0}\sin\omega_0 t + \frac{A\omega_0^2}{\omega_0^2 - \Omega^2}(\cos\Omega t - \cos\omega_0 t).$$

Wir wählen willkürliche Zahlenwerte $v_0 = 0.1\,\mathrm{m\,s^{-1}}$, $A = 0.1\,\mathrm{m}$, $\omega_0 = 1\,\mathrm{Hz}$ und betrachten das Verhalten des Oszillators für verschiedene Erregerfrequenzen Ω. Dazu geben wir die Funktion mit diesen Werten in MATLAB bzw. Mathematica ein, allerdings als Funktion von zwei Variablen t und Ω:

$$x(t, \Omega) = 0.1\sin t + \frac{0.1}{1 - \Omega^2}\left(\cos(\Omega t) - \cos t\right),$$

und plotten die Graphen für $\Omega = 0.5\,\mathrm{Hz}$, $0.9\,\mathrm{Hz}$, $1.1\,\mathrm{Hz}$ und $2\,\mathrm{Hz}$:

```
syms t
f=@(t,omega) 0.1*sin(t)+0.1/(1-omega^2)*(cos(omega*t)-cos(t));
fplot(f(t,0.5),[0 100])
xlabel('t')
ylabel('x(t)')
```

```
x[t_,Omega_]:=0.1*Sin[t]+(0.1*(Cos[Omega*t]-Cos[t]))/(1-Omega^2)
Plot[x[t,0.5],{t,0,100},AxesLabel->{"t","x(t)"}]
```

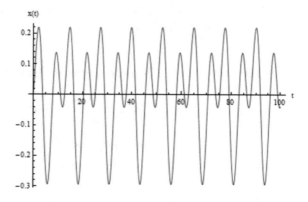

Abb. 3.15: Erregerfrequenz $\Omega = 0.5\,\mathrm{Hz}$

```
fplot(f(t,0.9),[0 200])
```

```
Plot[x[t,0.9],{t,0,200},AxesLabel->{"t","x(t)"}]
```

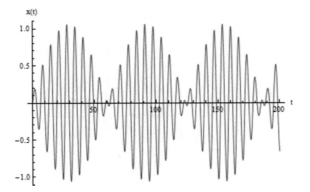

Abb. 3.16: Erregerfrequenz $\Omega = 0.9\,$Hz

```
fplot(f(t,1.1),[0 200])
```

```
Plot[x[t,1.1],{t,0,200},AxesLabel->{"t","x(t)"}]
```

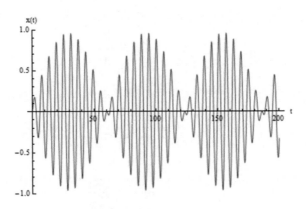

Abb. 3.17: Erregerfrequenz $\Omega = 1.1\,$Hz

```
fplot(f(t,2),[0 50])
```

```
Plot[x[t,2],{t,0,50},AxesLabel->{"t","x(t)"}]
```

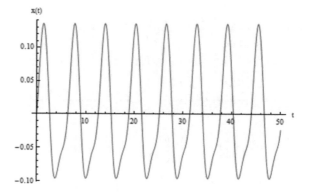

Abb. 3.18: Erregerfrequenz $\Omega = 2\,\mathrm{Hz}$

In den Fällen, wo sich ω_0 und Ω nur wenig unterscheiden, entsteht eine so genannte *Schwebung*. Dahinter steckt eine Amplitudenmodulation, die wir uns einmal an einem Beispiel ansehen:

```
syms t
A=1;
B=1;
omega0=10;
omega1=1;
f=@(t)A*sin(omega0*t);
g=@(t)B*sin(omega1*t);
fplot(f,[-10 10])
fplot(g,[-10 10])
fplot(sin(omega0*t)*(A+B*sin(omega1*t)),[-20 20])
```

```
A=1;
B=1;
omega0=10;
omega1=1;
f[t_]:=A*Sin[omega0*t];
g[t_]:=B*Sin[omega1*t];
Plot[f[t],{t,-10,10}]
Plot[g[t],{t,-10,10}]
Plot[Sin[omega0*t]*(A+B*Sin[omega1*t]),{t,-20,20},
    PlotStyle->RGBColor[1,0,0]]
```

Die Ergebnisse der ersten beiden Plots sind in Abb. 3.19 und 3.20 dargestellt.

Unter *Modulation* versteht man in der Nachrichtentechnik allgemein das Aufprägen von niederfrequenten Signalen (siehe Abb. 3.20) auf eine höherfrequente Trägerschwingung (siehe Abb. 3.19), hier durch Veränderung der Amplitude. Das Ergebnis erkennen Sie in Abb. 3.21: Es ähnelt unserer Schwebung oben. Woran liegt das?

Mathematisch lässt sich der zweite Term unserer Lösung

$$x(t) = \frac{v_0}{\omega_0} \sin \omega_0 t + \frac{A\omega_0^2}{\omega_0^2 - \Omega^2} (\cos \Omega t - \sin \omega_0 t),$$

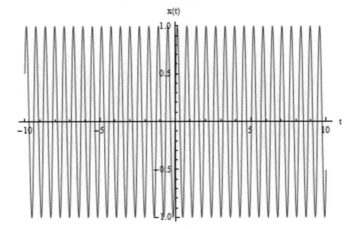

Abb. 3.19: Trägerschwingung

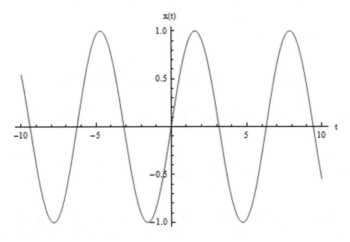

Abb. 3.20: Signal

also $\cos\Omega t - \sin\omega_0 t$ (wenn wir den Vorfaktor einmal ignorieren), schreiben als

$$\cos\Omega t - \sin\omega_0 t = -2\sin\left(\frac{\Omega - \omega_0}{2}t\right)\sin\left(\frac{\Omega + \omega_0}{2}t\right)$$
$$= 2\sin\left(\frac{\omega_0 - \Omega_0}{2}t\right)\sin\left(\frac{\Omega + \omega_0}{2}t\right).$$

Sie erkennen somit die Amplitudenmodulation durch das auftauchende Produkt der Sinusfaktoren!

Bisher haben wir nur den Fall $\Omega \neq \omega_0$ untersucht. Was passiert im Fall $\Omega = \omega_0$?

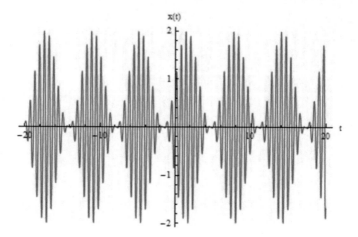

Abb. 3.21: Amplitudenmodulierte Schwingung

Unsere Lösungstheorie liefert sofort die allgemeine Lösung

$$x(t) = C_1 \cos \omega_0 t + C_2 \sin \omega_0 t + \frac{A\omega_0}{2} t \sin \omega_0 t.$$

Schauen wir uns diesen Fall für die Anfangsbedingungen $x(0) = 0$, $\dot{x}(0) = v_0$ an. Wir erhalten die spezielle Lösung

$$x(t) = \left(\frac{v_0}{\omega_0} + \frac{A\omega_0}{2} t \right) \sin \omega_0 t,$$

die wir wieder für willkürliche Werte plotten. Sei wie oben $v_0 = 0.1\,\mathrm{m\,s^{-1}}$, $A = 0.1\,\mathrm{m}$, $\omega_0 = 1\,\mathrm{Hz}$, dann erhalten wir das in Abb. 3.22 dargestellte Bild der Schwingung.

Die Amplitude steigt immer weiter an, es kommt zur Resonanzkatastrophe! Man kann durch eine starke Dämpfung der Schwingung eine solche Katastrophe abmildern oder vermeiden. Darum soll es jetzt gehen.

Gedämpfter Fall:

Wir spielen auch hier ein paar Beispiele für den Schwingfall mit $\Omega \neq \omega_0$ durch und setzen willkürlich zur Vereinfachung zunächst dimensionslose Werte ohne physikalischen Kontext: Es sei $A = \delta = C_1 = 1$, $C_2 = 0$ und – ganz wesentlich – $\omega_0 = 2$ (Schwingfall beachten!). Wir sehen uns das Verhalten der Lösung

$$x(t) = e^{-t} \cos 2t + \frac{4(4 - \Omega^2)}{(4 - \Omega^2)^2 + 4\Omega^2} \cos \Omega t + \frac{8\Omega}{(4 - \Omega^2)^2 + 4\Omega^2} \sin \Omega t$$

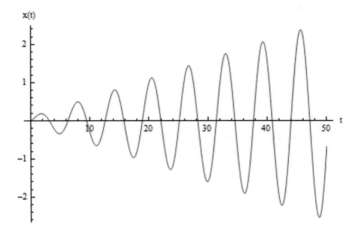

Abb. 3.22: Drohende Resonanzkatastrophe

für verschiedene Werte von Ω an (siehe Abb. 3.23, 3.24 und 3.25).

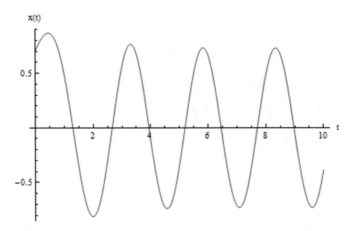

Abb. 3.23: Gedämpfter Fall mit $\Omega = 2.5$

In den drei Beispielfällen wird deutlich, dass zunächst ein unterschiedlich langer Einschwingvorgang stattfindet, bis der Resonator einen stationären Zustand erreicht. Betrachten wir die extremen Fälle einer gegenüber ω_0 sehr hohen und einer sehr niedrigen Erregerfrequenz (siehe Abb. 3.26 und 3.27).

Die partikuläre Lösung der DGL

$$x_p(t) = \frac{A\omega_0^2(\omega_0^2 - \Omega^2)}{(\omega_0^2 - \Omega^2)^2 + 4\delta^2\Omega^2} \cos\Omega t + \frac{2\delta\Omega A\omega_0^2}{(\omega_0^2 - \Omega^2)^2 + 4\delta^2\Omega^2} \sin\Omega t$$

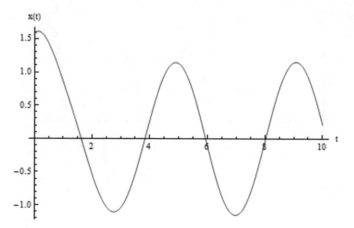

Abb. 3.24: Gedämpfter Fall mit $\Omega = 1.5$

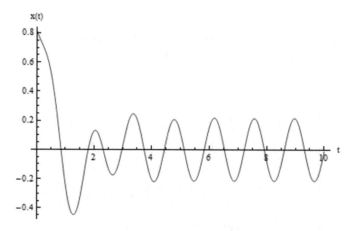

Abb. 3.25: Gedämpfter Fall mit $\Omega = 4.5$

lässt sich mithilfe eines sogenannten Phasenwinkels ϕ etwas kompakter schreiben. Es gilt nämlich allgemein

$$c \cdot \sin(\Omega t + \phi) = c \cdot \sin(\Omega t)\cos\phi + c \cdot \cos(\Omega t)\sin\phi = a \cdot \cos(\Omega t) + b \cdot \sin(\Omega t)$$

mit $a = c \cdot \sin\phi$ und $b = c \cdot \cos\phi$ nach dem Additionstheorem des Sinus. Für den Phasenwinkel ϕ gilt also $\tan\phi = \frac{a}{b}$ und es gilt die Beziehung $c = \sqrt{a^2 + b^2}$. Bei der partikulären Lösung setzen wir demnach

$$a = \frac{A\omega_0^2(\omega_0^2 - \Omega^2)}{(\omega_0^2 - \Omega^2)^2 + 4\delta^2\Omega^2}$$

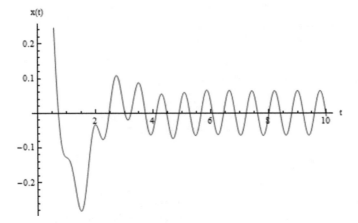

Abb. 3.26: Gedämpfter Fall mit $\Omega = 8$

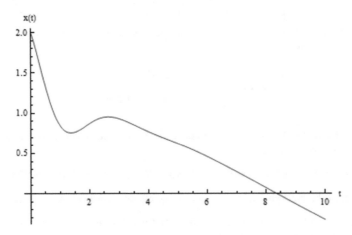

Abb. 3.27: Gedämpfter Fall mit $\Omega = 0.2$

und

$$b = \frac{2\delta\Omega A\omega_0^2}{(\omega_0^2 - \Omega^2)^2 + 4\delta^2\Omega^2}$$

und erhalten:

$$c = \sqrt{\left(\frac{A\omega_0^2(\omega_0^2 - \Omega^2)}{(\omega_0^2 - \Omega^2)^2 + 4\delta^2\Omega^2}\right)^2 + \left(\frac{2\delta\Omega A\omega_0^2}{(\omega_0^2 - \Omega^2)^2 + 4\delta^2\Omega^2}\right)^2}$$

$$= A\omega_0^2\sqrt{\frac{(\omega_0^2 - \Omega^2)^2 + 4\delta^2\Omega^2}{\left((\omega_0^2 - \Omega^2)^2 + 4\delta^2\Omega^2\right)^2}}$$

$$= \frac{A\omega_0^2}{\sqrt{(\omega_0^2 - \Omega^2)^2 + 4\delta^2\Omega^2}}.$$

Wir können somit die partikuläre Lösung schreiben als

$$x_p(t) = \frac{A\omega_0^2}{\sqrt{(\omega_0^2 - \Omega^2)^2 + 4\delta^2\Omega^2}} \sin(\Omega t + \phi)$$

und somit die allgemeine Lösung als

$$x(t) = e^{-\delta t}(C_1 \cos(\omega_0 t) + C_2 \sin(\omega_0 t) + \frac{A\omega_0^2}{\sqrt{(\omega_0^2 - \Omega^2)^2 + 4\delta^2\Omega^2}} \sin(\Omega t + \phi).$$

Die Interpretation ist einfach: Wegen des Exponentialterms spielt der erste Summand nach längerer Schwingzeit („t groß") keine Rolle mehr und das Federpendel schwingt gemäß dem zweiten Summanden mit der Erregerfrequenz Ω. Die Amplitude dieser Schwingung ist

$$a(\Omega) = \frac{A\omega_0^2}{\sqrt{(\omega_0^2 - \Omega^2)^2 + 4\delta^2\Omega^2}}.$$

Der „Dämpfungsterm" $4\delta^2\Omega^2$ verhindert die Resonanzkatastrophe für $\Omega \to \omega_0$: Der Nenner wird nicht singulär!

Abb. 3.28 zeigt die Amplitude für $A = 1$ und $\omega_0 = 2$ für verschiedene Werte von δ.

Man erkennt die starken Peaks bei $\omega_0 = 2$ für kleiner werdende Dämpfung.

Was passiert mit der Lösung der Schwingungsdifferentialgleichung im Fall der Dämpfung, wenn der Grenzfall $\Omega = \omega_0$ eintritt?

Schauen wir uns die DGL noch einmal an:

$$\ddot{x}(t) + 2\delta\dot{x}(t) + \omega_0^2 x(t) = A\omega_0^2 \cos\Omega t$$

Mit den wiederum willkürlichen Werten $A = \delta = 1$, $\omega_0 = 2$ und eben $\Omega = 2$ erhalten wir

$$\ddot{x}(t) + 2\dot{x}(t) + 4x(t) = 4\cos 2t$$

und die Lösung dieser DGL lautet nach unserer üblichen Lösungsmethode

$$x(t) = \sin 2t + e^{-t}\left(c_1 \cos\left(\sqrt{3}t\right) + c_2 \sin\left(\sqrt{3}t\right)\right),$$

die in der Abb. 3.29 im Fall $c_1 = c_2 = 1$ dargestellt ist.

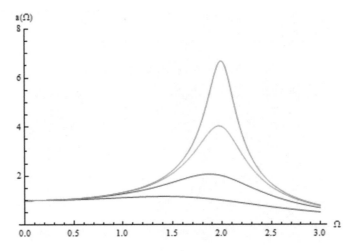

Abb. 3.28: Amplitude $a(\Omega, \delta) = \frac{4}{\sqrt{(4-\Omega^2)^2+4\delta^2\Omega^2}}$ für $\delta = 1$ (blau), 0.5 (rot), 0.25 (gelb), 0.15 (grün)

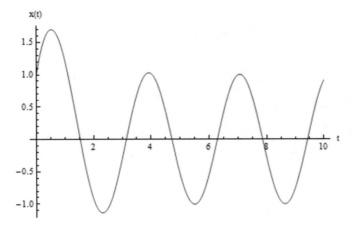

Abb. 3.29: Beispiellösung

Resonanz gibt es natürlich auch beim elektromagnetischen Schwingkreis. Nach der Thomson'schen Schwingungsformel $\omega_0 = \frac{1}{\sqrt{LC}}$ kann man mithilfe eines Schwingkreises hochfrequente Schwingungen der Frequenz $f = \frac{\omega_0}{2\pi} = \frac{1}{2\pi\sqrt{LC}}$ erzeugen, indem man die Kapazität und die Induktivität möglichst klein werden lässt. Es entsteht dabei schließlich ein degenerierter Schwingkreis in Form eines *Hertz'schen Dipols*, der durch Aussendung elektromagnetischer Wellen einen Resonanzkreis zu Schwingungen anregen kann: Eine Glühlampe in diesem Resonanzkreis, der keinen direkten Kontakt zum Sendedipol hat, beginnt zu leuchten (siehe Abb. 3.30)!

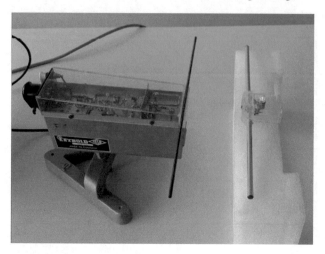

Abb. 3.30: Resonanz: Sendedipol am Dezimeterwellensender mit 434 MHz und Empfangsdipol (rechts)

3.6.5 Erzwungene Schwingung – Resonanz 2

DGL-Typ: Zweiter Ordnung, linear, inhomogen, konstante Koeffizienten

Lösung mithilfe der Laplace-Transformation

In Abschn. 3.6.4 haben wir die DGL der erzwungenen Schwingung kennengelernt:

$$\ddot{x}(t) + \frac{k}{m}\dot{x}(t) + \frac{D}{m}x(t) = \frac{D}{m}A\cos\Omega t$$

bzw.

$$\ddot{x}(t) + 2\delta\dot{x}(t) + \omega_0^2 x(t) = A\omega_0^2 \cos\Omega t,$$

die sich so als lineare inhomogene DGL zweiter Ordnung mit konstanten Koeffizienten zeigt.

Wir wollen mithilfe der Laplace-Transformation die Lösung für den ungedämpften Fall $(\delta = 0)$ bestimmen. Als Anfangswerte wählen wir $x(0) = 0$, $\dot{x}(0) = 0$. Zudem soll die äußere periodische Kraft mit derselben Kreisfrequenz $\omega_0 = \Omega$ zu erzwungenen Schwingungen anregen. Es gilt also

$$\ddot{x}(t) + \omega_0^2 x(t) = A\omega_0^2 \cos\omega_0 t.$$

Wir wenden die Laplace-Transformation unter Berücksichtigung des Linearitätssatzes und des Ableitungssatzes an:

$$\mathscr{L}\{\ddot{x}(t)\} + \omega_0^2 \mathscr{L}\{x(t)\} = A\omega_0^2 \mathscr{L}\{\cos\omega_0 t\}$$

$$s^2 X(s) - sx(0) - \dot{x}(0) + \omega_0^2 X(s) = A\omega_0^2 \frac{s}{s^2 + \omega_0^2}$$

$$s^2 X(s) + \omega_0^2 X(s) = A\omega_0^2 \frac{s}{s^2 + \omega_0^2}$$

$$X(s)\left(s^2 + \omega_0^2\right) = A\omega_0^2 \frac{s}{s^2 + \omega_0^2}$$

$$X(s) = A\omega_0^2 \frac{s}{\left(s^2 + \omega_0^2\right)^2}$$

Die Laplace-Transformierte der Funktion $\cos \omega_0 t$ wurde der Transformationstabelle in Abschn. 3.2.4 (Nr. 19, $a = \omega_0$) entnommen.

Diese Tabelle können wir nun auch nutzen, um die Lösung in den Zeitbereich zu transformieren (Nr. 30, $a = \omega_0$), und erhalten

$$x(t) = A\omega_0^2 \frac{t \sin \omega_0 t}{2\omega_0} = \frac{A\omega_0}{2} t \sin \omega_0 t.$$

Die Schwingungsamplitude $\frac{A\omega_0}{2} t$ vergrößert sich proportional zur Zeit. Das schwingende System wird also mit der Zeit zerstört und es kommt zu einer *Resonanzkatastrophe* (siehe Abb. 3.31). Man könnte diese durch starke Dämpfung mildern oder sogar vermeiden.

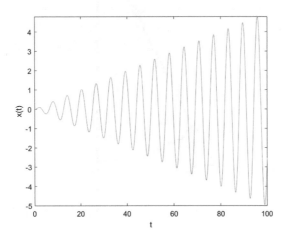

Abb. 3.31: Drohende Resonanzkatastrophe ($A = 0.1$, $\omega_0 = 1$)

3.6.6 Das mathematische Pendel

DGL-Typ: Zweiter Ordnung, linear, homogen, konstante Koeffizienten

DGL-Typ: Zweiter Ordnung, nichtlinear, numerische Lösung mit math. Software

Unter einem *mathematischen Pendel* versteht man ein idealisiertes Fadenpendel. Dabei hängt eine Punktmasse m reibungsfrei an einem als starr angenommenen Faden der Länge l (siehe Abb. 3.32). Dieser hängt wiederum reibungsfrei an einer Aufhängung. Die Masse wird um einen Winkel φ ausgelenkt. Die dabei auftretenden Kräfte sind in der Abb. 3.32 dargestellt. Kräfte sind vektorielle Größen, d. h., sie haben Betrag und Richtung. Wir stellen Vektoren im Folgenden durch Fettdruck oder überstehende Pfeile dar. Die Gewichtskraft $\mathbf{F}_G = m\mathbf{g}$ wird zerlegt in die tangentiale Rückstellkraft $\mathbf{F}_t$ und die Radialkraft $\mathbf{F}_r$. Nach den Regeln der Vektoraddition gilt $\mathbf{F}_G = \mathbf{F}_r + \mathbf{F}_t$.

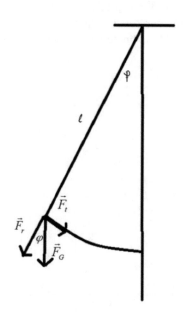

Abb. 3.32: Mathematisches Pendel mit Kräften

Wir wollen jetzt eine DGL aufstellen, die die Veränderung des Winkels φ im Laufe der Zeit beschreibt. Dazu betrachten wir wieder die Kräfte: Aus der Geometrie der Abb. 3.32 liest man unmittelbar die Beziehung

$$\sin\varphi = \frac{|\mathbf{F}_t|}{|\mathbf{F}_G|} = \frac{F_t}{F_G}$$

ab. Somit gilt für den Betrag der Rückstellkraft F_t:

$$F_t = -F_G \sin\varphi = -mg\sin\varphi$$

F_t gibt der Pendelmasse m über das zweite Newtonsche Gesetz $F_t = m\ddot{x}(t)$ eine Bahnbeschleunigung $\ddot{x}(t)$, die man über die Pendellänge l in eine Winkelbeschleunigung $\ddot{\varphi} = \frac{\ddot{x}(t)}{l}$ (zum Bogenmaß siehe Proß und Imkamp 2018, Kap. 3)) umrechnen kann. Somit ergibt sich für den zeitabhängigen Auslenkungswinkel $\varphi(t)$ die DGL

$$ml\ddot{\varphi}(t) = -mg\sin\varphi(t),$$

also vereinfacht und umgestellt die Gleichung

$$\ddot{\varphi}(t) + \frac{g}{l}\sin\varphi(t) = 0.$$

Für die Lösung betrachten wir zunächst kleine Auslenkungswinkel φ, sodass wir $\sin\varphi \approx \varphi$ annehmen können. Die DGL reduziert sich in dieser Näherung auf

$$\ddot{\varphi}(t) + \frac{g}{l}\varphi(t) = 0,$$

und fügt sich als dann lineare DGL zweiter Ordnung in unsere bisherige Lösungstheorie ein. Die allgemeine Lösung lautet:

$$\varphi(t) = A\cos\left(\sqrt{\frac{l}{g}}t\right) + B\sin\left(\sqrt{\frac{l}{g}}t\right)$$

Starten wir die Zeitmessung, wenn wir das Pendel um einen Winkel φ_0 ausgelenkt haben und loslassen, so ergeben sich die Anfangsbedingungen $\varphi(0) = \varphi_0$ und $\dot{\varphi}(0) = 0$ (Anfangsgeschwindigkeit null!). Die spezielle Lösung der DGL für diesen Pendelvorgang lautet dann

$$\varphi(t) = \varphi_0\cos\left(\sqrt{\frac{l}{g}}t\right).$$

Vergleichen wir diese Lösung mit der Theorie des Federpendels, so erkennen wir: Für die Schwingungsdauer ergibt sich die Formel

$$T = 2\pi\sqrt{\frac{l}{g}}!$$

Das bedeutet, dass die Schwingungsdauer hier (im Gegensatz zum Federpendel) nicht von der Masse des Pendelkörpers abhängt, sondern nur von der Pendellänge!

Jean B. L. Foucault (1819–1868) hat 1851 im Pariser Pantheon ein solches Pendel mit der Länge 67 m (Stahlseil!) verwendet, um die Erdrotation nachzuweisen. Eine 28 kg schwere Kugel hing an diesem Seil, wurde ausgelenkt und dann losgelassen. Nach der obigen Formel ergibt sich eine Schwingungsdauer $T = 16$ s. Aufgrund der Erdrotation veränderte sich die die Schwingungsebene des Pendels für alle Zuschauer sichtbar um etwa $12°$ pro Stunde.

Schwieriger wird es, wenn wir die nichtlineare DGL

$$\ddot\varphi(t) + \frac{g}{l}\sin\varphi(t) = 0$$

allgemein zu lösen versuchen, d. h. auch größere Auslenkungen wie etwa $45°$ zu lassen. In diesem Fall ist die Schwingung alles andere als harmonisch. Die Suche nach der Lösung führt auf ein analytisch nicht lösbares Integral, ein sogenanntes elliptisches Integral erster Ordnung. Somit bleibt für uns nur die Möglichkeit, mit numerischen Methoden zu arbeiten (siehe Kap. 6) oder speziell mit mathematischen Softwaretools.

Beispiel 3.24. Wir verwenden die Werte $l = 10$ m, $g = 9.81$ m/s^2, lenken das Pendel um $45°$ (also $\pi/4$) aus und lassen es los. Die Eingabe in Mathematica sieht folgendermaßen aus (hier wird NDSolve genutzt, da es sich um eine numerische Berechnung handelt):

```
g=9.81;
l=10;
s=NDSolve[{(g*Sin[Phi[t]])/l+Derivative[2][Phi][t]==0,Phi[0]==Pi/4,
    Derivative[1][Phi][0]==0},Phi,{t,0,30}]
```

Wir erhalten zunächst als Ausgabe eine interpolierende Funktion:

```
{{Phi -> InterpolatingFunction[]}}
```

Dieses Objekt lässt sich mittels der folgenden Eingabe plotten:

```
Plot[Evaluate[Phi[t]/.s],{t,0,30}, PlotRange->{-1,1},
    AxesLabel->{"t","Phi(t)"}]
```

Anhand des Graphen in Abb. 3.33 kann man das Verhalten des Pendels im Laufe der Zeit ablesen.

In MATLAB muss man die DGL zweiter Ordnung zunächst in ein System von DGLs erster Ordnung umwandeln. Es gilt:

$$\dot\varphi_1 = \varphi_2$$
$$\dot\varphi_2 = -\frac{g}{l}\sin(\varphi_1)$$

Sie werden dazu in Kap. 4 noch Genaueres erfahren. In MATLAB implementieren wir dazu die folgende Funktion:

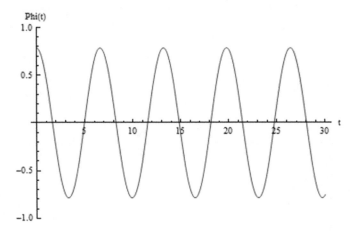

Abb. 3.33: Schwingung des mathematischen Pendels mit den Beispielwerten

```
function dphidt=pendel(t,phi)
    g=9.81;
    l=10;
    dphidt=[phi(2); -g/l*sin(phi(1))];
```

Dieses System kann dann numerisch mit der Funktion ode45 gelöst werden:

```
[t,phi]=ode45(@pendel,[0 30],[pi/4; 0]);
```

Und plotten können wir das Ergebnis mit der Eingabe:

```
plot(t,phi(:,1))
xlabel('t')
ylabel('$\varphi (t)$','Interpreter','latex')
```

In Kap. 6 werden Sie mehr zur numerischen Lösung von DGLs mit MATLAB erfahren. ◄

Beispiel 3.25. Ebenso wie beim Federpendel kann man auch beim mathematischen
Pendel eine Dämpfung einbauen, die real durch die permanente Luftreibung gegeben ist. Es resultiert daraus ein zusätzlicher Summand in der Winkelgeschwindigkeit
$\dot{\varphi}$, sodass die DGL dann lautet:

$$\ddot{\varphi}(t) + r\dot{\varphi}(t) + \frac{g}{l}\sin\varphi(t) = 0$$

Im Fall $r = 0.2$ sieht der Graph der numerischen Lösung dann wie in Abb. 3.34
dargestellt aus (restliche Werte wie im letzten Beispiel).

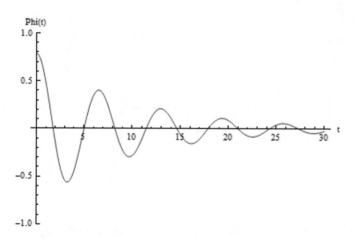

Abb. 3.34: Schwingung des gedämpften mathematischen Pendels mit den Beispielwerten   ◀

3.6.7 Schrödinger-Gleichung in einer Dimension

DGL-Typ: Zweiter Ordnung, linear, homogen, konst. Koeffizienten, Randwertproblem

In der Quantenmechanik wird die Bewegung eines Teilchens der Masse m unter
Einfluss eines Potentials V mithilfe der *Schrödinger-Gleichung* beschrieben (Erwin
Schrödinger, 1887–1961, österreichischer Physiker, Nobelpreis für Physik 1933, einer der Begründer der Quantentheorie). Mit dieser partiellen DGL, die eine Wellengleichung darstellt, werden wir uns noch im Kap. 5 beschäftigen. Wir wollen hier
nur die eindimensionale stationäre Schrödinger-Gleichung betrachten. Sie lautet:

$$-\frac{\hbar^2}{2m}\Psi''(x) + V(x)\Psi(x) = E\Psi(x)$$

Hier ist E die Energie des Teilchens und Ψ die sogenannte *Wellenfunktion*. Die
Konstante $\hbar = 1.054 \times 10^{-34}\,\mathrm{Js}$ ist das sogenannte *Planck'sche Wirkungsquantum*.
Schrödinger hatte 1926 im Rahmen seiner von ihm entwickelten Wellenmechanik
den Vorschlag gemacht, mikroskopische Teilchen durch eine Wellengleichung zu
beschreiben, die durch derartige Wellenfunktionen gelöst werden.

Wir betrachten hier folgenden einfachen Spezialfall eines eindimensionalen Systems:

Ein Teilchen der Masse m, z. B. ein Elektron, soll sich mit der Energie E in einem Kasten bewegen. Es sei zwischen zwei Wänden bei $x = 0$ und $x = L$ eingeschlossen (siehe Abb. 3.35). Dieses Modell nennt man den Potentialtopf mit unendlich hohen Wänden. Die unendliche Höhe wird deshalb vorausgesetzt, weil mikroskopisch kleine Teilchen wie Elektronen nach den Regeln der Quantenmechanik endlich hohe Potentialwände mit einer gewissen positiven Wahrscheinlichkeit durchtunneln, sich also aus ihrem Gefängnis befreien können (*Tunneleffekt*). Dies soll hier ausgeschlossen werden, sodass das Elektron auf den Bereich $0 \leq x \leq L$ eingeschränkt ist.

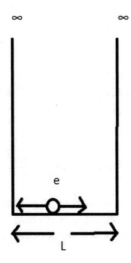

Abb. 3.35: Potentialtopf mit unendlich hohen Wänden

Da das Potential V im Bereich $0 \leq x \leq L$ null ist, lautet die Schrödinger-Gleichung in diesem Fall

$$-\frac{\hbar^2}{2m}\Psi''(x) = E\Psi(x),$$

bzw.

$$\Psi''(x) + \frac{2mE}{\hbar^2}\Psi(x) = 0.$$

Diese Gleichung müssen wir unter geeigneten Randbedingungen lösen. Wie lauten diese?

Es sind ja nur Lösungen möglich, die berücksichtigen, dass sich das Elektron nicht an Stellen mit unendlich hoher potentieller Energie aufhalten kann. Insofern gilt $\Psi = 0$ außerhalb des Bereichs $0 \leq x \leq L$. Da Ψ als differenzierbare (und Wellen beschreibende!) Funktion stetig sein muss, ergeben sich die Randbedingungen zu

$$\Psi(0) = \Psi(L) = 0.$$

Die allgemeine Lösung der Schrödinger-Gleichung für das Teilchen im unendlich hohen Potentialtopf lautet:

$$\Psi(x) = C_1 \cos\left(\frac{\sqrt{2mE}}{\hbar}x\right) + C_2 \sin\left(\frac{\sqrt{2mE}}{\hbar}x\right)$$

Führen Sie den Nachweis hierfür selbstständig durch!

Einsetzen der Randbedingungen ergibt:

$$\Psi(0) = 0 = C_1$$

$$\Psi(L) = 0 = C_1 \cos\left(\frac{\sqrt{2mE}}{\hbar}L\right) + C_2 \sin\left(\frac{\sqrt{2mE}}{\hbar}L\right)$$

Daraus folgt:

$$C_1 = 0 \quad \text{und} \quad C_2 \sin\left(\frac{\sqrt{2mE}}{\hbar}L\right) = 0$$

Den Fall $C_2 = 0$ können wir ausschließen, da wir ansonsten mit $\Psi \equiv 0$ keine adäquate Wellenfunktion hätten. Wir müssen also das Argument $\frac{\sqrt{2mE}}{\hbar}L$ im Sinus so gestalten, dass der Sinus null wird. Wir erinnern uns: Es gilt

$$\sin x = 0 \Leftrightarrow x = n\pi \quad \text{mit} \quad n \in \mathbb{Z}.$$

In unserem Fall sind nur natürliche Zahlen n von Bedeutung. Für verschiedene n hat das Elektron offensichtlich verschiedene Energiezustände E_n. Somit folgt

$$\frac{\sqrt{2mE}}{\hbar}L = n\pi,$$

also

$$E_n = \frac{\pi^2\hbar^2}{2mL^2}n^2.$$

Aus der Lösung des Anfangswertproblems ergibt sich somit, dass das Elektron nicht beliebige Energiewerte annehmen kann, sondern nur die durch $E_n = \frac{\pi^2\hbar^2}{2mL^2}n^2$ gegebenen. Man sagt auch: Die Energie ist gequantelt! Im Fall $n = 1$ spricht man auch von der sogenannten *Nullpunktsenergie*. Dies ist der niedrigste Energiewert, den das Elektron annehmen kann: Der Fall $n = 0$ ist aufgrund der *Heisenberg'schen Unschärferelation* nicht erlaubt. Diese besagt in diesem Fall, dass ein auf ein endliches Raumgebiet beschränktes Teilchen einen von null verschiedenen Impuls besitzen muss und damit auch nicht die Energie 0 haben kann.

Die Lösungs-Wellenfunktionen haben also die Gleichungen

$$\Psi_n(x) = C_2 \sin\left(\frac{\sqrt{2mE}}{\hbar}x\right) = C_2 \sin\left(\frac{n\pi}{L}x\right).$$

Der Faktor C_2 ist jedoch noch unbestimmt. Um ihn eindeutig festzulegen, benötigen wir die *Wahrscheinlichkeitsinterpretation* der Wellenfunktion:

Wird das Teilchen durch eine (Ein-Teilchen-)Wellenfunktion Ψ beschrieben, so ist $|\Psi|^2$ als Wahrscheinlichkeitsdichte zu interpretieren. Das bedeutet, dass in unserem Fall der Ausdruck $\int_0^L |\Psi(x)|^2 dx$ die Wahrscheinlichkeit angibt, das Elektron im Bereich $0 \leq x \leq L$ anzufinden. Da wir wissen, dass das Elektron sich mit Sicherheit in diesem Bereich aufhält, gilt also für unsere Wellenfunktionen Ψ_n die Gleichung

$$\int_0^L |\Psi_n(x)|^2 dx = 1.$$

Daraus lässt sich die Konstante C_2 bestimmen. Für die lästige Integration verwenden wir MATLAB bzw. Mathematica:

```
syms x n L
int((sin((n*pi)/L*x))^2,0,L)
```

```
Integrate[Sin[((n*Pi)/L)*x]^2,{x,0,L}]
```

Als Ergebnis erhalten wir

$$\int_0^L \sin^2\left(\frac{n\pi}{L}x\right) dx = \frac{1}{4}L\left(2 - \frac{\sin(2n\pi)}{n\pi}\right).$$

MATLAB und Mathematica wissen nicht, dass n eine natürliche Zahl sein soll. Wir wissen, dass in diesem Fall $\sin(2n\pi) = 0$ gilt. Somit haben wir

$$\frac{1}{4}L\left(2 - \frac{\sin(2n\pi)}{n\pi}\right) = \frac{1}{2}L$$

und es gilt

$$C_2 = \sqrt{\frac{2}{L}}.$$

Wir erhalten unser Endergebnis:

$$\Psi_n(x) = \sqrt{\frac{2}{L}}\sin\left(\frac{n\pi}{L}x\right)$$

Wir plotten die Wellenfunktionen für $L = 1$ sowie $n = 1$ (blau), 2 (rot), 3 (gelb) und 4 (grün) (siehe Abb. 3.36).

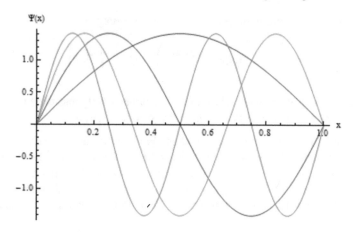

Abb. 3.36: Die Wellenfunktionen im Potentialtopf für $n = 1,\ 2,\ 3$ und 4

3.6.8 Sternentstehung

DGL-Typ: Zweiter Ordnung, nichtlinear, Reduktion der Ordnung

Wenn Sie in einer klaren Nacht zum Himmel blicken, können Sie dort einige Tausend Sterne mit dem bloßen Auge erkennen. Dies ist jedoch nur ein winziger Anteil der Sterne, die alleine unsere Milchstraße bevölkern. Schätzungen ihrer Anzahl gehen von 200 bis 400 Milliarden aus. Derartige Sterne, zu denen auch unsere Sonne zählt, sind ursprünglich aus dem Kollaps interstellarer Gas- und Staubwolken entstanden. Die bei derartigen Prozessen entstandenen Protosterne erreichen erst dann das sogenannte Hauptreihenstadium, wenn die Wasserstofffusion im Kern zündet. In diesem Stadium befinden sich unsere Sonne und fast 90 % der beobachtbaren Sterne der Milchstraße.

Wir wollen ein vereinfachtes Modell der Sternentstehung betrachten (siehe Abb. 3.37), bei dem wir vom radialen Kollaps einer Ansammlung von Gas und Staub ausgehen. Die Gravitation soll die einzige wirkende Kraft sein, d. h., wir vernachlässigen die Wechselwirkung einzelner Gas- und Staubpartikel sowie den Druckgradienten der Wolke. Des Weiteren betrachten wir eine innere kugelförmige konstante Masse M_0 mit dem Initialradius r_0 zum Zeitpunkt $t = 0$. Diese soll den radialen Kollaps vollführen.

Unter diesen Bedingungen ergibt sich die DGL zweiter Ordnung

$$\frac{d^2 r(t)}{dt^2} = -G\frac{M_0}{r(t)^2}$$

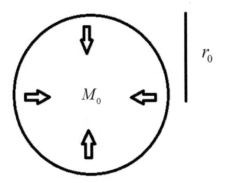

Abb. 3.37: Gravitationskollaps, einfaches Modell

für den zeitlich veränderlichen Radius (für eine ausführliche und tiefgehende Darstellung verweisen wir auf Stahler und Palla (2004)).

Um diese DGL zu lösen, reduzieren wir durch einen einfachen Trick die Ordnung der DGL (siehe Abschn. 3.5). Wir können die DGL zweiter Ordnung auf eine DGL erster Ordnung reduzieren, wenn wir beide Seiten mit der ersten zeitlichen Ableitung von r multiplizieren und dann integrieren:

$$\ddot{r}(t) = -G\frac{M_0}{r(t)^2}$$

$$\ddot{r}(t)\dot{r}(t) = -G\frac{M_0}{r(t)^2}\dot{r}(t)$$

$$\int \ddot{r}(t)\dot{r}(t)dt = -GM_0 \int \frac{1}{r(t)^2}\dot{r}(t)dt$$

Wir führen die unbestimmte Integration mithilfe einer Substitution aus (siehe Satz 0.3) und betrachten zunächst das Integral auf der linken Seite. Wir substituieren

$$u = \dot{r} \quad \Rightarrow \frac{du}{dt} = \ddot{r} \Leftrightarrow dt = \frac{du}{\ddot{r}}$$

und erhalten

$$\int \ddot{r}(t)\dot{r}(t)dt = \int udu = \frac{1}{2}u^2 + C = \frac{1}{2}\dot{r}^2 + C.$$

Für die rechte Seite erhalten wir mit der Substitution

$$u = r \quad \Rightarrow \frac{du}{dt} = \dot{r} \Leftrightarrow dt = \frac{du}{\dot{r}}$$

das Ergebnis

$$-GM_0 \int \frac{1}{r(t)^2} \dot{r}(t) dt = -GM_0 \int \frac{1}{u^2} du = GM_0 \frac{1}{u} + C = \frac{GM_0}{r} + C.$$

Somit ergibt sich

$$\frac{1}{2} \dot{r}(t)^2 = G \frac{M_0}{r(t)} + C$$

mit einer Integrationskonstanten C.

Die Integrationskonstante C können wir bestimmen, wenn wir als Anfangsbedingung festlegen, dass zum Zeitpunkt 0, also beim Initialradius $r(0) = r_0$, die Geschwindigkeit der Kontraktion auch 0 sein soll, die Wolke also erst zu kontrahieren beginnt: $\dot{r}(0) = 0$. Dann ergibt sich

$$0 = \frac{1}{2} \dot{r}(0)^2 = G \frac{M_0}{r(0)} + C = G \frac{M_0}{r_0} + C,$$

also

$$C = -G \frac{M_0}{r_0}$$

und somit die gesuchte DGL erster Ordnung

$$\dot{r}(t) = -\sqrt{2GM_0 \left(\frac{1}{r(t)} - \frac{1}{r_0} \right)}.$$

Diese DGL lässt sich mit der Methode der Trennung der Variablen (r und t) lösen. Wir wollen uns hier jedoch mit der Dauer t_{ff} („Free Fall Time") des Kollapses beschäftigen, also die Zeit bestimmen, nach der der ursprüngliche Radius r_0 im Modell auf 0 geschrumpft ist. Wir stellen daher die DGL formal um:

$$\frac{dt}{dr} = -\frac{1}{\sqrt{2GM_0 \left(\frac{1}{r(t)} - \frac{1}{r_0} \right)}}$$

Dann berechnen wir:

$$t_{ff} = \int_{r_0}^{0} \frac{dt}{dr} dr = -\frac{1}{\sqrt{2GM_0}} \int_{r_0}^{0} \frac{1}{\sqrt{\frac{1}{r} - \frac{1}{r_0}}} dr$$

$$= -\frac{1}{\sqrt{2GM_0}} \int_{r_0}^{0} \sqrt{\frac{r r_0}{r_0 - r}} dr$$

$$= \frac{\sqrt{r_0}}{\sqrt{2GM_0}} \int_0^{r_0} \sqrt{\frac{r}{r_0 - r}} \, dr$$

$$= \frac{\sqrt{r_0}}{\sqrt{2GM_0}} \int_0^{r_0} \sqrt{\frac{\frac{r}{r_0}}{1 - \frac{r}{r_0}}} \, dr$$

An dieser Stelle substituieren wir $z := \frac{r}{r_0}$ und erhalten

$$t_{\mathit{ff}} = \sqrt{\frac{r_0^3}{2GM_0}} \int_0^1 \sqrt{\frac{z}{1 - z}} \, dz.$$

Machen Sie sich die Schritte bei der Substitution noch einmal klar!

Mit der weiteren Substitution $z := \sin^2 x$ können Sie das Integral $\int_0^1 \sqrt{\frac{z}{1-z}} dz$ berechnen:

$$\int_0^1 \sqrt{\frac{z}{1 - z}} \, dz = 2 \int_0^{\frac{\pi}{2}} \sin^2 x \, dx = \frac{\pi}{2}$$

(siehe Aufg. 3.11). Damit erhalten wir schließlich

$$t_{\mathit{ff}} = \frac{\pi}{2} \sqrt{\frac{r_0^3}{2GM_0}}.$$

Beispiel 3.26. Angenommen, wir haben eine protostellare Staub- und Gaswolke von der Masse und dem Radius der Sonne, also $M_0 = 1.99 \times 10^{30}$ kg und $r_0 = 6.96 \times 10^8$ m. Dann ergibt sich eine Kollapsdauer von knapp 30 Minuten! ◄

3.7 Aufgaben

Übung 3.1. Bestimmen Sie die Lösungen der folgenden DGLs zweiter Ordnung bzw. der Anfangswertprobleme.

a) $\ddot{u} - 5\dot{u} + 6u = 0$

b) $\ddot{u} + 6\dot{u} + 9u = 9t$

c) Ⓑ $\ddot{u} + 3\dot{u} - 10u = 10\sin t$

d) $\ddot{u} - 6\dot{u} + 9u = e^t$

e) $\ddot{u} + 4u = 0, \quad u(0) = 0, \; \dot{u}(0) = 1$

f) Ⓥ $\ddot{u} - 2\dot{u} + u = \sin t + \cos t, \quad u(0) = 1, \; \dot{u}(0) = 1$

g) Ⓑ $\ddot{u} - 6\dot{u} + 9u = e^{3t} + \cos(2t)$

Übung 3.2. Bestimmen Sie die Lösungen der folgenden DGLs mittels Variation der Konstanten.

a) Ⓥ $\ddot{u}(t) - 2\dot{u}(t) + u(t) = 3te^t$ b) $\ddot{u}(t) + u(t) = \tan t$

c) Ⓑ $y''(x) - y(x) = \sinh x$

Übung 3.3. Ⓑ Bestimmen Sie die Lösung des Anfangswertproblems

$$y''(x) = -\frac{1}{y(x)^5}, \quad y(0) = 1, \; y'(0) = \frac{1}{\sqrt{2}}.$$

Übung 3.4. Ⓑ Lösen Sie die folgenden Anfangswertprobleme mithilfe der Laplace-Transformation.

a) $y''(t) + 4y'(t) + 3y(t) = e^{3t}, \quad y(0) = 0, \; y'(0) = 1$

b) Ⓥ $y''(t) + 2y'(t) + y(t) = 5 + 2t, \quad y(0) = 1, \; y'(0) = 0$

Übung 3.5. Ⓑ Lösen Sie die folgenden Randwertprobleme.

a) Ⓥ $y''(x) + 3y'(x) - 10y(x) = 0$, $\quad y(0) = 1$, $y(1) = 2$

b) $y''(x) + 6y'(x) + 9y(x) = 0$, $\quad y(0) = 5$, $y(2) = 3$

Übung 3.6. Ⓑ Lösen Sie die Schwingungsdifferentialgleichung

$$\ddot{x}(t) + \frac{D}{m}x(t) = 0$$

unter den Anfangsbedingungen $x(0) = x_{\max} > 0$, $\dot{x}(0) = 0$, lassen Sie also die Zeit-messung im oberen Umkehrpunkt beginnen.

Übung 3.7. Bestimmen Sie die Werte, die C_1 und C_2 unter den in der Tab. 3.3 an-gegebenen verschiedenen Anfangsbedingungen annehmen (Schwingfall).

Übung 3.8. Bestimmen Sie die Werte, die C_1 und C_2 unter den in der Tab. 3.4 an-gegebenen verschiedenen Anfangsbedingungen annehmen (Kriechfall).

Übung 3.9. Bestimmen Sie die Werte, die C_1 und C_2 unter den in der Tab. 3.5 ange-gebenen verschiedenen Anfangsbedingungen annehmen (aperiodischer Grenzfall).

Übung 3.10. Wasserstoffatom. Ⓑ Das Wasserstoffatom (H-Atom) ist das ein-fachste und häufigste Atom im Universum und besteht aus einem Proton im Kern und einem Elektron in der Hülle. Die stationäre Schrödinger-Gleichung für das Was-serstoffatom ist eine partielle DGL in drei Dimensionen, die man durch geschickte Wahl und Separation der Variablen auf gewöhnliche DGLs reduzieren kann. In der sogenannten Radialvariablen r lautet diese reduzierte DGL

$$\Psi''(r) + \frac{2}{r}\Psi'(r) + \frac{2m_e}{\hbar^2}(E + V_C(r))\Psi(r) = 0.$$

Dabei ist

$$V_C(r) := \frac{1}{4\pi\varepsilon_0}\frac{e^2}{r}$$

das Coulomb-Potential (Elektron im Potentialtopf des Protons). Für die verwen-deten Naturkonstanten gelten folgende Werte: Planck'sches Wirkungsquantum $\hbar = 1.054 \times 10^{-34}$ J s, Elektronenmasse $m_e = 9.109 \times 10^{-31}$ kg, elektrische Feldkonstan-te $\varepsilon_0 = 8.8542 \times 10^{-12} \frac{\text{As}}{\text{Vm}}$ und die Elementarladung $e = 1.602 \times 10^{-19}$ C.

Verwenden Sie als Lösungsansatz die Wellenfunktion Ψ mit

$$\Psi(x) = e^{-\frac{r}{a_0}}.$$

Zeigen Sie, dass sich daraus $a_0 = 5.29 \times 10^{-11}$ m ergibt. Dieser Wert entspricht dem klassischen Bohr-Radius für den Grundzustand des H-Atoms.

Verwechseln Sie bei der Lösung der Aufgabe nicht die Elementarladung e mit der Euler'schen Zahl e! Ein häufig vorkommendes Problem in der Physik ist, dass viele Bezeichnungen mehrere Bedeutungen haben. Es ergibt sich aus dem jeweiligen Zusammenhang, was gerade gemeint ist. Für Anfänger ist das manchmal etwas unübersichtlich, aber mit ein wenig Übung klappt es!

Übung 3.11. (V) Zeigen Sie durch Substitution $z := \sin^2 x$ und anschließende partielle Integration:

$$\int_0^1 \sqrt{\frac{z}{1-z}}\,dz = 2\int_0^{\frac{\pi}{2}} \sin^2 x\,dx = \frac{\pi}{2}$$

Übung 3.12. Potentialtopf. Bestimmen Sie die Lösung der Schrödinger-Gleichung

$$-\frac{\hbar^2}{2m}\Psi''(x) = E\Psi(x)$$

für ein Elektron im unendlich hohen Potentialtopf, wenn dieser symmetrisch zur y-Achse im Koordinatensystem dargestellt wird, also mit den Randbedingungen

$$\Psi\left(-\frac{L}{2}\right) = \Psi\left(\frac{L}{2}\right) = 0.$$

3.8 Ergänzende und weiterführende Literatur

- Forster O (2013) Analysis 2. Springer, Berlin, Heidelberg

- Heuser H (2004) Gewöhnliche Differentialgleichungen – Einführung in Lehre und Gebrauch. Teubner Verlag, Wiesbaden

- Papula L (2015) Mathematik für Ingenieure und Naturwissenschaftler. Band 2 – Ein Lehr- und Arbeitsbuch. Springer Vieweg, Wiesbaden

- Proß S, Imkamp T (2018) Brückenkurs Mathematik für den Studieneinstieg – Grundlagen, Beispiele, Übungsaufgaben. Springer, Berlin, Heidelberg

- Stahler S, Palla F (2004) The Formation of Stars. Wiley-VCH, Weinheim

Kapitel 4
Differentialgleichungssysteme

4.1 Einführung

Aus dem mathematischen Unterricht der Mittel- und Oberstufe sind Ihnen sicher noch lineare Gleichungssysteme wie z. B.

$$2x + 5y = 12$$
$$x - y = -1$$

bekannt. Dabei ging es darum, für x und y Zahlenwerte zu finden, die beide Gleichungen erfüllen.

Dafür haben Sie verschiedenen Methoden kennengelernt wie Gleichsetzungs-, Einsetzungs- oder Additionsverfahren, später für lineare Gleichungssysteme mit mehr als zwei Gleichungen und Variablen das Gauß'sche Eliminationsverfahren („Gauß-Algorithmus"). Diese Verfahren haben Sie auch im vorliegenden Buch schon für die Lösung von Anfangs- oder Randwertproblemen benutzt.

Bei den *Differentialgleichungssystemen* (DGLS, im Plural DGLSs) geht es darum, zwei oder mehrere DGLs simultan zu lösen, also Funktionen zu finden, die die im System vorkommenden DGLs erfüllen.

Den ersten Kontakt mit einem DGLS hat man eigentlich schon, wenn man eine DGL zweiter Ordnung betrachtet: Eine solche lässt sich nämlich als ein System von DGLs erster Ordnung auffassen.

Beispiel 4.1.

1. Die Schwingungsdifferentialgleichung (siehe Absch. 3.6.1)

$$\ddot{x}(t) + \frac{D}{m}x(t) = 0$$

© Springer-Verlag GmbH Deutschland, ein Teil von Springer Nature 2019
T. Imkamp und S. Proß, *Differentialgleichungen für Einsteiger*,
https://doi.org/10.1007/978-3-662-59831-3_5

kann geschrieben werden als DGLS:

$$\dot{x}(t) = v(t)$$

$$\dot{v}(t) = -\frac{D}{m}x(t)$$

2. Die DGL des Raketenstarts (siehe Abschn. 2.1) in der Form

$$\ddot{s}(t) = \frac{w\mu}{m_0 - \mu t} - g$$

kann geschrieben werden als DGLS:

$$\dot{s}(t) = v(t)$$

$$\dot{v}(t) = \frac{w\mu}{m_0 - \mu t} - g \qquad \blacktriangleleft$$

Allgemein lässt sich die DGL zweiter Ordnung

$$y''(t) = f(x, y, y')$$

immer als System zweier DGLs erster Ordnung schreiben:

$$z(x) = y'(x)$$

$$z'(x) = f(x, y, y').$$

Bevor wir uns mit der Praxisrelevanz von DGLSs beschäftigen, werden wir zunächst Grundbegriffe und Lösungsmethoden kennenlernen. Wir behandeln dazu nur lineare DGLSs mit konstanten Koeffizienten.

Wir betrachten ein System aus zwei gekoppelten linearen Differentialgleichungen erster Ordnung mit konstanten Koeffizienten:

$$y_1' = a_{11}y_1 + a_{12}y_2 + s_1(x)$$

$$y_2' = a_{21}y_1 + a_{22}y_2 + s_2(x)$$

Wir verwenden die Kurzschreibweise $y_1 = y_1(x)$ und $y_2 = y_2(x)$. Hierbei handelt es sich um ein lineares DGLS zweiter Ordnung. Falls $s_1(x) = s_2(x) = 0$, ist das System homogen, sonst inhomogen. Wir können das DGLS auch mithilfe von Matrizen und Vektoren darstellen:

$$\mathbf{y}' = A\mathbf{y} + \mathbf{s}(x)$$

mit

$$\mathbf{y}' = \begin{pmatrix} y_1' \\ y_2' \end{pmatrix}, \quad A = \begin{pmatrix} a_{11} & a_{12} \\ a_{21} & a_{22} \end{pmatrix}, \quad \mathbf{y} = \begin{pmatrix} y_1 \\ y_2 \end{pmatrix}, \quad \mathbf{s}(x) = \begin{pmatrix} s_1(x) \\ s_2(x) \end{pmatrix}.$$

4.2 Homogene lineare Differentialgleichungssysteme mit konstanten Koeffizienten

Für die Lösung des homogenen linearen DGLS

$$y_1' = a_{11}y_1 + a_{12}y_2$$
$$y_2' = a_{21}y_1 + a_{22}y_2$$

wählen wir wieder den Exponentialansatz

$$y_1 = K_1 e^{\lambda x}, \quad y_2 = K_2 e^{\lambda x}.$$

Mit

$$y_1' = K_1 \lambda e^{\lambda x}, \quad y_2' = K_2 \lambda e^{\lambda x}$$

erhalten wir durch Einsetzen

$$K_1 \lambda e^{\lambda x} = a_{11} K_1 e^{\lambda x} + a_{12} K_2 e^{\lambda x}$$
$$K_2 \lambda e^{\lambda x} = a_{21} K_1 e^{\lambda x} + a_{22} K_2 e^{\lambda x}.$$

Wir dividieren durch $e^{\lambda x}$ und erhalten ein homogenes lineares Gleichungssystem

$$K_1 \lambda = a_{11} K_1 + a_{12} K_2$$
$$K_2 \lambda = a_{21} K_1 + a_{22} K_2$$

bzw. umgestellt

$$(a_{11} - \lambda)K_1 + a_{12}K_2 = 0$$
$$a_{21}K_1 + (a_{22} - \lambda)K_2 = 0.$$

Für ein homogenes lineares Gleichungssystem erhalten wir nur dann nichttriviale Lösungen, wenn die Koeffizientendeterminante gleich null ist (siehe z. B. Papula 2015, Kap. I Abschn. 5). Es gilt hier

$$\det(A - \lambda E) = \begin{vmatrix} a_{11} - \lambda & a_{12} \\ a_{21} & a_{22} - \lambda \end{vmatrix} = (a_{11} - \lambda)(a_{22} - \lambda) - a_{21}a_{12}$$

$$= \lambda^2 - (a_{11} + a_{22})\lambda + a_{11}a_{22} - a_{21}a_{12} = 0.$$

Diese Gleichung nennt man *charakteristische Gleichung*. Die Lösungen dieser Gleichung nennt man auch *Eigenwerte* der Koeffizientenmatrix A. Wir müssen also wie bei den DGLs zweiter Ordnung (siehe Abschn. 3.1.1) drei Fälle unterscheiden:

1. Fall: λ_1, λ_2 reell und $\lambda_1 \neq \lambda_2$

Wir erhalten für die erste Lösungsfunktion

$$y_1(x) = C_1 e^{\lambda_1 x} + C_2 e^{\lambda_2 x}.$$

2. Fall: $\lambda_1 = \lambda_2 = \lambda$ reell

Wir erhalten für die erste Lösungsfunktion

$$y_1(x) = (C_1 + C_2 x) e^{\lambda x}.$$

3. Fall: $\lambda_{1,2} = \mu \pm iv$ konjugiert komplex

Wir erhalten für die erste Lösungsfunktion

$$y_1(x) = C_1 e^{\mu x} \cos(v x) + C_2 e^{\mu x} \sin(v x).$$

Die zweite Lösungsfunktion y_2 erhalten wir jeweils, indem wir die erste DGL

$$y_1' = a_{11} y_1 + a_{12} y_2$$

nach y_2 umstellen:

$$y_2 = \frac{y_1' - a_{11} y_1}{a_{12}}$$

Beispiel 4.2. Wir betrachten folgendes DGLS:

$$\dot{u}(t) = 2u(t) + v(t)$$
$$\dot{v}(t) = u(t) + 2v(t)$$

Für die Rechnung verwenden wir die Kurzschreibweise u bzw. v.

Wir stellen zunächst die charakteristische Gleichung auf:

$$\det(A - \lambda E) = \begin{vmatrix} 2 - \lambda & 1 \\ 1 & 2 - \lambda \end{vmatrix} = (2 - \lambda)^2 - 1 = \lambda^2 - 4\lambda + 3 = 0,$$

und erhalten die beiden Lösungen

$$\lambda_1 = 3, \quad \lambda_2 = 1.$$

Somit ergibt sich die erste Lösungsfunktion

$$u(t) = C_1 e^{3t} + C_2 e^t.$$

Wir setzen diese erste Lösungsfunktion und die Ableitung

$$\dot{u}(t) = 3C_1 e^{3t} + C_2 e^t$$

in die erste DGL ein:

$$3C_1 e^{3t} + C_2 e^t = 2(C_1 e^{3t} + C_2 e^t) + v(t),$$

und stellen nach $v(t)$ um:

$$v(t) = C_1 e^{3t} - C_2 e^t$$

MATLAB und Mathematica liefern diese Lösungen mit:

```
syms u(t) v(t)
sol=dsolve([diff(u,t)==2*u+v,diff(v,t)==u+2*v]);
sol.u
sol.v
```

```
DSolve[{Derivative[1][u][t]==2*u[t]+v[t],Derivative[1][v][t]==u[t]+2*v[t]},
    {u[t],v[t]},t]
```

◄

4.3 Inhomogene lineare Differentialgleichungssysteme mit konstanten Koeffizienten

Um das inhomogene lineare DGLS

$$y_1' = a_{11}y_1 + a_{12}y_2 + s_1(x)$$
$$y_2' = a_{21}y_1 + a_{22}y_2 + s_2(x).$$

zu lösen, ermitteln wir zunächst die allgemeine Lösung des zugehörigen homogenen Systems

$$y_1' = a_{11}y_1 + a_{12}y_2$$
$$y_2' = a_{21}y_1 + a_{22}y_2$$

nach der in Abschn. 4.2 beschriebenen Methode. Wir bezeichnen die Lösungen des homogenen Systems mit $y_{1h} = y_{1h}(x)$ und $y_{2h} = y_{2h}(x)$. Anschließend entnehmen wir Tab. 2.1 einen geeigneten Lösungsansatz, um eine partikuläre Lösung $y_{1p} = y_{1p}(x)$ und $y_{2p} = y_{2p}(x)$ des inhomogenen Systems zu ermitteln. Die allgemeine Lösung ergibt sich nach Satz 2.1 durch die Addition dieser beiden Lösungen

$$y_1 = y_{1h} + y_{1p}, \quad y_2 = y_{2h} + y_{2p}.$$

Beispiel 4.3. Wir betrachten folgendes Anfangswertproblem:

$$\dot{u}(t) = 4u(t) - v(t) + e^t \qquad u(0) = 1, \quad v(0) = 1$$
$$\dot{v}(t) = 2u(t) + 2v(t) - e^t$$

Zuerst ermitteln wir die Lösung des zugehörigen homogenen Systems

$$\dot{u} = 4u - v$$
$$\dot{v} = 2u + 2v,$$

wobei wir wieder die Kurzschreibweise verwenden. Die charakteristische Gleichung lautet

$$\det(A - \lambda E) = \begin{vmatrix} 4 - \lambda & -1 \\ 2 & 2 - \lambda \end{vmatrix} = (4 - \lambda)(2 - \lambda) + 2 = \lambda^2 - 6\lambda + 10 = 0$$

mit den Lösungen

$$\lambda_{1,2} = 3 \pm i.$$

Somit erhalten wir für die erste Funktion die homogene Lösung

$$u_h(t) = e^{3t}(C_1 \cos t + C_2 \sin t).$$

Die homogene Lösung für die zweite Funktion erhalten wir durch Einsetzen in die (nach v umgestellte) erste DGL:

$$v = 4u - \dot{u}$$
$$= 4e^{3t}(C_1 \cos t + C_2 \sin t) - e^{3t}(3C_1 \cos t + 3C_2 \sin t - C_1 \sin t + C_2 \cos t)$$
$$= e^{3t}\big((C_1 - C_2)\cos t + (C_1 + C_2)\sin t\big)$$

Zur Ermittlung einer partikulären Lösung wählen wir aus Tab. 2.1 die Ansätze

$$u_p = Ae^t, \quad v_p = Be^t.$$

Wir bilden die Ableitung

$$\dot{u}_p = Ae^t, \quad \dot{v}_p = Be^t$$

und setzen alles in das System ein:

$$Ae^t = 4Ae^t - Be^t + e^t$$
$$Be^t = 2Ae^t + 2Be^t - e^t$$

Jetzt dividieren wir noch durch e^t und erhalten das lineare Gleichungssystem

$$-3A + B = 1$$
$$-2A - B = -1$$

mit den Lösungen

$$A = 0, \quad B = 1.$$

Somit lauten die partikulären Lösungen

$$u_p = 0, \quad v_p = e^t$$

und damit die allgemeine Lösung für das inhomogene DGLS

$$u = u_h + u_p = e^{3t}(C_1 \cos t + C_2 \sin t)$$
$$v = v_h + v_p = e^{3t}\left((C_1 - C_2)\cos t + (C_1 + C_2)\sin t\right) + e^t.$$

Die Anfangsbedingungen führen auf das lineare Gleichungssystem

$$u(0) = 1 = C_1$$
$$v(0) = 1 = C_1 - C_2 + 1$$

mit der Lösung $C_1 = C_2 = 1$. Die Lösung des Anfangswertproblems lautet somit:

$$u(t) = e^{3t}(\cos t + \sin t)$$
$$v(t) = e^t + 2e^{3t}\sin t.$$

MATLAB:

```
syms u(t) v(t)
sol=dsolve([diff(u,t)==4*u-v+exp(t),diff(v,t)==2*u+2*v-exp(t)],...
    [u(0)==1 v(0)==1]);
sol.u
sol.v
```

Mathematica:

```
DSolve[{Derivative[1][u][t]==4*u[t]-v[t]+E^t,
    Derivative[1][v][t]==2*u[t]+2*v[t]-E^t,u[0]==1,v[0]==1},{u[t],v[t]},t]
```

◀

4.4 Eliminationsmethode

Wir lernen eine weitere Methode zur Lösung von DGLSs kennen, die sogenannte *Eliminationsmethode*. Wir wollen diese Methode an zwei Beispielen vorstellen.

Beispiel 4.4. Wir betrachten das DGLS aus Bsp. 4.2

$$\dot{u}(t) = 2u(t) + v(t)$$
$$\dot{v}(t) = u(t) + 2v(t).$$

Für die Rechnung verwenden wir wieder die Kurzschreibweise u bzw. v. Die Idee des Eliminationsverfahrens ist es, das System auf eine DGL, etwa für u, zu reduzieren. Aus der ersten DGL $\dot{u} = 2u + v$ folgt durch Bilden der Ableitung

$$\ddot{u} = 2\dot{u} + \dot{v}.$$

Einsetzen der zweiten DGL liefert

$$\ddot{u} = 2\dot{u} + (u + 2v).$$

Aus der ersten DGL folgt wiederum

$$v = \dot{u} - 2u,$$

sodass durch erneutes Einsetzen folgt:

$$\ddot{u} = 2\dot{u} + u + 2(\dot{u} - 2u)$$
$$\ddot{u} - 4\dot{u} + 3u = 0$$

Wir haben somit eine lineare DGL zweiter Ordnung für u erhalten. Die allgemeine Lösung lautet

$$u(t) = C_1 e^{3t} + C_2 e^t.$$

Mit

$$\dot{u}(t) = 3C_1 e^{3t} + C_2 e^t$$

ergibt sich für $v(t)$ aus der ersten DGL des Systems

$$v(t) = \dot{u}(t) - 2u(t) = C_1 e^{3t} - C_2 e^t. \qquad \blacktriangleleft$$

Beispiel 4.5. Wir betrachten das Anfangswertproblem aus Bsp. 4.3:

$$\begin{aligned} \dot{u}(t) &= 4u(t) - v(t) + e^t \\ \dot{v}(t) &= 2u(t) + 2v(t) - e^t \end{aligned} \qquad u(0) = 1, \quad v(0) = 1$$

Wir ignorieren zunächst die Anfangsbedingungen und bestimmen wieder die allgemeine Lösung mittels der Eliminationsmethode. Aus

$$\dot{u} = 4u - v + e^t$$

folgt

$$\ddot{u} = 4\dot{u} - \dot{v} + e^t$$

(e^t ist seine eigene Ableitung!). Aus der zweiten DGL erhalten wir

$$\ddot{u} = 4\dot{u} - \dot{v} + e^t = 4\dot{u} - (2u + 2v - e^t) + e^t = 4\dot{u} - 2u - 2v + 2e^t.$$

Aus der ersten DGL folgt

$$v = -\dot{u} + 4u + e^t,$$

also

$$\ddot{u} = 4\dot{u} - 2u - 2(-\dot{u} + 4u + e^t) + 2e^t.$$

Zusammengefasst:

$$\ddot{u} - 6\dot{u} + 10u = 0$$

Das charakteristische Polynom hat die beiden konjugiert-komplexen Nullstellen $3 + i$ und $3 - i$. Somit lautet die allgemeine Lösung dieser DGL:

$$u(t) = e^{3t}(C_1 \cos t + C_2 \sin t).$$

Für v ergibt sich:

$$\begin{aligned}
v(t) &= -\dot{u}(t) + 4u(t) + e^t \\
&= -\left(3e^{3t}(C_1 \cos t + C_2 \sin t) + e^{3t}(-C_1 \sin t + C_2 \cos t)\right) \\
&\quad + 4e^{3t}(C_1 \cos t + C_2 \sin t) + e^t \\
&= e^{3t}(C_1 - C_2)\cos t + e^{3t}(C_1 + C_2)\sin t + e^t.
\end{aligned}$$

Die Anfangsbedingungen führen auf das lineare Gleichungssystem

$$\begin{aligned}
u(0) &= 1 = C_1 \\
v(0) &= 1 = C_1 - C_2 + 1
\end{aligned}$$

mit der Lösung $C_1 = C_2 = 1$. Die Lösung des Anfangswertproblems lautet somit:

$$\begin{aligned}
u(t) &= e^{3t}(\cos t + \sin t) \\
v(t) &= e^t + 2e^{3t}\sin t. \qquad \blacktriangleleft
\end{aligned}$$

4.5 Laplace-Transformation

Wir können auch DGLSs mithilfe der in Abschn. 3.2 vorgestellten Laplace-Transformation lösen. Unter Beachtung der Anfangswerte können wir die DGLs vom Zeitbereich in den Bildbereich transformieren und erhalten auf diese Weise ein lineares Gleichungssystem im Bildbereich. Dieses kann mit elementaren Methoden (z. B. Gauß-Algorithmus) gelöst werden. Die Rücktransformation kann wieder mit der Transformationstabelle in Abschn. 3.2.4 durchgeführt werden. Wir wollen dieses Vorgehen direkt an einem Beispiel demonstrieren.

Beispiel 4.6. Wir betrachten das Anfangswertproblem:

$$\begin{aligned}
y_1' + 2y_1 + 8y_2 &= 2 \\
y_2' + y_1 + 4y_2 &= e^{4t}, \quad y_1(0) = 0, \ y_2(0) = 0.
\end{aligned}$$

Wir transformieren beide DGLs unter Beachtung des Linearitätssatzes (Satz 3.2) in den Bildbereich:

$$\begin{aligned}
\mathscr{L}\{y_1'\} + 2\mathscr{L}\{y_1\} + 8\mathscr{L}\{y_2\} &= \mathscr{L}\{2\} \\
\mathscr{L}\{y_2'\} + \mathscr{L}\{y_1\} + 4\mathscr{L}\{y_2\} &= \mathscr{L}\{e^{4t}\}
\end{aligned}$$

Nun wenden wir den Ableitungssatz (Satz 3.3) an und verwenden für die Transformation der rechten Seiten der DGLs die Transformationstabelle aus Abschn. 3.2.4 (Nr. 2 und Nr. 3 mit $a = 4$):

$$sY_1 - y_1(0) + 2Y_1 + 8Y_2 = \frac{2}{s}$$

$$sY_2 - y_2(0) + Y_1 + 4Y_2 = \frac{1}{s-4}$$

Wie setzen die Anfangswerte ein, vereinfachen und erhalten das folgende lineare Gleichungssystem:

$$(s+2)Y_1 + 8Y_2 = \frac{2}{s}$$

$$Y_1 + (s+4)Y_2 = \frac{1}{s-4}$$

Wie eliminieren zunächst Y_1 und erhalten für Y_2

$$Y_2 = \frac{s^2+8}{s^2(s-4)(s+6)}.$$

Wie in Bsp. 3.16 müssen wir auch hier erst die Partialbruchzerlegung anwenden, um die Rücktransformation durchführen zu können:

$$\frac{s^2+8}{s^2(s-4)(s+6)} = \frac{A}{s} + \frac{B}{s^2} + \frac{C}{s-4} + \frac{D}{s+6}$$

$$\Rightarrow \quad s^2+8 = As(s-4)(s-6) + B(s-4)(s+6) + Cs^2(s+6) + Ds^2(s-4)$$

$$s = 0: \qquad 8 = -24B \qquad\qquad \Leftrightarrow \quad B = -\frac{1}{3}$$

$$s = 4: \qquad 24 = 160C \qquad\qquad \Leftrightarrow \quad C = \frac{3}{20}$$

$$s = -6: \qquad 44 = -360D \qquad\qquad \Leftrightarrow \quad D = -\frac{11}{90}$$

$$s = 1: \qquad 9 = -21A - 21B + 7C - 3D \qquad \Leftrightarrow \quad A = -\frac{1}{36}$$

Wir erhalten

$$Y_2 = -\frac{1}{36}\frac{1}{s} - \frac{1}{3}\frac{1}{s^2} + \frac{3}{20}\frac{1}{s-4} - \frac{11}{90}\frac{1}{s+6}.$$

Die Lösung für Y_1 erhalten wir, indem wir Y_2 in die erste DGL einsetzen:

$$(s+2)Y_1 + 8Y_2 = \frac{2}{s}$$

$$Y_1 = \frac{2}{s(s+2)} - \frac{8Y_2}{s+2}$$

$$= \frac{20}{9}\frac{1}{s(s+2)} + \frac{8}{3}\frac{1}{s^2(s+2)} - \frac{6}{5}\frac{1}{(s-4)(s+2)} + \frac{44}{45}\frac{1}{(s+6)(s+2)}.$$

Mithilfe der Transformationstabelle in Abschn. 3.2.4 können wir die einzelnen Summanden zurücktransformieren und erhalten die Lösung im Zeitbereich:

$$y_1(t) = \frac{20}{9}\underbrace{\frac{e^{-2t}-1}{-2}}_{\text{Nr. 5 } a=-2} + \frac{8}{3}\underbrace{\frac{e^{-2t}+2t-1}{4}}_{\text{Nr. 11 } a=-2} - \frac{6}{5}\underbrace{\frac{e^{-2t}-e^{4t}}{-6}}_{\text{Nr. 7 } a=-2,\, b=4} + \frac{44}{45}\underbrace{\frac{e^{-2t}-e^{-6t}}{4}}_{\text{Nr. 7 } a=-2,\, b=-6}$$

$$= -\frac{4}{9} + \frac{4}{3}t - \frac{1}{5}e^{4t} - \frac{11}{45}e^{-6t}$$

$$y_2(t) = -\frac{1}{36}\underbrace{1}_{\text{Nr. 2}} - \frac{1}{3}\underbrace{t}_{\text{Nr. 4}} + \frac{3}{20}\underbrace{e^{4t}}_{\text{Nr. 3 } a=4} - \frac{11}{90}\underbrace{e^{-6t}}_{\text{Nr. 3 } a=-6} \qquad \blacktriangleleft$$

Die Bedeutung von DGLSs in der Praxis wird im folgenden Abschnitt sichtbar.

4.6 Anwendungen

4.6.1 Radioaktive Zerfallsreihen

Homogenes, lineares DGLS mit konstanten Koeffizienten

Radioaktive Stoffe sind Bestandteil der Natur. Seit Entstehung der Erde gibt es Uranisotope, Thorium sowie Kalium-40 und andere radioaktive Stoffe im Erdinneren, die aufgrund ihrer langen Halbwertszeiten immer noch dort verweilen. Dadurch entstehen langkettige Zerfallsreihen, die durchlaufen werden müssen, bis die Umwandlung in ein stabiles Endnuklid (z. B. Blei) stattgefunden hat.

Bei den Zerfallsreihen von $^{238}_{92}$U, $^{235}_{92}$U und $^{232}_{90}$Th entstehen zwischendurch Isotope des radioaktiven Edelgases Radon, die durch Erdspalten und andere Poren in die Luft gelangen können. Insbesondere das Nuklid $^{222}_{86}$Rn mit seiner Halbwertszeit von 3.8235 Tagen kann durch Ausströmen aus der Erde oder aus dem Mauerwerk der Häuser in die unteren Luftschichten gelangen und somit zu einem erheblichen Teil zur natürlichen Strahlenexposition des Menschen beitragen. Dieser atmet das Radon mit der Luft ein. Die Zerfallsprodukte des $^{222}_{86}$Rn sind nicht mehr gasförmig und belasten die Lunge des Menschen, was Lungenkrebs zur Folge haben kann. $^{222}_{86}$Rn ist ein direktes Folgenuklid von $^{226}_{88}$Ra, das auch als Schulpräparat mit einer Aktivität von 3.7 kBq (entspricht 10^{-7} Gramm $^{226}_{88}$Ra) Verwendung findet.

Wie stark ist die Belastung durch Radon?

Wir betrachten einen Ausschnitt aus der Uran-Radium-Zerfallsreihe

$$^{238}_{92}U \rightarrow \ldots \rightarrow {}^{226}_{88}Ra \rightarrow {}^{222}_{86}Rn \rightarrow {}^{218}_{84}Po \rightarrow \ldots \rightarrow {}^{206}_{82}Pb$$

und interessieren uns für die mittleren drei Isotope. Sei $N_1(t)$ die Anzahl aktiver $^{226}_{88}Ra$-Kerne zum Zeitpunkt t, $N_2(t)$ und $N_3(t)$ entsprechen denjenigen von $^{222}_{86}Rn$ bzw. $^{218}_{84}Po$.

Dann beschreibt offensichtlich das DGLS

$$\dot{N}_1(t) = -\lambda_1 N_1(t)$$
$$\dot{N}_2(t) = \lambda_1 N_1(t) - \lambda_2 N_2(t)$$
$$\dot{N}_3(t) = \lambda_2 N_2(t) - \lambda_3 N_3(t)$$

adäquat den Vorgang für das Verhalten der ersten beiden Nuklide, wobei λ_1, λ_2 die Zerfallskonstanten der ersten beiden Nuklide sind. Das weitere Verhalten des dritten Nuklids interessiert uns hier nicht. Wäre dieses stabil (was hier nicht der Fall ist), so würde die letzte Gleichung $\dot{N}_3(t) = \lambda_2 N_2(t)$ lauten.

Wir beschäftigen uns daher zunächst mit dem DGLS

$$\dot{N}_1(t) = -\lambda_1 N_1(t)$$
$$\dot{N}_2(t) = \lambda_1 N_1(t) - \lambda_2 N_2(t).$$

Das erste Nuklid $^{226}_{88}Ra$ zerfällt lediglich. Dieser Zerfall wird durch das bekannte Zerfallsgesetz (erste DGL) beschrieben (siehe auch Abschn. 2.2.1). Das Zerfallsprodukt $^{222}_{86}Ra$ zerfällt erneut, es reichert sich durch den Zerfall von $^{226}_{88}Ra$ aber auch an (zweite DGL, das Gleiche passiert entsprechend mit $^{218}_{84}Po$).

Am Anfang möge die Anzahl aktiver $^{226}_{88}Ra$-Kerne N_0 sein. Die weiteren Stoffe sollen noch nicht vorhanden sein. Dann haben wir die Anfangsbedingungen

$$N_1(0) = N_0, \ N_2(0) = N_3(0) = 0.$$

Wir lösen also das DGLS unter diesen Anfangsbedingungen.

Die erste DGL lässt sich direkt lösen mit den Methoden von Kap. 2. Unter Berücksichtigung des Anfangswertes ergibt sich:

$$N_1(t) = N_0 e^{-\lambda_1 t}$$

Damit lautet die zweite DGL nach Einsetzen dieser Lösung:

$$\dot{N}_2(t) = \lambda_1 N_0 e^{-\lambda_1 t} - \lambda_2 N_2(t)$$

Da wir unterschiedliche Isotope mit verschiedenen Zerfallskonstanten ($\lambda_1 \neq \lambda_2$) betrachten, führt die bekannte Methode mit dem Exponentialansatz (wieder mit Anfangswerten) auf die Lösung

$$N_2(t) = \frac{\lambda_1 N_0}{\lambda_1 - \lambda_2} \left(e^{-\lambda_2 t} - e^{-\lambda_1 t} \right).$$

Laut *Karlsruher Nuklidkarte* (10. Auflage, 2018) hat $^{226}_{88}$Ra eine Halbwertszeit (HWZ) von 1600 a, $^{222}_{86}$Rn lediglich von 3.8235 d.

Wir wollen mithilfe unserer Lösung berechnen, wie viel $^{222}_{86}$Rn binnen eines Jahres durch 1 g $^{226}_{88}$Ra produziert wird.

Es gilt für die anfängliche Anzahl der Radiumkerne

$$N_0 = \frac{0.001\,\mathrm{kg}}{226 \cdot 1.661 \times 10^{-27}\,\mathrm{kg}} = 2.66 \times 10^{21}.$$

Unter Berücksichtigung der oben angegebenen HWZs ergibt eine MATLAB- bzw. Mathematica-Rechnung

```
2.66*10^21*(log(2)/(584400*(log(2)/584400 -log(2)/3.8235)))*...
    (exp((-365*log(2))/3.8235)-exp((-365*log(2))/584400))
```

```
2.66*10^21*(Log[2]/(584400*(Log[2]/584400-Log[2]/3.8235)))*
    (E^((-365*Log[2]))/3.8235)-E^((-365*Log[2]))/584400))
```

1.7396×10^{16} Radon-Kerne nach einem Jahr (365 d, alle Werte wurden in die Einheit Tage umgerechnet). Daher wurden

$$1.7396 \cdot 10^{16} \cdot 222 \cdot 1.661 \times 10^{-27}\,\mathrm{kg}$$

$^{222}_{86}$Rn produziert, also etwa 6 μg.

Die Abb. 4.1 zeigt den Jahresverlauf: Zunächst nimmt die Radonmenge stark zu, der Prozess wird also durch die Entstehung des Radons dominiert, sinkt aber wegen des eigenen Zerfalls nach etwa 30 Tagen wieder ab.

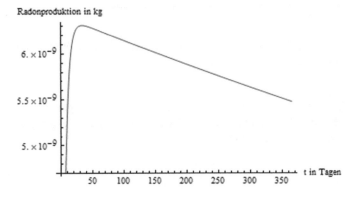

Abb. 4.1: Radonproduktion in Kilogramm während eines Jahres.

Die weitere Umwandlung erfolgt auch während dieses Jahres in Folgenuklide
(„Tochternuklide"). Die Lösung der hierfür interessanten dritten DGL erhalten wir
mit MATLAB bzw. Mathematica, indem wir das gesamte System lösen lassen (die
Zerfallskonstanten sind alle voneinander verschieden):

```
syms N1(t) N2(t) N3(t) lambda1 lambda2 lambda3 N0
sol=dsolve([diff(N1,t)==-lambda1*N1, diff(N2,t)==lambda1*N1-lambda2*N2,...
    diff(N3,t)==lambda2*N2-lambda3*N3],[N1(0)==N0,N2(0)==0,N3(0)==0])
N1=sol.N1
N2=sol.N2
N3=sol.N3
```

liefert folgende Ausgabe:

$$N1 = N_0 e^{-\lambda_1 t}$$

$$N2 =$$

$$\frac{N_0 \lambda_1 e^{-\lambda_2 t}}{\lambda_1 - \lambda_2} - \frac{N_0 \lambda_1 e^{-\lambda_1 t}}{\lambda_1 - \lambda_2}$$

$$N3 =$$

$$\frac{N_0 \lambda_1 \lambda_2 e^{-\lambda_3 t}}{\lambda_1 \lambda_2 - \lambda_1 \lambda_3 - \lambda_2 \lambda_3 + \lambda_3^2} + \frac{N_0 \lambda_1 \lambda_2 e^{-\lambda_1 t}}{(\lambda_1 - \lambda_2)(\lambda_1 - \lambda_3)} - \frac{N_0 \lambda_1 \lambda_2 e^{-\lambda_2 t}}{(\lambda_1 - \lambda_2)(\lambda_2 - \lambda_3)}$$

```
DSolve[{Derivative[1]N1[t]==(-lambda1)*N1[t], Derivative[1]N2[t]==
    lambda1*N1[t]-lambda2*N2[t],Derivative[1]N3[t]==lambda2*N2[t]
    -lambda3*N3[t],N1[0]==N0,N2[0]==0,N3[0]==0},{N1[t],N2[t],N3[t]},t]
```

liefert eine bandwurmartige Lösung. Arbeiten Sie hier in Mathematica am besten
mit der Standardform bei der Eingabe und benutzen Sie den Basic Math Assistant
für die Eingabe von λ_1, λ_2 und λ_3. Sie erhalten dann folgende Ausgabe:

$$\left\{\left\{N_1[t] \to e^{-t\lambda_1} N_0, \; N_2[t] \to -\frac{e^{-t\lambda_1-t\lambda_2}\left(-e^{t\lambda_1} + e^{t\lambda_2}\right) N_0 \lambda_1}{\lambda_1 - \lambda_2},\right.\right.$$

$$N_3[t] \to$$
$$\left(e^{-t\lambda_1-t\lambda_2-t\lambda_3} N_0 \lambda_1 \lambda_2 \left(e^{t\lambda_1+t\lambda_2} \lambda_1 - e^{t\lambda_1+t\lambda_3} \lambda_1 - e^{t\lambda_1+t\lambda_2} \lambda_2 + e^{t\lambda_2+t\lambda_3} \lambda_2 + e^{t\lambda_1+t\lambda_3} \lambda_3 - \right.\right.$$
$$\left.\left.\left.\left. e^{t\lambda_2+t\lambda_3} \lambda_3\right)\right) / \left((\lambda_1 - \lambda_2)(\lambda_1 - \lambda_3)(\lambda_2 - \lambda_3)\right)\right\}\right\}$$

Nach einfachen Umformungen ist zu erkennen, dass die Lösungen übereinstimmen.
Sie sehen: Für die Berechnung längerer Zerfallsketten ist der Besitz eines CAS ein
Segen und geradezu unerlässlich!

4.6.2 Kompartmentanalyse

(In-)Homogenes, lineares DGLS mit konst. Koeffizienten, Eliminationsmethode

In der Biochemie, der Biophysik, der Pharmakologie und der Medizinischen Physiologie spielen Stoffaustauschprozesse („Stoffwechsel") eine wesentliche Rolle. Eine gewisse Menge eines in die Blutbahn injizierten Stoffes (z. B. eines Medikaments) wird im Muskelgewebe abgelagert und schließlich über die Nieren wieder ausgeschieden. Blutbahnen, Muskelgewebe und Niere bilden hierbei sogenannte *Kompartments* oder zu Deutsch *Kompartimente*. Darunter versteht man allgemein Teilsysteme von Austauschprozessen, die bezüglich eines interessierenden Stoffes durch Austausch in Verbindung stehen, sich jedoch einzeln wie homogene, also gut durchmischte Einheiten verhalten. Um diese etwas abstrakten Formulierungen mit Leben zu füllen, betrachten wir einige einfache Beispiele. Sie werden feststellen, dass die beim Radonproblem verwendete Mathematik der Zerfallsreihen auch der der Kompartmentanalyse entspricht.

Beispiel 4.7. Verdünnung von Alkohol mit Wasser

Eine Firma benötigt $1000\,L$ 60%-igen Industrialkohol. Leider steht nur ein großer 1000-Liter-Behälter mit 80%-igem Alkohol zur Verfügung. Die Chemietechniker beschließen, den Alkohol mit destilliertem Wasser aus einem $1000\,L$-Wassertank zu mischen. Da beide Behälter voll sind, soll das Wasser mithilfe einer Pumpe, die $50\,L$ pro Minute schafft, in den Alkoholbehälter transportiert werden. Durch eine zweite Öffnung soll mittels einer gleich starken Pumpe der Alkohol in den Wasserbehälter gepumpt werden. Wie lange müssen die beiden Pumpen laufen, bis der Alkohol im ersten Behälter eine Konzentration von 60 % besitzt?

Behälter 1 ist ein Kompartiment mit 80%-igem Alkohol, also $800\,L$ reinem Alkohol und $200\,L$ Wasser. Behälter 2 ist ein Kompartiment mit $1000\,L$ reinem Wasser (= 0 % Alkohol). Es ist klar, dass der Prozess langfristig zu zwei Behältern mit 40%-igem Alkohol führt.

Sei $M_1(t)$ (bzw. $M_2(t)$) die Menge an reinem Alkohol in Kompartiment 1 (bzw. 2) zur Zeit t in Litern. Die Zeit t wird in Minuten gemessen. Es gelten die Anfangsbedingungen $M_1(0) = 800$ und $M_2(0) = 0$. Da die Pumpen pro Minute jeweils $50\,L$ von einem Behälter zum anderen pumpen, gilt für die Änderungsraten der Alkoholmengen

$$\dot{M}_1(t) = -0.05M_1(t) + 0.05M_2(t)$$

bzw.

$$\dot{M}_2(t) = 0.05M_1(t) - 0.05M_2(t).$$

Wir gehen dabei davon aus (wie bei Kompartimentmodellen üblich), dass die Mischung jeweils homogen ist, der Alkohol im Wasser also gleichmäßig verteilt ist.

Wir lösen das DGLS unter den angegebenen Anfangsbedingungen mittels der Eliminationsmethode:

$$\ddot{M}_1(t) = -0.05\dot{M}_1(t) + 0.05\dot{M}_2(t)$$
$$= -0.05\dot{M}_1(t) + 0.05(-0.05M_2(t) + 0.05M_1(t))$$
$$= -0.05\dot{M}_1(t) - 0.0025M_2(t) + 0.0025M_1(t)$$

In die letzte Gleichung setzen wir jetzt für $0.05M_2(t)$ den Wert ein, den die erste Gleichung liefert, also $\dot{M}_1(t) + 0.05M_1(t) = 0.05M_2(t)$. Damit ergibt sich nach Zusammenfassung die DGL zweiter Ordnung

$$\ddot{M}_1(t) = -0.1\dot{M}_1(t)$$

mit der allgemeinen Lösung

$$M_1(t) = C_1 + C_2 e^{-0.1t}.$$

Wir kennen bisher nur eine Anfangsbedingung für M_1, nämlich $M_1(0) = 800$. Um eine Anfangsbedingung für $\dot{M}_1(t)$ zu erhalten, verwenden wir die erste DGL $\dot{M}_1(t) = -0.05M_1(t) + 0.05M_2(t)$. Da diese für alle Zeitpunkte t gelten muss, gilt sie auch für $t = 0$. Es ist also

$$\dot{M}_1(0) = -0.05M_1(0) + 0.05M_2(0) = -0.05 \cdot 800 + 0.05 \cdot 0 = -40$$

gemäß obiger Anfangsbedingung für M_2. Das negative Vorzeichen erklärt sich aus der Tatsache heraus, dass der Alkohol aus Behälter 1 abfließt.

Die Lösung für M_1 nach Einarbeiten von $M_1(0) = 800$ und $\dot{M}_1(0) = -40$ lautet:

$$M_1(t) = 400 + 400e^{-0.1t}$$

Um herauszufinden, nach welcher Zeit die Alkoholkonzentration von 60 % in Behälter 1 erreicht ist, müssen wir nur noch die Gleichung

$$600 = 400 + 400e^{-0.1t}$$

lösen. Es ergibt sich durch Logarithmieren:

$$t = 10\ln 2 \approx 6.93$$

Nach knapp 7 Minuten Pumpen ist also das Ziel erreicht.

An der Lösung können Sie auch erkennen, dass sich langfristig der anschaulich klare stationäre Zustand

$$\lim_{t \to \infty} M_1(t) = \lim_{t \to \infty} (400 + 400e^{-0.1t}) = 400$$

einstellt. In beiden Behältern befinden sich dann 400 L reiner Alkohol.   ◀

Beispiel 4.8. Pharmakokinetik

Die Pharmakokinetik beschäftigt sich mit dem zeitlichen Verlauf der Konzentration von Pharmaka im menschlichen oder tierischen Körper. Dabei ist insbesondere die Konzentration am eigentlichen Wirkungsort interessant. Die Einnahme eines Medikaments (also des Wirkstoffes) führt in der Regel zu einer homogenen Verteilung in der Blutbahn bzw. der gesamten Körperflüssigkeit (Kompartment 1). Die Ablagerung erfolgt eine Zeit lang im Muskelgewebe (Kompartment 2) und wird dann über die Blutbahn (also Rückführung in Kompartment 1) mittels der Nieren ausgeschieden (Kompartment 3: Nieren und Umwelt).

Die Abb. 4.2 geht davon aus, dass der Wirkstoff dem Körper regelmäßig mit einer zeitlichen Rate s zugeführt wird. Die jeweiligen Übergangsraten zwischen den Kompartments sind eingezeichnet.

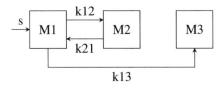

Abb. 4.2: Darstellung des beschriebenen pharmakokinetischen Modells ($M1$ = Blut und Körperflüssigkeit, $M2$ = Muskelgewebe, $M3$ = Niere/ Umwelt).

Anhand der Kompartmentdarstellung lässt sich das zugehörige DGLS aufstellen:

$$\dot{M}_1(t) = -(k_{12} + k_{13})M_1(t) + k_{21}M_2(t) + s$$
$$\dot{M}_2(t) = k_{12}M_1(t) - k_{21}M_2(t)$$
$$\dot{M}_3(t) = k_{13}M_1(t).$$

Es ist die Aufgabe des Pharmakokinetikers, dieses DGLS mit geeigneten Werten für die Übergangsraten und Anfangsbedingungen zu lösen. Machen wir dies allgemein.

Wir betrachten das für den Prozess interessante DGLS

$$\dot{M}_1(t) = -(k_{12} + k_{13})M_1(t) + k_{21}M_2(t) + s$$
$$\dot{M}_2(t) = k_{12}M_1(t) - k_{21}M_2(t)$$

aus den ersten beiden Gleichungen und wenden das Eliminationsverfahren an. Für $M_1(t)$ erhalten wir dann die DGL

$$\ddot{M}_1(t) + (k_{12} + k_{13} + k_{21})\dot{M}_1(t) + k_{21}k_{13}M_1(t) = -k_{21}s.$$

Führen Sie die Rechnungen dazu bitte selbstständig durch!

Für die allgemeine Lösung der zugehörigen homogenen DGL bestimmen wir die Lösungen der charakteristischen Gleichung:

$$\lambda_{1,2} = -\frac{k_{12}+k_{13}+k_{21}}{2} \pm \sqrt{\left(\frac{k_{12}+k_{13}+k_{21}}{2}\right)^2 - k_{13}k_{21}}$$

$$= -\frac{k_{12}+k_{13}+k_{21} \pm \sqrt{(k_{12}+k_{13}+k_{21})^2 - 4k_{13}k_{21}}}{2}.$$

Der Radikand ist positiv, wie man sehr schnell durch Umformen erkennt:

```
Simplify[Expand[(k12+k13+k21)^2-4*k13*k21]]
```

liefert

$$k_{12}^2 + (k_{13}-k_{21})^2 + 2k_{12}(k_{13}+k_{21}),$$

und dieser Ausdruck ist > 0, da alle Parameter positiv sind. Somit sind die Lösungen $\lambda_{1,2}$ der charakteristischen Gleichung beide reell und, wie Sie leicht sehen, negativ.

In MATLAB liefert der Befehl

```
simplify(expand((k12+k13+k21)^2-4*k13*k21))
```

$$k_{12}^2 + 2k_{12}k_{13} + 2k_{12}k_{21} + k_{13}^2 - 2k_{13}k_{21} + k_{21}^2.$$

Wir müssen also die Terme noch selbstständig zusammenfassen, damit wir erkennen können, dass der Ausdruck immer positiv ist.

Die Lösung der homogenen DGL für $M_1(t)$ lautet also

$$M_1(t) = C_1 e^{\lambda_1 t} + C_2 e^{\lambda_2 t}$$

mit $\lambda_{1,2} < 0$. Da die Störfunktion konstant ist, ist eine partikuläre Lösung der inhomogenen DGL schnell durch Hinsehen gefunden:

$$M_{1h}(t) = -\frac{s}{k_{13}}.$$

Somit erhalten wir die allgemeine Lösung

$$M_1(t) = C_1 e^{\lambda_1 t} + C_2 e^{\lambda_2 t} - \frac{s}{k_{13}}.$$

Aus der zweiten Gleichung

$$\dot{M}_2(t) = k_{12}M_1(t) - k_{21}M_2(t)$$

lässt sich hieraus die Lösung für M_2 bestimmen. Umgeformt lautet sie:

$$\dot{M}_2(t) + k_{21}M_2(t) = k_{12}\left(C_1 e^{\lambda_1 t} + C_2 e^{\lambda_2 t} - \frac{s}{k_{13}}\right)$$

MATLAB bzw. Mathematica liefert mit der Eingabe

```
syms M2(t) k12 k21 k13 lambda1 lambda2 s t C1 C2
sol=dsolve(diff(M2,t)+k21*M2==k12*(C1*exp(lambda1*t)+C2*exp(lambda2*t)...
  -s/k13))
```

```
DSolve[Derivative[1]M2[t]+k21*M2[t]==k12*(C1*E^lambda1+C2*E^lambda2-s/k13),
  M2[t],t]
```

das Ergebnis

$$M_2(t) = C_3 e^{-k_{21}t} + e^{-k_{21}t}\left(\frac{C_1 k_{12} e^{k_{21}t} e^{\lambda_1 t}}{k_{21} + \lambda_1} - \frac{k_{12} s e^{k_{21}t}}{k_{13}k_{21}} + \frac{C_2 k_{12} e^{k_{21}t} e^{\lambda_2 t}}{k_{21} + \lambda_2}\right).$$

> Lassen Sie sich das Ergebnis von Mathematica in der Standardform
> ausgeben. Führen Sie die notwendigen Schritte zur Bestimmung dieser
> Lösung eigenständig durch und spielen Sie mit geeigneten
> Anfangsbedingungen herum!

◄

4.6.3 Wechselstromnetzwerke

Inhomogenes DGLS mit konst. Koeffizienten, Eliminationsmethode

In der Elektrotechnik sind die Kirchhoff'schen Regeln (Knotenregel und Maschen-regel) von grundlegender Bedeutung. Wir haben bereits in Abschn. 2.4.3 ein Wech-selstromnetzwerk mit einer Masche mittels einer DGL und der Kirchhoff'schen Ma-schenregel behandelt. Für ein Netzwerk mit mehreren Maschen benötigen wir ein DGLS. Zunächst formulieren wir die Kirchhoff'schen Regeln noch einmal explizit:

1. Kirchhoff'sches Gesetz (Knotenregel):
   In jedem Knoten eines elektrischen Netzwerkes ist die Summe der zufließenden Ströme gleich der Summe der abfließenden Ströme.

2. Kirchhoff'sches Gesetz (Maschenregel):
   Beim Umlauf um eine Masche in einem elektrischen Netzwerk ist die Summe der eingeprägten Spannungen und der Spannungsabfälle unter Berücksichtigung der Vorzeichen gleich null.

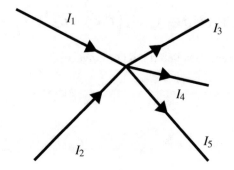

Abb. 4.3: Beispiel zur Knotenregel: Es gilt $I_1 + I_2 = I_3 + I_4 + I_5$.

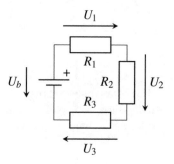

Abb. 4.4: Beispiel zur Maschenregel: Es gilt $U_b = U_1 + U_2 + U_3$.

Beispiel 4.9. Wir betrachten ein Netzwerk mit Ohm'schen Widerständen und Spulen (Induktivitäten) (siehe Abb. 4.5).

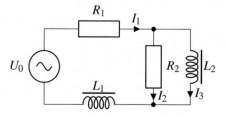

Abb. 4.5: Netzwerk aus zwei Ohm'schen Widerständen und zwei Induktivitäten

Nach der Knotenregel gilt $I_1(t) = I_2(t) + I_3(t)$.

Nach der Maschenregel addieren sich die Spannungen zur Gesamtspannung. In der Masche mit Wechselspannungsgenerator gilt somit

$$R_1 I_1(t) + R_2 I_2(t) + L_1 \dot{I}_1(t) = U_0 \cos \omega_0 t.$$

In der rechten Masche befinden sich Widerstand und Induktivität (in Form einer Spule mit Eisenkern), somit ist die Gesamtspannung null:

$$L_2\dot{I}_3(t) - R_2 I_2(t) = 0$$

(Beachten Sie das Vorzeichen des zweiten Terms.) Unser DGLS lautet also:

$$I_1(t) = I_2(t) + I_3(t)$$
$$R_1 I_1(t) + R_2 I_2(t) + L_1\dot{I}_1(t) = U_0\cos\omega_0 t$$
$$L_2\dot{I}_3(t) - R_2 I_2(t) = 0$$

Am Anfang sind die Stromstärken 0, die Anfangsbedingungen lauten daher: $I_1(0) = I_2(0) = 0$ ($I_3(0) = 0$ gilt dann wegen der ersten Gleichung automatisch.)

Dieses DGLS lässt sich mit der Eliminationsmethode lösen, allerdings ist der Aufwand immens. MATLAB und Mathematica liefern bandwurmartige Lösungen:

```
syms I2(t) I3(t) R1 R2 L1 U0 omega0 L2
eqns=[R1*(I2+I3)+R2*I2+L1*diff(I1,t)==U0*cos(omega0*t),...
    L2*diff(I3,t)-R2*I2==0];
conds=[I2(0)==0,I3(0)==0];
sol=dsolve(eqns,conds);
I2=simplify(sol.I2)
I3=simplify(sol.I3)
I1=simplify(I2+I3)
```

```
DSolve[{I1[t]==I2[t]+I3[t],R1*I1[t]+R2*I2[t]+L1*Derivative[1][I1][t]==
    U0*Cos[omega0*t],L2*Derivative[1][I3][t]-R2*I2[t]==0,I1[0]==0,
    I2[0]==0},{I1[t],I2[t],I3[t]},t]
```

Legt man jedoch Werte für die Widerstände und Induktivitäten fest, so wird das Ganze übersichtlicher: Sei etwa $R_1 = R_2 = 20\,\Omega$, $L_1 = L_2 = 10\,\text{H}$, $U_0 = 5\,\text{V}$, $\omega_0 = 2\,\text{Hz}$.

```
syms I2(t) I3(t)
R1=20;
R2=20;
L1=10;
L2=10;
U0=5;
omega0=2;
eqns=[R1*(I2+I3)+R2*I2+L1*diff(I1,t)==U0*cos(omega0*t),...
    L2*diff(I3,t)-R2*I2==0];
conds=[I2(0)==0,I3(0)==0];
sol=dsolve(eqns,conds);
I2=simplify(sol.I2)
I3=simplify(sol.I3)
I1=simplify(sol.I2+sol.I3)
```

```
R1:=20;
R2:=20;
L1:=10;
L2:=10;
U0:=5;
omega0:=2;
DSolve[{I1[t]==I2[t]+I3[t],R1*I1[t]+R2*I2[t]+L1*Derivative[1][I1][t]==
    U0*Cos[omega0*t],L2*Derivative[1][I3][t]-R2*I2[t]==0,I1[0]==0,
    I2[0]==0},{I1[t],I2[t],I3[t]},t]
```

Die Ergebnisse lauten:

$$I_1(t) = \frac{1}{120}e^{-(3+\sqrt{5})t}\left(-5-\sqrt{5}-\left(5-\sqrt{5}\right)e^{2\sqrt{5}t}+10e^{(3+\sqrt{5})t}\left(\cos(2t)+\sin(2t)\right)\right)$$

$$I_2(t) = \frac{1}{24\sqrt{5}}e^{-(3+\sqrt{5})t}(-3-\sqrt{5}-(\sqrt{5}-3)e^{2\sqrt{5}t}+2\sqrt{5}e^{(3+\sqrt{5})t}\cos(2t))$$

$$I_3(t) = \frac{1}{60}(-\sqrt{5}e^{-(3+\sqrt{5})t}(e^{2\sqrt{5}t}-1)+5\sin(2t))$$

Die Lösungsgraphen sind in Abb. 4.6, Abb. 4.7 und Abb. 4.8 dargestellt.

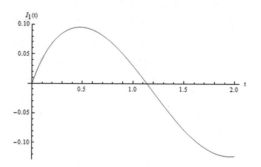

Abb. 4.6: Zeitlicher Verlauf von I_1

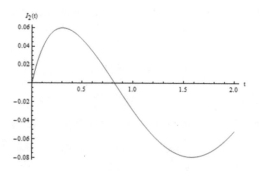

Abb. 4.7: Zeitlicher Verlauf von I_2

Wir wollen jetzt die Eliminationsmethode bei unserem System durchführen. (Streng genommen handelt es sich dabei jedoch um ein *Differential-algebraisches System*, da algebraische Bedingungen, d. h. solche ohne Ableitungen, hier auftauchen, nämlich in Form der ersten Gleichung.)

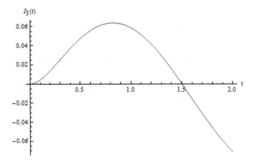

Abb. 4.8: Zeitlicher Verlauf von I_3

$$I_1(t) = I_2(t) + I_3(t)$$
$$R_1 I_1(t) + R_2 I_2(t) + L_1 \dot{I}_1(t) = U_0 \cos \omega_0 t$$
$$L_2 \dot{I}_3(t) - R_2 I_2(t) = 0$$

Wir erhalten zunächst wegen $I_1(t) - I_2(t) = I_3(t)$ auch $\dot{I}_1(t) - \dot{I}_2(t) = \dot{I}_3(t)$. Eingesetzt in die dritte Gleichung ergibt sich

$$L_2(\dot{I}_1(t) - \dot{I}_2(t)) - R_2 I_2(t) = 0.$$

Differenzieren der zweiten Gleichung liefert:

$$R_1 \dot{I}_1(t) + R_2 \dot{I}_2(t) + L_1 \ddot{I}_1(t) = -\omega_0 U_0 \sin \omega_0 t$$

Lösen wir die vorletzte Gleichung nach $\dot{I}_1(t)$ auf:

$$\dot{I}_1(t) = \dot{I}_2(t) + \frac{R_2}{L_2} I_2(t),$$

und setzen dies mitsamt der zweiten Ableitung in die differenzierte Gleichung ein, so ergibt sich die DGL zweiter Ordnung

$$\ddot{I}_2(t) + \left(\frac{R_1 + R_2}{L_1} + \frac{R_2}{L_2} \right) \dot{I}_2(t) + \frac{R_1 R_2}{L_1 L_2} I_2(t) = -\frac{\omega_0 U_0}{L_1} \sin \omega_0 t.$$

Mit den obigen Zahlenwerten erhält man die Lösung mit dem üblichen Verfahren.

Die Anfangsbedingungen sind $I_2(0) = 0$ und $\dot{I}_2(0) = \dot{I}_1(0) = \frac{U_0}{L_1}$. Die letztere Bedingung erhält man aus der Gleichung $R_1 I_1(t) + R_2 I_2(t) + L_1 \dot{I}_1(t) = U_0 \cos \omega_0 t$ durch Einsetzen von $t = 0$.

MATLAB und Mathematica liefern mit den obigen Werten die schon bekannte Lösung:

```
syms I2(t)
DI2=diff(I2,t);
conds=[I2(0)==0,DI2(0)==0.5];
dsolve(diff(I2,t,2)+6*diff(I2,t)+4*I2==-sin(2*t),conds)
```

```
DSolve[{Derivative[2][I2][t]+6*Derivative[1][I2][t]+4*I2[t]==-Sin[2*t],
   I2[0]==0,Derivative[1][I2][0]==0.5},I2[t],t]
```

Danach lassen sich $I_1(t)$ und $I_2(t)$ bestimmen.   ◄

4.6.4 Schwingungstilger bei Brücken und Wolkenkratzern

Inhomogenes DGLS mit konst. Koeffizienten, Eliminationsmethode

Der 368 m hohe Berliner Fernsehturm wurde 1969 fertiggestellt und ist ein mar-
kantes Wahrzeichen der deutschen Hauptstadt, das täglich große Scharen von Besu-
chern anlockt (siehe Abb. 4.9). Die Aussichtsplattform befindet sich in etwa 200 m
Höhe und man hat von dort einen wunderbaren Ausblick auf Berlin. Ein derart hohes Gebäude kann natürlich bei Wind und Sturm um einige Zentimeter schwanken.
Um diese Schwingungen, die auch bei Brücken und Wolkenkratzern weltweit vorkommen, unter Kontrolle zu halten, arbeitet man mit sogenannten *Schwingungstil-
gern*. Dies sind tonnenschwere Pendelkonstruktionen, die die Resonanzanregung in
Grenzen halten sollen. Physikalisch werden hier Pendel aneinandergekoppelt.

Schauen wir uns ein einfaches Modell an: Die Abb. 4.10 zeigt zwei Massen m_1
und m_2, die an zwei Federn hängen, und stellt somit eine spezielle Kopplung von
Pendeln dar. Dabei bewege sich der Aufhängepunkt oben periodisch gemäß dem
Kosinusgesetz („Erreger")

$$z_e(t) = A_e \cos(\omega_e t).$$

Wir bezeichnen die Auslenkungen der beiden Massen mit z_1 und z_2. Auf die Masse
m_1 wirken gleichzeitig zwei Federkräfte. Beide sind nach dem Hooke'schen Gesetz
proportional zur Auslenkung (siehe dazu auch Abschn. 3.6.1). An der Masse m_2
greift nur die Kopplungsfeder an. Nach dem Grundgesetz der Mechanik von Newton
erhalten wir das DGLS

$$m_1\ddot{z}_1(t) = -c_1\left(z_1(t) - A_e\cos(\omega_e t)\right) + c_2(z_2(t) - z_1(t))$$
$$m_2\ddot{z}_2(t) = -c_2(z_2(t) - z_1(t)).$$

Abb. 4.9: Berliner Fernsehturm

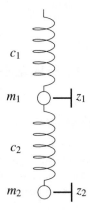

Abb. 4.10: Schwingungstilgerpendel (symbolisch)

Schauen Sie sich die Verhältnisse anhand der Abbildung gründlich an, um sich das Zustandekommen dieses Systems klarzumachen!

Das System lässt sich zunächst mit der Eliminationsmethode auf eine inhomogene DGL vierter Ordnung für z_1 bringen, deren charakteristische Gleichung der zugehörigen homogenen DGL biquadratisch ist. Diese Rechnung (allein für z_1) allgemein durchzuführen, erfordert aber ein hohes Maß an Geduld.

Wir wissen aber aufgrund unserer Untersuchungen zur Resonanz (siehe Abschn. 3.6.4), dass sich ein solches System im Takt der Erregerfrequenz bewegt und wählen deshalb den Lösungsansatz $z_1(t) = A_1 \cos(\omega_e t)$ und $z_2(t) = A_2 \cos(\omega_e t)$. Durch Einsetzen in das DGLS erhalten wir schließlich furchterregende Ausdrücke für die Amplituden und für die Lösungen

$$z_1(t) = \frac{\frac{c_1}{m_1}\left(\frac{c_2}{m_2} - \omega_e^2\right) A_e}{\left(\frac{c_1+c_2}{m_1} - \omega_e^2\right)\left(\frac{c_2}{m_2} - \omega_e^2\right) - \frac{c_2^2}{m_1 m_2}} \cos(\omega_e t)$$

und

$$z_2(t) = \frac{\frac{c_1}{m_1}\frac{c_2}{m_2} A_e}{\left(\frac{c_1+c_2}{m_1} - \omega_e^2\right)\left(\frac{c_2}{m_2} - \omega_e^2\right) - \frac{c_2^2}{m_1 m_2}} \cos(\omega_e t).$$

An der Lösung für z_1 können Sie Folgendes ablesen: Wählt man die Konstante c_2 so, dass $\frac{c_2}{m_2} = \omega_e^2$, so verschwindet die Elongation der Masse m_1 völlig. Die Masse bleibt somit trotz der erzwungenen Schwingung in Ruhe!

Dies war die Behandlung eines einfachen Modells. In der Realität ist die Baukonstruktion von Schwingungstilgerpendeln natürlich technisch komplizierter.

4.6.5 Gekoppelte mechanische Schwingung

Inhomogenes DGLS mit konst. Koeffizienten, Laplace-Transformation

Wir schauen uns aufbauend auf Abschn. 4.6.4 ein einfaches Modell an: Die Abb. 4.11 zeigt zwei gleiche harmonische Oszillatoren (siehe Abschn. 3.6.5), die durch eine Feder mit der Federkonstanten c_k miteinander gekoppelt sind. Wird das System angeregt, z. B. durch Anstoßen der Masse, so entstehen gekoppelte Schwingungen.

Wir bezeichnen die Auslenkungen der beiden Massen mit z_1 und z_2. Auf die Massen wirken gleichzeitig zwei Federkräfte. Beide sind nach dem Hooke'schen Gesetz proportional zur Auslenkung (siehe dazu auch Abschn. 3.6.5). Nach der Grundgleichung der Mechanik von Newton erhalten wir das DGLS

$$m\ddot{z}_1(t) = -cz_1(t) + c_k(z_2(t) - z_1(t))$$
$$m\ddot{z}_2(t) = -c_k(z_2(t) - z_1(t)) - cz_2(t).$$

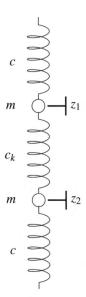

Abb. 4.11: Gekoppelte mechanische Schwingung

Schauen Sie sich die Verhältnisse anhand der Abbildung gründlich an, um sich das Zustandekommen dieses Systems klarzumachen!

Wir wollen das DGLS mithilfe der Laplace-Transformation lösen. Dazu stellen wir das DGLS zunächst um:

$$\ddot{z}_1(t) = -\frac{c+c_k}{m} z_1(t) + \frac{c_k}{m} z_2(t)$$

$$\ddot{z}_2(t) = -\frac{c+c_k}{m} z_2(t) + \frac{c_k}{m} z_1(t),$$

und führen die Abkürzungen

$$\alpha = \frac{c+c_k}{m}, \quad \beta = \frac{c_k}{m}$$

ein, sodass gilt:

$$\ddot{z}_1(t) = -\alpha z_1(t) + \beta z_2(t)$$

$$\ddot{z}_2(t) = -\alpha z_2(t) + \beta z_1(t)$$

Wir wählen die Anfangswerte

$$z_1(0) = P, \ z_2(0) = -P, \ \dot{z}_1(0) = 0, \ \dot{z}_2(0) = 0$$

und führen die Laplace-Transformation durch:

$$\mathscr{L}\{\ddot{z}_1(t)\} = -\alpha\mathscr{L}\{z_1(t)\} + \beta\mathscr{L}\{z_2(t)\}$$
$$\mathscr{L}\{\ddot{z}_2(t)\} = -\alpha\mathscr{L}\{z_2(t)\} + \beta\mathscr{L}\{z_1(t)\}$$

Wir erhalten folgendes lineares Gleichungssystem:

$$s^2 Z_1(s) - sP = -\alpha Z_1(s) + \beta Z_2(s)$$
$$s^2 Z_2(s) + sP = -\alpha Z_2(s) + \beta Z_1(s),$$

das in Matrixform wie folgt dargestellt werden kann:

$$\begin{pmatrix} s^2 + \alpha & -\beta \\ -\beta & s^2 + \alpha \end{pmatrix} \begin{pmatrix} Z_1(s) \\ Z_2(s) \end{pmatrix} = \begin{pmatrix} sP \\ -sP \end{pmatrix}$$

Als Lösungen im Bildbereich ergeben sich

$$Z_1(s) = \frac{Ps}{s^2 + \alpha + \beta}$$
$$Z_2(s) = -\frac{Ps}{s^2 + \alpha + \beta}.$$

Unter Verwendung der Tabelle in Abschn. 3.2.4 (Nr. 19, $a = \sqrt{\alpha + \beta}$) können wir diese Lösungen in den Zeitbereich zurücktransformieren und erhalten:

$$z_1(t) = P\cos\left(\sqrt{\alpha + \beta}\, t\right)$$
$$z_2(t) = -P\cos\left(\sqrt{\alpha + \beta}\, t\right) = P\cos\left(\sqrt{\alpha + \beta}\, t + \pi\right)$$

Beide Massen schwingen harmonisch mit gleicher Amplitude P und gleicher Kreisfrequenz

$$\omega = \sqrt{\alpha + \beta} = \sqrt{\frac{c + c_k}{m} + \frac{c_k}{m}} = \sqrt{\frac{c + 2c_k}{m}},$$

aber in Gegenphase.

4.7 Aufgaben

Übung 4.1. Bestimmen Sie die Lösungen der folgenden Differentialgleichungssysteme bzw. Anfangswertprobleme sowohl mithilfe der in
Abschn. 4.2 und 4.3 vorgestellten Methode als auch mit der Eliminationsmethode
aus Abschn. 4.4.

a)

$$\dot{u}(t) = 3u(t) + v(t)$$
$$\dot{v}(t) = -u(t) + 2v(t)$$

b)

$$\dot{u}(t) = 2u(t) + 2v(t) + t$$
$$\dot{v}(t) = 2u(t) - v(t) + t$$

c)

$$\dot{u}(t) = 4u(t) - 2v(t)$$
$$\dot{v}(t) = u(t) + v(t)$$
$$u(0) = 1, \quad v(0) = 2$$

d) ⓥ

$$\dot{u}(t) = u(t) - 3v(t)$$
$$\dot{v}(t) = 3u(t) + v(t) + t$$
$$u(0) = 1, \quad v(0) = 0$$

e) Ⓑ

$$\dot{u}(t) = u(t) + 3v(t) + e^t$$
$$\dot{v}(t) = 5u(t) - v(t)$$
$$u(0) = 1, \quad v(0) = 0$$

Übung 4.2. Ⓑ Bestimmen Sie die Lösungen der Anfangswertprobleme in Aufg. 4.1
c) und e) mithilfe der Laplace-Transformation.

Übung 4.3. Strontium. Das Radionuklid Strontium-90 ($^{90}_{38}$Sr) entsteht bei der Kernspaltung von $^{235}_{92}$U und kann bei Reaktorunfällen, so wie in Tschernobyl und Fukushima geschehen, unkontrolliert freigesetzt werden. Der β-Strahler zerfällt mit einer HWZ von 28.9 Jahren über den β-Strahler Yttrium-90 mit einer HWZ von 64 Stunden in das stabile Endnuklid Zirkonium-90:

$$^{90}_{38}\text{Sr} \rightarrow ^{90}_{39}\text{Y} \rightarrow ^{90}_{40}\text{Zr}.$$

$^{90}_{38}$Sr wird aufgrund seiner chemischen Ähnlichkeit mit Calcium in menschlichen Knochen eingelagert und erhöht die Wahrscheinlichkeit eines Knochensarkoms deutlich. Laut dem offiziellen Bericht der japanischen Regierung wurden während der ersten beiden Monate nach der Reaktorkatastrophe von Fukushima insgesamt über 10^{14} Bq $^{90}_{38}$Sr in die Umwelt freigesetzt. Berechnen Sie, wie viel dieser ursprünglichen Menge an $^{90}_{38}$Sr sich nach 30 bzw. 100 Jahren in stabiles $^{90}_{40}$Zr umgewandelt hat.

Übung 4.4. Wechselstromnetzwerk. Ⓑ Betrachten Sie das folgende Wechselstromnetzwerk und bestimmen Sie die Stromstärken $I_1(t)$, $I_2(t)$ und $I_3(t)$ in den einzelnen Zweigen. Für die Spannung am Generator gelte hier $U(t) = U_0 \sin \omega_0 t$. Es sei $R_1 = 20\,\Omega$, $R_2 = 10\,\Omega$, $L = 5\,\text{H}$, $U_0 = 10\,\text{V}$, $\omega_0 = 2\,\text{Hz}$. Versuchen Sie das DGLS mit MATLAB oder Mathematica zu lösen.

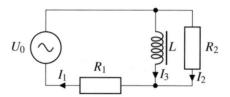

Abb. 4.12: Wechselstromnetzwerk

Übung 4.5. Elektromotor. Elektromotoren wandeln elektrische Energie in mechanische Energie um. Bei Gleichstrommotoren dreht sich dabei ein drehbarer Anker (Rotor) zwischen den Polen eines Permanentmagneten (Stator). Über die anliegende Spannung lässt sich die Drehzahl variieren, sodass insbesondere in der Kraftfahrzeugtechnik derartige Motoren häufig Verwendung finden, z. B. als Scheibenwischermotor, für die Lüfter oder die automatische Sitzverstellung (für den Antrieb der zukunftsträchtigen Elektroautos werden jedoch sogenannte Drehstrommotoren verwendet, bei denen umlaufende Felder im Stator den Rotor ziehen!).

Die am Anker anliegende Spannung $U_A(t)$ verändert sich zeitlich gemäß der Maschenregel nach

$$U_A(t) = R I_A(t) + L \dot{I}_A(t) + \Phi_e \omega(t).$$

Dabei kann das Ganze als Reihenschaltung aus dem Ohm'schen Widerstand R und der Induktivität L des Ankers verstanden werden, erhöht um die im Anker induzierte Spannung $U_{ind}(t) = \Phi_e \omega(t)$, wobei $\omega(t)$ die Winkelgeschwindigkeit des Ankers symbolisiert und Φ_e den auf ihn wirkenden magnetischen Fluss. Die zeitliche Änderung von $\omega(t)$ wird durch das Trägheitsmoment des Ankers und Drehmomente bestimmt gemäß

$$J\dot{\omega}(t) = \Phi_e I_A(t) - r\omega(t) - M_l(t),$$

wobei $M_l(t)$ das den Motor belastende Drehmoment ist. Erstellen Sie aus den beiden DGLs mithilfe der Eliminationsmethode eine Näherungs-DGL für die Winkelgeschwindigkeit. Gehen Sie dabei davon aus, dass die Induktivität L sehr klein ist und der Strom sich nur sehr langsam verändert.

Übung 4.6. Sole im Thermalbad. Ⓥ In einem Thermalbad gibt es zwei Salzwasserschwimmbecken mit den Volumina $600 \, m^3$ bzw. $200 \, m^3$ und einem aktuellen Salzgehalt von 2 % bzw. 3 %. Der Salzgehalt soll über ein Sole-Pumpsystem, das an das erste Becken angeschlossen ist, erhöht werden. Dazu werden pro Stunde 2000 L Sole mit einem Salzgehalt von 5 % in das erste Becken gepumpt, welches durch ein unterirdisches Rohr mit dem zweiten Becken durch Öffnen eines Ventils verbunden werden kann. Am Ventil befindet sich eine zweite Pumpe, die pro Stunde ebenfalls 2000 L Salzwasser aus dem ersten in das zweite Becken pumpen kann. Da das zweite Becken bis zum Überlauf gefüllt ist, kann das überschüssige Wasser darüber abgeführt werden.

Berechnen Sie die zeitliche Entwicklung des Salzgehaltes in den beiden Becken in Kilogramm! (Ignorieren Sie bei der Aufgabe die benötigten Durchmischungszeiten.)

Übung 4.7. Ⓑ Ⓥ Das folgende DGLS beschreibt zwei gekoppelte schwingungsfähige Systeme

$$\ddot{z}_1(t) + 9z_1(t) - 7z_2(t) = 0$$
$$\ddot{z}_2(t) - 7z_1(t) + 9z_2(t) = 0$$

mit Anfangswerten

$$z_1(0) = 0, \ z_2(0) = 0, \ \dot{z}_1(0) = v_0, \ \dot{z}_2(0) = -v_0$$

(siehe Abschn. 4.6.5). Lösen Sie dieses Anfangswertproblem mithilfe der Laplace-Transformation.

4.8 Ergänzende und weiterführende Literatur

- Imkamp T, Proß S (2018) Brückenkurs Mathematik für den Studieneinstieg – Grundlagen, Beispiele, Übungsaufgaben. Springer, Berlin, Heidelberg

- Heuser H (2004) Gewöhnliche Differentialgleichungen – Einführung in Lehre und Gebrauch. Teubner Verlag, Wiesbaden

- Papula L (2015) Mathematik für Ingenieure und Naturwissenschaftler. Band 2 – Ein Lehr- und Arbeitsbuch. Springer Vieweg, Wiesbaden

- Ulrich H, Weber H (2017) Laplace-, Fourier- und z-Transformation – Grundlagen und Anwendungen. Springer Vieweg, Wiesbaden

Kapitel 5

Partielle Differentialgleichungen

In diesem Kapitel beschäftigen wir uns mit Funktionen mehrerer Veränderlichen und ihren Ableitungen. Neu ist dabei, dass die Ableitungen bezüglich verschiedener Variablen zu den Funktionen in Beziehung gesetzt werden, sodass neue Typen von DGLs entstehen, denen in Naturwissenschaften und Technik eine wesentliche Rolle zukommt. Sie heißen *partielle Differentialgleichungen*. Durch sie werden z. B. Wellenphänomene ebenso beschrieben wie Wärmeleitung in mehreren Dimensionen oder die Strömung von Flüssigkeiten oder Gasen. Die klassische Elektrodynamik basiert auf einem System derartiger DGLs (Maxwell-Gleichungen) und die Schrödinger-Gleichung, die auch in mehreren Dimensionen formuliert wird, fügt sich in die Theorie dieser PDGLs (wie wir sie ab jetzt abkürzen werden) ein. Zu Beginn des Kapitels werden die mathematischen Grundlagen eingeführt, die für das Verständnis von PDGLs notwendig sind. Das gesamte Kapitel ist für fortgeschrittene Anfänger gedacht.

5.1 Einführung – Partielle Ableitungen

5.1.1 Funktionen im $\mathbb{R}^n$

Die Funktionen, denen Sie bisher begegnet sind, waren ausschließlich Funktionen in einer Variablen. In diesem Buch tauchten derartige Funktionen als Lösungen gewöhnlicher DGLs auf. In einigen naturwissenschaftlich-technischen Kontexten ist es jedoch notwendig, sich mit Funktionen von mehreren Variablen zu beschäftigen. Interessiert man sich z. B. für die Temperaturverteilung in einem Hörsaal, so müssen die interessierenden Raumpunkte durch drei Koordinaten x_1, x_2, x_3 angegeben werden. Die Temperaturfunktion hat dann die Form

$$(x_1, x_2, x_3) \mapsto T(x_1, x_2, x_3).$$

© Springer-Verlag GmbH Deutschland, ein Teil von Springer Nature 2019
T. Imkamp und S. Proß, *Differentialgleichungen für Einsteiger*,
https://doi.org/10.1007/978-3-662-59831-3_6

Dabei erkennen wir T als eine Funktion, die jedem Raumpunkt (speziell jedem Punkt des Hörsaals) genau eine Temperatur zuordnet. Eine derartige Funktion mit reellen Werten nennt man auch ein *Skalarfeld*.

Der Hörsaal selbst wird hier als (etwa quaderförmige) Teilmenge U des dreidimensionalen Raumes aufgefasst, sodass wir auch schreiben können:

$$T : U \to \mathbb{R}, \ (x_1, x_2, x_3) \mapsto T(x_1, x_2, x_3)$$

Beispiel 5.1.

1. Die Funktion

$$r : \mathbb{R}_+^{*2} \to \mathbb{R}, \ (R_1, R_2) \mapsto r(R_1, R_2) := \frac{R_1 R_2}{R_1 + R_2}$$

ordnet jeweils zwei (nicht verschwindenden) Widerständen R_1 und R_2 den Gesamtwiderstand („Ersatzwiderstand") bei Parallelschaltung zu. Es handelt sich um ein Skalarfeld in $\mathbb{R}_+^{*2}$.

2. Ein abstraktes Beispiel:

$$f : [0;2] \times [0;2] \to \mathbb{R}, \ (x_1, x_2) \mapsto f(x_1, x_2) := x_1 + 2x_2^2$$

ist ein Skalarfeld auf der Menge $[0;2] \times [0;2] \subset \mathbb{R}^2$. Mit MATLAB und Mathematica können wir den Graphen plotten:

```
fsurf(@(x1,x2) x1+2*x2.^2,[0 2 0 2])
```

```
Plot3D[x1+2*x2^2,{x1,0,2},{x2,0,2}]
```

Die Bezeichnung der Achsen erfolgt wieder über die `xlabel`, `ylabel` und `zlabel` in MATLAB sowie über die `AxesLabel`-Funktion in Mathematica.

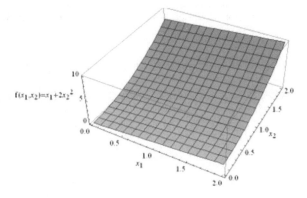

Abb. 5.1: $f : [0;2] \times [0;2] \to \mathbb{R},\ (x_1, x_2) \mapsto f(x_1, x_2) := x_1 + 2x_2^2$

3. Der Term darf auch etwas komplizierter sein:

$$g : [-10;10] \times [-10;10] \to \mathbb{R},\ (x_1, x_2) \mapsto g(x_1, x_2) := 0.01 x_2 e^{x_1} + 0.5 x_1 \sin(x_2)$$

```
fsurf(@(x1,x2) 0.01*x2.*exp(x1)+0.5*x1.*sin(x2),[-10 10 -10 10])
zlim([-10 10])
```

```
Plot3D[0.01*x2*E^x1+0.5*x1*Sin[x2],{x1,-10,10},{x2,-10,10}]
```

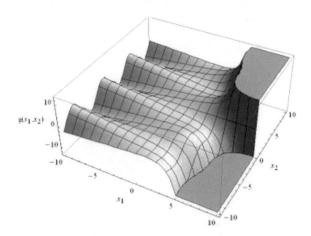

Abb. 5.2: $g : [-10;10] \times [-10;10] \to \mathbb{R},\ (x_1, x_2) \mapsto g(x_1, x_2) := 0.01 x_2 e^{x_1} +$
$0.5 x_1 \sin(x_2)$

4. Auch bei Skalarfeldern kann der maximale Definitionsbereich eine Rolle spielen. Die Funktion

$$f : U \to \mathbb{R}, \ (x_1, x_2) \mapsto f(x_1, x_2) := \sqrt{4 - x_1^2 - x_2^2}$$

hat als maximalen Definitionsbereich die abgeschlossene Kreisscheibe

$$U = \{(x_1, x_2) \in \mathbb{R}^2 \mid x_1^2 + x_2^2 \leq 4\}.$$

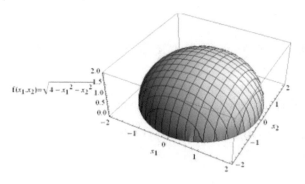

Abb. 5.3: $f : U \to \mathbb{R}, \ (x_1, x_2) \mapsto f(x_1, x_2) := \sqrt{4 - x_1^2 - x_2^2}$

5. Zum Schluss noch zwei Standardbeispiele, die in keinem Lehrbuch fehlen dürfen: ein *Rotationsparaboloid*

$$f : \mathbb{R}^2 \to \mathbb{R}, \ (x_1, x_2) \mapsto f(x_1, x_2) := x_1^2 + x_2^2$$

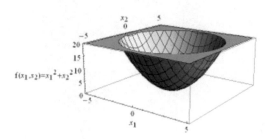

Abb. 5.4: Rotationsparaboloid

und ein „Pferdesattel":

$$f : \mathbb{R}^2 \to \mathbb{R}, (x_1, x_2) \mapsto f(x_1, x_2) := x_1^2 - x_2^2$$

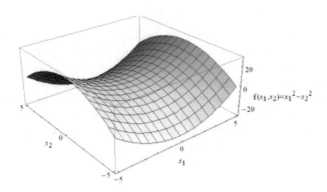

Abb. 5.5: Pferdesattel ◀

Sie sehen an diesen Beispielen, dass auch hier Extrempunkte und Sattelpunkte von Bedeutung sind. Das obige Rotationsparaboloid hat offensichtlich einen Tiefpunkt im Ursprung und der Pferdesattel hat dort einen Sattelpunkt. Die Motivation des Begriffes Sattelpunkt wird hier viel besser erkennbar als im aus der Schule bekannten Fall von Funktionen einer Variablen. Sie erkennen aber hier auch die Notwendigkeit, sich über Ableitungen von Skalarfeldern Gedanken zu machen.

Skalarfelder im $\mathbb{R}^2$ lassen sich mit MATLAB und Mathematica auf diese Weise visualisieren. Im allgemeinen Fall von Skalarfeldern im $\mathbb{R}^n$ mit $n \geq 3$, wie etwa bei der Abbildung

$$f : \mathbb{R}^n \to \mathbb{R}, (x_1, x_2, x_3, \ldots, x_n) \mapsto f(x_1, x_2, x_3, \ldots, x_n) := x_1 x_2 x_3 \ldots x_n$$

ist dies nicht mehr möglich. Wir wollen im nächsten Abschnitt aber auch in diesem allgemeinen Fall Ableitungen berechnen. Dies führt uns über den Begriff der *partiellen Funktion* zur *partiellen Ableitung*.

Bemerkung. Der Definitionsbereich im Bsp. 5.1.4 war eine abgeschlossene Kreisscheibe, nämlich die Menge

$$U = \{(x_1, x_2) \in \mathbb{R}^2 | x_1^2 + x_2^2 \leq 4\}.$$

Eine offene Kreisscheibe hingegen zeichnet sich dadurch aus, dass der Rand (also die Kreisperipherie) nicht mehr zur Menge gehört. In diesem Fall ist die offene

Kreisscheibe die Menge

$$U = \{(x_1, x_2) \in \mathbb{R}^2 | x_1^2 + x_2^2 < 4\}.$$

Dies könnte man sich als Definitionsbereich der Funktion

$$(x_1, x_2) \mapsto \frac{1}{\sqrt{4 - x_1^2 - x_2^2}}$$

vorstellen. Offene Kreisscheiben entsprechen in der Analysis der Funktionen einer Veränderlichen den offenen Intervallen (siehe Proß und Imkamp 2018, Kap. 2). Wir benötigen diese Offenheitseigenschaft von Mengen bei der Theorie der Differenzierbarkeit: Differenzierbarkeit von Funktionen setzt ja schon im Eindimensionalen offene Intervalle voraus, damit man nicht auf Randpunkte treffen kann, bei denen nur ein einseitiger Grenzwert definiert ist. Eine allgemeine Definition von Offenheit im topologischen Sinne wird in diesem Buch nicht benötigt. Wir verweisen auf Forster (2013) oder Schubert (1975).   ◁

5.1.2 Partielle Differenzierbarkeit

Wir beginnen mit der Definition der *partiellen Funktionen*:

Definition 5.1. Sei $U \subset \mathbb{R}^n$ und $f : U \to \mathbb{R}$ eine Funktion. Sei $a = (a_1, a_2, a_3, \ldots, a_n) \in U$ ein fester Punkt. Dann heißen die Funktionen f_i für $i = 1, 2, \ldots, n$ mit

$$f_i(x_i) := f(a_1, a_2, \ldots, a_{i-1}, x_i, a_{i+1}, \ldots, a_n)$$

partielle Funktionen von f im Punkt a.   ◁

Beispiel 5.2.

1. Wir betrachten die Funktion

$$f : \mathbb{R}^2 \to \mathbb{R}, \ (x_1, x_2) \mapsto f(x_1, x_2) := x_1^2 - 2x_2^2.$$

Dann haben die partiellen Funktionen im Punkt $(2|3)$ die Gleichungen

$$f_1(x_1) = f(x_1, 3) = x_1^2 - 2 \cdot 3^2 = x_1^2 - 18$$

und

$$f_2(x_2) = f(2, x_2) = 2^2 - 2x_2^2 = 4 - 2x_2^2.$$

2. Die Funktion

$$f : \mathbb{R}^3 \to \mathbb{R}, \ (x_1, x_2, x_3) \mapsto f(x_1, x_2, x_3) := \sin x_1 + x_2^2 e^{x_3}$$

hat im Punkt $(\frac{\pi}{2}, 3, 0)$ die partiellen Funktionen

$$f_1(x_1) = f(x_1, 3, 0) = \sin x_1 + 3^2 \cdot e^0 = \sin x_1 + 9$$
$$f_2(x_2) = f(\frac{\pi}{2}, x_2, 0) = \sin \frac{\pi}{2} + x_2^2 \cdot e^0 = 1 + x_2^2$$
$$f_3(x_3) = f(\frac{\pi}{2}, 3, x_3) = \sin \frac{\pi}{2} + 3^2 \cdot e^{x_3} = 1 + 9e^{x_3}.$$

Geometrisch anschaulich stellen die Graphen der partiellen Funktionen Schnitte durch die Graphen der Funktion f dar.   ◄

Die Einführung partieller Funktionen ebnet uns nun den Weg, Ableitungen für Skalarfelder zu definieren. Betrachten wir die partielle Funktion f_1 mit

$$f_1(x_1) = x_1^2 - 18$$

aus Bsp. 5.2.1: Diese stellt offensichtlich eine in der Variablen x_1 differenzierbare Funktion dar. Es gilt $f_1'(x_1) = 2x_1$. Insbesondere in $x_1 = 2$ (erste Koordinate des im Beispiel betrachteten Punktes $(2|3)$) gilt: $f_1'(x_1) = 4$. Wir nennen diese Ableitung die *partielle Ableitung von f nach x_1 im Punkt $(2|3)$*. Analog kann man mit den anderen Variablen vorgehen. Wir wollen hierfür eine allgemeine Definition geben.

Im Folgenden sei $e_i := (0, 0, \ldots, 0, 1, 0, \ldots, 0, 0)$ (*i*-te Stelle gleich 1). In der Sprache der Vektorrechnung ist dies der *i*-te kanonische Basisvektor des $\mathbb{R}^n$. Des Weiteren verwenden wir bei der Definition den Begriff der offenen Menge, die Sie sich anschaulich als eine Menge ohne Rand vorstellen können.

Definition 5.2. Sei $U \subset \mathbb{R}^n$ offen und $a \in U$. Eine Funktion $f : U \to \mathbb{R}$ heißt im Punkt a *partiell differenzierbar nach x_i*, wenn

$$\lim_{h \to 0} \frac{f(a + he_i) - f(a)}{h}$$

existiert. Man schreibt dann

$$\frac{\partial f}{\partial x_i}(a) = \lim_{h \to 0} \frac{f(a + he_i) - f(a)}{h}$$

und nennt diesen Ausdruck die *partielle Ableitung von f nach x_i im Punkt a* (gelesen : d f nach d xi im Punkt a).

Die Funktion $f : U \to \mathbb{R}$ heißt *partiell differenzierbar in a*, falls $\frac{\partial f}{\partial x_i}(a)$ existiert für alle $i \in \{1, \ldots, n\}$. $f : U \to \mathbb{R}$ heißt *partiell differenzierbar*, falls f in jedem Punkt der Menge U differenzierbar ist. Die Funktionen $x \mapsto \frac{\partial f}{\partial x_i}(x)$ heißen dann *partielle Ableitungen* („*partielle Ableitungsfunktionen*") von f nach x_i für alle $i \in \{1, \ldots, n\}$.

Die Funktion $f : U \to \mathbb{R}$ heißt *stetig partiell differenzierbar in a*, falls alle partiellen Ableitungen $\frac{\partial f}{\partial x_i}$ stetig in a sind. $f : U \to$ heißt *stetig partiell differenzierbar*, falls f in jedem Punkt der Menge U stetig differenzierbar ist. $\triangleleft$

Bemerkung. Diese Definition stellt eine Verallgemeinerung der Definition der Differenzierbarkeit bzw. der Ableitungsfunktion von Funktionen einer Veränderlichen dar (siehe Proß und Imkamp 2018, Kap. 10). Aus der Definition folgt unmittelbar

$$\frac{\partial f}{\partial x_i}(a) = \lim_{h \to 0} \frac{f(a + he_i) - f(a)}{h} = \lim_{h \to 0} \frac{f_i(a_i + h) - f_i(a_i)}{h} = f_i'(a_i),$$

da außer a_i alle anderen Werte a_j mit $j \in \{1, 2, \ldots, i-1, i+1, \ldots, n\}$ konstant bleiben. Somit lässt sich die partielle Ableitung direkt mithilfe der gewöhnlichen Ableitung der partiellen Funktionen bestimmen. $\triangleleft$

Beispiel 5.3.

1. Wir betrachten wieder die Funktion

$$f : \mathbb{R}^2 \to \mathbb{R}, (x_1, x_2) \mapsto f(x_1, x_2) := x_1^2 - 2x_2^2$$

aus dem Bsp. 5.1.1. Diese Funktion ist in jedem Punkt $(a_1, a_2) \in \mathbb{R}^2$ partiell differenzierbar. Die partiellen Funktionen lauten

$$f_1(x_1) = x_1^2 - 2a_2^2$$

und

$$f_2(x_2) = a_1^2 - 2x_2^2.$$

Diese beiden Funktionen sind differenzierbar und es gilt

$$f_1'(x_1) = 2x_1 \quad \text{und} \quad f_2'(x_2) = -4x_2.$$

Somit gilt

$$\frac{\partial f}{\partial x_1}(a_1, a_2) = f_1'(a_1) = 2a_1 \quad \text{und} \quad \frac{\partial f}{\partial x_2}(a_1, a_2) = f_2'(a_1) = -4a_2.$$

2.

$$f : \mathbb{R}^3 \to \mathbb{R}, (x_1, x_2, x_3) \mapsto f(x_1, x_2, x_3) := (2x_2 + \sqrt{x_3}) \cos x_1$$

Diese Funktion ist in jedem Punkt $(a_1, a_2, a_3) \in \mathbb{R}^3$ differenzierbar und es gilt:

$$\frac{\partial f}{\partial x_1}(a_1, a_2, a_3) = -(2a_2 + \sqrt{a_3}) \sin a_1$$

$$\frac{\partial f}{\partial x_2}(a_1,a_2,a_3) = 2\cos a_1$$

$$\frac{\partial f}{\partial x_3}(a_1,a_2,a_3) = \frac{\cos a_1}{2\sqrt{a_3}}$$

Weisen Sie dies durch Bildung der partiellen Funktionen nach. Ersetzen von a_1, a_2, a_3 durch x_1, x_2, x_3 liefert die partiellen Ableitungsfunktionen.

◄

An diesen Beispielen wird klar: Sie dürfen beim partiellen Differenzieren nach einer Variablen so tun, als ob die anderen Variablen Konstanten wären, und dann die Ihnen vertrauten Ableitungsregeln für Funktionen einer Variablen anwenden. Noch ein Beispiel gefällig? Kein Problem:

Beispiel 5.4.

$$f : \mathbb{R}^3 \to \mathbb{R}, \ (x_1,x_2,x_3) \mapsto f(x_1,x_2,x_3) := x_2 e^{2x_1} - x_3^2$$

Hier gilt:

$$\frac{\partial f}{\partial x_1}(x_1,x_2,x_3) = 2x_2 e^{2x_1}$$

$$\frac{\partial f}{\partial x_2}(x_1,x_2,x_3) = e^{2x_1}$$

$$\frac{\partial f}{\partial x_3}(x_1,x_2,x_3) = -2x_3.$$

MATLAB bzw. Mathematica bestätigt dies mit der Eingabe

```
diff(x2*exp(2*x1)-x3^2,x1)
diff(x2*exp(2*x1)-x3^2,x2)
diff(x2*exp(2*x1)-x3^2,x3)
```

```
D[x2*E^(2*x1)-x3^2,x1]
D[x2*E^(2*x1)-x3^2,x2]
D[x2*E^(2*x1)-x3^2,x3]
```

◄

Bemerkung. Höhere Ableitungen. Differenziert man eine Funktion f zweimal nach einer Variablen, beispielsweise nach x_1, so schreibt man hierfür $\frac{\partial^2 f}{\partial x_1^2}(x)$ (gelesen: d zwei f nach d x1 Quadrat im Punkt x). Man kann die Ableitungen auch mischen und z. B. erst nach x_1 und dann nach x_2 differenzieren. Man schreibt dann $\frac{\partial^2 f}{\partial x_2 \partial x_1}$ (gelesen: d zwei f nach d x2 d x1). In Bsp. 5.4 gilt dann:

$$\frac{\partial^2 f}{\partial x_1^2}(x_1, x_2, x_3) = 4x_2 e^{2x_1} \quad \text{und} \quad \frac{\partial^2 f}{\partial x_2 \partial x_1}(x_1, x_2, x_3) = 2e^{2x_1}$$

Entsprechend schreibt man allgemein n-te Ableitungen als $\frac{\partial^n f}{\partial x_i^n}(x)$.

Beachten Sie, dass im Allgemeinen gilt:

$$\frac{\partial^2 f}{\partial x_i \partial x_j}(x) \neq \frac{\partial^2 f}{\partial x_j \partial x_i}(x) \text{ für } i \neq j,$$

d. h., die Reihenfolge der Ableitungen kann nicht beliebig gewählt werden! Gleichheit wird aber garantiert, wenn die Ableitungen stetig sind, d. h. die Funktion f zweimal stetig differenzierbar ist (zum Beweis siehe Forster 2013).   ◁

5.2 Partielle Differentialgleichungen – Grundlagen

Wir haben jetzt das notwendige Rüstzeug, um uns an *partielle Differentialgleichungen* heranzuwagen. Wir werden dies in langsamen Schritten tun, ohne zu tief in die dafür notwendige (und nicht immer einfache) Theorie einzusteigen. Wir beginnen mit einem Beispiel aus der Oberstufenphysik. Das Interessante dabei ist, dass wir zunächst aus physikalischen Überlegungen heraus eine Lösung der potentiellen DGL produzieren, und mit ihrer Hilfe dann die DGL herleiten. Wir gehen also gerade genau andersherum vor, als bei den bisherigen Beispielen im Buch.

5.2.1 *Einführendes Beispiel: Transversalwellen*

Wellen breiten sich entlang einer Kette gekoppelter Oszillatoren aus. Sie erinnern sich: Oszillatoren sind allgemein schwingungsfähige Gebilde, also etwa Federpendel (siehe Abschn. 3.6.1). Die Abb. 5.6 zeigt eine Wellenmaschine, an der dies demonstriert werden kann. Bewegt man den Oszillator 1 (Nummer auf der gelben Fläche) am linken Rand, so regt man damit eine Schwingung des benachbarten Oszillators 2 an. Dieser wiederum zieht den Oszillator 3 mit usw. Man sagt, dass sich entlang der Kette eine *Transversalwelle* („Querwelle") ausbreitet, die sich dadurch auszeichnet, dass die Ausbreitungsgeschwindigkeit der Welle senkrecht zur Schwingung der einzelnen Oszillatoren verläuft.

Genauer gesagt: Der *Phasengeschwindigkeitsvektor* **c** der Welle steht senkrecht auf dem *Schnellevektor* **v** (siehe Abb 5.7). Dabei ist die Phasengeschwindigkeit c definiert als

$$c = \frac{\lambda}{T}$$

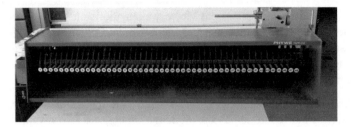

Abb. 5.6: Wellenmaschine

mit der Wellenlänge λ (siehe Abb 5.8) und der Periodendauer T. Während der Periodendauer T wandert die Welle also um eine Wellenlänge weiter. Die Wellenlänge ist dabei der Abstand zweier benachbarter Oszillatoren der gleichen Phase, also solcher, die synchron schwingen.

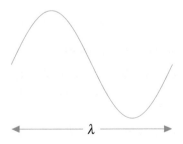

Abb. 5.7: Ausbreitungsgeschwindigkeit und Schnelle

Abb. 5.8: Eine Wellenlänge

Beispiele für Transversalwellen sind Meereswellen, die Wellen schwingender Seile und elektromagnetische Wellen wie z. B. das Licht. Im Gegensatz dazu sind Schallwellen, die sich durch die Luft ausbreiten, sogenannte *Longitudinalwellen* („Längswellen"). Bei diesen Wellen sind Schnelle- und Phasengeschwindigkeitsvektor parallel zueinander.

Wir wollen jetzt das *Elongations-Zeit-Gesetz* für eine fortschreitende Transversalwelle herleiten und dann daraus die *Wellengleichung*, die sich als *partielle DGL zweiter Ordnung* entpuppen wird.

Dazu betrachten wir den ersten Oszillator, etwa den mir der Nummer 1 links bei der Wellenmaschine. Dieser schwingt nach Auslenkung und Loslassen harmonisch nach einem Elongations-Zeit-Gesetz

$$z(x = 0, t) = Z_0 \sin \omega t,$$

wenn wir mit der Zeitmessung während seines Nulldurchgangs nach oben beginnen. Der Oszillator an der Stelle x schwinge mit diesem in Phase (bei gleicher Elongation). Zum Zeitpunkt t hat er also die gleiche Elongation und Phase wie der erste Oszillator zum Zeitpunkt $t - t_x$, gehorcht also dem Elongations-Zeit-Gesetz

$$z(x, t) = Z_0 \sin \omega (t - t_x).$$

Wegen

$$c = \frac{\lambda}{T} = \frac{x}{t_x} \quad \text{und} \quad \omega = \frac{2\pi}{T}$$

gilt also

$$z(x,t) = Z_0 \sin \frac{2\pi}{T} \left(t - \frac{xT}{\lambda} \right) = Z_0 \sin \left(\frac{2\pi}{T} t - \frac{2\pi}{\lambda} x \right) = Z_0 \sin(\omega t - kx),$$

wobei $k := \frac{2\pi}{\lambda}$ die sogenannte Wellenzahl ist.

Damit haben wir das Elongations-Zeit-Gesetz für eine Transversalwelle gefunden. Mit einer anderen Startzeit für die Messung liefert auch

$$\tilde{z}(x, t) = Z_0 \cos(\omega t - kx)$$

eine korrekte Beschreibung der Transversalwelle.

Wir werden aus diesen Lösungen jetzt die Wellengleichung herleiten. Dazu benutzen wir die zweimalige partielle Ableitung von z bezüglich der Variablen x und t. Es ergibt sich

$$\frac{\partial^2}{\partial x^2} z(x,t) = -k^2 Z_0 \sin(\omega t - kx)$$

und

$$\frac{\partial^2}{\partial t^2} z(x,t) = -\omega^2 Z_0 \sin(\omega t - kx).$$

Mit den obigen Bezeichnungen folgt wegen

$$\frac{\omega}{k} = \frac{2\pi}{T} \cdot \frac{\lambda}{2\pi} = c$$

durch Einsetzen

$$\frac{\partial^2}{\partial t^2} z(x,t) = \frac{\omega^2}{k^2} \frac{\partial^2}{\partial x^2} z(x,t) = c^2 \frac{\partial^2}{\partial x^2} z(x,t)$$

oder

$$\frac{1}{c^2} \frac{\partial^2}{\partial t^2} z(x,t) - \frac{\partial^2}{\partial x^2} z(x,t) = 0$$

bzw.

$$\left(\frac{1}{c^2} \frac{\partial^2}{\partial t^2} - \frac{\partial^2}{\partial x^2} \right) z(x,t) = 0.$$

Hier wird formal ein Differentialoperator auf eine Funktion in den Variablen x und t angewandt. Der Operator

$$\frac{1}{c^2} \frac{\partial^2}{\partial t^2} - \frac{\partial^2}{\partial x^2}$$

heißt nach dem französischen Mathematiker und Physiker Jean le Rond d'Alembert (1717–1783) auch *d'Alembert-Operator*.

Wir haben soeben unsere erste partielle Differentialgleichung gefunden! Wie Sie leicht erkennen, erfüllt auch die Funktion $\bar{z}$ diese Gleichung. Da nur höchstens zweite Ableitungen nach der räumlichen Variablen x und der zeitlichen Variablen t auftauchen, nennt man diese Gleichung auch eine partielle DGL zweiter Ordnung in den Variablen x und t. Wir werden uns mit ihr noch etwas gründlicher auseinandersetzen, insbesondere mit der Frage, wie man von der DGL zu ihren Lösungen kommt.

Bemerkung. Für partielle DGLs gibt es nicht so allgemeine oder standardisierte Lösungsverfahren, wie Sie es von den gewöhnlichen DGLs her gewohnt sind. Wir werden uns daher auch nicht auf die Suche nach der allgemeinen Lösung machen, sondern Lösungen suchen, die unser jeweiliges Problem oder mathematisches Modell am besten repräsentieren.   ◁

5.2.2 PDGLs erster Ordnung: Methode der Charakteristiken

Die einfachste Klasse partieller DGLs stellen diejenigen erster Ordnung dar. Wir wollen uns in diesem Kapitel eine interessante Methode für ihre Lösung in einigen Beispielen ohne Sachkontext erarbeiten, die sogenannte *Methode der Charakteristiken*. Dabei betrachten wir die Lösungsfunktionen $u = u(x,t)$ in Abhängigkeit von einem Parameter s, sodass sie zu verstehen sind als Abbildung $s \mapsto u(x(s), t(s))$. Die Abbildung $s \mapsto x(s)$ nennt man in diesem Fall *Charakteristik*. Um diese auf den ersten Blick verwirrende Darstellung zu verdeutlichen, betrachten wir drei Beispiele am Stück. In allen drei Beispielen werden wir sehen, dass man durch die Einführung des Parameters s nur noch mit gewöhnlichen DGLs rechnen muss. Dies zeichnet die Methode aus. Wir bemerken noch, dass die Methode der Charakteristiken selbstverständlich nicht bei allen partiellen DGLs erster Ordnung funktioniert, aber in vielen wichtigen Beispielen sehr wohl!

Beispiel 5.5. Wir beginnen mit einem sehr einfachen Beispiel, nämlich der DGL

$$\frac{\partial u}{\partial t} - \frac{\partial u}{\partial x} = 1.$$

(Zur Orientierung beim Studium der einschlägigen Literatur: Man schreibt die partielle Ableitung erster Ordnung häufig einfacher, indem man die Variable, nach der abgeleitet wird, als Index anschreibt, also in diesem Fall $u_t - u_x = 1$.)

Um eine eindeutige Lösung zu erhalten, legen wir noch eine Anfangsbedingung fest, nämlich $u(x, 1) = 2$. Um eine erste Idee zu bekommen, wie eine Lösung der PDGL aussehen könnte, befragen wir zunächst Mathematica (in MATLAB gibt es keine vordefinierte Funktion zur analytischen Lösung von PDGLs):

```
DSolve[-D[u[x,t],x]+D[u[x,t],t]==1,u[x,t],{x,t}]
```

liefert als Output

$$u(x, t) = -x + C(t + x).$$

Mit der Anfangsbedingung erhalten wir mittels

```
DSolve[{-D[u[x,t],x]+D[u[x,t],t]==1,u[x,1]==2},u[x,t],{x,t}]
```

den Output

$$u(x, t) = 1 + t.$$

Wie kann man ohne digitale Hilfsmittel diese Lösung reproduzieren? Die Methode der Charakteristiken lässt sich hier sehr einfach anwenden. Wir betrachten

$$u = u(x, t) = u(x(s), t(s)) \equiv u(s)$$

mit einem Parameter s. Dieser Parameter ist eine Art „Katalysator" für den Lösungsweg. Er erlaubt die Durchführung, spielt am Ende aber keine Rolle mehr!

Für die Anfangsbedingung gilt

$$u(s = 0) = u(x(s = 0), t(s = 0)) = 2.$$

Dabei gilt $t(s = 0) = 1$ und wir definieren $x(s = 0) =: x_0$. Als Nächstes differenzieren wir u nach s. Wir benutzen dabei die Kettenregel (siehe Kap. 0, Satz 0.1):

$$\frac{du}{ds} = \frac{\partial u}{\partial x}\frac{dx}{ds} + \frac{\partial u}{\partial t}\frac{dt}{ds}$$

Durch Vergleich mit unserer ursprünglichen DGL

$$\frac{\partial u}{\partial t} - \frac{\partial u}{\partial x} = 1$$

erhalten wir:

$$\frac{du}{ds} = 1, \quad \frac{dx}{ds} = -1, \quad \frac{dt}{ds} = 1.$$

Aus den ersten beiden Gleichungen folgt durch formale Division $\frac{du}{dx} = -1$, aus der ersten und der dritten ebenso $\frac{du}{dt} = 1$. Betrachten wir die letztere Gleichung, so folgt durch einfache Integration

$$\int \frac{du}{dt}dt = \int 1dt$$
$$u = t + C$$

mit einer reellen Konstanten C. Die Anfangsbedingung liefert eingesetzt:

$$u(s = 0) = 2 = t(s = 0) + C = 1 + C,$$

woraus $C = 1$ folgt. Wir haben als Lösung erhalten:

$$u(x,t) = t + 1,$$

wie Mathematica uns bereits geliefert hat! Analog kann man auch mit der Gleichung $\frac{du}{dx}$ vorgehen. Man erhält die gleiche Lösung (siehe Aufg. 5.2). ◀

Beispiel 5.6. Etwas schwieriger wird es bei folgendem Anfangswertproblem:

$$2xu_x + tu_t = xu, \quad u(x,1) = xe^x.$$

Die Mathematica-Lösung nach der Eingabe:

```
DSolve[{2*x*D[u[x,t],x]+t*D[u[x,t],t]==x*u[x,t],u[x,1]==x*E^x},u[x,t],{x,t}]
```

lautet:

$$u(x,t) = \frac{xe^{\frac{x}{2} + \frac{x}{2t^2}}}{t^2}$$

Wir wollen auch diese Lösung mithilfe der Methode der Charakteristiken herleiten. Für die Anfangsbedingung schreiben wir wieder

$$u(s = 0) = u(x(s = 0), t(s = 0)) = x_0 e^{x_0},$$

wobei auch hier $x(s = 0) = x_0$ und $t(s = 0) = 1$ gilt. Wir vergleichen

$$2xu_x + tu_t = xu,$$

also

$$2x\frac{\partial u}{\partial x} + t\frac{\partial u}{\partial t} = xu$$

mit

$$\frac{du}{ds} = \frac{\partial u}{\partial x}\frac{dx}{ds} + \frac{\partial u}{\partial t}\frac{dt}{ds}$$

und erhalten

$$\frac{du}{ds} = xu, \quad \frac{dx}{ds} = 2x, \quad \frac{dt}{ds} = t.$$

In diesem Falle dividieren wir formal die erste durch die zweite Gleichung und erhalten

$$\frac{du}{dx} = \frac{1}{2}u.$$

Wir formen um und integrieren:

$$\frac{du}{dx} = \frac{1}{2}u$$

$$\frac{du}{u} = \frac{1}{2}dx$$

$$\frac{du}{u} = \frac{1}{2}dx \quad \Big| \int$$

$$\ln|u| = \frac{1}{2}x + C$$

$$u = \pm e^C e^{\frac{1}{2}x}$$

Mit $C_1 := \pm e^C$ liefert die Anfangsbedingung:

$$u(s=0) = x_0 e^{x_0} = C_1 e^{\frac{1}{2}x(s=0)} = C_1 e^{\frac{1}{2}x_0}$$

Somit folgt

$$C_1 = x_0 e^{x_0} e^{-\frac{1}{2}x_0} = x_0 e^{\frac{1}{2}x_0}$$

und für die Lösung u

$$u = x_0 e^{\frac{1}{2}x_0} e^{\frac{1}{2}x}.$$

Um hier weiterzukommen, nämlich x_0 zu eliminieren, benötigen wir eine weitere Gleichung aus unserem Vergleich oben. Wir schreiben

$$\frac{dt}{dx} = \frac{\frac{dt}{ds}}{\frac{dx}{ds}} = \frac{1}{2}\frac{t}{x}$$

und lösen diese DGL durch Integrieren:

$$\frac{dt}{dx} = \frac{1}{2}\frac{t}{x}$$

$$\frac{dt}{t} = \frac{1}{2}\frac{dx}{x}$$

$$\frac{dt}{t} = \frac{1}{2}\frac{dx}{x} \qquad \Big| \int$$

$$\ln t = \frac{1}{2}\ln x + C_2$$

$$t = e^{C_2} e^{\frac{1}{2}\ln x} = e^{C_2}\sqrt{x}$$

Wir behandeln t hier wie eine Zeitvariable, also $t > 0$. Mit der Anfangsbedingung folgt

$$1 = t(s=0) = e^{C_2}\sqrt{x(s=0)} = e^{C_2}\sqrt{x_0},$$

also

$$e^{C_2} = \frac{1}{\sqrt{x_0}}.$$

Daher gilt

$$t = e^{C_2}\sqrt{x} = \sqrt{\frac{x}{x_0}}.$$

Auflösen nach x_0 ergibt

$$x_0 = \frac{x}{t^2}.$$

Dies setzen wir in unsere obige Lösung für u ein, um x_0 zu eliminieren, und erhalten:

$$u = u(x,t) = x_0 e^{\frac{1}{2}x_0} e^{\frac{1}{2}x} = \frac{x}{t^2} e^{\frac{x}{2t^2}} e^{\frac{1}{2}x} = \frac{x e^{\frac{x}{2} + \frac{x}{2t^2}}}{t^2}$$

Dies ist die Lösung, die uns Mathematica geliefert hat. Fantastisch, oder? ◄

Gehen Sie das ganze Verfahren jetzt noch einmal am nächsten Beispiel durch und bearbeiten Sie dann einige der Teilaufgaben von Aufg. 5.3!

Beispiel 5.7.

$$2u_t + (u+t)u_x = -u, \quad u(x,0) = x$$

Für die Anfangsbedingung schreiben wir

$$u(s=0) = u(x(s=0), t(s=0)) = x_0,$$

mit $x(s=0) = x_0$, $t(s=0) = 0$. Wir vergleichen

$$-u = (u+t)\frac{\partial u}{\partial x} + 2\frac{\partial u}{\partial t}$$

mit

$$\frac{du}{ds} = \frac{\partial u}{\partial x}\frac{dx}{ds} + \frac{\partial u}{\partial t}\frac{dt}{ds}$$

und erhalten

$$\frac{du}{ds} = -u, \quad \frac{dx}{ds} = u + t, \quad \frac{dt}{ds} = 2.$$

Aus der ersten und der dritten erhaltenen Gleichung ergibt sich:

$$2\frac{du}{dt} = -u$$

$$\frac{du}{u} = -\frac{1}{2}dt$$

$$\frac{du}{u} = -\frac{1}{2}dt \qquad \Big| \int$$

$$\ln|u| = -\frac{1}{2}t + C$$

$$u = \pm e^C e^{-\frac{1}{2}t}$$

Mit $C_1 := \pm e^C$ und der Anfangsbedingung folgt

$$x_0 = u(s = 0) = C_1 e^{-\frac{1}{2}t(s=0)} = C_1,$$

also

$$u = x_0 e^{-\frac{1}{2}t}.$$

Des Weiteren folgt aus dieser Lösung und

$$\frac{dx}{ds} = u + t \quad \text{mit} \quad \frac{dt}{ds} = 2$$

sofort

$$2\frac{dx}{dt} = x_0 e^{-\frac{1}{2}t} + t.$$

Überprüfen Sie dies durch Einsetzen!

Daraus folgt durch Integrieren

$$x = -x_0 e^{-\frac{1}{2}t} + \frac{1}{4}t^2 + C_2,$$

mit einer reellen Integrationskonstanten C_2. Mit der Anfangsbedingung $t(s = 0) = 0$ ergibt sich

$$x(s = 0) = x_0 = -x_0 e^{-\frac{1}{2}t(s=0)} + \frac{1}{4}t(s = 0)^2 + C_2 = -x_0 + C_2,$$

also $C_2 = 2x_0$. Somit folgt für x_0:

$$x_0 = \frac{x - \frac{1}{4}t^2}{2 - e^{-\frac{1}{2}t}} = \frac{4x - t^2}{8 - 4e^{-\frac{1}{2}t}}.$$

Damit erhalten wir schließlich als Lösung für u:

$$u(x,t) = x_0 e^{-\frac{1}{2}t} = \frac{(4x - t^2)e^{-\frac{1}{2}t}}{8 - 4e^{-\frac{1}{2}t}} = \frac{4x - t^2}{8e^{\frac{1}{2}t} - 4} \qquad \blacktriangleleft$$

Die in diesem Abschnitt verwendete Methode der Charakteristiken findet ihre Anwendung bei sogenannten *Transportgleichungen*. Hierunter versteht man partielle DGLs erster Ordnung der Form

$$u_t + bu_x = f$$

mit einer geeigneten Funktion f. Hierbei betrachten wir in diesem Buch lediglich Funktionen $u = u(x,t)$, also solche, die sowohl in der zeitlichen als auch der räumlichen Variablen eindimensional sind. Man spricht in diesem Fall von einer *linearen Transportgleichung in einer Raumdimension*. Häufig beschreibt man die Transportgleichung auch durch das homogene Anfangswertproblem

$$u_t + bu_x = 0, \quad u(x,0) = g(x)$$

mit einer geeigneten differenzierbaren Funktion g.

Vergleichen Sie mit Bsp. 5.5!

Transportgleichungen spielen immer dann eine Rolle, wenn Teilchen (oder auch Lebewesen wie Bakterien) sich mit individuellen Geschwindigkeiten bewegen. Denken Sie an Stofftransporte wie das Versickern von Wasser im Erdreich oder in einem gefüllten Kaffeefilter, die Verteilung von eingeleiteten Schadstoffen in einen Fluss mit der Strömung oder Abgase aus einem Schornstein.

Sie werden im Rahmen derartiger Prozesse, insbesondere auch in der Strömungsmechanik, häufig auf partielle DGLs zweiter Ordnung stoßen, für die es einen breiten Anwendungsbogen im gesamten naturwissenschaftlich-technischen Bereich gibt. Ihnen wenden wir uns jetzt zu.

5.3 PDGLs zweiter Ordnung

5.3.1 Die Wellengleichung – die schwingende Saite (Separation der Variablen)

In Abschn. 5.2.1 dieses Kapitels haben Sie bereits Kontakt zur *Wellengleichung* bekommen. Diese lautet

$$\left(\frac{1}{c^2} \frac{\partial^2}{\partial t^2} - \frac{\partial^2}{\partial x^2} \right) z(x,t) = 0.$$

Wir haben diese Gleichung aufgrund physikalischer Überlegungen anhand ihrer Lösungen hergeleitet. Jetzt wollen wir umgekehrt von der Wellengleichung ausgehen und diese für ein spezielles Problem unter geeigneten Bedingungen lösen.

Zupft man z. B. an einer Gitarrensaite, so bringt man diese zum Schwingen und damit zur Erzeugung eines Tones. Egal wie stark Sie zupfen: Alle Saiten sind an zwei Stellen fest eingespannt. Mathematisch erhalten wir so zunächst die Aufgabe, ein *Randwertproblem* zu lösen, wie Sie das bereits von den gewöhnlichen DGLs kennen (siehe Abschn. 3.4).

Die Saite habe im Folgenden die konstante Länge L. Wir müssen dann die Wellengleichung für die Elongation lösen, also eine stetig differenzierbare Funktion $z(x,t)$ finden unter den Randbedingungen

$$z(0,t) = z(L,t) = 0.$$

Die Wellengleichung

$$\left(\frac{1}{c^2} \frac{\partial^2}{\partial t^2} - \frac{\partial^2}{\partial x^2} \right) z(x,t) = 0$$

ist linear und von zweiter Ordnung in den Variablen x und t. Wir werden daher zunächst die Variablen x und t trennen und den Ansatz

$$z(x,t) = X(x)T(t)$$

versuchen. Einsetzen liefert:

$$\begin{aligned} \left(\frac{1}{c^2} \frac{\partial^2}{\partial t^2} - \frac{\partial^2}{\partial x^2} \right) z(x,t) &= \left(\frac{1}{c^2} \frac{\partial^2}{\partial t^2} - \frac{\partial^2}{\partial x^2} \right) X(x)T(t) \\ &= \frac{1}{c^2} \frac{\partial^2}{\partial t^2} X(x)T(t) - \frac{\partial^2}{\partial x^2} X(x)T(t) \\ &= X(x) \frac{1}{c^2} \frac{\partial^2}{\partial t^2} T(t) - T(t) \frac{\partial^2}{\partial x^2} X(x) = 0 \end{aligned}$$

Da die Ableitungen jetzt nur noch von Funktionen einer Variablen gebildet werden, können wir die letzte Gleichung auch schreiben als

$$X(x)\frac{1}{c^2}\ddot{T}(t) - T(t)X''(x) = 0$$

und umgeformt als

$$\frac{1}{c^2}\frac{\ddot{T}(t)}{T(t)} = \frac{X''(x)}{X(x)}.$$

Diese (gewöhnliche!) DGL soll für alle x und t bestehen. Dies ist offensichtlich nur möglich, wenn die linke und die rechte Seite den gleichen konstanten Wert $-\lambda$ mit $\lambda > 0$ haben (die Fälle $\lambda \leq 0$ führen unter den gegebenen Randbedingungen nur auf die triviale Lösung $z(x,t) = 0$).

Überprüfen Sie dies, nachdem Sie die folgende Rechnung nachvollzogen haben!

Wir erhalten somit aus

$$\frac{1}{c^2}\frac{\ddot{T}(t)}{T(t)} = \frac{X''(x)}{X(x)} = -\lambda$$

die beiden gewöhnlichen linearen DGLs zweiter Ordnung

$$X''(x) + \lambda X(x) = 0$$

und

$$\ddot{T}(t) + \lambda c^2 T(t) = 0.$$

Mit den Randbedingungen $z(0,t) = z(L,t) = 0$ ergibt sich aus dem Produktansatz die Gleichung

$$X(0)T(t) = X(L)T(t) = 0 \quad \forall t$$

und daher

$$X(0) = X(L) = 0.$$

Somit sind wir auf das Randwertproblem

$$X''(x) + \lambda X(x) = 0, \quad X(0) = X(L) = 0$$

gestoßen. Um es noch einmal deutlich zu machen: Unsere Lösungsmethode führt uns auch hier auf gewöhnliche DGLs und ihre Rand- bzw. Anfangswertprobleme.

Mit unseren Kenntnissen über Randwertprobleme bei gewöhnlichen DGLs stellt uns daher die Lösung vor keinerlei Probleme mehr. Aus mathematischer Sicht ist das Problem identisch mit der eindimensionalen Schrödinger-Gleichung im unendlich hohen Potentialtopf (siehe Abschn. 3.6.7)! Somit brauchen wir nur noch die dort erhaltene Lösung zu übernehmen. Sie lautet mit den Bezeichnungen unseres aktuellen Problems

$$X(x) = C \sin\left(\frac{n\pi}{L}x\right) \quad (\text{mit } C \in \mathbb{R}),$$

wobei $\frac{n\pi}{L} = \sqrt{\lambda}$.

Die DGL

$$\ddot{T}(t) + \lambda c^2 T(t) = 0$$

schreiben wir somit um zu

$$\ddot{T}(t) + \left(\frac{n\pi c}{L}\right)^2 T(t) = 0$$

und erhalten ihre allgemeine Lösung nach unserem bekannten Verfahren zu

$$T(t) = a_n \cos\left(\frac{n\pi c}{L}t\right) + b_n \sin\left(\frac{n\pi c}{L}t\right) \quad a_n, b_n \in \mathbb{R},$$

sodass wir für die Elongation z (in Abhängigkeit von n) schließlich als Lösung des ursprünglichen Randwertproblems erhalten:

$$z_n(x,t) = C \sin\left(\frac{n\pi}{L}x\right)\left(a_n \cos\left(\frac{n\pi c}{L}t\right) + b_n \sin\left(\frac{n\pi c}{L}t\right)\right),$$

was wir mit $Ca_n =: A_n$ und $Cb_n =: B_n$ schreiben können als

$$z_n(x,t) = \sin\left(\frac{n\pi}{L}x\right)\left(A_n \cos\left(\frac{n\pi c}{L}t\right) + B_n \sin\left(\frac{n\pi c}{L}t\right)\right).$$

Streng genommen handelt es sich hier also um unendlich viele Lösungen, da $n \in \mathbb{N}$ beliebig gewählt werden kann. Wegen der Linearität der DGL

$$\left(\frac{1}{c^2}\frac{\partial^2}{\partial t^2} - \frac{\partial^2}{\partial x^2}\right) z(x,t) = 0.$$

ist somit auch

$$z(x,t) = \sum_{n=1}^{\infty} z_n(x,t)$$

eine Lösung, Konvergenz der Reihe vorausgesetzt (zum Summenzeichen bzw. Reihenbegriff siehe Proß und Imkamp 2018, Kap. 1 und 7).

So viel zu den Randbedingungen. Anfangsbedingungen in der Form

$$z(x,0) = f(x) \quad \text{und} \quad \frac{\partial}{\partial t}z(x,0) = g(x)$$

mit geeigneten Funktionen f und g und $0 \le x \le L$ allgemein zu behandeln, erfordert Methoden, die über den einführenden Charakter dieses Buches hinausgehen. Hier sei z. B. auf Heuser (2004, Kapitel VI) verwiesen. Für den ambitionierten Leser geben wir jedoch eine Lösung für das Anfangswertproblem im Fall der freien Wellengleichung.

5.3.2 Wellengleichung – Anfangswertproblem

Wir betrachten die eindimensionale Wellengleichung

$$\left(\frac{1}{c^2} \frac{\partial^2}{\partial t^2} - \frac{\partial^2}{\partial x^2} \right) z(x,t) = 0$$

$(x, t \in \mathbb{R})$ zusammen mit den Anfangsbedingungen

$$z(x,0) = f(x) \quad \text{und} \quad \frac{\partial}{\partial t} z(x,0) = g(x).$$

Wir erinnern uns: Die Wellengleichung beschreibt die Elongationen $z(x,t)$ einer mit der Geschwindigkeit c fortlaufenden Transversalwelle. Somit führen wir neue kombinierte Variablen ein: $r := x + ct$ und $s := x - ct$. Lösen wir nach t bzw. x auf, so erhalten wir

$$x = \frac{1}{2}(r+s) \quad \text{und} \quad t = \frac{1}{2c}(r-s).$$

Wir können daher z auch als Funktion von r und s auffassen:

$$z(x,t) = z(x(r,s), t(r,s)) = y(r,s).$$

Wenn Sie genau hinsehen, wird Sie dieses Vorgehen ein wenig an die Methode der Charakteristiken aus Abschn. 5.2.2 erinnern. Wir wenden die Kettenregel an, um die ersten und zweiten Ableitungen nach t und x zu bilden. Es gilt

$$\frac{\partial}{\partial t} z(x,t) = \frac{\partial y}{\partial r} \frac{\partial r}{\partial t} + \frac{\partial y}{\partial s} \frac{\partial s}{\partial t} = c \left(\frac{\partial y}{\partial r} - \frac{\partial y}{\partial s} \right)$$

und daher (unter Beachtung der Vertauschbarkeit der Differentiationsreihenfolge bei stetig differenzierbaren Funktionen, siehe Abschn. 5.1):

$$\frac{\partial^2}{\partial t^2} z(x,t) = \frac{\partial}{\partial t} \left(\frac{\partial}{\partial t} z(x,t) \right) = \frac{\partial}{\partial t} c \left(\frac{\partial y}{\partial r} - \frac{\partial y}{\partial s} \right)$$

$$= c \left[\frac{\partial}{\partial r} \left(\frac{\partial y}{\partial t} \right) - \frac{\partial}{\partial s} \left(\frac{\partial y}{\partial t} \right) \right]$$

$$= c\frac{\partial}{\partial r}\left(\frac{\partial y}{\partial r}\frac{\partial r}{\partial t}+\frac{\partial y}{\partial s}\frac{\partial s}{\partial t}\right)-c\frac{\partial}{\partial s}\left(\frac{\partial y}{\partial s}\frac{\partial s}{\partial t}+\frac{\partial y}{\partial r}\frac{\partial r}{\partial t}\right)$$

$$= c^2\left(\frac{\partial^2 y}{\partial r^2}-\frac{\partial^2 y}{\partial r\partial s}-\frac{\partial^2 y}{\partial s\partial r}+\frac{\partial^2 y}{\partial s^2}\right)=c^2\left(\frac{\partial^2 y}{\partial r^2}-2\frac{\partial^2 y}{\partial r\partial s}+\frac{\partial^2 y}{\partial s^2}\right)$$

Analog erhält man für x:

$$\frac{\partial^2}{\partial x^2}z(x,t)=\frac{\partial^2 y}{\partial r^2}+2\frac{\partial^2 y}{\partial r\partial s}+\frac{\partial^2 y}{\partial s^2}$$

Überprüfen Sie dies!

Somit erfüllt die Funktion z die Wellengleichung genau dann, wenn die gemischten Terme verschwinden, also wenn $\frac{\partial^2 y}{\partial r\partial s}=0$. Durch Integrieren dieser Gleichung folgt:

$$z(x,t)=y(r,s)=F(r)+G(s)=F(x+ct)+G(x-ct).$$

Dies ist die allgemeine Lösung der Wellengleichung.

Mathematica liefert uns diese Lösung in etwas abgewandelter Form:

```
DSolve[(1/c^2)*D[z[x,t],{t,2}]-D[z[x,t],{x,2}]==0,z[x,t],{x,t}]
```

Output:

$$z(x,t)=C_1\left(t-\frac{x}{\sqrt{c^2}}\right)+C_2\left(t+\frac{x}{\sqrt{c^2}}\right)$$

Wir müssen jetzt die Anfangsbedingungen in unsere Lösung einarbeiten und erhalten zunächst:

$$f(x)=z(x,0)=F(x)+G(x)$$

$$g(x)=\frac{\partial}{\partial t}z(x,0)=c\left(F'(x)-G'(x)\right)$$

Integrieren der zweiten Gleichung liefert

$$F(x)-G(x)=\frac{1}{c}\int_a^x g(w)dw\quad(a\in\mathbb{R}).$$

Somit haben wir ein Gleichungssystem für F und G. Addieren der letzten Gleichung und der Gleichung der ersten Anfangsbedingung führt auf

$$F(x)=\frac{1}{2}f(x)+\frac{1}{2c}\int_a^x g(w)dw$$

und dann erhalten wir

$$G(x) = \frac{1}{2}f(x) - \frac{1}{2c} \int_a^x g(w)dw.$$

Jetzt haben wir die Lösung unseres Anfangswertproblems gefunden:

$$z(x,t) = F(x+ct) + G(x-ct)$$
$$= \frac{1}{2}f(x+ct) + \frac{1}{2}f(x-ct) + \frac{1}{2c} \int_a^{x+ct} g(w)dw - \frac{1}{2c} \int_a^{x-ct} g(w)dw$$
$$= \frac{1}{2}f(x+ct) + \frac{1}{2}f(x-ct) + \frac{1}{2c} \int_{x-ct}^{x+ct} g(w)dw$$

Wir betrachten jetzt einige Beispiele, um diese etwas abstrakt anmutende allgemeine Lösung mit Leben zu füllen.

Beispiel 5.8. Sei zunächst

$$\frac{\partial}{\partial t}z(x,0) = g(x) = 0,$$

sodass die Anfangsgeschwindigkeit 0 ist. Dann reduziert sich unsere Lösung auf

$$z(x,t) = \frac{1}{2}f(x+ct) + \frac{1}{2}f(x-ct).$$

Sei $z(x,0) = f(x) = \sin x$, dann gilt

$$z(x,t) = \frac{1}{2}\left(\sin(x+ct) + \sin(x-ct)\right) = \sin x \cos(ct)$$

nach Anwendung der Additionstheoreme des Sinus (siehe Proß und Imkamp 2018, Kap. 7). Abb. 5.9 zeigt eine spezielle Lösungsfunktion dieses Typs.

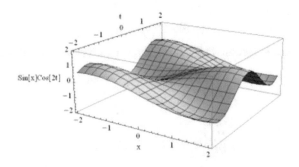

Abb. 5.9: Die Lösungsfunktion des Beispiels mit $c = 2$

Beispiel 5.9. Betrachten Sie die Anfangsbedingungen

$$\frac{\partial}{\partial t}z(x,0) = g(x) = 0 \quad \text{und} \quad z(x,0) = f(x) = e^x.$$

Mit ihnen lautet die Lösung:

$$z(x,t) = \frac{1}{2}\left(f(x+ct) + f(x-ct)\right) = \frac{1}{2}\left(e^{x+ct} + e^{x-ct}\right)$$

$$= e^x \cdot \frac{1}{2}\left(e^{ct} + e^{-ct}\right) = e^x \cosh(ct)$$

Auch diese Lösung plotten wir im Fall $c = 2$ (siehe Abb. 5.10).

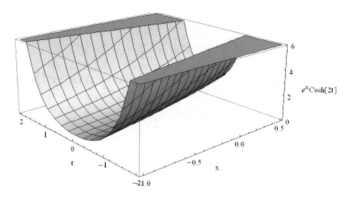

Abb. 5.10: Die Lösungsfunktion des Beispiels mit $c = 2$ ◀

Beispiel 5.10. Sei jetzt

$$z(x,0) = f(x) = 0,$$

also keine Anfangselongation vorhanden. Dann reduziert sich die allgemeine Lösung auf

$$z(x,t) = \frac{1}{2c}\int_{x-ct}^{x+ct} g(w)dw.$$

Sei nun

$$\frac{\partial}{\partial t}z(x,0) = g(x) = \cos x,$$

so erhalten wir:

$$z(x,t) = \frac{1}{2c}\int_{x-ct}^{x+ct} \cos w\, dw = \frac{1}{2c}\sin w\Big|_{x-ct}^{x+ct}$$

$$= \frac{1}{2c}\left(\sin(x+ct) - \sin(x-ct)\right) = \frac{1}{c}\cos x \sin ct$$

Diese Lösung wird für den Fall $c = 1$ in Abb. 5.11 dargestellt.

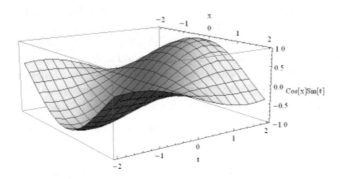

Abb. 5.11: Die Lösungsfunktion des Beispiels mit $c = 1$ ◀

Beispiel 5.11. Mit

$$z(x,0) = f(x) = 0 \quad \text{und} \quad \frac{\partial}{\partial t}z(x,0) = g(x) = e^{-2x}$$

ist

$$z(x,t) = \frac{1}{2c}\int_{x-ct}^{x+ct} e^{-2w}\,dw = -\frac{1}{4c}\left(e^{-2(x+ct)} - e^{-2(x-ct)}\right) = \frac{e^{-2x}}{2c}\sinh(2ct).$$

Die Abb. 5.12 zeigt die Lösung für $c = 1$.

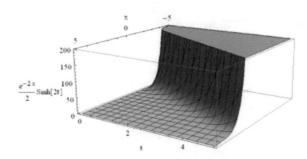

Abb. 5.12: Die Lösungsfunktion des Beispiels mit $c = 1$ ◀

5.3.3 Wärmeleitungsgleichung – Separation der Variablen

Wärmetransport kann auf verschiedene Arten erfolgen: Wärmeleitung, Wärmeströmung und Wärmestrahlung. Um Wärmeleitung zu verstehen, benötigt man neben dem Energieerhaltungssatz nur noch die Tatsache, dass sie längs eines Temperaturgefälles verläuft, also immer vom Warmen zum Kalten, bis ein Temperaturausgleich stattgefunden hat. So kühlt sich eine Tasse mit heißem Kaffee im Laufe der Zeit durch Abgabe von Wärmeenergie auf Umgebungstemperatur ab. Die den Prozess der Wärmeleitung beschreibende partielle DGL, die *Wärmeleitungsgleichung*, lautet im Eindimensionalen

$$\frac{\partial T}{\partial t} = k \frac{\partial^2 T}{\partial x^2},$$

wobei T die Temperatur angibt und $k > 0$ der sogenannte *Temperaturleitwert* ist, der die Zeit bestimmt, die zum Temperaturausgleich benötigt wird. Eindimensionalität bedeutet hier, dass wir z. B. die Temperaturverteilung in einem Metallstab beschreiben können. Der Stab der Länge L (thermische Ausdehnung soll hier ignoriert werden) sei dabei zwischen zwei Metallplatten der Temperatur 0 (mit einer willkürlichen Temperatureinheit, realistisch z. B. 0 °C) eingespannt, die sich idealerweise während des Prozesses nicht ändern soll, sodass die Wärme sehr schnell abgeführt wird. Wir haben somit die Randbedingungen

$$T(0,t) = T(L,t) = 0$$

und wollen die Wärmeleitungsgleichung unter diesen Randbedingungen wieder mit der Methode der Separation der Variablen lösen. Das zusätzliche Einarbeiten einer Anfangsbedingung wie $T(x,0) = f(x)$, wodurch eine anfängliche Verteilung der Temperatur für $0 \leq x \leq L$ beschrieben wird, führt auf sogenannte *Fourier-Reihen* und geht im Rahmen dieses Buches zu weit (siehe z. B. Bärwolff 2017, Kap. 9).

Wir machen den Ansatz

$$T(x,t) = u(x)v(t)$$

und setzen diesen in die Wärmeleitungsgleichung ein. Die Gleichung

$$\frac{\partial}{\partial t} u(x)v(t) = k \frac{\partial^2}{\partial x^2} u(x)v(t)$$

können wir wieder schreiben als

$$u(x)\dot{v}(t) = kv(t)u''(x)$$

und daher

$$\frac{1}{k} \frac{\dot{v}(t)}{v(t)} = \frac{u''(x)}{u(x)}.$$

Wie bei der Wellengleichung erkennen wir auch hier, dass diese Gleichung für alle t und x erfüllt ist, wenn

$$\frac{1}{k}\frac{\dot{v}(t)}{v(t)} = -\lambda \quad \text{und} \quad \frac{u''(x)}{u(x)} = -\lambda \quad \text{mit} \quad \lambda > 0.$$

Für $\lambda \leq 0$ erhält man auch hier wieder nur die triviale Lösung $T \equiv 0$! Somit haben wir die gewöhnlichen DGLs

$$u''(x) + \lambda u(x) = 0$$

und

$$\dot{v}(t) + k\lambda v(t) = 0.$$

Die Randbedingungen sind

$$T(0,t) = u(0)v(t) = 0 \quad \forall\, t \quad \text{und} \quad T(L,t) = u(L)v(t) = 0 \quad \forall\, t$$

und daher

$$u(0) = u(L) = 0.$$

Wir erhalten wieder

$$u(x) = C_1 \cos\left(\sqrt{\lambda}x\right) + C_2 \sin\left(\sqrt{\lambda}x\right)$$

mit C_1, $C_2 \in \mathbb{R}$ als allgemeine Lösung für u. Anpassen der Randbedingungen liefert wieder wie bei der Wellengleichung die Lösung

$$u(x) = C\sin\left(\frac{n\pi}{L}x\right).$$

(Es ist $\lambda = \frac{n^2\pi^2}{L^2}$, $n \in \mathbb{N}$.) Für v lösen wir die gewöhnliche DGL

$$\dot{v}(t) + k\lambda v(t) = \dot{v}(t) + k\frac{n^2\pi^2}{L^2}v(t) = 0$$

mit den Ihnen inzwischen vertrauten Methoden und erhalten

$$v(t) = Ae^{-k\lambda t} = Ae^{-k\frac{n^2\pi^2}{L^2}t}.$$

Somit lautet die Lösung für die Temperaturfunktion:

$$T(x,t) = C\sin\left(\frac{n\pi}{L}x\right)e^{-k\frac{n^2\pi^2}{L^2}t}$$

Wir plotten die Graphen für $n = 1, 2, 3$ (für $n = 0$ ergibt sich $T(x,t) = 0$) mit den willkürlichen dimensionslosen Werten $C = k = L = 1$ (siehe Abb. 5.13, 5.14 und 5.15).

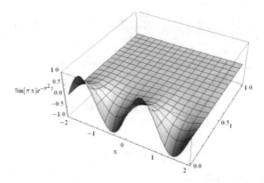

Abb. 5.13: Lösung des Randwertproblems der Wärmeleitungsgleichung für $n = 1$

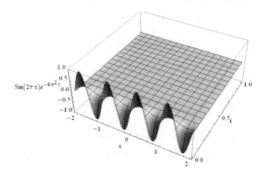

Abb. 5.14: Lösung des Randwertproblems der Wärmeleitungsgleichung für $n = 2$

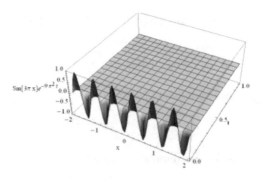

Abb. 5.15: Lösung des Randwertproblems der Wärmeleitungsgleichung für $n = 3$

5.3.4 Die Schrödinger-Gleichung im Zweidimensionalen

Wir haben uns bereits in Abschn. 3.6.7 mit der Schrödinger-Gleichung im eindimensionalen Potentialtopf mit unendlich hohen Wänden beschäftigt. Wie sehen die entsprechenden Wellenfunktionen eines Elektrons in einem Potentialkasten mit unendlich hohen Wänden aus? Wir gehen von einem unendlich hohen Quader mit den Grundseitenlängen L_1 und L_2 aus.

Zunächst sehen wir uns die Schrödinger-Gleichung an, die in diesem Fall eine partielle DGL zweiter Ordnung in den Variablen x und y ist. Sie lautet

$$-\frac{\hbar^2}{2m}\Delta\Psi = E\Psi$$

wobei der (zweidimensionale) Laplaceoperator Δ („Delta") definiert ist als

$$\Delta := \frac{\partial^2}{\partial x^2} + \frac{\partial^2}{\partial y^2}.$$

Vergleichen Sie dies mit der eindimensionalen Schrödinger-Gleichung!

Wir verwenden wieder Trennung der Variablen und setzen an:

$$\Psi(x,y) = X(x)Y(y)$$

Wir erhalten

$$\frac{\partial^2}{\partial x^2}\Psi(x,y) = \frac{\partial^2}{\partial x^2}X(x)Y(y) = Y(y)X''(x)$$

und

$$\frac{\partial^2}{\partial y^2}\Psi(x,y) = \frac{\partial^2}{\partial y^2}X(x)Y(y) = X(x)Y''(y).$$

Einsetzen liefert

$$-\frac{\hbar^2}{2m}\left(\frac{\partial^2}{\partial x^2} + \frac{\partial^2}{\partial y^2}\right)\Psi(x,y) = -\frac{\hbar^2}{2m}\left(Y(y)X''(x) + X(x)Y''(y)\right) = EX(x)Y(y).$$

Wir dividieren auf beiden Seiten durch $X(x)Y(y)$ und erhalten nach einfacher Umformung

$$\frac{X''(x)}{X(x)} + \frac{Y''(y)}{Y(y)} = -\frac{2mE}{\hbar^2}.$$

Beide Summanden auf der linken Seite müssen konstant sein, damit die Gleichung für beliebige x, y mit $0 \leq x \leq L_1$ und $0 \leq y \leq L_2$ gilt. Wir erhalten somit

$$\frac{X''(x)}{X(x)} = -\frac{2mE_1}{\hbar^2}$$

und

$$\frac{Y''(y)}{Y(y)} = -\frac{2mE_2}{\hbar^2}$$

mit $E = E_1 + E_2$. Wir haben also zwei gewöhnliche DGLs erhalten, deren Lösungen uns aus Kap. 3 bestens bekannt sind.

Die Randbedingungen lauten wieder entsprechend den Eigenschaften einer Wellenfunktion

$$X(0) = X(L_1) = 0 \quad \text{und} \quad Y(0) = Y(L_2) = 0.$$

Somit erkennen wir die (normierten) Lösungen sofort als

$$X(x) = \sqrt{\frac{2}{L_1}} \sin\left(\frac{n_1 \pi}{L_1} x\right) \quad \text{und} \quad Y(y) = \sqrt{\frac{2}{L_2}} \sin\left(\frac{n_2 \pi}{L_2} y\right)$$

mit $n_1, n_2 \in \mathbb{N}^*$.

Die Wellenfunktion, die die partielle DGL löst, lautet somit

$$\Psi_{n_1,n_2}(x,y) = \frac{2}{\sqrt{L_1 L_2}} \sin\left(\frac{n_1 \pi}{L_1} x\right) \sin\left(\frac{n_2 \pi}{L_2} y\right).$$

Wir plotten die Lösungs-Wellenfunktion für verschiedene Quantenzahlen n_1, n_2 und die dimensionslosen Einheitslängen $L_1 = L_2 = 1$ (siehe Abb. 5.16 bis 5.19).

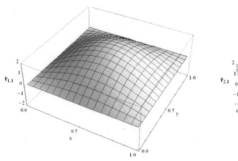
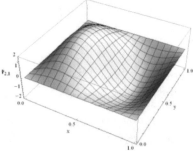

Abb. 5.16: $\Psi_{1,1}(x,y)$ Abb. 5.17: $\Psi_{2,1}(x,y)$

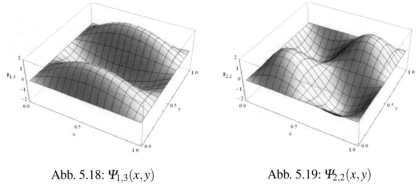

Abb. 5.18: $\Psi_{1,3}(x,y)$ Abb. 5.19: $\Psi_{2,2}(x,y)$

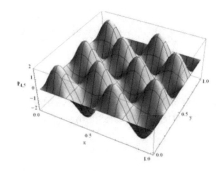

Abb. 5.20: $\Psi_{4,5}(x,y)$

5.4 Aufgaben

Übung 5.1. Berechnen Sie mithilfe der Ihnen bekannten Ableitungsregeln die partiellen Ableitungen.

a) $f(x,y,z) = x^2yz - y^2z^3e^x + 2y$

$$\frac{\partial}{\partial x}f(x,y,z), \quad \frac{\partial^2}{\partial x^2}f(x,y,z), \quad \frac{\partial^2}{\partial y\partial z}f(x,y,z), \quad \frac{\partial^3}{\partial z^3}f(x,y,z)$$

b) Ⓥ $g(x,y,z) = \sin(x)\ln(y)z^2 + e^x(y+z) + \arctan(z)$

$$\frac{\partial}{\partial z}g(x,y,z), \quad \frac{\partial^2}{\partial x^2}g(x,y,z), \quad \frac{\partial^2}{\partial y\partial z}g(x,y,z)$$

Übung 5.2. Zeigen Sie, dass in Bsp. 5.5 die Methode der Charakteristiken dieselbe Lösung liefert, wenn man anstelle der Gleichung $\frac{du}{dt} = 1$ die Gleichung $\frac{du}{dx} = -1$ verwendet.

Übung 5.3. Lösen Sie die folgenden Anfangswertprobleme mithilfe der Methode der Charakteristiken.

a) $\frac{\partial u}{\partial t} + v\frac{\partial u}{\partial x} = 0, \quad u(x,0) = 2x$ (Transportgleichung, Geschwindigkeit v)

b) $2\frac{\partial u}{\partial t} + 3x\frac{\partial u}{\partial x} = 0, \quad u(x,0) = x$

c) Ⓥ $t\frac{\partial u}{\partial t} + \frac{\partial u}{\partial x} = 2u, \quad u(x,1) = x \; (u, t > 0)$

d) Ⓑ $\frac{\partial u}{\partial t} + (x+1)\frac{\partial u}{\partial x} = u, \quad u(x,0) = e^x$

Übung 5.4. Zeigen Sie, dass zweimal stetig partiell differenzierbare Funktionen $u = u(x,y)$ und $v = v(x,y)$, die die sogenannten *Cauchy-Riemann'schen DGLs*

$$\frac{\partial u}{\partial x} = \frac{\partial v}{\partial y} \quad \text{und} \quad \frac{\partial v}{\partial x} = -\frac{\partial u}{\partial y}$$

erfüllen, auch Lösungen der *Laplace-Gleichung* $\Delta w = 0$, also sogenannte *harmonische Funktionen* sind.

Übung 5.5. (V) Wirft man einen Stein in ein ruhendes Gewässer, so breiten sich auf der Oberfläche kreisförmige Wellen aus. Allgemein bezeichnet man Oberflächenwellen auf ruhenden Gewässern als *Schwerewellen*, wenn sie durch die Wirkung der Schwerkraft beeinflusst werden. Eine Schwerewelle, die sich in x-Richtung ausbreitet (und in y-Richtung homogen ist), erfüllt die Laplace-Gleichung

$$\Delta w = \left(\frac{\partial^2}{\partial x^2} + \frac{\partial^2}{\partial z^2} \right) w = 0.$$

Die z-Achse steht dabei senkrecht zur Gewässeroberfläche. Wählen Sie den Lösungsansatz

$$w(x,z,t) = f(z)\cos(\omega t - kx)$$

und bestimmen Sie die Funktion f unter Berücksichtigung der Tatsache, dass die Welle in der Tiefe des Gewässers abklingt. (Tipp: Gehen Sie näherungsweise davon aus, dass die Wellenlänge gegenüber der Tiefe des Gewässers klein ist, dass man also im Modell „unendliche" Tiefe annehmen kann.)

Übung 5.6. (B) In der relativistischen Quantenfeldtheorie spielt die sogenannte *Klein-Gordon-Gleichung* eine Rolle. Diese ist – etwas vereinfacht gesprochen – eine quantenmechanische Übersetzung der relativistischen Energie-Impuls-Beziehung (die im Physikunterricht der gymnasialen Oberstufe behandelt wird). Im Fall nur einer Raumkoordinate (x) lautet die Klein-Gordon-Gleichung

$$\left(\frac{\partial^2}{\partial t^2} - \frac{\partial^2}{\partial x^2} + m_0^2 \right) \Psi(x,t) = 0.$$

Hierbei werden die wichtigsten Konstanten der Quantentheorie (Planck'sche Konstante $\hbar$) und der Relativitätstheorie (Lichtgeschwindigkeit c) beide gleich 1 gesetzt, wie es in der Literatur zur Quantenfeldtheorie üblich ist. Zeigen Sie, dass unter der Bedingung

$$E^2 = p^2 + m_0^2$$

(relativistische Energie-Impuls-Beziehung mit $\hbar = c = 1$) die Wellenfunktion

$$\Psi(x,t) = Ne^{-i(Et - px)}$$

eine Lösung der Klein-Gordon-Gleichung ist. Dabei stellt N lediglich eine geeignete Normierungskonstante dar. Die komplexe Zahl i dürfen Sie beim Differenzieren genauso behandeln, wie Sie es von reellen Konstanten gewohnt sind.

Übung 5.7. (B) Im Jahre 1834 entdeckte der schottische Ingenieur John Scott Russell in einem Kanal eine Wasserwelle, die sich über einen längeren Zeitraum in ihrer Form nicht veränderte. Derartige Wellen nennt man *Solitonen*. Mathematisch gesehen tauchen sie als stabile Lösungen der *Korteweg-deVries-Gleichung* auf, die in dimensionsloser Form geeignet skaliert

$$\frac{\partial u}{\partial t} - 6u\frac{\partial u}{\partial x} + \frac{\partial^3 u}{\partial x^3} = 0$$

lautet. Dabei ist $u(x,t)$ die Elongation über dem normalen Wasserspiegel am Ort x zur Zeit t. Weisen Sie nach, dass die Funktion u mit

$$u(x,t) = -\frac{c}{2}\frac{1}{\cosh^2\left(\frac{\sqrt{c}}{2}(x-ct)\right)}$$

eine Lösung der Korteweg-deVries-Gleichung ist. Die Funktion beschreibt eine Soliton-Welle, die sich mit der Geschwindigkeit c nach rechts bewegt. Verwenden Sie Mathematica oder MATLAB für die Berechnung der partiellen Ableitungen. Die Funktion cosh heißt Cosinus hyperbolicus. Es gilt

$$\cosh x := \frac{1}{2}\left(e^x + e^{-x}\right).$$

5.5 Ergänzende und weiterführende Literatur

- Bärwolff G (2017) Höhere Mathematik für Naturwissenschaftler und Ingenieure. Springer, Berlin, Heidelberg

- Forster O (2013) Analysis 2. Springer, Berlin, Heidelberg

- Heuser H (2004) Gewöhnliche Differentialgleichungen – Einführung in Lehre und Gebrauch. Teubner Verlag, Wiesbaden

- Langemann D, Reisch C (2018) So einfach ist Mathematik – Partielle Differenzialgleichungen für Anwender. Springer, Berlin, Heidelberg

- Proß S, Imkamp T (2018) Brückenkurs Mathematik für den Studieneinstieg – Grundlagen, Beispiele, Übungsaufgaben. Springer, Berlin, Heidelberg

- Schubert H (1975) Topologie. Vieweg, Stuttgart

- Urban K, Arendt W (2010) Partielle Differenzialgleichungen: Eine Einführung in analytische und numerische Methoden. Spektrum Akademischer Verlag, Heidelberg

Kapitel 6

Numerische Lösung von Differentialgleichungen

Wie Sie bereits in den vorangegangenen Kapiteln gesehen haben, können Problemstellungen aus den Bereichen der Physik, Chemie, Biologie, Ingenieurwissenschaften u. v. m. mithilfe von DGLs modelliert werden. Doch nicht immer können diese DGLs *analytisch* gelöst werden, d. h., die Lösung kann nicht in einer mathematisch geschlossenen Form angegeben werden oder das Auffinden dieser analytischen Lösung ist zu aufwendig.

In diesem Fall muss man sich mit einer näherungsweisen Berechnung begnügen. Diese sogenannte *numerische Lösung* wird rechnerisch, also unter Einsatz eines Computers, durch Algorithmen bestimmt. Ein *Algorithmus* ist eine genau definierte Schritt-für-Schritt-Anleitung zur Lösung eines Problems.

Übertragen auf unseren Alltag können wir uns das so vorstellen, als würden wir einem Ahnungslosen eine Schritt-für-Schritt-Anleitung für das Kaffeekochen geben:

1. Wasserbehälter mit Wasser befüllen

2. Kaffeefilter in den Filterkorb einsetzen

3. Kaffeepulver in den Kaffeefilter einfüllen

4. Kaffeemaschine einschalten

Hierbei ist also die Reihenfolge der Schritte wichtig und muss stimmen, also erst den Filter einsetzen und dann das Pulver einfüllen. Ein Algorithmus ist nichts anderes als eine Schritt-für-Schritt-Anleitung für den Computer, um ein mathematisches Problem zu lösen.

> Überlegen Sie sich eine Schritt-für-Schritt-Anleitung für das Pflanzen eines Baums in einem Garten!

Da Methoden der *numerischen Mathematik*, kurz *Numerik*, oft im beruflichen Alltag von Ingenieuren verwendet werden, gehört sie zum Gebiet des *wissenschaftlichen*

© Springer-Verlag GmbH Deutschland, ein Teil von Springer Nature 2019
T. Imkamp und S. Proß, *Differentialgleichungen für Einsteiger*,
https://doi.org/10.1007/978-3-662-59831-3_7

Rechnens (*Scientific Computing*), einer Disziplin, die Methoden aus den Bereichen Mathematik, Informatik und Ingenieurwissenschaften vereint.

Diesen für die Praxis so wichtigen Teilbereich der Mathematik lernen Sie während Ihrer Schullaufbahn entweder gar nicht oder nur am Rande kennen, deshalb soll dieses Kapitel eine Einführung in die Denkweise der numerischen Mathematik am Beispiel von DGLs geben, d. h., wir werden die Frage beantworten, wie man DGLs mithilfe von Algorithmen löst.

Natürlich können numerische Methoden auch in anderen Bereichen eingesetzt werden, z. B. zur Berechnung von Nullstellen, zur Differentiation, zur Integration, zur Lösung von Gleichungssystemen u. v. m. Beispielsweise ist es nicht möglich, die „einfache" Gleichung

$$x^2 + 5 - e^x = 0$$

nach x umzuformen. Es existiert somit keine analytische Lösung für diese Gleichung. Wenn wir aber $x = 0$ in den Term $x^2 + 5 - e^x$ einsetzen, erhalten wir 4, und wenn wir $x = 5$ einsetzen, ergibt sich $30 - e^5 \approx -118.41$. Somit muss nach dem Nullstellensatz (siehe Imkamp und Proß 2018, Kap. 9) eine Lösung der Gleichung im Intervall $(0; 5)$ liegen. Diese kann man näherungsweise z. B. mit dem Newton-Verfahren berechnen und erhält als Näherungslösung $x \approx 2.35635$ (für das Newton-Verfahren siehe z. B. Knorrenschild 2013, Kap. 2, oder Papula 2011, Kap. IV Abschn. 3.7).

Überprüfen Sie das Ergebnis, indem Sie die Gleichung mit MATLAB lösen! Nutzen Sie den Befehl `solve` dazu.

Hierbei entsteht im Allgemeinen ein *Fehler*, z. B. durch Rundung, da der Computer nur auf eine bestimmte Stelle nach dem Komma genau rechnen kann. Es handelt sich also um eine *Näherungslösung* für die Problemstellung, nicht um die exakte Lösung.

Die relative Genauigkeit, mit der MATLAB rechnet, erhalten Sie, wenn Sie den Befehl `eps` ins Command Window eingeben. Sie erhalten den Abstand von 1.0 zur nächstgrößeren Zahl.

Die numerische Lösung einer DGL liefert Zahlenwerte und keine geschlossene Funktionsgleichung wie bei den analytischen Methoden in den vorangegangenen Kapiteln. Aus diesem Grund ist auch die *Fehleranalyse* ein wichtiger Bestandteil der Numerik, um die Genauigkeit des Resultats beurteilen zu können. Das Hauptaugenmerk dieses Kapitels liegt aber auf den numerischen Methoden zur Lösung von DGLs, für die Fehleranalyse sei z. B. auf Schwarz und Köckler (2011) verwiesen. Auch wird auf Beweise und Aussagen zur Konvergenz und Kontingenz der Verfahren verzichtet. Hier wird auch auf Speziallitteratur zum Thema „Numerische Mathematik" verwiesen (siehe Abschn. 6.6).

Bemerkung. Für die Algorithmen in diesem Kapitel wird ausschließlich MATLAB, das vor allem für numerische Berechnungen ausgelegt ist, verwendet. ◁

6.1 Anfangswertprobleme

In diesem Abschnitt betrachten wir Anfangswertprobleme (siehe Kap. 2). Gegeben ist also eine DGL $y' = f(x, y(x))$ mit $x \in [a;b]$ und eine Anfangsbedingung $y(a) = y_a$. Es sollen mithilfe von numerischen Methoden Näherungen für die Funktionswerte der gesuchten Funktion $y(x)$ im Intervall $x \in [a;b]$ ermittelt werden, d. h., wir berechnen näherungsweise endlich viele Punkte der Lösungskurve. Dazu müssen wir uns zuerst überlegen, wie viele Punkte wir berechnen wollen. Wir bezeichnen die Anzahl der Punkte mit $N \in \mathbb{N}$. Hierbei soll der Abstand zwischen zwei x-Werten immer gleich groß sein (siehe Abb. 6.1). Wir nennen diesen Abstand *Schrittweite* und berechnen ihn mit

$$h := \frac{b-a}{N-1}.$$

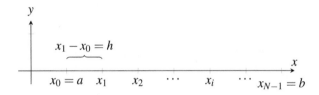

Abb. 6.1: Schrittweite

Unser Ziel ist es, an den Stellen x_i Näherungen y_i für die exakte Lösung $y(x_i)$ zu berechnen. Hierzu schauen wir uns drei ausgewählte Verfahren an. Dies soll genügen, um uns mit der Numerik vertraut zu machen und einen Einblick in dieses für die Praxis so wichtige Teilgebiet der Mathematik zu bekommen. Wir wenden uns zunächst dem *Euler-Verfahren* zu, da man an diesem einfachen Verfahren sehr schön die Grundprinzipien von numerischen Verfahren zur Lösung von Anfangswertproblemen veranschaulichen kann. Dieses Verfahren findet in der Praxis aber keine Anwendung mehr, da man die Genauigkeit der Ergebnisse mit kleinen Modifikationen enorm verbessern kann. Diesen Modifikationen wollen wir uns über die *Mittelpunktsregel* nähern, um schlussendlich das *Runge-Kutta-Verfahren vierter Ordnung* zu betrachten.

Jedes dieser Verfahren berechnet den Näherungswert y_i auf Basis seines Vorgängerwerts y_{i-1}, der Schrittweite h und der Steigung s:

$$y_i := y_{i-1} + h \cdot s(x_{i-1}, y_{i-1}, h, f)$$

Die Steigung s wird bei jedem Verfahren anders berechnet. Man nennt diese Klasse von Verfahren *Einschrittverfahren*. Die Näherung y_i wird also nur durch Kenntnis von y_{i-1} berechnet. Verfahren, die auch weitere vorhergehende Werte benutzen, nennt man *Mehrschrittverfahren*.

6.1.1 Euler-Verfahren

Wir beginnen unsere Rechnung an der Stelle $x_0 = a$. Da der Anfangswert vorgegeben ist, können wir $y_0 = y(a) = y_a$ exakt angeben. Wir kennen auch die Steigung an dieser Stelle: $y'(a) = f(a, y(a))$. Diese beiden Werte nutzen wir, um die Näherung y_1 zu berechnen. Dazu bestimmen wir zunächst die Gleichung der Geraden mit der Steigung $f(x_0, y_0)$ und dem Punkt $(x_0; y_0)$ (siehe Abb. 6.2).

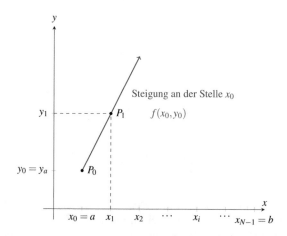

Abb. 6.2: Euler-Verfahren: Erster Schritt

Die allgemeine Gleichung einer Geraden lautet

$$y = mx + b.$$

Diese sollte Ihnen noch aus Ihrer Schulzeit geläufig sein. Die Steigung haben wir bereits gegeben durch $m = f(x_0, y_0)$, und den y-Achsenabschnitt b können wir berechnen, indem wir den Punkt (x_0, y_0) und die Steigung m in die Geradengleichung einsetzen:

$$y_0 = f(x_0, y_0) \cdot x_0 + b \Leftrightarrow b = y_0 - f(x_0, y_0) \cdot x_0$$

Wir benennen y in y_1 und x in x_1 um:

$$y_1 = mx_1 + b,$$

und erhalten

$$y_1 = f(x_0, y_0) \cdot x_1 + y_0 - f(x_0, y_0) \cdot x_0 = y_0 + \underbrace{(x_1 - x_0)}_{=h} \cdot f(x_0, y_0) = y_0 + h \cdot f(x_0, y_0).$$

Genauso gehen wir vor, um den nächsten Näherungswert y_2 zu berechnen, und erhalten (siehe Abb. 6.3)

$$y_2 = f(x_1, y_1) \cdot x_2 + y_1 - f(x_1, y_1) \cdot x_1 = y_1 + \underbrace{(x_2 - x_1)}_{=h} \cdot f(x_1, y_1) = y_1 + h \cdot f(x_1, y_1).$$

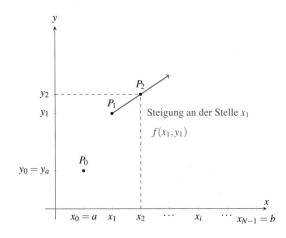

Abb. 6.3: Euler-Verfahren: Zweiter Schritt

Auf diese Weise arbeiten wir uns weiter vor, bis wir alle Näherungen im vorgegeben Intervall berechnet haben und an der Stelle $x_n = b$ angekommen sind (siehe Abb. 6.4).

Die einzelnen Punkte können wir mit Geradenstücken verbinden und erhalten damit auch anschaulich eine Näherung für unsere gesuchte Funktion, den sogenannten *Euler'schen Polygonzug* (siehe Abb. 6.5).

Fassen wir zusammen:

Gegeben: N (Anzahl der Punkte), $y'(x) = f(x, y(x))$ mit $x \in [a, b]$ und $y(a) = y_a$ (Anfangswertproblem)

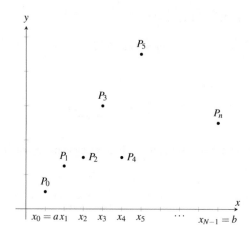

Abb. 6.4: Euler-Verfahren: Ergebnis

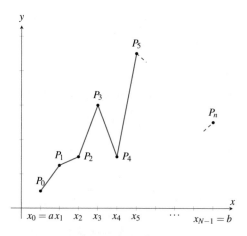

Abb. 6.5: Euler-Verfahren: Euler'scher Polygonzug

$$h := \frac{b-a}{N-1}$$
$$y_i := y_{i-1} + hf(x_{i-1}, y_{i-1}) \quad i = 1, 2, \ldots N-1$$

Wir geben unseren ersten Algorithmus mithilfe eines *Struktogramms* an. Ein Struktogramm ist eine strukturierte Darstellung des Algorithmus unabhängig von der Wahl der Programmiersprache.

Euler-Verfahren

Eingaben: Anzahl der Punkte N, rechte Seite der DGL $f(x,y(x))$, Intervallanfang a, Intervallende b, Anfangswert y_a
$h = \frac{b-a}{N-1}$
$x(0) = a$
$y(0) = y_a$
Zähle i von 1 bis $N-1$, Schrittweite 1
$\quad y(i) = y(i-1) + hf(x(i-1),y(i-1))$ $\quad x(i) = x(i-1) + h$
Ausgabe: y

Eine konkrete Umsetzung des Algorithmus mit MATLAB sieht folgendermaßen aus (hierbei ist zu beachten, dass die Feldindizierung in MATLAB stets mit 1 beginnt):

```
function [x,y]=eulerverfahren(N,f,a,b,ya)
    h=(b-a)/(N-1);
    x=a:h:b;
    y(1)=ya;
    for i=2:N
        y(i)=y(i-1)+h*f(x(i-1),y(i-1));
    end
```

Hierbei kann die rechte Seite der DGL in einer eigenen Funktion implementiert werden. Hier wurde die DGL aus Bsp. 6.2 verwendet:

```
function ys=fdgl(x,y)
    ys=x-y;
```

Aufgerufen wird die Euler-Funktion mit den Parametern aus Bsp. 6.2 wie folgt:

```
[x,y]=eulerverfahren(5,@fdgl,1,1.4,2)
```

Sie können die Funktion mithilfe des function-Handle @ auch als anonyme Funktion direkt übergeben, ohne eine Funktion in MATLAB anzulegen (siehe Abschn. 8.1.4):

```
[x,y]=eulerverfahren(5,@(x,y)x-y,1,1.4,2)
```

Beispiel 6.1. Wir wollen den Algorithmus auf den in Bsp. 2.14 modellierten Prozess des begrenzten Wachstums bei Fischen

$$p'(t) = \frac{1}{20}(100 - p(t))$$

mit $p(0) = 20$ und $t \in [0;4]$ anwenden. Wir wählen $N = 5$ und erhalten folgende Näherungen (siehe Abb. 6.6):

$$h = \frac{4-0}{5-1} = 1$$

$$p_0 = p(0) = 20$$

$$p_1 = p_0 + h \cdot f(t_0, p_0) = 20 + 1 \cdot f(0, 20) = 20 + 1 \cdot 4 = 24$$

$$p_2 = p_1 + h \cdot f(t_1, p_1) = 24 + 1 \cdot f(1, 24) = 24 + 1 \cdot 3.8 = 27.8$$

$$p_3 = p_2 + h \cdot f(t_2, p_2) = 27,8 + 1 \cdot f(2, 27.8) = 27.8 + 1 \cdot 3.61 = 31.41$$

$$p_4 = p_3 + h \cdot f(t_3, p_3) = 31.41 + 1 \cdot f(3, 31.41) = 31.41 + 1 \cdot 3.4295 = 34.8395$$

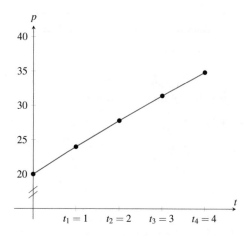

Abb. 6.6: Näherungen der Fischpopulation

Das Euler-Verfahren lässt sich also anhand unseres Fisch-Beispiels wie folgt interpretieren:

neue Fischpopulation = alte Fischpopulation + verstrichene Zeit *
Wachstumsgeschwindigkeit am **Intervallanfang**

Ein Fehler entsteht, da die Wachstumsgeschwindigkeit in einem Teilintervall $[t_{i-1}; t_i]$ nicht konstant ist.

Beispiel 6.2. Wir wollen das Anfangswertproblem

$$y' = x - y \ \text{ mit } \ x \in [1; 1.4] \ \text{ und } \ y(1) = 2$$

mithilfe des Euler-Verfahrens lösen.

In diesem einfachen Beispiel können wir die analytische Lösung mit den in Abschn. 2.2 vorgestellten Methoden zur Überprüfung unserer Ergebnisse berechnen.

Es gilt

$$y = x + 2e^{1-x} - 1.$$

Überprüfen Sie diese Lösung!

Zunächst wollen wir eine Näherung für unser Problem mithilfe von fünf Punkten berechnen:

$$h = \frac{1.4 - 1}{5 - 1} = 0.1$$

$y_0 = y(1) = 2.0000$

$y_1 = y_0 + h \cdot f(x_0, y_0) = 2 + 0.1 \cdot f(1, 2) = 2 + 0.1 \cdot (-1) = 1.9000$

$y_2 = y_1 + h \cdot f(x_1, y_1) = 1.9 + 0.1 \cdot f(1.1, 1.9) = 1.9 + 0.1 \cdot (-0.8) = 1.8200$

$y_3 = y_2 + h \cdot f(x_2, y_2) = 1.82 + 0.1 \cdot f(1.2, 1.82) = 1.82 + 0.1 \cdot (-0.62) = 1.7580$

$y_4 = y_3 + h \cdot f(x_3, y_3) = 1.758 + 0.1 \cdot f(1.3, 1.758) = 1.758 + 0.1 \cdot (-0.458)$
$$= 1.7122$$

Das Ergebnis wird in der Abb. 6.7 dargestellt. Wir sehen, dass die Abweichung zur exakten Lösung recht groß ist.

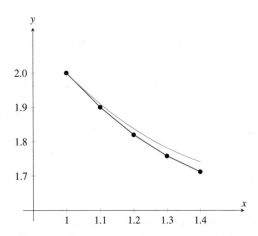

Abb. 6.7: Näherung mit $N = 5$ und exakte Lösung

Wir könnten nun hergehen und die Anzahl der Punkte erhöhen in der Hoffnung, eine bessere Näherung zu erhalten. Wir erhöhen die Anzahl auf neun Punkte und erhalten folgende Resultate:

$$y_0 = 2.0000, \; y_1 = 1.9500, \; y_2 = 1.9050, \; y_3 = 1.8648,$$
$$y_4 = 1.8290, \; y_5 = 1.7976, \; y_6 = 1.7702, \; y_7 = 1.7467,$$
$$y_8 = 1.7268.$$

Wenn wir Abb. 6.8 betrachten, können wir schon mit bloßem Auge eine Verbesserung unserer Näherung erkennen.

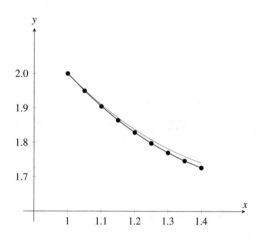

Abb. 6.8: Näherung mit $N = 9$ und exakte Lösung

In der Tab. 6.1 stellen wir die beiden Näherungen der exakten Lösung gegenüber.

Tab. 6.1: Ergebnisse des Euler-Verfahrens

x_i	$y_i(N = 5)$	$y_i(N = 9)$	$y(x_i)$ (exakte Lösung)
1.0	2.0000	2.0000	2.0000
1.1	1.9000	1.9050	1.9097
1.2	1.8200	1.8290	1.8375
1.3	1.7580	1.7702	1.7816
1.4	1.7122	1.7268	1.7406

Unsere Methode, die Punktanzahl zu erhöhen, funktioniert also, aber natürlich steigt damit auch die Rechenzeit. Also ist es vielleicht besser, einen effizienteren Algorithmus auszuwählen. ◄

6.1.2 Mittelpunktsregel

Jetzt modifizieren wir das Euler-Verfahren derart, dass wir zunächst einen Test-schritt in die Intervallmitte $x_{i-1} + h/2$ des Intervalls $[x_{i-1}; x_i[$ machen. Es gilt

$$y_T = y_{i-1} + \frac{h}{2} f(x_{i-1}, y_{i-1})$$

(siehe Abb. 6.9).

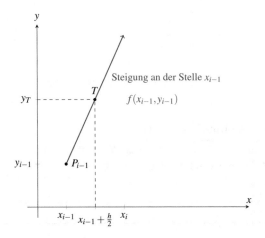

Abb. 6.9: Mittelpunktsregel: Testschritt

Dann berechnen wir die Steigung $f(x_{i-1} + h/2, y_T)$ in diesem Testpunkt $T(x_{i-1} + h/2; y_T)$ und bestimmen damit die Näherung y_i:

$$y_i = y_{i-1} + h f\left(x_{i-1} + \frac{h}{2}, y_T\right)$$

(siehe Abb. 6.10).

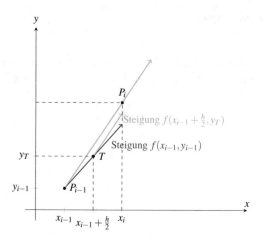

Abb. 6.10: Mittelpunktsregel: Schritt

Struktogramm der Mittelpunktsregel

Eingaben: Anzahl der Punkte N, rechte Seite der DGL $f(x,y(x))$, Intervallanfang a, Intervallende b, Anfangswert y_a
$h = \frac{b-a}{N-1}$
$x(0) = a$
$y(0) = y_a$
Zähle i von 1 bis $N-1$, Schrittweite 1
$\quad$ $y_T = y(i-1) + \frac{h}{2}f(x(i-1),y(i-1))$
$\quad$ $y(i) = y(i-1) + hf(x(i-1)+\frac{h}{2},y_T)$
$\quad$ $x(i) = x(i-1)+h$
Ausgabe: y

MATLAB:

```
function [x,y]=mittelpunktsregel(N,f,a,b,ya)
    h=(b-a)/(N-1);
    x=a:h:b;
    y(1)=ya;
    for i=2:N
        yT=y(i-1)+h/2*f(x(i-1),y(i-1));
        y(i)=y(i-1)+h*f(x(i-1)+h/2,yT);
    end
```

```
function ys=fdgl(x,y)
    ys=x-y;
```

Aufruf mit den Parametern von Bsp. 6.2:

```
[x,y]=mittelpunktsregel(5,@fdgl,1,1.4,2)
```

Die Mittelpunktsregel lässt sich anhand unseres Fisch-Beispiels (siehe Bsp. 6.1) wie folgt interpretieren:

> neue Fischpopulation = alte Fischpopulation + verstrichene Zeit *
> Wachstumsgeschwindigkeit in der **Intervallmitte**

Im Gegensatz zum Euler-Verfahren wird also die Wachstumsgeschwindigkeit in der Intervallmitte genutzt und nicht die am Intervallanfang. Auch hier entsteht ein Fehler, da die Wachstumsgeschwindigkeit in einem Teilintervall $[t_{i-1}; t_i]$ nicht konstant ist.

Beispiel 6.3. Für unser Anfangswertproblem in Bsp. 6.2 erhalten wir mit $N = 5$ die in Tab. 6.2 zusammengefassten Näherungen und die Ergebnisse für $N = 9$ werden in Tab. 6.3 dargestellt.

Tab. 6.2: Ergebnisse der Mittelpunktsregel mit $N = 5$

x_i	y_T	y_i	y_i (Euler)	$y(x_i)$ (exakte Lösung)
1.0		2.0000	2.0000	2.0000
1.1	1.9500	1.9100	1.9000	1.9097
1.2	1.8695	1.8381	1.8200	1.8375
1.3	1.8061	1.7824	1.7580	1.7816
1.4	1.7583	1.7416	1.7122	1.7406

Tab. 6.3: Ergebnisse der Mittelpunktsregel mit $N = 9$

x_i	y_T	y_i	y_i (Euler)	$y(x_i)$ (exakte Lösung)
1.0		2.0000	2.0000	2.0000
1.05	1.9750	1.9525	1.9500	1.9525
1.1	1.9299	1.9098	1.9050	1.9097
1.15	1.8895	1.8715	1.8648	1.8714
1.2	1.8535	1.8376	1.8290	1.8375
1.25	1.8217	1.8078	1.7976	1.8076
1.3	1.7938	1.7818	1.7702	1.7816
1.35	1.7698	1.7596	1.7467	1.7594
1.4	1.7493	1.7409	1.7268	1.7406

Rechnen Sie diese Werte nach!

Die Mittelpunktsregel liefert uns bessere Ergebnisse als das Euler-Verfahren, aber wir benötigen pro Schritt auch zwei Funktionsauswertungen, beim Euler-Verfahren war nur eine notwendig.   ◄

6.1.3 Runge-Kutta-Verfahren

Wir können die Mittelpunktsregel auch wie folgt schreiben:

$$k_1 = f(x_{i-1}, y_{i-1})$$
$$k_2 = f(x_{i-1} + \frac{h}{2}, y_{i-1} + \frac{h}{2}k_1)$$
$$y_i = y_{i-1} + hk_2$$

Hierbei handelt es sich um das *Runge-Kutta-Verfahren zweiter Ordnung*, da wir zwei k-Werte dafür berechnen müssen. Die Anzahl der k-Werte legt die Ordnung fest. Das Bekannteste ist das *Runge-Kutta-Verfahren vierter Ordnung*.

Beim Runge-Kutta-Verfahren vierter Ordnung ermitteln wir die Steigung am Punkt P_{i-1} und an drei weiteren Testpunkten. Aus diesen vier Steigungen bestimmen wir dann den gewichteten Mittelwert.

Die Testpunkte ergeben sich wie folgt (siehe Abb. 6.11):

$$y_{T_1} = y_{i-1} + \frac{h}{2}f(x_{i-1}, y_{i-1})$$
$$y_{T_2} = y_{i-1} + \frac{h}{2}f(x_{i-1} + \frac{h}{2}, y_{T_1})$$
$$y_{T_3} = y_{i-1} + hf(x_{i-1} + \frac{h}{2}, y_{T_2})$$

Aus den Steigungswerten $f(x_{i-1}, y_{i-1})$, $f(x_{i-1} + \frac{h}{2}, y_{T_1})$, $f(x_{i-1} + \frac{h}{2}, y_{T_2})$ und $f(x_{i-1} + h, y_{T_3})$ wird nun der gewichtete Mittelwert berechnet:

$$g = \frac{1}{6}f(x_{i-1}, y_{i-1}) + \frac{1}{3}f(x_{i-1} + \frac{h}{2}, y_{T_1}) + \frac{1}{3}f(x_{i-1} + h/2, y_{T_2}) + \frac{1}{6}f(x_{i-1} + h, y_{T_3})$$

Die Näherung y_i ergibt sich dann aus

$$y_i = y_{i-1} + h \cdot g.$$

In der „k-Schreibweise" sieht das Verfahren so aus:

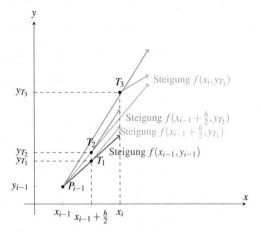

Abb. 6.11: Zur geometrischen Deutung des Runge-Kutta-Verfahrens

$$k_1 = f(x_{i-1}, y_{i-1})$$

$$k_2 = f\left(x_{i-1} + \frac{h}{2}, y_{i-1} + \frac{h}{2}k_1\right)$$

$$k_3 = f\left(x_{i-1} + \frac{h}{2}, y_{i-1} + \frac{h}{2}k_2\right)$$

$$k_4 = f(x_{i-1} + h, y_{i-1} + hk_3)$$

$$y_i = y_{i-1} + h\left(\frac{k_1}{6} + \frac{k_2}{3} + \frac{k_3}{3} + \frac{k_4}{6}\right)$$

Struktogramm des Runge-Kutta-Verfahrens

Eingaben: Anzahl der Punkte N, rechte Seite der DGL $f(x,y(x))$, Intervallanfang a, Intervallende b, Anfangswert y_a
$h = \frac{b-a}{N-1}$
$x(0) = a$
$y(0) = y_a$
Zähle i von 1 bis $N-1$, Schrittweite 1

$k_1 = f(x(i-1), y(i-1))$
$k_2 = f(x(i-1) + \frac{h}{2}, y(i-1) + \frac{h}{2}k_1)$
$k_3 = f(x(i-1) + \frac{h}{2}, y(i-1) + \frac{h}{2}k_2)$
$k_4 = f(x(i-1) + h, y(i-1) + hk_3)$
$y(i) = y(i-1) + h\left(\frac{k_1}{6} + \frac{k_2}{3} + \frac{k_3}{3} + \frac{k_4}{6}\right)$
$x(i) = x(i-1) + h$

Ausgabe: y

MATLAB:

```
function [x,y]=rungekutta(N,f,a,b,ya)
    h=(b-a)/(N-1);
    x=a:h:b;
    y(1)=ya;
    for i=2:N
        k1=f(x(i-1),y(i-1));
        k2=f(x(i-1)+h/2,y(i-1)+h/2*k1);
        k3=f(x(i-1)+h/2,y(i-1)+h/2*k2);
        k4=f(x(i-1)+h,y(i-1)+h*k3);
        y(i)=y(i-1)+h*(k1/6+k2/3+k3/3+k4/6);
    end
```

```
function ys=fdgl(x,y)
    ys=x-y;
```

Aufruf mit den Parametern von Bsp. 6.2:

```
[x,y]=rungekutta(5,@fdgl,1,1.4,2)
```

Das Runge-Kutta-Verfahren lässt sich anhand unseres Fisch-Beispiels (siehe Bsp. 6.1) wie folgt interpretieren:

neue Fischpopulation = alte Fischpopulation + verstrichene Zeit *
gemittelte Wachstumsgeschwindigkeit

Hier wird ein gewichteter Mittelwert für die Wachstumsgeschwindigkeit verwendet. Auch hier entsteht ein Fehler, da die Wachstumsgeschwindigkeit in einem Teilintervall $[t_{i-1}; t_i]$ nicht konstant ist.

Beispiel 6.4. Für unser Bsp. 6.2 erhalten wir mit $N = 5$ die in Tab. 6.4 zusammengefassten Näherungen.

Tab. 6.4: Ergebnisse des Runge-Kutta-Verfahrens vierter Ordnung mit $N = 5$

x_i	k_1	k_2	k_3	k_4	y_i	y_i (Mittel-punktsregel)	y_i (Euler-Verfahren)	$y(i)$ (exakte Lösung)
1.0					2.0000	2.0000	2.0000	
1.1	−1.0000	−0.9000	−0.9050	−0.8095	1.9097	1.9100	1.9000	1.9097
1.2	−0.8097	−0.7192	−0.7237	−0.6373	1.8375	1.8381	1.8200	1.8375
1.3	−0.6375	−0.5556	−0.5597	−0.4815	1.7816	1.7824	1.7580	1.7816
1.4	−0.4816	−0.4076	−0.4113	−0.3405	1.7406	1.7416	1.7122	1.7406

Rechnen Sie diese Werte nach!

Wir sehen: Bis zur vierten Nachkommastelle stimmen die Näherungen, die wir mithilfe des Runge-Kutta-Verfahrens ermittelt haben, mit der exakten Lösung überein. Es waren aber auch vier Funktionsauswertungen pro Schritt notwendig. ◄

6.1.4 Verallgemeinerung der Verfahren auf Anfangswertprobleme von DGL-Systemen

Wir können jedes unserer kennengelernten Verfahren auf Anfangswertprobleme von Differentialgleichungssystemen (DGLSs)

$$y'_1 = f_1(x, y_1, y_1, \ldots, y_n)$$
$$y'_2 = f_2(x, y_1, y_1, \ldots, y_n)$$
$$\vdots$$
$$y'_n = f_n(x, y_1, y_1, \ldots, y_n)$$
mit $y_1(a) = y_{1a}, \ldots, y_n(a) = y_{na}$, $x \in [a; b]$

oder kurz in Vektorenschreibweise

$$\mathbf{y}'(x) = \mathbf{f}(x, \mathbf{y}(x)) \text{ mit } \mathbf{y}(a) = \mathbf{y_a}, \ x \in [a; b]$$

verallgemeinern. Wir wollen dies exemplarisch für das Euler-Verfahren durchführen und wenden es auf jede Komponente an:

$$\mathbf{y_i} = \mathbf{y_{i-1}} + h\mathbf{f}(x_{i-1}, \mathbf{y_{i-1}}), \quad i = 1, 2, \ldots N - 1.$$

Beispiel 6.5. Wir betrachten folgendes homogenes DGLS zweiter Ordnung:

$$y_1' = -y_1 + 3y_2$$
$$y_2' = 2y_1 - 2y_2 \text{ mit } y_1(0) = 1, \ y_2(0) = 0, \ x \in [0; 3].$$

Das DGLS ist exakt lösbar und die Lösung lautet:

$$y_1(x) = \frac{2}{5}e^{-4x} + \frac{3}{5}e^x$$
$$y_2(x) = -\frac{2}{5}e^{-4x} + \frac{2}{5}e^x$$

Rechnen Sie diese Lösung mit den in Kap. 4 gelernten Methoden nach.

Wir wollen dieses Anfangswertproblem direkt mit MATLAB lösen. Da MATLAB vor allem für die numerische Berechnung mithilfe von Matrizen ausgelegt ist, sind nur kleine Änderungen am Code notwendig, um ihn auf DGLSs zu verallgemeinern:

```
function [x,y]=euler_dgls(N,f,a,b,ya)
    h=(b-a)/(N-1);
    x=a:h:b;
    y(1,:)=ya;
    for i=2:N
        y(i,:)=y(i-1,:)+h*f(x(i-1),y(i-1,:)')')';
    end
```

```
function ys=fdgls1(x,y)
    ys(1,1)=-y(1)+3*y(2);
    ys(2,1)=2*y(1)-2*y(2);
```

Aufruf:

```
[x,y]=euler_dgls(50,@fdgls1,0,3,[1 0])
```

Wir erhalten für $N = 50$ die in Abb. 6.12 dargestellten Näherungen.

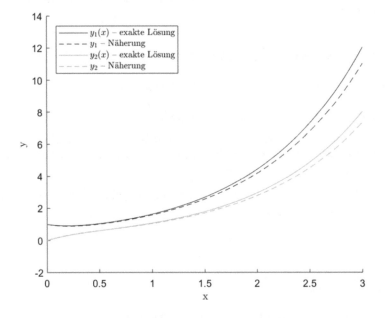

Abb. 6.12: Näherungen für das DGLS ◀

Bemerkung.

1. Da wir jede DGL höherer Ordnung in ein DGLS umschreiben können (siehe Abschn. 4.1), stehen uns somit auch Methoden zur Lösung solcher DGLs zur Verfügung.

2. MATLAB verfügt bereits über zahlreiche Funktionen zur numerischen Lösung von DGLS, die je nach Art des Problems Anwendung finden (siehe MATLAB-Hilfe). Im nächsten Abschnitt lernen Sie den Solver `ode45` kennen, der auf einem Runge-Kutta-Verfahren beruht. ◁

6.2 Randwertprobleme

Wir kommen in diesem Abschnitt auf die bereits in Abschn. 3.4 eingeführten *Randwertprobleme* zweiter Ordnung

$$y''(x) = f\left(x, y(x), y'(x)\right), \quad x \in [a,b], \quad y(a) = \alpha, \; y(b) = \beta$$

zurück, die wir nun numerisch lösen wollen. Dazu stellen wir zwei Verfahren vor: das Schießverfahren und die Differenzenmethode.

6.2.1 Schießverfahren

Wir wollen das Randwertproblem aus Bsp. 3.18

$$y''(x) - 9y(x) = 0 \quad \text{mit} \quad y(0) = 1, \, y(1) = 2$$

numerisch mit dem sogenannten *Schießverfahren* lösen.

Die Grundidee des Schießverfahrens ist es, das Randwertproblem in ein Anfangswertproblem zu überführen und anschließend die Anfangswerte so zu bestimmen, dass die Lösung des Randwertproblems resultiert.

Dazu überführen wir zunächst die DGL zweiter Ordnung in ein System von DGLs erster Ordnung (siehe Abschn. 4.1)

$$\begin{aligned} y_1' &= y_2 \\ y_2' &= 9y_1 \end{aligned}$$

mit den Anfangswerten

$$y_1(0) = 1 \quad \text{und} \quad y_2(0) = s.$$

Der Anfangswert für $y_2(0) = y'(0) = s$ ist unbekannt. Wir wählen zunächst einen beliebigen Wert für s und versuchen den Endwert $y(1) = 2$ zu treffen. Dann verbessern wir s schrittweise, um den Endwert immer besser zu treffen. Wir müssen also mehrere Anfangswertprobleme lösen, um die Lösung des Randwertproblems zu erhalten.

In Abb. 6.13 sind Lösungen für das Anfangswertproblem für verschiedene Werte für s dargestellt.

Nun stellt sich die Frage: Wie müssen wir s wählen, damit wir den Endwert $y(1) = 2$ auch treffen (bei den Versuchen in Abb. 6.13 haben wir ihn immer verfehlt)?

Dazu stellen wir folgende Gleichung auf:

$$F(s) := y_1(1;s) - 2 = 0$$

Diese Gleichung können wir mithilfe von numerischen Verfahren zur Nullstellensuche (z. B. Bisektionsverfahren, Sekantenverfahren) lösen (siehe z. B. Schwarz und Köckler 2011, Abschn. 4.2; Preuß und Wenisch 2001, Kap. 2). Wir werden hier auf die MATLAB-Funktion `fzero` zurückgreifen.

Wir wollen nun unser Problem mithilfe von MATLAB lösen. Dazu implementieren wir zunächst eine Funktion für unser DGLS:

```
function ys=fdgls2(x,y)
    ys=[y(2); 9*y(1)];
```

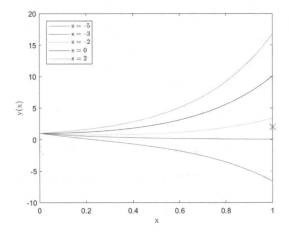

Abb. 6.13: Lösung des Anfangswertproblems für verschiedene Werte für s

Damit die Funktion `fzero` numerisch die Lösung unserer Gleichung finden kann, benötigt sie einen geeigneten Startwert. Wir müssen also eine Idee bekommen, wo die Lösung ungefähr liegt. Dazu lösen wir das Anfangswertproblem für $s = -5, -4, \ldots, 5$ und schauen, wann bei der Funktion $F(s)$ ein Vorzeichenwechsel auftritt. Nach dem Nullstellensatz (siehe Proß und Imkamp 2018, Kap. 9) besitzt eine stetige Funktion in diesem Intervall dann mindestens eine Nullstelle. Die Anfangswertprobleme lösen wir mit der MATLAB-Funktion `ode45` (wir können auch ein Verfahren aus Abschn. 6.1 verwenden).

```
i=1
for s=-5:5
    [x,y]=ode45(@fdgls2,[0 1],[1 s]);
    F(i,:)=[s y(end,1)-2];
    i=i+1;
end
```

Ergebnis:

$$F = \begin{pmatrix} -5 & -8.6288 \\ -4 & -5.2895 \\ -3 & -1.9502 \\ -2 & 1.3891 \\ -1 & 4.7284 \\ 0 & 8.0677 \\ 1 & 11.4070 \\ 2 & 14.7463 \\ 3 & 18.0856 \\ 4 & 21.4249 \\ 5 & 24.7641 \end{pmatrix}$$

Wir sehen im Ergebnisvektor F, dass ein Vorzeichenwechsel im Intervall $[-3;\ -2]$ stattfindet, sodass wir unsere Suche bei -3 beginnen. Dazu müssen wir zunächst eine Funktion mit der Gleichung für unsere Nullstellensuche implementieren:

```
function F=gl_schiess(s)
    [x,y]=ode45(@fdgls2,[0 1],[1 s]);
    F=y(end,1)-2;
```

Diese Funktion übergeben wir zusammen mit dem Startwert $s_0 = -3$ an die Funktion `fzero`

```
s=fzero(@gl_schiess,-3)
```

und erhalten als Lösung $s = -2.4160$. Die Lösung des Anfangswertproblems

$$y_1' = y_2$$
$$y_2' = 9y_1$$

mit den Anfangswerten

$$y_1(0) = 1 \quad \text{und} \quad y_2(0) = -2.4160$$

ist also die Lösung unseres Randwertproblems. Diese Lösung ist in Abb. 6.14 dargestellt.

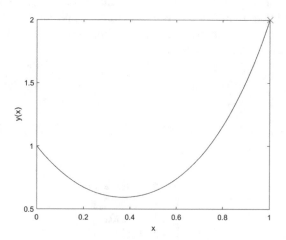

Abb. 6.14: Lösung des Randwertproblems

Da es sich bei unserem Beispiel um ein lineares Randwertproblem handelt (sowohl die DGL als auch die Randbedingungen sind linear), können wir die Lösung auch vollständig analytisch durchführen.

Wir kennen die allgemeine Lösung aus Bsp. 3.18:

$$y(x) = C_1 e^{3x} + C_2 e^{-3x} \quad \text{mit} \quad y(0) = 1, \; y'(0) = s.$$

Wir setzen die Anfangswerte in die Lösung ein und erhalten

$$C_1 = \frac{3+s}{6} \quad \text{und} \quad C_2 = \frac{3-s}{6}.$$

Somit ergibt sich die Lösung in Abhängigkeit von s:

$$y(x;s) = \frac{3+s}{6} e^{3x} + \frac{3-s}{6} e^{-3x}$$

Um s zu ermitteln, müssen wir also die Gleichung

$$y(1;s) = \frac{3+s}{6} e^3 + \frac{3-s}{6} e^{-3} = 2$$

lösen und erhalten

$$s = \frac{2 - \frac{1}{2} e^3 - \frac{1}{2} e^{-3}}{\frac{1}{6} e^3 - \frac{1}{6} e^{-3}} \approx -2.4160.$$

Als Lösung des Randwertproblems erhalten wir

$$y(x) = 0.0973 e^{3x} + 0.9027 e^{-3x}.$$

6.2.2 Differenzenmethode

Eine weitere Methode zur Lösung von Randwertproblemen ist die *Differenzenme-thode*, bei der die in der DGL auftretenden Ableitungen an bestimmten Punkten im Intervall $[a,b]$ durch Differenzenquotienten angenähert werden. Auf diese Weise wird aus der DGL eine Differenzengleichung, die im Fall einer linearen DGL auf ein lineares Gleichungssystem führt.

Betrachten wir auch diese Methode wieder direkt anhand des Randwertproblems aus Bsp. 3.18:

$$y''(x) - 9y(x) = 0 \quad \text{mit} \quad y(0) = 1, \; y(1) = 2.$$

Wir nähern die erste und zweite Ableitung in den sogenannten *Gitterpunkten* durch die *zentralen Differenzenquotienten* an:

$$y'(x_{i-1}) \approx y'_{i-1} = \frac{y_i - y_{i-2}}{2h}$$
$$y''(x_{i-1}) \approx y''_{i-1} = \frac{y_i - 2y_{i-1} + y_{i-2}}{h^2}$$

Diese Formeln für den zentralen Differenzenquotienten erhält man aus der Taylor-Reihe (siehe Proß und Imkamp 2018, Kap. 16 für die Taylor-Reihe und Knorren-schild 2013, Abschn. 7.1 für die Herleitung des zentralen Differenzenquotienten aus der Taylor-Reihe).

Wir geben die Anzahl N der Gitterpunkte vor und legen fest, dass der Abstand zwischen zwei aufeinanderfolgenden Gitterpunkten immer gleich groß ist. Wir bezeichnen diesen Abstand als *Schrittweite* und es gilt

$$h = \frac{b-a}{N-1}.$$

Wir ersetzen in unserem Beispiel die zweite Ableitung durch den zentralen Differenzenquotienten und erhalten die Differenzengleichung

$$\frac{y_i - 2y_{i-1} + y_{i-2}}{h^2} - 9y_{i-1} = 0, \quad i = 2, \ldots N-1.$$

Wir formen die Differenzengleichung um und erhalten

$$y_i - 2y_{i-1} + y_{i-2} - 9h^2 y_{i-1} = 0$$
$$y_i - (2 + 9h^2)y_{i-1} + y_{i-2} = 0, \quad i = 2, \ldots N-1.$$

Wir wählen $N = 6$ (Punkte) mit $y_0 = y(0) = 1$ und $y_5 = y(1) = 2$. Für die Schrittweite h ergibt sich

$$h = \frac{b-a}{N-1} = \frac{1-0}{5} = \frac{1}{5} = 0.2.$$

Somit erhalten wir folgende lineare Gleichungen:

$$y_0 = 1$$
$$y_2 - (2 + 9h^2)y_1 + y_0 = 0$$
$$y_3 - (2 + 9h^2)y_2 + y_1 = 0$$
$$y_4 - (2 + 9h^2)y_3 + y_2 = 0$$
$$y_5 - (2 + 9h^2)y_4 + y_3 = 0$$
$$y_5 = 2,$$

die wir mithilfe von Matrizen und Vektoren (Matrix-Vektor-Produkt) wie folgt darstellen können:

$$\begin{pmatrix} 1 & 0 & 0 & 0 & 0 & 0 \\ 1 & -(2+9h^2) & 1 & 0 & 0 & 0 \\ 0 & 1 & -(2+9h^2) & 1 & 0 & 0 \\ 0 & 0 & 1 & -(2+9h^2) & 1 & 0 \\ 0 & 0 & 0 & 1 & -(2+9h^2) & 1 \\ 0 & 0 & 0 & 0 & 0 & 1 \end{pmatrix} \begin{pmatrix} y_0 \\ y_1 \\ y_2 \\ y_3 \\ y_4 \\ y_5 \end{pmatrix} = \begin{pmatrix} 1 \\ 0 \\ 0 \\ 0 \\ 0 \\ 2 \end{pmatrix}$$

Die Lösung dieses linearen Gleichungssystems überlassen wir MATLAB:

```
h=0.2;
A=[1 0 0 0 0 0; 1 -2-9*h^2 1 0 0 0;0 1 -2-9*h^2 1 0 0;...
   0 0 1 -2-9*h^2 1 0; 0 0 0 1 -2-9*h^2 1; 0 0 0 0 0 1];
c=[1 0 0 0 0 2]';
y=linsolve(A,c)
```

Die Näherungslösung ist zusammen mit der exakten Lösung, die wir aus Abschn. 3.4 kennen, in Abb. 6.15 dargestellt.

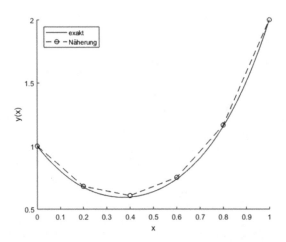

Abb. 6.15: Ergebnis der Differenzenmethode $N = 6$

Wir wollen unsere Näherung verbessern, indem wir die Anzahl der Punkte erhöhen. Damit wir die Matrix A nicht immer wieder neu eingeben müssen, wenn wir die Anzahl der Punkte ändern, bauen wir die Matrix mithilfe von MATLAB-Befehlen in Abhängigkeit von N auf. Dies wollen wir zunächst an der Matrix für $N = 6$ erläutern.

> Sehen Sie sich zur effizienten Generierung von Matrizen mit MATLAB Aufg. 8.7 an!

Mithilfe des Befehls `diag`

```
N=6;
h=1/(N-1);
A1=diag(-(2+9*h^2)*ones(1,N-2))+diag(ones(1,N-3),1)+diag(ones(1,N-3),-1)
```

erhalten wir

$$
A1 = \begin{pmatrix} -(2+9h^2) & 1 & 0 & 0 \\ 1 & -(2+9h^2) & 1 & 0 \\ 0 & 1 & -(2+9h^2) & 1 \\ 0 & 0 & 1 & -(2+9h^2) \end{pmatrix}.
$$

Es fehlen noch die erste und letzte Zeile sowie die erste und letzte Spalte. Wir ergänzen die erste und letzte Zeile

```
A2=[zeros(1,N-2); A1; zeros(1,N-2)]
```

und erhalten

$$
A2 = \begin{pmatrix} 0 & 0 & 0 & 0 \\ -(2+9h^2) & 1 & 0 & 0 \\ 1 & -(2+9h^2) & 1 & 0 \\ 0 & 1 & -(2+9h^2) & 1 \\ 0 & 0 & 1 & -(2+9h^2) \\ 0 & 0 & 0 & 0 \end{pmatrix}.
$$

Abschließend ergänzen wir noch die erste und letzte Spalte

```
A=horzcat([1;1;zeros(N-2,1)],A2,[zeros(N-2,1);1;1])
```

und erhalten die gewünschte Matrix

$$
\begin{pmatrix} 1 & 0 & 0 & 0 & 0 & 0 \\ 1 & -(2+9h^2) & 1 & 0 & 0 & 0 \\ 0 & 1 & -(2+9h^2) & 1 & 0 & 0 \\ 0 & 0 & 1 & -(2+9h^2) & 1 & 0 \\ 0 & 0 & 0 & 1 & -(2+9h^2) & 1 \\ 0 & 0 & 0 & 0 & 0 & 1 \end{pmatrix}.
$$

> Nutzen Sie die MATLAB-Hilfe, um sich mit den Befehlen diag, ones,
> zeros und horzcat vertraut zu machen.

Auch die rechte Seite c können wir in Abhängigkeit von N aufbauen:

```
c=zeros(N,1);
c(1)=1;
c(end)=2;
```

In unserem neuen Script brauchen wir nur die Punktanzahl N auf 12 zu erhöhen und erhalten die verbesserte Näherung für unser Randwertproblem:

```
N=12;
h=1/(N-1);
A1=diag(-(2+9*h^2)*ones(1,N-2))+diag(ones(1,N-3),1)+diag(ones(1,N-3),-1);
A2=[zeros(1,N-2); A1; zeros(1,N-2)];
A=horzcat([1;1;zeros(N-2,1)],A2,[zeros(N-2,1);1;1]);
```

```
c=zeros(N,1);
c(1)=1;
c(end)=2;
y=linsolve(A,c)
```

In Abb. 6.16 können wir schon optisch eine Verbesserung der Näherung sehen.

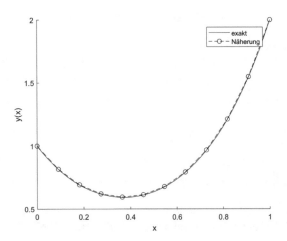

Abb. 6.16: Ergebnis der Differenzenmethode $N = 12$

6.2.3 Die MATLAB-Funktion bvp4c

MATLAB besitzt bereits die vordefinierte Funktion bvp4c zur numerischen Lösung von Randwertproblemen. Dahinter verbirgt sich eine Kollokationsmethode mit kubischen Splines als Ansatzfunktionen.

Kollokationsmethoden sind eine weitere Möglichkeit, Randwertprobleme numerisch zu lösen. Auch hier gibt man N Gitterpunkte im Intervall $[a, b]$ vor und fordert, dass der Lösungsansatz

$$y_N(x) = \sum_{i=1}^{N} c_i u_i(x)$$

die DGL in den Gitterpunkten erfüllt, d. h. der Fehler in den Gitterpunkten null ist. Die Bestimmung der Koeffizienten c_i führt auf ein lineares Gleichungssystem. Wir wollen in diesem Rahmen nicht näher auf dieses Verfahren eingehen. Interessierte Leserinnen und Leser seien auf Benker (2005, Abschn. 11.4) verwiesen.

Stattdessen wollen wir uns mit der Anwendung dieses Befehls vertraut machen. Ein Blick in die Hilfe von MATLAB zeigt uns, dass der Befehl vier Eingabeparameter erfordert:

```
sol=bvp4c(odefun,bcfun,solinit)
```

Zur Verdeutlichung der Eingabeparameter verwenden wir wieder unser Bsp. 3.18

$$y''(x) - 9y(x) = 0 \quad \text{mit} \quad y(0) = 1, \ y(1) = 2.$$

Der erste Parameter odefun beinhaltet unsere DGL, transformiert in ein DGLS, wie Sie das bereits z. B. vom Schießverfahren (siehe Abschn. 6.2.1) kennen:

```
function ys=fdgls2(x,y)
    ys=[y(2); 9*y(1)];
```

Der zweite Parameter umfasst die Randbedingungen, die auch als Spaltenvektor zu übergeben sind:

```
function res=randb(ya,yb)
    res=[ya(1)-1;yb(1)-2];
```

Der letzte Parameter gibt die Gitterpunkte im Lösungsintervall $[a,b]$ und eine Anfangsschätzung für die Lösungsfunktion an. Dafür stellt MATLAB die Funktion bvpinit bereit:

```
solinit=bvpinit(linspace(0,1,6),[1 0]);
```

Die Funktion linspace(0,1,6) liefert sechs Gitterpunkte im Intervall $[0,1]$, also

$$0 \quad 0.2 \quad 0.4 \quad 0.6 \quad 0.8 \quad 1.$$

Als Anfangsschätzung für die Lösungsfunktionen haben wir

$$y_1(x) = 1 \quad \text{und} \quad y_2(x) = y_1'(x) = 0$$

gewählt.

Durch den Aufruf

```
sol=bvp4c(@fdgls2,@randb,solinit);
```

erhalten wir die numerische Lösung unseres Randwertproblems. Die Lösung ist in Abb. 6.17 dargestellt.

Mit der MATLAB-Funktion deval kann man Näherungen für die Punkte, die keine Gitterpunkte sind, berechnen. Dazu erzeugen wir zunächst mit dem Befehl linspace(0,1) 100 Gitterpunkte im Intervall $[0,1]$, die immer den gleichen Abstand haben. Anschließend übergeben wir das Gitter sowie die Lösung des Randwertproblems an die Funktion deval. Das Ergebnis der Funktion plotten wir zusammen mit der exakten Lösung, die wir aus Bsp. 3.18 kennen.

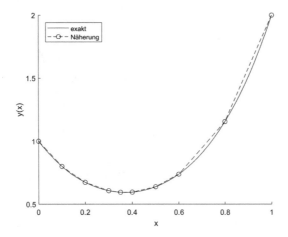

Abb. 6.17: Lösung des Randwertproblems mittels der MATLAB-Funktion `bvp4c`

```
x=linspace(0,1);
y=deval(sol,x);
f=@(x) 1/(exp(6)-1)*(2*exp(3*x+3)-exp(3*x)+exp(-3*x+6)-2*exp(-3*x+3));
hold on
fplot(f,[0 1],'k')
plot(x,y(1,:))
hold off
legend('exakt','Naeherung','location','northwest')
xlabel('x')
ylabel('y(x)')
```

In Abb. 6.18 können wir optisch kaum einen Unterschied zwischen exakter Lösung und Näherung ausmachen.

6.3 Partielle Differentialgleichungen

Abschließend wollen wir noch anhand eines Beispiels eine Methode zur numerischen Lösung von PDGLs kennenlernen. Im Kap. 5 haben wir uns schon mit PDGLs und deren analytischer Lösung auseinandergesetzt. In diesem Zusammenhang haben Sie bereits die Wärmeleitungsgleichung im Eindimensionalen

$$\frac{\partial T}{\partial t} = k \frac{\partial^2 T}{\partial x^2}$$

kennengelernt (siehe Abschn. 5.3.3). Hierbei gibt T die Temperatur an und k ist der Temperaturleitwert. Wir können uns hierbei z. B. die Temperaturverteilung in einem Stab vorstellen.

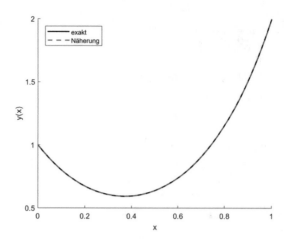

Abb. 6.18: Lösung des Randwertproblems mittels der MATLAB-Funktion `bvp4c` und Berechnung der Näherungen mit `deval`

Wir wählen für unsere weiteren Berechnungen $k = 1$. Unsere PDGL lautet dann in anderer Schreibweise

$$T_t = T_{xx}.$$

Wie in Abschn. 5.3.3 beschrieben, sei der Stab (wir wählen die Länge $L = 1$) zwischen zwei Metallplatten der Temperatur 0 eingespannt, sodass wir die Randbedingungen

$$T(0,t) = T(1,t) = 0, \quad t \in [0,1]$$

erhalten.

Als anfängliche Temperaturverteilung im Stab wählen wir

$$T(x,0) = \sin(\pi x), \quad x \in [0,1].$$

Wir wollen diese PDGL mit ihren Nebenbedingungen mithilfe der *Differenzenmethode* lösen. Sie haben diese Methode bereits in Abschn. 6.2.2 zur Lösung von Randwertproblemen kennengelernt.

Auch hier ist die Grundidee wieder, die in der PDGL auftretenden partiellen Ableitungen in den Gitterpunkten durch Differenzenquotienten anzunähern. Dazu legen wir zunächst ein Gitternetz auf das Grundgebiet $G = [0,1] \times [0,1]$ mit i. A. unterschiedlichen Schrittweiten Δt und Δx (siehe Abb. 6.19).

Gesucht sind jetzt also Näherungen $T_{i,k}$ für die Funktionswerte $T(x_i, t_k)$ an den Gitterpunkten $(x_i; t_k)$. Diese Gitterpunkte sind in Abb. 6.19 schwarz dargestellt. Die gelben Punkte stellen die Anfangsbedingungen dar und die orangefarbenen die Rand-

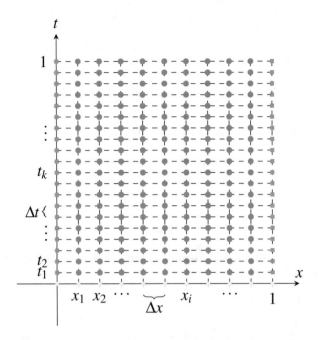

Abb. 6.19: Schrittweite bei der Differenzenmethode (Randwerte - orange Quadrate, Anfangswerte - gelbe Quadrate, Gitterpunkte - graue Kreise)

bedingungen. Die Werte an diesen Punkten müssen für diese Methode vorgegeben werden.

Die erste partielle Ableitung nach t nähern wir mit dem *Vorwärtsdifferenzenquotienten* an:

$$T_t(x_{i-1}, t_{k-1}) \approx \frac{T_{i-1,k} - T_{i-1,k-1}}{\Delta t}$$

Die zweite partielle Ableitung nach x nähern wir durch den zentralen Differenzenquotient an, den Sie bereits in Abschn. 6.2.2 kennengelernt haben:

$$T_{xx}(x_{i-1}, t_{k-1}) \approx \frac{T_{i,k-1} - 2T_{i-1,k-1} + T_{i-2,k-1}}{\Delta x^2}$$

Auf diese Weise erhalten wir die Differenzengleichung

$$\frac{T_{i-1,k} - T_{i-1,k-1}}{\Delta t} = \frac{T_{i,k-1} - 2T_{i-1,k-1} + T_{i-2,k-1}}{\Delta x^2},$$

die wir wie folgt umstellen:

$$T_{i-1,k} = T_{i-1,k-1} + \frac{\Delta t}{\Delta x^2}\left(T_{i,k-1} - 2T_{i-1,k-1} + T_{i-2,k-1}\right)$$

Hierbei handelt es sich um eine explizite Methode, da kein lineares Gleichungssystem gelöst werden muss. Die Werte der Zeitstufe t_k ergeben sich direkt aus den Vorgängerwerten der Zeitstufe t_{k-1}. Somit erhalten wir aus den Anfangswerten die Werte für die erste Zeitstufe t_1

$$T_{i-1,1} = T_{i-1,0} + \frac{\Delta t}{\Delta x^2} \left(T_{i,0} - 2T_{i-1,0} + T_{i-2,0} \right)$$

und damit z. B. die Näherung für den Funktionswert $T(x_1, t_1)$

$$T_{1,1} = T_{1,0} + \frac{\Delta t}{\Delta x^2} \left(T_{2,0} - 2T_{1,0} + T_{0,0} \right).$$

Durch Einpflegen der Anfangswerte

$$T_{0,0} = \sin(0) = 0, \quad T_{1,0} = \sin(\pi \Delta x) = 0, \quad T_{2,0} = \sin(2\pi \Delta x) = 0$$

und Vorgabe der Schrittweiten Δx und Δt erhalten wir den gesuchten Näherungswert im Gitterpunkt $(x_1; t_1)$.

Diese Rechnungen überlassen wir aber wieder getrost dem Computer und bauen schrittweise ein MATLAB-Programm zur Lösung dieser PDGL mit dem Differenzenverfahren auf.

Wir legen zunächst unsere Schrittweiten fest:

```
dx=0.1;
dt=0.002;
```

Anschließend definieren wir unser Grundgebiet $x \in [0,1]$ und $t \in [0,1]$:

```
xa=0;
xb=1;
ta=0;
tb=1;
```

Nun können wir die Größe unserer Matrix T vorgeben, in der wir die Näherungen speichern:

```
Nx=(xb-xa)/dx+1;
Nt=(tb-ta)/dt+1;
T=zeros(Nt,Nx);
```

Die Zeilen dieser Matrix sind die einzelnen Zeitstufen und die Spalten enthalten die einzelnen Orte. Demnach befinden sich in der ersten Zeile dieser Matrix die Temperaturwerte zum Zeitpunkt $t_0 = 0$, also müssen wir hier unsere Anfangswerte eintragen:

```
i=0:Nx-1;
T(1,:)=sin(pi*i*dx);
```

Unsere Randwerte sind in der ersten und letzten Spalte einzutragen. Da wir unsere Matrix mit Nullen initialisiert haben, brauchen wir dafür nichts zu tun.

Den Rest der Matrix bauen wir nach der Differenzengleichung auf:

```
for k=2:Nt
    for i=2:Nx-1
    T(k,i)=T(k-1,i)+dt/(dx^2)*(T(k-1,i+1)-2*T(k-1,i)+T(k-1,i-1));
    end
end
```

Abschließend stellen wir die Ergebnisse grafisch dar (siehe Abb. 6.20):

```
mesh(xa:dx:xb,ta:dt:tb,T)
colormap('winter')
xlabel('x')
ylabel('t')
zlabel('T')
```

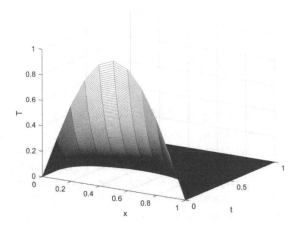

Abb. 6.20: Ergebnis des Differenzenverfahrens für die Wärmeleitungsgleichung mit den Schrittweiten $\Delta x = 0.1$ und $\Delta t = 0.002$

Nun stellt sich die Frage, wie sich Änderungen der Schrittweiten auf das Ergebnis auswirken. Ein bedeutsame Entdeckung macht man z. B., wenn man die Zeitschrittweite vergrößert, z. B. auf $\Delta t = 0.01$. Man würde vielleicht nur eine Verschlechterung der Ergebnisse erwarten. Aber nein, das ganze Verfahren bricht zusammen! Wir bekommen völlig sinnlose Ergebnisse! Das Verfahren ist dann *instabil*.

> Übertragen Sie den obigen Code in MATLAB, ändern Sie die
> Zeitschrittweite auf 0.01 und betrachten Sie die Ergebnisse!

Es lassen sich also die Schrittweiten nicht willkürlich wählen, sondern man kann zeigen, dass

$$\frac{\Delta t}{\Delta x^2} \leq \frac{1}{2}$$

gelten muss (siehe Schwarz und Köckler 2011). Die Untersuchung, unter welchen Bedingungen ein Verfahren stabil ist, ist also ein wichtiger Bestandteil der numerischen Mathematik. Ohne deren Erkenntnisse können wir das Verfahren nicht durchführen, da wir nicht wüssten, für welche Werte der Parameter das Verfahren stabil, also erfolgreich läuft.

6.4 Anwendungen

Es folgen einige Anwendungen, deren DGL-Modelle analytisch nicht gelöst werden können. Es lässt sich aber zeigen, das jeweils eine Lösung existiert. Diese wollen wir mithilfe von numerischen Methoden ermitteln.

6.4.1 Räuber-Beute-Modelle

Nichtlineares DGLS, Anfangswertproblem

In Abschn. 2.4.4 haben wir uns bereits mit dem Wachstum einer Population beschäftigt. In Bsp. 2.14 haben wir die Vermehrung von Fischen in einem Gartenteich betrachtet und in Bsp. 2.17 konnten wir mithilfe des logistischen Wachstums eine Abschätzung für die Entwicklung der Weltbevölkerung geben. Nun wird es spannender: Wir betrachten Wachstumsprozesse, bei denen die Wechselwirkung zweier Arten von Lebewesen mit einbezogen wird.

Die eine Art von Lebewesen nennen wir Räuber R und die andere Beute B. Hier können wir uns z. B. Füchse als Räuber und Hasen als Beute vorstellen. Das unabhängig voneinander von Alfred J. Lotka (1880–1949) und Vito Volterra (1860–1940) entwickelte Modell beschreibt die Wechselwirkung von Räuber und Beute. Dazu werden folgende Annahmen getroffen:

1. B lebt ausschließlich von einem unerschöpflichen Nahrungsvorrat und vermehrt sich mit der Rate $a_1 B$ (exponentielles Wachstum, siehe Abschn. 2.4.4).

2. R lebt ausschließlich von B. Ohne B würde R sich aufgrund von Nahrungsmangel nach der natürlichen Sterberate $-a_2 R$ vermindern.

3. B wird von R gefressen und vermindert sich dadurch. Die Rate hängt hierbei von der Häufigkeit einer Begegnung von B und R ab und ist proportional zu RB, es gilt also $-b_1 BR$.

4. Da R sich von B ernährt, vermehrt sich R mit der Rate $b_2 BR$.

Die Wechselwirkung von B und R wird durch das folgende System von Differenti-algleichungen beschrieben:

$$\frac{dB}{dt} = a_1 B - b_1 BR$$

$$\frac{dR}{dt} = -a_2 R + b_2 BR$$

mit $B(0) = B_0$ und $R(0) = R_0$.

Die Tab. 6.5 fasst die Bezeichnungen des Räuber-Beute-Modells (oft auch als *Lotka-Volterra-Modell* bezeichnet) zusammen.

Tab. 6.5: Bezeichnungen des Räuber-Beute-Modells

$B = B(t)$	Anzahl der Beutetiere
$R = R(t)$	Anzahl der Räuber
$B_0 > 0$	Anzahl der Beutetiere zum Zeitpunkt $t = 0$
$R_0 > 0$	Anzahl der Räuber zum Zeitpunkt $t = 0$
$a_1 > 0$	Vermehrungsrate der Beutetiere ohne Störung durch die Räuber
$a_2 > 0$	Sterberate der Räuber, wenn keine Beutetiere vorhanden sind
$b_1 > 0$	Sterberate der Beutetiere pro Räuber (Anzahl der Beutetiere, die pro Räuber pro Zeiteinheit gefressen werden)
$b_2 > 0$	Vermehrungsrate der Räuber pro Beutetier

Dieses DGLS ist wegen des Terms BR nichtlinear. Hierfür haben wir in Kap. 4 kein Verfahren kennengelernt, um es zu lösen. Man kann zeigen, dass dieses DGLS stets eindeutig lösbar ist, aber nie analytisch, d. h., wir können keine geschlossenen Gleichungen für $B(t)$ und $R(t)$ angeben (siehe Heuser 2004). Aus diesem Grund müssen wir hier die in den letzten Abschnitten vorgestellten numerischen Verfahren zurate ziehen.

MATLAB besitzt bereits einige vorprogrammierte Verfahren zur numerischen Lösung von DGLS. Wir können z. B. die Funktion `ode45` verwenden, die auf dem Runge-Kutta-Verfahren beruht. Dazu müssen wir zunächst eine Funktion für das DGLS implementieren:

```
function dydt=raeuberbeute(t,y)
    dydt=[0.7*y(1)-0.0008*y(1)*y(2);
        -0.8*y(2)+0.0008*y(1)*y(2)];
```

Für die Parameter verwenden wir folgende Werte: $a_1 = 0.7\,\mathrm{a}^{-1}$, $a_2 = 0.8\,\mathrm{a}^{-1}$, $b_1 = 0.0008\,\mathrm{a}^{-1}$, $b_2 = 0.0008\,\mathrm{a}^{-1}$. (Die Variablen B und R seien dimensionslos.) Da MATLAB auf Matrizen beruht, fassen wir B und R wie folgt zusammen:

$$y = \begin{pmatrix} B \\ R \end{pmatrix} \quad \text{und} \quad dydt = \begin{pmatrix} \frac{dB}{dt} \\ \frac{dR}{dt} \end{pmatrix}.$$

Die numerische Lösung erhalten wir durch den Aufruf:

```
[t,y]=ode45(@raeuberbeute,[0 40],[500 300])
```

Zu Beginn ($t = 0$) leben 500 Beutetiere und 300 Räuber, und wir wollen die Entwicklung über 40 Jahre berechnen. Als Ergebnis erhalten wir zunächst Zahlenwerte, die wir dann mit dem `plot`-Befehl darstellen können:

```
plot(t,y)
legend('Beute','Raeuber')
xlabel('Zeit in Jahren')
ylabel('Raeuber/Beute')
```

In Abb. 6.21 wird der zeitliche Verlauf der Entwicklung der Räuber und Beutetiere dargestellt. Wir können verschiedene Phasen erkennen:

1. Zunächst vermehrt sich B und damit auch R (ab Jahr 0).

2. R ist übermächtig und B vermindert sich (ab Jahr 3.6).

3. Aufgrund des mangelnden Nahrungsangebots vermindert sich R (ab Jahr 5).

4. B kann sich wieder erholen und vermehrt sich (ab Jahr 7.2).

5. B ist wieder groß genug, sodass sich R wieder vermehren kann (ab Jahr 10.7), und der ganze Prozess beginnt wieder von vorne.

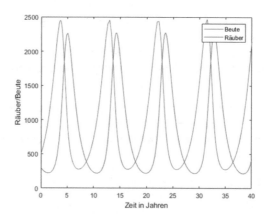

Abb. 6.21: Räuber-Beute-Modell: Ergebnis

Man kann diesen zyklischen Verlauf auch in einem sogenannten *Phasendiagramm* darstellen (siehe Abb. 6.22):

```
plot(y(:,1),y(:,2))
xlabel('Beute')
ylabel('Raeuber')
```

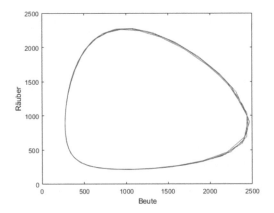

Abb. 6.22: Räuber-Beute-Modell: Phasendiagramm

Setzen wir die rechte Seite der beiden DGLs gleich null, dann ändern sich die Räuber- und Beute-Populationen nicht:

$$a_1 B - b_1 BR = 0$$
$$-a_1 R + b_2 BR = 0$$

$$B(a_1 - b_1 R) = 0$$
$$R(-a_2 + b_2 B) = 0$$

Wir erhalten die zwei Lösungen

$$B = R = 0 \quad \text{und} \quad B = \frac{a_2}{b_2}, \ R = \frac{a_1}{b_1}.$$

Die erste Lösung ist für uns uninteressant, denn wenn es keine Lebewesen zum Zeitpunkt $t = 0$ gibt, dann wird es auch weiterhin keine geben. Wir wenden uns der zweiten Lösung zu. Mit unseren Parametern aus dem Beispiel ergeben sich folgende Werte:

$$B = \frac{0.8}{0.0008} = 1000 \quad \text{und} \quad R = \frac{0.7}{0.0008} = 875.$$

Wählen wir diese Werte als Anfangswerte, erhalten wir das in Abb. 6.23 dargestellte Ergebnis.

Es findet also, wie erwartet, keine Veränderung in den Populationen statt. Vermehrungs- und Sterberate gleichen sich aus. Einen solchen Punkt nennt man *Gleichgewichtspunkt* oder auch *Fixpunkt*. Abb. 6.24 zeigt den Gleichgewichtspunkt im Phasendiagramm für die Anfangswerte $B_0 = 500$ und $R_0 = 300$. Man kann erkennen, dass

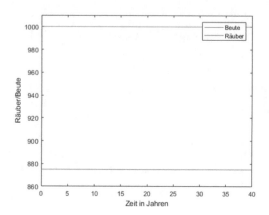

Abb. 6.23: Räuber-Beute-Modell: Ergebnis, wenn Anfangswerte mit dem Gleichgewichtspunkt übereinstimmen

die Populationen von Räubern und Beutetieren in einer geschlossenen Bahn um den
Gleichgewichtspunkt kreisen.

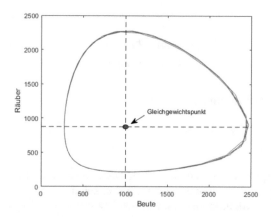

Abb. 6.24: Räuber-Beute-Modell: Phasendiagramm mit Gleichgewichtspunkt

Wir ändern nun unser Modell geringfügig ab und fügen die Annahme hinzu, dass
sich die Beutetiere bei einer großen Anzahl gegenseitig behindern oder sogar auf-
fressen. Diese Konkurrenzsituation zwischen den Beutetieren können wir durch
Hinzufügen des Terms $-c_1 B^2$ abbilden (zur Erklärung siehe Abschn. 2.4.4 über
logistisches Wachstum). Unser modifiziertes Modell hat dann folgende Gestalt:

$$\frac{dB}{dt} = a_1 B - b_1 BR - c_1 B^2$$

$$\frac{dR}{dt} = -a_2 R + b_2 BR$$

mit $B(0) = B_0$ und $R(0) = R_0$.

Wir passen unsere MATLAB-Funktion entsprechend an und wählen $c_1 = 0.0001\,\mathrm{a}^{-1}$:

```
function dydt=raeuberbeute2(t,y)
    dydt=[0.7*y(1)-0.0008*y(1)*y(2)-0.0001*y(1)^2;
        -0.8*y(2)+0.0008*y(1)*y(2)];
```

```
[t,y]=ode45(@raeuberbeute2,[0 100],[500 300])
```

Abb. 6.25 stellt die Entwicklung der Populationen über 100 Jahre dar. Nun bietet sich uns ein anderes Bild. Die Schwingung verläuft nicht wie in Abb. 6.21 unge-dämpft, sondern sie wird immer schwächer und die Populationen pendeln sich auf einen Wert ein. Auch diesen Wert können wir wieder berechnen, indem wir die DGLs gleich null setzen:

$$\frac{dB}{dt} = a_1 B - b_1 BR - c_1 B^2 = 0$$

$$\frac{dR}{dt} = -a_2 R + b_2 BR = 0$$

$$B(a_1 - B - b_1 R - c_1 B) = 0$$
$$R(-a_2 + b_2 B) = 0$$

Wir erhalten, neben der trivialen Lösung $B = R = 0$ und der Lösung $R = 0$, $B = a_1/c_1$, die gegenüber dem Modell ohne Konkurrenz leicht veränderte Lösung

$$B = \frac{a_2}{b_2} \quad \text{und} \quad R = \frac{a_1}{b_1} - \frac{c_1}{b_1} \cdot \frac{a_2}{b_2}.$$

Mit unseren Parametern erhalten wir

$$B = 1000 \quad \text{und} \quad R = 875 - 125 = 750$$

als Gleichgewichtspunkt.

Im Phasendiagramm in Abb. 6.26 sieht man nun sehr schön, dass die Populationen nicht mehr in den Bahnen um den Gleichgewichtspunkt kreisen, sondern dass sie sich auf ihn zu bewegen. Der Gleichgewichtspunkt wirkt nun anziehend. Man nennt ihn in diesem Fall auch *Attraktor*.

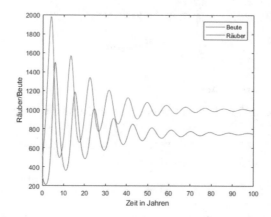

Abb. 6.25: Räuber-Beute-Modell mit Konkurrenz: Ergebnis

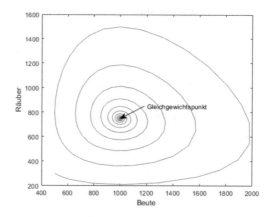

Abb. 6.26: Räuber-Beute-Modell mit Konkurrenz: Phasendiagramm

6.4.2 Wettbewerbsmodelle

Nichtlineares DGLS, Anfangswertproblem

Wir gehen von folgendem Sachverhalt aus: Zwei Arten von Lebewesen A_1, A_2 ernähren sich von zwei verschiedenen beschränkten Ressourcen R_1, R_2. Um dies zu modellieren, haben wir in Abschn. 2.4.4 die logistische Gleichung kennengelernt. Es gilt:

$$\frac{dA_1}{dt} = a_1 A_1 - c_1 A_1^2$$

$$\frac{dA_2}{dt} = a_1 A_2 - c_1 A_2^2$$

Diese beiden DGLs sind nicht gekoppelt und wir könnten Sie nach der in Abschn. 2.3.3 vorgestellten Methode lösen.

Nun verändern wir dieses Modell leicht und die Situation ist eine völlig andere. Wir setzen $R_1 = R_2$ und somit stehen die beiden Arten im Wettbewerb, da sie um eine Ressource als ihre Nahrung kämpfen. Dies können wir im Modell durch Hinzufügen des Terms $b_1 A_1 A_2$ bzw. $b_2 A_1 A_2$ abbilden, da jede Population die andere beim Wachstum behindert. Wir erhalten folgendes Modell, das nun sehr wohl aus gekoppelten DGLs besteht:

$$\frac{dA_1}{dt} = a_1 A_1 - b_1 A_1 A_2 - c_1 A_1^2$$

$$\frac{dA_2}{dt} = a_1 A_2 - b_2 A_1 A_2 - c_1 A_2^2$$

mit den Anfangsbedingungen $A_1(0) = A_{10}$ und $A_2(0) = A_{20}$.

Auch dieses DGLS ist nichtlinear und wir erhalten, wenn wir die rechte Seite der DGLs gleich null setzen, vier verschiedene Gleichgewichtspunkte:

$$a_1 A_1 - b_1 A_1 A_2 - c_1 A_1^2 = 0$$

$$a_1 A_2 - b_2 A_1 A_2 - c_1 A_2^2 = 0$$

$$A_1(a_1 - b_1 A_2 - c_1 A_1) = 0$$

$$A_2(a_2 - b_2 A_1 - c_2 A_2) = 0$$

1. Fall: $A_1 = 0, A_2 = 0$

2. Fall: $A_1 = 0, A_2 = a_2/c_2$. Die Lebewesen der Art 1 werden von denen der Art 2 verdrängt und sterben aus.

3. Fall: $A_1 = a_1/c_1, A_2 = 0$. Die Lebewesen der Art 2 werden von denen der Art 1 verdrängt und sterben aus.

4. Fall: $A_1 = (a_2 b_1 - a_1 c_2)/(b_1 b_2 - c_1 c_2), A_2 = (a_1 b_2 - a_2 c_1)/(b_1 b_2 - c_1 c_2)$. Beide Arten leben zusammen (Koexistenz).

Mit der Frage, ob einer dieser Gleichgewichtspunkte anziehend wirkt, befasst sich die Stabilitätstheorie. Dies hängt von der Wahl der Parameter ab und würde im Rahmen dieser Einführung zu weit führen. Dafür sei auf Heuser (2004) und Imboden und Koch (2008) verwiesen. Aber wir wollen uns einige Beispiele anschauen und greifen bei der Lösung wieder auf die in MATLAB integrierten numerischen Verfahren zurück.

Wir wählen die Parameter $a_1 = 0.7\,\mathrm{a}^{-1}$, $a_2 = 0.5\,\mathrm{a}^{-1}$, $b_1 = 0.0001\,\mathrm{a}^{-1}$, $b_2 = 0.0002\,\mathrm{a}^{-1}$, $c_1 = 0.001\,\mathrm{a}^{-1}$ und $c_2 = 0.0015\,\mathrm{a}^{-1}$. Das Ergebnis ist in Abb. 6.27 dargestellt. Wir sehen als Erstes, dass wir kein periodisches Verhalten der Arten haben wie beim Räuber-Beute-Modell, sondern dass sich die Populationen nach einigen Jahren bei einem Wert einpendeln. Dieser Wert ist der Gleichgewichtspunkt und ergibt sich hier durch

$$A_1 = \frac{0.5 \cdot 0.0001 - 0.7 \cdot 0.0015}{0.0001 \cdot 0.0002 - 0.001 \cdot 0.0015} \approx 676,$$

$$A_2 = \frac{0.7 \cdot 0.0002 - 0.5 \cdot 0.001}{0.0001 \cdot 0.0002 - 0.001 \cdot 0.0015} \approx 243.$$

Beide Arten können also zusammen existieren.

```
function dydt=wettbewerb(t,y)
    dydt=[0.7*y(1)-0.0001*y(1)*y(2)-0.001*y(1)^2;
          0.5*y(2)-0.0002*y(1)*y(2)-0.0015*y(2)^2];
```

```
[t,y]=ode45(@wettbewerb,[0 10],[500 300])
```

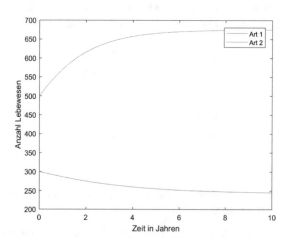

Abb. 6.27: Wettbewerbsmodell: Beide Lebewesen existieren zusammen.

Wählen wir hingegen die Parameter $a_1 = 0.7\,\mathrm{a}^{-1}$, $a_2 = 0.5\,\mathrm{a}^{-1}$, $b_1 = 0.00001\,\mathrm{a}^{-1}$, $b_2 = 0.0002\,\mathrm{a}^{-1}$, $c_1 = 0.0001\,\mathrm{a}^{-1}$ und $c_2 = 0.0015\,\mathrm{a}^{-1}$, ergibt sich das in Abb. 6.28 dargestellte Ergebnis. Art 1 überlebt und Art 2 stirbt aus:

$$A_1 = \frac{0.7}{0.0001} = 7000 \quad \text{und} \quad A_2 = 0.$$

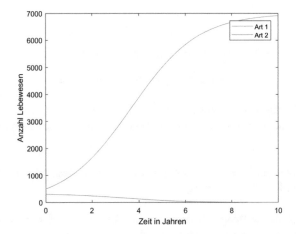

Abb. 6.28: Wettbewerbsmodell: Eine Art stirbt aus.

6.5 Aufgaben

Übung 6.1. Ⓑ Gegeben ist das folgende Anfangswertproblem:

$$y'(x) = x \cdot y(x), \quad x \in [0;4], \quad y(0) = 2.$$

a) Lösen Sie das Anfangswertproblem händisch mit dem Euler-Verfahren, der Mittelpunktsregel und dem Runge-Kutta-Verfahren vierter Ordnung. Wählen Sie $N = 5$.

b) Vergleichen Sie Ihre Ergebnisse, indem Sie diese zusammen mit der exakten Lösung in MATLAB plotten.

c) Lösen Sie das Anfangswertproblem mit den MATLAB-Funktionen für das Euler-Verfahren, die Mittelpunktsregel und das Runge-Kutta-Verfahren vierter Ordnung. Wählen Sie $N = 50$ und stellen Sie Ihre Ergebnisse grafisch dar.

Übung 6.2. Ⓑ Eine weitere Verbesserung des Euler-Verfahrens ist das *Verfahren von Heun*: Man führt einen Euler-Schritt mit der Schrittweite h aus und bestimmt an dem so erhaltenen Punkt die Steigung des Richtungsfeldes. Anschließend berechnet man den arithmetischen Mittelwert dieser Steigung und der Steigung im Ausgangspunkt und verwendet diesen als Steigung, um einen Schritt vom Ausgangspunkt auszuführen.

a) Erstellen Sie ein Struktogramm des Verfahrens von Heun.

b) Bestimmen Sie zunächst händisch die numerische Lösung für das Anfangswertproblem in Bsp. 6.2 $(N = 5)$.

c) Implementieren Sie das Verfahren in MATLAB.

d) Überprüfen Sie Ihre MATLAB-Funktion, indem Sie das Anfangswertproblem aus Bsp. 6.2 mit $N = 5$ und $N = 9$ lösen.

Übung 6.3. Ⓑ Verallgemeinern Sie die Mittelpunktsregel auf DGLS und implementieren Sie das Verfahren mit MATLAB. Überprüfen Sie Ihr Verfahren, indem Sie das Anfangswertproblem aus Bsp. 6.5 für verschiedene N lösen und die Ergebnisse zusammen mit der exakten Lösung plotten.

Übung 6.4. Ⓑ In Abschn. 3.6.4 haben Sie die Schwingungsdifferentialgleichung kennengelernt:

$$\ddot{x}(t) + 2\delta\dot{x}(t) + \omega_0^2 x(t) = A\omega_0^2 \cos\Omega t$$

Wir betrachten den ungedämpften Fall $(\delta = 0)$ und wählen die Parameter $\omega_0 = 1\,\text{Hz}$, $A = 0.1\,\text{m}$ und $\Omega = 0.5\,\text{Hz}$.

a) Transformieren Sie die DGL zweiter Ordnung in ein System von DGLs erster Ordnung. Wählen Sie die Anfangswerte $x(0) = 0$ und $v(0) = 0.1\,\mathrm{m\,s}^{-1}$.

b) Lösen Sie das DGLS mit der MATLAB-Funktion ode45 und Ihrer in Aufg. 6.3 implementierten Mittelpunktsregel mit $N = 500$.

c) Plotten Sie Ihre Ergebnisse und vergleichen Sie diese mit den Ergebnissen aus Abschn. 3.6.4 (siehe Abb. 3.15).

Übung 6.5. Ⓑ Gegeben ist das Randwertproblem

$$y''(x) + 3y'(x) - 10y(x) = 0 \quad \text{mit} \quad y(0) = 1,\ y(1) = 2.$$

a) Bestimmen Sie die Lösung des Randwertproblems numerisch mit dem Schießverfahren. Nutzen Sie MATLAB für Ihre Rechnungen.

b) Da es sich um ein lineares Randwertproblem handelt, kann es auch analytisch, wie in Abschn. 6.2.1 vorgestellt, gelöst werden. Geben Sie die analytische Lösung an.

Übung 6.6. Ⓑ Ⓥ Gegeben ist das Randwertproblem

$$y''(x) + 6y'(x) + 9y(x) = 0 \quad \text{mit} \quad y(0) = 5,\ y(2) = 3.$$

a) Stellen Sie die zugehörige Differenzengleichung zu dieser DGL auf.

b) Stellen Sie das lineare Gleichungssystem in Matrix-Vektor-Form auf, das sich aus der Differenzengleichung für $N = 6$ ergibt.

c) Bauen Sie, wie in Abschn. 6.2.2 beschrieben, die Matrix für die Differenzenmethode in MATLAB auf.

d) Lösen Sie das Randwertproblem mit der Differenzenmethode in MATLAB für $N = 6$.

e) Lösen Sie das Randwertproblem mit Ihrem MATLAB-Programm auch für $N = 12$ und $N = 24$. Vergleichen Sie die Ergebnisse.

Übung 6.7. Ⓑ Lösen Sie das Randwertproblem

$$y''(x) + 6y'(x) + 9y(x) = 0 \quad \text{mit} \quad y(0) = 5,\ y(2) = 3$$

näherungsweise mit der MATLAB-Funktion bvp4c. Wählen Sie $N = 10$. Berechnen Sie anschließend mit der Funktion deval Näherungswerte für 50 Punkte mit gleichem Abstand im Intervall $[0, 2]$. Stellen Sie die Lösungsfunktion grafisch dar.

Übung 6.8. (B) (V) Aus Abschn. 5.2.1 und 5.3.1 ist Ihnen die *Wellen-gleichung* bereits bekannt:

$$\left(\frac{1}{c^2} \frac{\partial^2}{\partial t^2} - \frac{\partial^2}{\partial x^2} \right) z(x,t) = 0$$

Wir wählen die Phasengeschwindigkeit $c = 1$ und schreiben die PDGL in einer anderen Weise:

$$z_{tt}(x,t) - z_{xx}(x,t) = 0$$

Wir können uns hier die Schwingung einer Gitarrensaite der Länge L vorstellen. Wir wählen die Länge $L = 1$. Die Saite ist an beiden Seiten eingespannt. Deshalb ergeben sich die Randbedingungen

$$z(0,t) = z(1,t) = 0, \quad t \in [0,1].$$

Als Anfangsbedingungen wählen wir

$$z(x,0) = \sin x, \quad z_t(x,0) = 0, \quad x \in [0,1].$$

Die Anfangsgeschwindigkeit unserer Gitarrensaite ist also 0.

a) Stellen Sie die Differenzengleichung für dieses Anfangsrandwertproblem auf.

b) Implementieren Sie das Differenzenverfahren für diese Problemstellung in MATLAB und lösen Sie es mit $\Delta t = 0.002$ und $\Delta x = 0.1$.

c) Führen Sie nun das Verfahren mit $\Delta t = 0.2$ und $\Delta x = 0.1$ durch. Was stellen Sie fest?

Übung 6.9. (V) Gegeben sei die *Poisson-Gleichung*

$$-u_{xx} - u_{yy} = f(x,y),$$

die nach dem französischen Mathematiker Siméon D. Poisson (1781–1840) benannt wurde. Diese PDGL ist stationär, d. h., es wird ein zeitunabhängiger Prozess beschrieben, z. B. eine Temperaturverteilung oder eine elektrostatische Ladungsverteilung. (Weitere Erläuterungen erhalten Sie im Einführungsvideo zu dieser Aufgabe.)

Wir betrachten das *Dirichlet'sche Randwertproblem* auf dem Quadrat $D = [0,1]^2$:

$$-u_{xx} - u_{yy} = f(x,y) \quad \text{für } (x,y) \in (0,1)^2 \quad \text{und} \quad u(x,y) = u_0(x,y) \text{ für } (x,y) \in \partial D.$$

Hierbei bezeichnet ∂D den *Rand* des vorgegebenen Gebiets D (siehe Abb. 6.29).

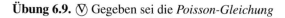

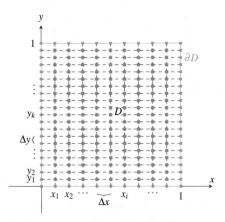

Abb. 6.29: Gebiet und Gitter des Randwertproblems (Randwerte = orangefarbene Quadrate, Gitterpunkte = graue Kreise)

a) Stellen Sie die Differenzengleichung für dieses Randwertproblem auf. Wählen Sie $h = \Delta x = \Delta y$.

b) Stellen Sie für $N = 4$ (siehe dazu Abb. 6.30), d. h. $h = \frac{b-a}{N-1} = \frac{1}{3}$, das lineare Gleichungssystem in Matrix-Vektor-Form auf.

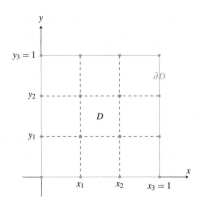

Abb. 6.30: Gebiet und Gitter des Randwertproblems für $N = 4$ (Randwerte = orangefarbene Quadrate, Gitterpunkte = graue Kreise)

c) Lösen Sie das in b) aufgestellte lineare Gleichungssystem für

$$f(x,y) = 2\pi^2 \sin(\pi x) \sin(\pi y) \text{ auf } D = (0,1)^2 \quad \text{mit} \quad u(x,y) = 0 \text{ auf } \partial D$$

mit MATLAB .

d) Für $N = 4$ erhalten wir noch keine gute Näherung für unsere gesuchte Funktion. Wir wollen mithilfe der *Partial Differential Equation Toolbox* in MATLAB eine bessere Näherung ermitteln. Diese löst PDGLs numerisch unter Verwendung der *Finie-Elemente-Methode* (siehe Schwarz und Köckler 2011, Kap. 10). Sie erhalten die Oberfläche dieser Toolbox, indem Sie `pdetool` im Command Window eingeben oder unter dem Reiter „Apps" die App „PDE Modeler" öffnen.

Gehen Sie zur Lösung des Randwertproblems mithilfe des PDE Modeler wie folgt vor (im Video wird die Vorgehensweise ausführlich erläutert):

1. Legen Sie zuerst das Lösungsgebiet fest. Gehen Sie dazu im Menü auf „Draw $\rightarrow$ rectangle/square" und zeichnen Sie das Lösungsgebiet ein.

2. Legen Sie anschließend die Randwerte fest. Gehen Sie dazu im Menü auf „Boundary $\rightarrow$ Specify Boundary Conditions" und geben Sie die Randwerte ein.

3. Nun können Sie die PDGL eingeben. Gehen Sie dazu auf „PDE $\rightarrow$ PDE Specification" und nehmen Sie die entsprechenden Eingaben vor.

4. Gehen Sie auf „Mesh $\rightarrow$ Mesh Mode", um sich die für die Finite-Elemente-Methode notwendige Einteilung des Lösungsgebiets in Dreiecke anzeigen zu lassen.

5. Gehen Sie anschließend auf „Solve $\rightarrow$ Solve PDE", um die Lösung des Randwertproblems zu erhalten.

6. Sie können sich das Ergebnis als „3-D Plot" ausgeben lassen, indem Sie auf „Plot $\rightarrow$ Parameters" gehen und dort bei „Plot Type" zusätzlich zu „Color" noch „Height (3-D plot)" auswählen.

Übung 6.10. Lotka-Volterra-Modell mit zwei Beuten. Ⓥ Ⓑ In Abschn. 6.4.1 haben wir das *Räuber-Beute-Modell* (auch *Lotka-Volterra-Modell* genannt) kennengelernt. In dieser Aufgabe wollen wir ein Lotka-Volterra-Modell betrachten, das aus drei Arten besteht (zwei Beuten B_1, B_2 und ein Räuber R). Folgende Annahmen werden getroffen:

- Exponentielles Wachstum der Beutetiere B_1 und B_2: $a_1 B_1$ bzw. $a_2 B_2$.

- Ohne Beutetiere vermindert sich R mit der natürlichen Sterberate $a_3 R$.

- R ernährt sich von B_1 und vermehrt sich mit der Rate $b_1 B_1 R$.

- R ernährt sich von B_2 und vermehrt sich mit der Rate $b_2 B_2 R$.

- B_1 wird von R gefressen und vermindert sich mit der Rate $-b_1 B_1 R$.

- B_2 wird von R gefressen und vermindert sich mit der Rate $-b_2 B_2 R$.

a) Formulieren Sie das Modell mithilfe von DGLs.

b) Bestimmen Sie die Gleichgewichtspunkte des DGLS.

c) Lösen Sie das DGLS mithilfe von MATLAB mit den folgenden Zahlen:

$$a_1 = 0.05\,\mathrm{a}^{-1}$$
$$a_2 = 0.03\,\mathrm{a}^{-1}$$
$$a_3 = 0.02\,\mathrm{a}^{-1}$$
$$b_1 = 0.002\,\mathrm{a}^{-1}$$
$$b_2 = 0.001\,\mathrm{a}^{-1}$$
$$B_1(0) = 50,\ B_2(0) = 50,\ R(0) = 20$$

(Die Variablen R, B_1 und B_2 seien dimensionslos.) Welche Arten überleben langfristig?

Übung 6.11. MATLAB-Projektaufgabe: Influenza-Epidemie. Ⓑ 1978 erschien in einer britischen Medizinzeitschrift ein Bericht über eine Grippe-Epidemie in einem Internat, in dem 763 Jungen lebten. Vermutlich hatte ein infizierter Junge die Epidemie zum Ausbruch gebracht. Die Anzahlen der infizierten Jungen am jeweiligen Tag nach Ausbruch der Infektion sind in der Tab. 6.6 zusammengefasst.

Tab. 6.6: Daten der Influenza-Epidemie

Tag	I
0	1
1	3
2	25
3	72
4	222
5	292
6	256
7	233
8	189
9	123
10	70
11	25
12	11
13	4

Wir führen folgende Bezeichnungen ein:

- S infizierbare Jungen (susceptibles),
- I infizierte Jungen (infectives) und

- R Jungen, die nicht mehr infizierbar oder infizierend sind (removed).

Wir wollen diese Influenza-Epidemie mithilfe des folgenden DGLS modellieren:

$$\frac{dS}{dt} = -aSI$$

$$\frac{dI}{dt} = aSI - bI$$

$$\frac{dR}{dt} = bI$$

$$S(0) = 762, \ I(0) = 1, \ R(0) = 0$$

Man nennt dieses Modell auch *SIR-Modell*. In Aufg. 7.4 werden wir uns ausführlich mit der Modellierung von Infektionen beschäftigen. Im Rahmen dieser Aufgabe wollen wir die Modellparameter a, b bestmöglich an die Daten anpassen. Gehen Sie dazu wie folgt vor:

a) Implementieren Sie eine MATLAB-Funktion für das DGLS, die auch die Parameter a, b als Inputs hat.

b) Lösen Sie das DGLS numerisch mit der MATLAB-Funktion `ode45`. Wählen Sie $a = 0.005 \, \text{d}^{-1}$, $b = 0.5 \, \text{d}^{-1}$ und stellen Sie die Verläufe von S, I, R grafisch dar. (Sie Variablen S, I, R seien dimensionslos.)

c) Tragen Sie die Daten aus Tab. 6.6 in eine Excel-Tabelle ein. Wählen Sie dabei die Spaltenüberschriften „Tag" und „I". Speichern Sie die Excel-Datei am besten im gleichen Ordner, in dem sich auch Ihre MATLAB-Dateien befinden.

d) Importieren Sie die Daten mithilfe des Befehls `readtable` nach MATLAB und plotten Sie diese.

e) Um die Parameter des Modells bestmöglich an die Daten anzupassen, benötigen wir eine Zielfunktion, die die Güte des jeweiligen Parametersatzes misst. Wir wählen die Zielfunktion

$$z(a,b) = \sum_{k=0}^{13} \left(I(k) - I_k \right)^2 ,$$

wobei $I(k)$ die Anzahl der infizierten Jungen an Tag k laut unserem Modell ist und I_k der tatsächliche Wert aus unserer Tabelle. Wir messen also mit dieser Zielfunktion den Abstand zwischen dem Modellwert und dem tatsächlichen Wert. Diesen Abstand quadrieren wir, damit alle Abstände positiv sind, und summieren alle Abstände auf. Man nennt diese Vorgehensweise auch *Methode der kleinsten Quadrate*. Implementieren Sie diese Zielfunktion als MATLAB-Funktion.

f) Mithilfe der MATLAB-Funktion `fminsearch` wollen wir das Minimum unserer Zielfunktion finden. Informieren Sie sich in der MATLAB-Hilfe über diese Funktion. Verwenden Sie als Startwerte für die Suche nach dem Minimum $a = 0\,\mathrm{d}^{-1}$, $b = 0\,\mathrm{d}^{-1}$.

g) Plotten Sie die Ergebnisse der Parameteroptimierung zusammen mit den tatsächlichen Daten.

h) Beantworten Sie die mithilfe des Modells die Frage, wann die Epidemie im Internat vermutlich ausgemerzt war.

6.6 Ergänzende und weiterführende Literatur

- Benker H (2005) Differentialgleichungen mit MATHCAD und MATLAB. Springer-Verlag, Berlin, Heidelberg

- Heuser H (2004) Gewöhnliche Differentialgleichungen – Einführung in Lehre und Gebrauch. Teubner Verlag, Wiesbaden

- Imboden D M, Koch S (2008) Systemanalyse – Einführung in die mathematische Modellierung natürlicher Systeme. Springer, Berlin, Heidelberg, New York

- Knorrenschild M (2013) Numerische Mathematik. Fachbuchverlag Leipzig im Carl Hanser Verlag, München

- Papula L (2011) Mathematik für Ingenieure und Naturwissenschaftler. Band 1 – Ein Lehr- und Arbeitsbuch für das Grundstudium. Vieweg+Teubner, Wiesbaden

- Papula L (2015) Mathematik für Ingenieure und Naturwissenschaftler. Band 2 – Ein Lehr- und Arbeitsbuch für das Grundstudium. Vieweg+Teubner, Wiesbaden

- Preuß W, Wenisch G (2001) Lehr- und Übungsbuch Numerische Mathematik mit Softwareunterstützung. Fachbuchverlag Leipzig im Carl Hanser Verlag, München Wien

- Proß S, Imkamp T (2018) Brückenkurs Mathematik für den Studieneinstieg – Grundlagen, Beispiele, Übungsaufgaben. Springer, Berlin, Heidelberg

- Schwarz H R, Köckler N (2011) Numerische Mathematik. Vieweg+Teubner Verlag, Wiesbaden

Kapitel 7
Mathematische Modellierung

In diesem abschließenden Kapitel wollen wir Ihnen einen Einblick in die Verwendung von DGLs in der Forschung und Entwicklung geben. Dazu zeigen wir beispielhaft, wie DGLs zur Modellierung und Simulation von biologischen Prozessen eingesetzt werden können. Diese Anwendung soll Ihnen einen Eindruck vermitteln, wie aufwendig und komplex der Prozess der Modellentwicklung ist und welchen Nutzen Forscher aus derartigen Modellen ziehen können.

7.1 Motivation

Bedingt durch die enorme Speicherkapazität und die Möglichkeiten moderner Computertechniken entstehen in allen erdenklichen Lebensbereichen ständig neue Daten. Dies gilt auch für die Biologie. Moderne *Hochdurchsatz-Experimente* (*High Throughput Experimentation*) erzeugen eine enorme Menge an Daten, die in großen Datenbanken gespeichert sind. Bei Hochdurchsatz-Experimenten werden zahlreiche Versuche parallel durchgeführt. Hierbei werden Ausgangsstoffe und Parameter (z. B. Temperatur, pH-Wert) systematisch variiert, um deren optimalen Wert zu bestimmen. Anwendung finden diese Experimente beispielsweise in der Entwicklung neuer Medikamente.

Diese Daten sind unverzichtbar, führen aber nicht notwendigerweise zu Erkenntnissen über die Funktionsweise biologischer Systeme. Daher stellt sich die Frage: Wie ist es möglich, aus dieser riesigen Datenmenge verwertbares Wissen zu gewinnen?

Ein möglicher Ansatz besteht darin, die Daten biologischer Systeme sowie das Wissen über Funktionen, Interaktionen und Beziehungen in ein *mathematisches Modell* zu überführen. Ein solches bietet die Möglichkeit, experimentelle Daten zusammenzufassen und zu strukturieren, um den Austausch neuer Erkenntnisse mit anderen Forschern zu vereinfachen. Darüber hinaus verbessert es das Verständnis des leben-

© Springer-Verlag GmbH Deutschland, ein Teil von Springer Nature 2019
T. Imkamp und S. Proß, *Differentialgleichungen für Einsteiger*,
https://doi.org/10.1007/978-3-662-59831-3_8

den Systems und ermöglicht das gezielte Design von Experimenten, indem das Systemverhalten unter bestimmten Bedingungen vorhergesagt und experimentell nachgewiesen wird. Modelle können Experimente nicht ersetzen, aber dabei helfen, sie zu planen und so den Einsatz von Ressourcen zu verbessern.

Sobald ein Modell erstellt wurde, können Hypothesen über Systemeigenschaften und -verhalten abgeleitet werden. Diese Hypothesen können parallel durch Computersimulationen und Laborxperimente validiert werden. Ein solcher iterativer Prozess führt zu neuem Wissen über die betrachteten Systeme und zu einem verbesserten Modell. Der Zyklus von Simulationen und Laborexperimenten kann jedoch auch nacheinander durchgeführt werden. Dann identifizieren die Simulationen zunächst die tatsächlich notwendigen Experimente und optimieren das experimentelle Design (siehe Abb. 7.1).

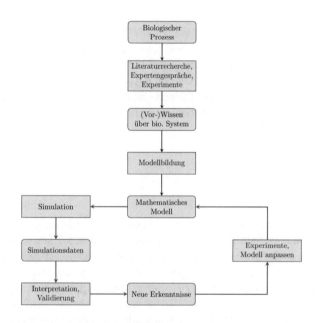

Abb. 7.1: Modellierungszyklus

Bei der mathematischen Modellbildung arbeiten Forscher aus den Disziplinen Biologie, Mathematik, Informatik und Systemwissenschaft interdisziplinär zusammen. Die Biologen liefern biologische Phänomene zur Untersuchung, die erforderlichen experimentellen Daten und eine erste Visualisierung des Modells. Letztere wird von Systemwissenschaftlern spezifiziert und Mathematiker sowie Informatiker tragen die notwendigen Modellierungs-, Simulations- und Analysewerkzeuge bei.

Zahlreiche Modellformalismen wurden zur Modellierung und Simulation biologischer Systeme vorgeschlagen (siehe z. B. Wiechert 2002). Generell muss zwischen qualitativen und quantitativen Ansätzen unterschieden werden. *Qualitative Modelle* repräsentieren nur die grundlegenden Verbindungen, ihre Interaktionsmechanismen und die Beziehungen zwischen ihnen, während *quantitative Modelle* zusätzlich die zeitbezogenen Veränderungen der Komponenten beschreiben. Daher ist ein qualitatives Modell die Grundlage für jedes quantitative Modell und eine verbesserte Datenbasis ermöglicht es uns, qualitative auf quantitative Modelle zu erweitern.

Die Entscheidung, welcher Modellierungsansatz verwendet wird, ist schwierig und stark von der Verfügbarkeit der Daten abhängig. Wenn alle kinetischen Daten bekannt sind (siehe Abschn. 2.4.9), sind Modelle, die aus gewöhnlichen Differentialgleichungen bestehen, meistens die erste Wahl, während in Abwesenheit von kinetischen Daten nur qualitative Ansätze verwendbar sind. Eine zusätzliche Schwierigkeit ergibt sich aus der Forderung, gleichzeitig ein leicht verständliches Modell und eine Abstraktion des realen Systems sowie eine detaillierte und nahezu vollständige Beschreibung desselben zu haben. Außerdem wird der Modellierungsprozess biologischer Systeme durch unvollständiges Wissen, verrauschte und ungenaue Daten sowie verschiedene Arten der Darstellung von Daten und Wissen noch komplizierter.

7.2 Biologischer Prozess: Xanthanproduktion

Wir wollen das Bakterium *Xanthomonas campestris* betrachten. Dieses Bakterium besitzt zwei wesentliche Eigenschaften. Zum einem schädigt es mehr als 400 verschiedene Pflanzenarten. Beispielsweise infiziert *Xanthomonas campestris* pv. campestris Blumenkohl mit Schwarzfäule. Zum anderen produziert das Bakterium *Xanthan*.

Xanthan findet in der Industrie vielfältige Anwendung. Beispielsweise wird es als Verdickungs- und Geliermittel eingesetzt, da es in wässriger Lösung aufquillt und dadurch die jeweilige Flüssigkeit dickflüssiger macht, gleichzeitig ist es geschmack- und farblos. In den 1980er Jahren wurde Xanthan als Lebensmittelzusatzstoff zugelassen und der E-Nummer 415 zugeordnet. Es ist jetzt eine Zutat in vielen Nahrungsmitteln wie Milchprodukten, Dressings, Suppen, Sirups, Ketchup, Senf, Mayonnaise, Marmelade, Eis, Backwaren und Tiefkühlkost. Darüber hinaus wird Xanthan für Pharmazeutika wie Cremes und Suspensionen sowie für kosmetische Produkte wie Zahnpasta, Seifen, Shampoos und Lotionen verwendet. Die wichtigste technische Anwendung findet Xanthan in der Erdölförderung. Dort wird es der Bohrflüssigkeit zugesetzt, um ein schnelles Durchdringen des Gesteins und eine effektive Aufschwemmung des Bohrguts zu ermöglichen (siehe Sahn et al. 2013 und García-Ochoa et al. 2000).

Schauen Sie doch einmal in Ihren Kühlschrank oder Vorratsschrank, ob Sie
ein Produkt mit Xanthan (E-415) als Inhaltsstoff finden können,
beispielsweise eine Dosensuppe oder einen Joghurt.

Industriell wird Xanthan in *Bioreaktoren*, auch *Fermenter* genannt, ausgehend von
Glukose gewonnen. Ein Bioreaktor ist ein Behältnis, in dem die Bakterien unter
möglichst optimalen Bedingungen herangezüchtet werden. Wichtige Faktoren für
das Wachstum und die Xanthanproduktion der Bakterien sind meist steuer- oder
kontrollierbar.

Wir wollen das Wachstum dieses Bakteriums und dessen Xanthanproduktion näher
betrachten und ein Modell dafür aufstellen. Dazu müssen wir zunächst herausfinden, welche Faktoren das Wachstum und die Xanthanproduktion maßgeblich beeinflussen, damit wir diese in unser Modell mit aufnehmen können. Eine intensive
Literaturrecherche ist deshalb unerlässlich: Was wurde schon alles zu diesem Thema herausgefunden? Zudem sollten Experten befragt und Experimente durchgeführt
werden. In Abb. 7.2 sind einige dieser Einflussfaktoren dargestellt.

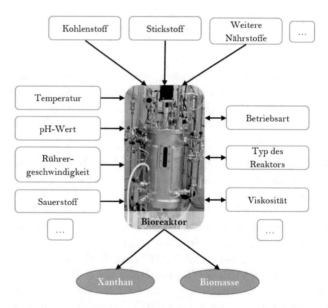

Abb. 7.2: Faktoren, die das Wachstum und die Xanthanproduktion von *Xanthomonas campestris*-Bakterien beeinflussen

Je wohler sich die Bakterien fühlen, desto besser wachsen sie und umso mehr Xanthan wird produziert. Hieraus ist leicht ersichtlich, dass die Industrie ein großes
Interesse hat, diese Faktoren optimal einzustellen, um eine maximale Xanthanaus-
beute zu erlangen. Da die Anzahl der Einstellungsparameter sehr hoch ist, müssten

zur Auffindung des optimalen Parametersatzes unzählige Experimente durchgeführt werden. Diese Experimente sind aufwendig, langwierig und teuer. Ein Modell des Produktionsprozesses und eine anschließende Optimierung der Prozessparameter können teure Experimente vermeiden.

7.3 Mathematische Modellbildung

Zur Xanthanproduktion wurden bereits einige Modelle mit unterschiedlicher Komplexität publiziert. Man muss bei der Modellbildung immer das Ziel des Modells im Auge behalten: Was will man damit herausfinden? Danach richtet sich auch die Komplexität des Modells, d. h.: Welche Prozesse kann man vereinfachen oder zusammenfassen und welche müssen detailliert dargestellt werden? Bei der Xanthanproduktion kommt erschwerend hinzu, dass die abschließenden Schritte der Xanthansynthese, also wie es aus dem Bakterium in die Umgebung gelangt, bislang noch nicht geklärt sind.

Wir wollen an dieser Stelle ein „einfaches" Modell betrachten, das das Wachstum und die Xanthanproduktion in Abhängigkeit von Stickstoff und Kohlenstoff abbildet, aber nicht die einzelnen Stoffwechselschritte darstellt, die für Wachstum und Xanthanproduktion notwendig sind. Es ist also ein „Black Box"-Modell eines Durchschnittsbakteriums (siehe Abb. 7.3). Man nennt diese Art von Modellen auch *unstrukturierte Modelle*. Dagegen bilden *strukturierte Modelle* auch die Stoffwechselprozesse innerhalb des Bakteriums ab.

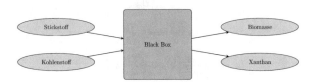

Abb. 7.3: Black Box-Modell

In Abschn. 2.4.4 haben wir uns bereits mit Wachstumsmodellen auseinandergesetzt und dabei die logistische DGL zur Modellierung einer Art des begrenzten Wachstum kennengelernt. Nun gehen wir auch davon aus, dass das Wachstum der Bakterien limitiert ist, und zwar durch die vorhandene Stickstoffmenge:

$$\frac{d[X]_t}{dt} = k_X [N]_t [X]_t$$
$$\frac{d[N]_t}{dt} = -\frac{1}{Y_{XN}} \frac{d[X]_t}{dt},$$

wobei $[X]_t$ die Biomassenkonzentration und $[N]_t$ die Stickstoffkonzentration darstellt. Die Parameter des Modells sind in Tab. 7.1 zusammengefasst.

Wir integrieren die zweite DGL auf beiden Seiten

$$\int \frac{d[N]_t}{dt} dt = -\frac{1}{Y_{XN}} \int \frac{d[X]_t}{dt} dt$$

und erhalten

$$[N]_t = -\frac{1}{Y_{XN}}[X]_t + C.$$

Wir arbeiten die Anfangsbedingung ein

$$[N]_0 = -\frac{1}{Y_{XN}}[X]_0 + C \quad \Leftrightarrow \quad C = [N]_0 + \frac{1}{Y_{XN}}[X]_0$$

und erhalten

$$[N]_t = -\frac{1}{Y_{XN}}[X]_t + [N]_0 + \frac{1}{Y_{XN}}[X]_0.$$

Dies setzen wir in die erste DGL ein und erhalten die logistische Gleichung aus Abschn. 2.4.4:

$$\frac{d[X]_t}{dt} = k_X[N]_t[X]_t$$

$$= k_X \left(-\frac{1}{Y_{XN}}[X]_t + [N]_0 + \frac{1}{Y_{XN}}[X]_0 \right) [X]_t$$

$$= \frac{k_X}{Y_{XN}}[X]_t \left(\underbrace{[N]_0 Y_{XN} + [X]_0}_{[X]_{max}} - [X]_t \right)$$

$$= \frac{k_X}{Y_{XN}}[X]_t \left([X]_{max} - [X]_t \right)$$

$$= \underbrace{\frac{k_X[X]_{max}}{Y_{XN}}}_{\gamma}[X]_t - \underbrace{\frac{k_X}{Y_{XN}}}_{\delta}[X]_t^2$$

Der Kohlenstoff wird einerseits zum Wachstum und damit auch zur Xanthanproduktion benötigt, andererseits wird er zur Aufrechterhaltung des Erhaltungsstoffwechsels genutzt:

$$\frac{d[S]_t}{dt} = -\frac{1}{Y_{XS}}\frac{d[X]_t}{dt} - m_S[X]_t$$

Die Xanthanproduktion wird durch folgende DGL dargestellt:

$$\frac{d[P]_t}{dt} = k_P[S]_t[X]_t$$

Das Wachstum und die Xanthanproduktion des Bakteriums *Xanthomonas campes-*
tris wird also durch folgendes unstrukturiertes Modell, bestehend aus vier DGLs mit
fünf Parametern, dargestellt. Die Parameter werden in Tab. 7.1 zusammengefasst:

$$\frac{d[X]_t}{dt} = \frac{k_X}{Y_{XN}}[X]_t \left([N]_0 Y_{XN} + [X]_0 - [X]_t\right)$$

$$\frac{d[N]_t}{dt} = -\frac{1}{Y_{XN}}\frac{d[X]_t}{dt}$$

$$\frac{d[S]_t}{dt} = -\frac{1}{Y_{XS}}\frac{d[X]_t}{dt} - m_S[X]_t$$

$$\frac{d[P]_t}{dt} = k_P[S]_t[X]_t.$$

Tab. 7.1: Modellparameter

Parameter	Bedeutung	Wert
k_X	Maximale spezifische Wachstumsrate	0.869 l/(g Stickstoff h)
Y_{XN}	Ausbeute an g Biomasse pro g Stickstoff	6.383 g Biomasse/g Stickstoff
Y_{XS}	Ausbeute an g Biomasse pro g Kohlenstoff	0.113 g Biomasse/g Kohlenstoff
m_S	Aufrechterhaltungskoeffizient	0.183 g Kohlenstoff/(g Biomasse h)
k_P	Maximale spezifische Produktionsrate	0.0137 (l g Produkt)/ (g Kohlenstoff g Biomasse h)

Dieses Grundmodell könnte man nun erweitern, um zusätzliche Effekte mit auf-
zunehmen. Beispielsweise hat man herausgefunden, dass das Wachstum sowie die
Xanthanproduktion stark von der Temperatur im Bioreaktor abhängen. Dies könnte
man in das Modell integrieren, indem man die Wachstums- sowie die Produktions-
rate als Funktion der Temperatur darstellt.

Sehen Sie sich dazu Aufgabe 7.3 an!

7.4 Simulation

Wir wollen das Modell simulieren, um eine Entwicklung über die Zeit zu erhalten. Dazu nutzen wir die objektorientierte Modellierungssprache *Modelica* (siehe
`www.modelica.org`). Modelica-Modelle werden mithilfe von Differential-, algebraischen und diskreten Gleichungen beschrieben. Man kann die Modelle grafisch oder textuell beschreiben. Für die Simulation wird das Modelica-Modell in
C-Code übersetzt. Anschließend kann man sich die Ergebnisse anzeigen lassen und
analysieren.

Für die grafische Modellierung, die Simulation und die anschließende Analyse wird eine Entwicklungsumgebung benötigt. Eine Übersicht kann hier gefunden werden: `www.modelica.org/tools`. Wir nutzen das Open-Source-Tool OpenModelica für unsere Berechnungen, das Sie unter `www.openmodelica.org` herunterladen können.

Installieren Sie OpenModelica und führen Sie
die nächsten Schritte parallel an Ihrem Computer durch!

Wir wollen zusammen das Modell in die Modelica-Sprache überführen. Dazu öffnen Sie zunächst OMEdit (OpenModelica Connection Editor) und ändern unter „Tool → Optionen → Allgemeine" das Arbeitsverzeichnis in den Ordner, in dem das Modell und die Simulationsdateien gespeichert werden sollen. Achten Sie darauf, dass das Verzeichnis keine Umlaute enthält (siehe Abb. 7.4).

Abb. 7.4: OMEdit – OpenModelica Connection Editor

Anschließend legen Sie ein neues Modell mit dem Namen „bakterium" an, indem Sie auf „Datei → Neue Modelica Klasse" klicken (siehe Abb. 7.5).

Klicken Sie oben in der Leiste auf das Symbol ▤, um in den Textmodus umzuschalten.

Modelica-Modelle sind in zwei Bereiche unterteilt: Im ersten werden die Parameter definiert sowie die Variablen deklariert und im zweiten die Gleichungen aufgelistet. Wir beginnen mit den Parametern. Die Zeiteinheit der Parameter sind Stunden wir müssen sie zunächst in Sekunden umrechnen, da OpenModelica mit der Simulationszeit in Sekunden rechnet (siehe Tab. 7.2).

Nun können wir die Parameter des Modells zwischen `model bakterium` und `end bakterium;` mit dem Schlüsselwort `parameter` eingeben.

Abb. 7.5: OMEdit – Neues Modell

Tab. 7.2: Modellparameter in Sekunden

Parameter	Wert
k_X	0.000241389 l/(g Stickstoff s)
Y_{XN}	6.383 g Biomasse/g Stickstoff
Y_{XS}	0.113 g Biomasse/g Kohlenstoff
m_S	0.000050833 g Kohlenstoff/(g Biomasse s)
k_P	0.000003806 (1 g Produkt)/(g Kohlenstoff g Biomasse s)

```
model bakterium
  parameter Real kX=0.000241389 "Maximale spezifische Wachstumsrate";
  parameter Real YXN=6.383 "Ausbeute an g Biomasse pro g Stickstoff";
  parameter Real YXS=0.113 "Ausbeute an g Biomasse pro g Kohlenstoff";
  parameter Real mS=0.000050833 "Aufrechterhaltungskoeffizient";
  parameter Real kP=0.000003806 "Maximale spezifische Produktionsrate";
  parameter Real X0=0.057 "Biomassekonzentration bei t=0";
  parameter Real N0=0.25 "Stickstoffkonzentration bei t=0";
  parameter Real S0=40 "Kohlenstoffkonzentration bei t=0";
  parameter Real P0=0 "Xanthankonzentration bei t=0";
end bakterium;
```

Nun fügen wir die Variablen-Deklarationen hinzu:

```
model bakterium
  parameter Real kX=0.000241389 "Maximale spezifische Wachstumsrate";
  parameter Real YXN=6.383 "Ausbeute an g Biomasse pro g Stickstoff";
  parameter Real YXS=0.113 "Ausbeute an g Biomasse pro g Kohlenstoff";
  parameter Real mS=0.000050833 "Aufrechterhaltungskoeffizient";
  parameter Real kP=0.000003806 "Maximale spezifische Produktionsrate";
  parameter Real X0=0.057 "Biomassekonzentration bei t=0";
  parameter Real N0=0.25 "Stickstoffkonzentration bei t=0";
  parameter Real S0=40 "Kohlenstoffkonzentration bei t=0";
  parameter Real P0=0 "Xanthankonzentration bei t=0";
  Real X(start=X0) "Biomassekonzentration";
  Real N(start=N0) "Stickstoffkonzentration";
  Real S(start=S0) "Kohlenstoffkonzentration";
  Real P(start=P0) "Xanthankonzentration";
end bakterium;
```

Nach dem Schlüsselwort `equation` können wir die DGLs mit dem Schlüsselwort `der` einfügen:

```
model bakterium
  parameter Real kX=0.000241389 "Maximale spezifische Wachstumsrate";
  parameter Real YXN=6.383 "Ausbeute an g Biomasse pro g Stickstoff";
  parameter Real YXS=0.113 "Ausbeute an g Biomasse pro g Kohlenstoff";
  parameter Real mS=0.000050833 "Aufrechterhaltungskoeffizient";
  parameter Real kP=0.000003806 "Maximale spezifische Produktionsrate";
  parameter Real X0=0.057 "Biomassekonzentration bei t=0";
  parameter Real N0=0.25 "Stickstoffkonzentration bei t=0";
  parameter Real S0=40 "Kohlenstoffkonzentration bei t=0";
  parameter Real P0=0 "Xanthankonzentration bei t=0";
  Real X(start=X0) "Biomassekonzentration";
  Real N(start=N0) "Stickstoffkonzentration";
  Real S(start=S0) "Kohlenstoffkonzentration";
  Real P(start=P0) "Xanthankonzentration";
equation
  der(X) = kX/YXN*X*(N0*YXN+X0-X);
  der(N) = -1/YXN*der(X);
  der(S) = -1/YXS*der(X)-mS*X;
  der(P) = kP*S*X;
end bakterium;
```

Unser Modell ist fertig und wir können die Syntax überprüfen lassen, indem wir auf „Simulation → Modell prüfen" klicken. Es sollte folgende Meldung angezeigt werden:

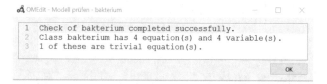

Jetzt können wir das Modell simulieren. Dazu klicken Sie auf „Simulation → Simulation Setup". Es erscheint der Dialog in Abb. 7.6. Tragen Sie bei Stoppzeit 252000 Sekunden ein, also 70 Stunden.

Zudem können Sie hier eine Integrationsmethode auswählen. In Kap. 6 haben Sie einige Methoden zur numerischen Lösung von DGLs kennengelernt, die Sie nun hier wiederfinden (Euler-Verfahren, Verfahren von Heun, Runge-Kutta-Verfahren). Standardmäßig ist der DASSL-Löser ausgewählt.

Klicken Sie auf „OK", dann erhalten Sie die Simulationsergebnisse. Sie können die einzelnen Variablen anklicken, um sie im Plot-Fenster darzustellen. Ändern Sie zuvor im Variablenbrowser die „Simulation Time Unit" auf „h", um die Zeit in Stunden darzustellen. Wählen Sie Stickstoff (N) und Biomasse (X) aus dem Variablenbrowser für den ersten Plot aus (siehe Abb. 7.7).

Öffnen Sie ein weiteres Plot-Fenster, indem Sie oben in der Leiste auf das Symbol ⊠ klicken. Wählen Sie für diesen Plot die Variablen P (Xanthan) und S (Kohlenstoff) aus (siehe Abb. 7.8).

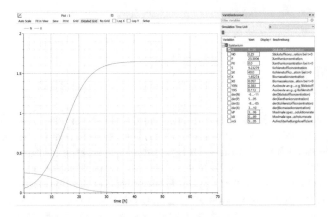

Abb. 7.6: OMEdit – Simulationseinstellungen

Abb. 7.7: OMEdit – Simulationsergebnisse: Stickstoff (N) und Biomasse (X)

Sie können im Variablenbrowser auch einzelne Parameter ändern und sich die geänderten Ergebnisse anzeigen lassen. Reduzieren Sie die Stickstoffkonzentration zu Beginn auf $0.1\,\mathrm{g\,l^{-1}}$ und simulieren durch Klicken auf den Button 🏵 in der oberen Leiste.

Ändern Sie den Wert wieder zurück auf $0.25\,\mathrm{g\,l^{-1}}$ und erhöhen Sie dafür den Wert für S0 auf $80\,\mathrm{g\,l^{-1}}$.

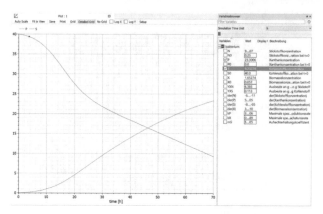

Abb. 7.8: OMEdit – Simulationsergebnisse: Xanthan (P) und Kohlenstoff (S)

Vergleichen Sie das Wachstum und die Xanthanproduktion dieser drei Simulationen!

7.5 Ausblick

Dieses Kapitel sollte Ihnen einen Einblick in die Forschung am Beispiel der Modellierung von biologischen Prozessen geben. Dies kann in dem Gebiet der *Systembiologie* angesiedelt werden. Ziel der Systembiologie ist es, mithilfe von mathematischen Modellen ein gesamtes Bild des Zusammenwirkens einzelner Bausteine des Lebens zu bekommen. Hierfür müssen Wissenschaftler aus unterschiedlichen Disziplinen wie Biologie, Informatik und Mathematik interdisziplinär zusammenarbeiten. Anwendung findet die Systembiologie, wie hier in diesem Kapitel gesehen, in der Industrie, aber auch in der Biomedizin sowie der Pflanzenzüchtung. Eine umfassende Einführung in diese Thematik finden Sie in Klipp et al. (2005) und Kremling (2012).

Der vorgestellte Prozess der Xanthanproduktion von *Xanthomonas campestris*-Bakterien lässt sich detaillierter abbilden. Hierfür sei auf die Zeitschriftenbeträge von García-Ochoa et al. verwiesen.

Wenn Sie in die Modellierung mit der objektorientieren Sprache Modelica tiefer einsteigen wollen, finden Sie auf den Seiten der Modelica Association zahlreiche Bücher und Tutorials (`www.modelica.org/publications`). Auch auf den Seiten des Open Source Modelica Consortium finden Sie hilfreiche Unterlagen (`https://openmodelica.org/index.php`).

7.6 Aufgaben

Übung 7.1. Räuber-Beute-Modell. (V) In Abschn. 6.4.1 haben Sie
das Räuber-Beute-Modell kennengelernt, mit dem die Wechselwirkung
zwischen Räubern und Beutetieren unter gewissen Voraussetzungen abgebildet werden kann:

$$\frac{dB}{dt} = a_1 B - b_1 BR$$

$$\frac{dR}{dt} = -a_2 R + b_2 BR$$

mit $B(0) = B_0$ und $R(0) = R_0$.

a) Implementieren Sie dieses Modell mit Modelica in OpenModelica. Verwenden Sie folgende Werte für die Parameter: $a_1 = 0.7\mathrm{a}^{-1}, a_2 = 0.8\mathrm{a}^{-1}$, $b_1 = 0.0008\,\mathrm{a}^{-1}, b_2 = 0.0008\,\mathrm{a}^{-1}$, $B_0 = 500$ und $R_0 = 300$ als Anfangswerte. (Die Variablen R und B seien dimensionslos.)

b) Simulieren Sie das Modell und stellen Sie die Entwicklung der Räuber und Beutetiere in der Zeit von 0 bis 40 Jahren grafisch dar.

c) Stellen Sie die Ergebnisse in einem Phasendiagramm dar (vgl. Abb. 6.22). Fügen Sie dazu ein neues „Parametric Plot Window" ein.

Übung 7.2. Wechselstromnetzwerk. (B) (V) Mit der Modellierungssprache Modelica können wir Modelle erstellen, die neben Differentialgleichungen auch algebraische oder diskrete Gleichungen enthalten können. In Bsp. 4.9 und Aufg. 4.4 haben Sie jeweils ein Differential-algebraisches System zur Modellierung eines Wechselstromnetzwerkes aufgestellt.

a) Implementieren Sie diese Modelle mit Modelica in OpenModelica und simulieren Sie die Modelle. Stellen Sie die Verläufe der Stromstärken I_1, I_2 und I_3 für die ersten 2 s grafisch dar und vergleichen Sie die Ergebnisse mit denen aus Kap. 4.

b) Sie können mit Modelica Modelle nicht nur textuell, sondern auch grafisch erstellen. Nutzen Sie dazu die Modelica-Standard-Bibliothek, die standardmäßig beim Öffnen von OpenModelica im „Bibliotheken Navigator" geladen wird. Sie finden alle Komponenten, die Sie zur Modellierung der Netzwerke in Bsp. 4.9 und Aufg. 4.4 benötigen, in den Paketen „Basic" und „Sources" der Unterbibliothek „Electrical → Analog" (siehe Abb. 7.9). Weitere Informationen zur Nutzung der Modelica-Standard-Bibliothek erhalten Sie im Video.

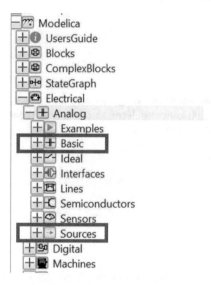

Abb. 7.9: Ein Teil der Modelica-Standard-Bibliothek

Übung 7.3. Temperatureffekt. Ⓑ Ratkowsky und Kollegen haben erforscht, ob es einen Zusammenhang zwischen Temperatur und Wachstumsrate von Bakterienkulturen gibt und wie man diesen mathematisch beschreiben kann. Sie fanden einen linearen Zusammenhang zwischen der Quadratwurzel der Wachstumsrate μ_X und der Temperatur T in Grad Celsius heraus:

$$\sqrt{\mu_X} = a(T - T_0),$$

wobei a die Steigung der Regressionsgerade ist und T_0 ist eine konzeptionelle Temperatur (siehe Ratkowsky et al. 1982).

a) Erweitern Sie Ihr bestehendes Modelica-Modell für die *Xanthomonas campestris*-Bakterien um diesen Effekt und wählen Sie $a = 0.0003741$ und $T_0 = 6.867\,°C$. Stellen Sie dazu Ihre DGL für die Biomasse (X) so um, dass Sie den Faktor

$$\frac{k_X[X]_{\max}}{Y_{XN}}$$

zu μ_X zusammenfassen können. Simulieren Sie Ihr Modell für 22 °C, 25 °C und 28 °C und vergleichen Sie die Ergebnisse auch mit denen des Modells ohne Temperatureffekt. Nutzen Sie Plots dazu.

b) Die Gleichung gilt nur für Temperaturen unterhalb des Optimums, da der Zusammenhang durch eine Gerade modelliert wird. Ratkowsky et al. haben eine weitere Gleichung vorgeschlagen, um auch Temperaturen oberhalb des Temperaturoptimums betrachten zu können:

$$\sqrt{\mu_X} = a(T - T_{\min}) \left(1 - e^{b(T - T_{\max})} \right),$$

wobei $T_{\min}$ und $T_{\max}$ die Temperaturen sind, bei denen kein Wachstum möglich ist, d. h., $\mu_X = 0$, a ist der Regressionskoeffizient aus der ersten Gleichung und b ist ein zusätzlicher Parameter, um das Modell an die Daten für Temperaturen über dem Optimum anzupassen. $T_{\min}$ entspricht T_0 aus dem ersten Modell (siehe Ratkowsky et al. 1983). Verwenden Sie nun diese Gleichung, um den Temperatureffekt abzubilden. Wählen Sie $T_{\min} = 6.867\,°C$, $T_{\max} = 39\,°C$, $a = 0.000525$, $b = 0.11$. Simulieren Sie Ihr Modell für 22 °C, 28 °C und 32 °C und vergleichen Sie die Ergebnisse mithilfe von Plots.

Übung 7.4. Modelica-Projektaufgabe: Infektionen. Ⓑ Wir betrachten den Verlauf einer ansteckenden Krankheit. Wir führen folgende Bezeichnungen ein:

- S für infizierbare Individuen (susceptibles),

- I für infizierte Individuen (infectives) und

- R für Individuen, die nicht (mehr) infizierbar oder infizierend sind (removed).

Wir unterscheiden hierbei zwischen einer *Epidemie* und einer *Endemie*. Bei einer Epidemie verläuft die Krankheit so schnell, dass Geburten- und Sterbefälle ignoriert werden können, wohingegen die Geburten- und Sterbefälle bei einer Endemie mit modelliert werden.

Zunächst betrachten wir eine Epidemie ohne Immunisierung. Die Ansteckung findet beim Kontakt eines nicht infizierten Individuums mit einem infizierten mit einer festen relativen Häufigkeit statt. Die Infizierten gesunden mit einer festen Pro-Kopf-Rate b jedoch immer ohne eine Immunisierung.

Wir erhalten folgendes DGLS zur Modellierung dieses Sachverhalts:

$$\frac{dS}{dt} = -aSI + bI$$
$$\frac{dI}{dt} = aSI - bI$$
$$S(0) = S_0, \ I(0) = I_0$$

a) Implementieren Sie dieses sogenannte *SIS-Modell* mit Modelica in OpenMo-delica. Verwenden Sie folgende Werte für die Parameter $a = 0.00015\,h^{-1}$, $b = 0.1\,h^{-1}$, $S_0 = 990$ und $I_0 = 10$. (Die Variablen des Modells seien dimensionslos.) Simulieren Sie den Verlauf der Krankheit für die ersten 250 h und stellen Sie die Ergebnisse grafisch dar.

b) Ändern Sie nun nur den Wert des Parameters b auf $0.2\,h^{-1}$. Stellen Sie die Simulationsergebnisse grafisch dar und interpretieren Sie diese.

c) Verändern Sie das SIS-Modell so, dass die Infizierten nach der Heilung immun gegen die Krankheit sind. Die Heilung erfolgt wieder nach der festen Pro-Kopf-Rate b. Wir nennen dieses Modell *SIR-Modell*.

d) Implementieren Sie das SIR-Modell mit Modelica und simulieren Sie es mit den Parametern aus Aufgabenteil a) und $R_0 = 0$.

e) Verändern Sie das SIR-Modell so, dass die Immunität mit einer Rate cR verloren geht. Man spricht hier vom *SIRS-Modell*.

f) Simulieren Sie das SIRS-Modell mit den Parametern aus Aufgabenteil a), $R_0 = 0$ und $c = 0.15\,h^{-1}$.

g) Was passiert beim SIRS-Modell, wenn man durch ein neues Medikament die Heilungsrate auf $b = 0.2\,h^{-1}$ erhöhen kann?

h) Nun betrachten wir die Endemie. Erweitern Sie das SIR-Modell, indem Sie Geburten- und Sterbefälle mit berücksichtigen. Neugeborene sind dabei immer nicht infiziert und nicht immunisiert. Geburten- und Sterberate sollen gleich sein und wir bezeichnen diese mit d.

i) Implementieren Sie das SIR-Modell für den Fall der Endemie mit Modelica und simulieren Sie es mit den Parameterwerten $a = 0.00002\,h^{-1}$, $b = 0.01\,h^{-1}$, $S_0 = 990$ und $I_0 = 10$. Zudem gehen wir pro Jahr von 438 Sterbefällen pro 1000 Individuen aus. Nach wie vielen Tagen stellt sich ein stationärer Zustand ein, d. h., die Anzahlen von S, I und R ändern sich nicht mehr?

j) Verändern Sie das SIR-Modell im Fall der Endemie so, dass Impfungen mit berücksichtigt werden. Hierbei bezeichne p den Anteil der Neugeborenen, die geimpft werden, und $q = 1 - p$ den Anteil der nicht geimpften Neugeborenen.

k) Implementieren die dieses Modell mit Modelica und simulieren Sie es mit den Parametern aus Aufgabenteil j). Zudem sei eins von zehn Neugeborenen nicht geimpft.

l) Vergleichen Sie Ihre Ergebnisse mit und ohne Impfung. Kann die Infektion durch die Impfung zum Aussterben gebracht werden?

7.7 Ergänzende und weiterführende Literatur

- García-Ochoa F, Santos V, Alcon A (1995) Xanthan gum production: an unstructured kinetic model. Enzyme and Microbial Technology 17(3), 206–217

- García-Ochoa F, Santos V, Alcon A (1996) Simulation of xanthan gum production by a chemically structured kinetic model. Mathematics and Computers in Simulation 42(2-3), 187–195

- García-Ochoa F, Santos V, Alcon A (1998) Metabolic structured kinetic model for xanthan production. Enzyme and Microbial Technology 23(1-2), 75–82

- García-Ochoa F, Santos V, Alcon A (2004a) Structured kinetic model for Xanthomonas campestris growth. Enzyme and Microbial Technology 34(6), 583–594

- García-Ochoa F, Santos V, Alcon A (2004b) Chemical structured kinetic model for xanthan production. Enzyme and Microbial Technology 35(4), 284–292

- García-Ochoa F, Santos V, Casas JA, Gomez E (2000) Xanthan gum: production, recovery, and properties. Biotechnology Advances 18(7), 549–579

- Klipp E, Herwig R, Kowald A, Wierling C, Lehrach H (2005) Systems Biology in Practice – Concepts, Implementation and Application. Wiley-VCH Verlag, Weinheim

- Kremling A (2012) Kompendium Systembiologie. Vieweg+Teubner, Wiesbaden

- Prüß J W, Schnaubelt R, Zacher R (2008) Mathematische Modelle in der Biologie – Deterministische homogene Systeme. Birkhäuser Verlag, Basel

- Ratkowsky D A, Lowry R K, McMeekin T A, Stokes A N, Chandler, R E (1983) Model for bacterial culture growth rate throughout the entire biokinetic temperature range. Journal of bacteriology, 154(3), 1222–1226

- Ratkowsky D A, Olley J, McMeekin T A, Ball A (1982) Relationship between temperature and growth rate of bacterial cultures. Journal of Bacteriology, 149(1), 1–5

- Sahn H et al. (2013) Industrielle Microbiologie. Springer Spektrum, Berlin, Heidelberg

- Wiechert W (2002) Modeling and simulation: tools for metabolic engineering. Journal of biotechnology 94(1), 37–63

Kapitel 8
Mathematische Softwaretools

Um mathematische Berechnungen durchzuführen, wird heutzutage meist auf mathematische Software wie MATLAB, Maple oder Mathematica zurückgegriffen. Während es sich bei Maple und Mathematica um Computeralgebrasysteme (CAS) zur symbolischen Rechnung handelt, war MATLAB zu Anfang ein rein numerisches System. In aktuellen MATLAB-Versionen ist aber auch ein Symbolprozesser integriert, sodass auch exakte Berechnungen durchgeführt werden können. Andererseits können mit einem CAS auch numerische Berechnungen durchgeführt werden.

Dieses Kapitel soll Ihnen eine kurze Einführung in die im Buch verwendeten Softwaretools MATLAB und Mathematica geben. Wir beschränken uns im Wesentlichen auf grundlegende und in diesem Buch benötigte Funktionen, da eine umfassende Einführung ein eigenes Buch erfordern würde. Für umfassende Einführungen in diese Tools sei auf die Literatur in Abschn. 8.4 verwiesen.

8.1 MATLAB

Dieser Abschnitt soll eine kurze Einführung in das für die Ingenieurpraxis so wichtige Tool MATLAB geben. Zudem finden Sie auf der MATLAB-Homepage das kostenfreie Tutorial MATLAB Onramp, in dem häufig verwendete Funktionen und Workflows vorgestellt werden. Sie greifen dabei auf MATLAB über Ihren Webbrowser zu und erhalten Videoanleitungen und praktische Übungen mit Bewertung und Feedback.

> Führen Sie das 2-stündige Tutorial MATLAB Onramp durch!

Die meisten Problemstellungen, die beispielsweise in der Ingenieurpraxis anfallen, sind nur numerisch lösbar, d. h. nur näherungsweise berechenbar. Entweder kann die

© Springer-Verlag GmbH Deutschland, ein Teil von Springer Nature 2019
T. Imkamp und S. Proß, *Differentialgleichungen für Einsteiger*,
https://doi.org/10.1007/978-3-662-59831-3_9

Lösung nicht in einer mathematisch geschlossenen Form angegeben werden oder das Auffinden der analytischen Lösung ist zu aufwendig. MATLAB verfügt bereits über zahlreiche Funktionen u. a. zur numerischen Lösung von Gleichungen und Differentialgleichungen sowie zur numerischen Berechnung von Integralen. Eine Einführung in die numerische Lösung von DGLs erhalten Sie in Kap. 6.

Für die weiteren Ausführungen wurde die MATLAB-Version R2017b verwendet. Nach dem Start von MATLAB erscheint die Benutzeroberfläche (siehe Abb. 8.1).

Abb. 8.1: MATLAB-Desktop

MATLAB besteht aus zwei Bestandteilen: dem Kern und den Toolboxen. Im Kern sind alle Grundoperationen und -funktionen implementiert, mit den Toolboxen lässt sich zudem der Funktionsumfang erweitern, um komplexe Probleme aus Naturwissenschaften und Technik zu lösen. In der aktuellen MATLAB-Version stehen mehr als 60 verschiedene Toolboxen zur Verfügung. Mithilfe der SYMBOLIC MATH-Toolbox können beispielsweise symbolische Berechnungen durchgeführt werden.

Geben Sie den Befehl `ver` in das Command Window ein, um Informationen über Ihre installierte Version zu erhalten (siehe Abb. 8.2).

Für die Berechnungen in diesem Buch benötigen Sie die SYMBOLIC MATH-Toolbox sowie die CURVE FITTING-Toolbox, wobei letztere nur in Bsp. 2.17 und in der MATLAB-Projektaufgabe 2.22 zum Einsatz kommt.

Unter dem Reiter Editor → NEW können Sie ein neues MATLAB-Script anlegen.

```
Command Window
  >> ver
  --------------------------------------------------------------------------------
  MATLAB Version: 9.3.0.713579 (R2017b)
  MATLAB License Number: 602268
  Operating System: Microsoft Windows 10 Enterprise 2016 LTSB Version 10.0 (Build 14393)
  Java Version: Java 1.8.0_121-b13 with Oracle Corporation Java HotSpot(TM) 64-Bit Server VM mixed mode
  --------------------------------------------------------------------------------
  MATLAB                                          Version 9.3        (R2017b)
  Simulink                                        Version 9.0        (R2017b)
  Bioinformatics Toolbox                          Version 4.9        (R2017b)
  Control System Toolbox                          Version 10.3       (R2017b)
  Curve Fitting Toolbox                           Version 3.5.6      (R2017b)
  Optimization Toolbox                            Version 8.0        (R2017b)
  Simulink Control Design                         Version 5.0        (R2017b)
  Statistics and Machine Learning Toolbox         Version 11.2       (R2017b)
  Symbolic Math Toolbox                           Version 8.0        (R2017b)
fx >>
```

Abb. 8.2: Informationen zur MATLAB-Version

> Legen Sie ein Live-Script an (EDITOR $\to$ New $\to$ Live Script). Geben Sie
> `sin(pi/4)` und `sym(sin(pi/4))` ein, klicken Sie unter dem Reiter
> „Live Editor" auf „Run All" und schauen Sie sich die Ergebnisse an.

Ein *Live-Script* ist ein interaktives Dokument. Auf der linken Seite kann der MATLAB-Code eingegeben werden und auf der rechten Seite erhält man die Resultate (siehe Abb. 8.3).

Abb. 8.3: MATLAB-Live-Script

Sie können die Resultate auch direkt unter dem Code anzeigen lassen. Dazu müssen Sie auf das ▦-Icon klicken, das Sie an der rechten Seite des Live-Scripts finden (siehe Abb. 8.4).

Wenn Sie `sin(pi/4)` eingeben, erhalten Sie den numerischen Wert standardmäßig mit vier Nachkommastellen. Den exakten Wert erhalten Sie durch den Befehl `sym`.

Bemerkung. Dezimalzahlen werden in MATLAB mit einem Punkt anstatt eines Kommas ausgegeben und müssen auch mit einem Punkt eingegeben werden. Intern arbeitet MATLAB immer mit 15 Nachkommastellen. Bei der Ausgabe gibt es

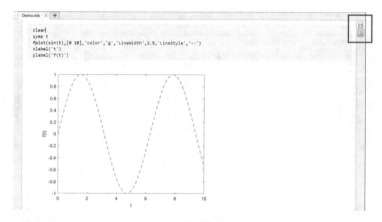

Abb. 8.4: MATLAB-Live-Script: Resultate werden unter dem dazugehörigen Code
angezeigt

verschiedene Formate, standardmäßig werden die Werte mit vier Nachkommastellen dargestellt.   ◁

8.1.1 Konstanten

MATLAB verfügt bereits über vordefinierte Konstanten, denen immer der gleiche
Wert zugewiesen wird:

pi	$\pi = 3.14159\ldots$
i, j	imaginäre Einheit
Inf	unendlich
eps	Maß für die relative Genauigkeit, gibt den Abstand von 1.0 zur nächstgrößeren Zahl an
exp(1)	Euler'sche Zahl $e = 2.71828\ldots$
NaN	Not-a-Number, wird ausgegeben, wenn das Ergebnis nicht definiert ist

8.1.2 Variablen

Mit dem Befehl `clear V` wird der Inhalt der Variable `V` gelöscht, mit `clear`
werden die Inhalte aller Variablen gelöscht und mit `clc` die Ein- und Ausgabe im
Command Window gelöscht, die Inhalte der Variablen bleiben aber erhalten.

Wenn Sie symbolische Rechnungen durchführen wollen, müssen Sie zuvor die benötigen Variablen als symbolische Variablen festlegen.

> Legen Sie durch `syms x` die Variable x als symbolische Variable fest.
> Berechnen Sie nun mit `diff(x^3+4*x^2+1,x)` die Ableitung der
> Funktion $f(x) = x^3 + 4x^2 + 1$.

```
syms x
diff(x^3+4*x^2+1,x)
```

ans = $3\,x^2 + 8\,x$

MATLAB basiert auf Matrizen und Vektoren, deshalb auch der Name MATrix LABoratory. Matrizen und Vektoren gibt man in MATLAB mit eckigen Klammern ein.

> Geben Sie im Live-Editor die Vektoren `v1=[1 2 3]` und `v2=[1;2;3]`
> ein und betrachten Sie die Ergebnisse.

```
v1=[1 2 3]

v2=[1;2;3]
```

```
v1 =
     1     2     3
v2 =
     1
     2
     3
```

Es wurde also einmal ein Zeilenvektor und einmal ein Spaltenvektor erzeugt. Mit einem Semikolon wechseln wir somit die Zeile.

> Geben Sie die Matrix $M = \begin{pmatrix} 1\ 2\ 3 \\ 4\ 5\ 6 \\ 7\ 8\ 9 \end{pmatrix}$ in MATLAB ein.

```
M=[1 2 3; 4 5 6; 7 8 9]
```

```
M =
     1     2     3
     4     5     6
     7     8     9
```

Sie können mit `M(2,3)` auf das Matrixelement $m_{2,3}$, also das Element, das sich in der zweiten Zeile und dritten Spalte befindet, zugreifen. Beachten Sie, dass die Feldindexierung in MATLAB stets mit 1 beginnt.

Mit `M'` können Sie die Matrix transponieren.

```
M=[1 2 3; 4 5 6; 7 8 9]
M'
```

```
M =
     1     2     3
     4     5     6
     7     8     9

ans =
     1     4     7
     2     5     8
     3     6     9
```

Geben Sie die Befehle M^2 und M.^2 in Ihr Live-Script ein und betrachten
Sie die Ergebnisse!

Mit dem Befehl M^2 erhalten Sie das Ergebnis der Matrizenmultiplikation $(M \cdot M)$.
Wenn Sie den *Punktoperator* verwenden, wird die Operation auf jedes Matrizenelement einzeln angewendet, d. h., jedes Matrizenelement wird quadriert.

```
M=[1 2 3; 4 5 6; 7 8 9]
M^2
M.^2
```

```
M =
      1     2     3
      4     5     6
      7     8     9

ans =
     30    36    42
     66    81    96
    102   126   150

ans =
      1     4     9
     16    25    36
     49    64    81
```

Erzeugen Sie mit dem Befehl zeros(3,4) eine Null-Matrix mit drei
Zeilen und vier Spalten und mit dem Befehl ones(4,2) eine Matrix mit
vier Zeilen und zwei Spalten, deren Einträge eins sind.

```
zeros(3,4)


ones(4,2)
```

```
ans =
     0     0     0     0
     0     0     0     0
     0     0     0     0

ans =
     1     1
     1     1
     1     1
     1     1
```

8.1.3 Mathematische Funktionen

MATLAB verfügt über eine Vielzahl von mathematischen Funktionen, von denen
einige nachfolgend aufgelistet sind:

`sqrt(x)`	Quadratwurzel
`exp(x)`	Exponentialfunktion
`log(x)`	Natürlicher Logarithmus
`sin(x), cos(x), tan(x)`	Sinus, Kosinus, Tangens, x im Bogenmaß
`abs(x)`	Betrag

Geben Sie den Ausdruck $\sin\left(\frac{3\pi}{4}\right) + \cos^2\left(\frac{\pi}{2}\right) - \sqrt{2}e^5 + \ln(3)$ ein.

```
sin(3*pi/4)+(cos(pi/2))^2-sqrt(2)*exp(5)+log(3)
```
```
ans = -208.0822
```

8.1.4 Programmierung mit MATLAB

Wenn für eine Problemstellung keine Funktion in MATLAB zur Verfügung steht, können eigene Funktionen mithilfe der in MATLAB integrierten Programmiersprache erstellt werden. Diese Programmiersprache weist eine hohe Ähnlichkeit zur Programmiersprache C auf. Wenn Sie also bereits über C-Kenntnisse verfügen, werden Sie keine Schwierigkeiten haben, diese Sprache zu erlernen.

Die folgenden Vergleichs- und logischen Operatoren können in MATLAB zur Erstellung von Programmen verwendet werden:

`<`	kleiner
`>`	größer
`<=`	kleiner gleich
`>=`	größer gleich
`==`	gleich
`~=`	ungleich
`&`	und
`|`	oder
`~`	nicht

Zur Programmierung von Verzweigungen können in MATLAB die Schlüsselwörter `if`, `else` und `elseif` verwendet werden, und zur Programmierung von Schleifen stehen die Schlüsselwörter `for` und `while` bereit.

Wir wollen mit dem folgenden Programm das größte Element eines Vektors berechnen. Dazu legen wir zunächst den Vektor fest:

```
v=[2 4 1 2 9 18 77 55 4 1 31 57 102 97 3];
```

sowie eine Variable, in der unser größter Wert gespeichert werden soll. Wir initialisieren diese Variable mit dem Wert $-\infty$:

```
vmax=-inf;
```

Anschließend implementieren wir eine `for`-Schleife:

```
for i=1:size(v,2)
    if v(i)>vmax
        vmax=v(i);
    end
end
vmax
```

```
v=[2 4 1 2 9 18 77 55 4 1 31 57 102 97 3];
vmax=-inf;
for i=1:size(v,2)
    if v(i)>vmax
        vmax=v(i);
    end
end
vmax
```
```
vmax = 102
```

Die Funktion `size(v,2)` liefert die Anzahl der Spalten von v, hier 15. Wenn wir als zweites Argument eine 1 übergeben, erhalten wir die Anzahl der Zeilen, hier 1.

Zur Erstellung von Funktionen verwendet man MATLAB-Scripte; Funktionen können nicht in einem Live-Script erzeugt werden.

Legen Sie ein MATLAB-Script an, indem Sie im Reiter EDITOR New →
Script auswählen.

Nun wollen wir aus dem obigen Programm zur Auffindung des größten Elements eines Vektors eine Funktion erstellen. Dazu nutzen wir das Schlüsselwort `function` in MATLAB und legen mit dem folgenden Funktionskopf die Ein- und Ausgabevariablen sowie den Funktionsnamen fest:

```
function vmax=vektormax(v)
```

Nun folgen die Anweisungen:

```
vmax=-inf;
for i=1:size(v,2)
    if v(i)>vmax
        vmax=v(i);
    end
end
```

In Ihrem Live-Script können Sie die Funktion nun für einen beliebigen Vektor v aufrufen:

```
v=[2 4 1 2 9 18 77 55 4 1 31 57 102 97 3];
vmax=vektormax(v)
```
```
vmax = 102
```

Wenn Sie zudem die Stelle, an der sich das größte Vektorelement befindet, mit zurückliefern wollen, müssen Sie die Funktion wie folgt modifizieren:

```matlab
function [vmax,idx]=vektormax(v)
    vmax=-inf;
    for i=1:size(v,2)
        if v(i)>vmax
            vmax=v(i);
            idx=i;
        end
    end
end
```

Durch den Aufruf im Live-Script

```matlab
v=[2 4 1 2 9 18 77 55 4 1 31 57 102 97 3];
[vmax,idx]=vektormax(v)
```

erhalten Sie die Ergebnisse:

```matlab
v=[2 4 1 2 9 18 77 55 4 1 31 57 102 97 3];
[vmax,idx]=vektormax(v)
```
```
vmax = 102
idx = 13
```

„Einfache" Funktionen können auch direkt über das sogenannte *function-Handle* definiert werden:

```matlab
f=@(x) x.^2-2;
```

Nun erhalten wir durch `f(7)` den Funktionswert an der Stelle $x = 7$.

```matlab
f=@(x) x.^2-2;
f(7)
```
```
ans = 47
```

Das function-Handle wird oft verwendet, um eine Funktion an eine andere Funktion zu übergeben. Die Funktion `fzero` berechnet numerisch die Nullstellen einer Funktion unter Angabe eines Startwerts. Wir können also unsere Funktion `f` an die MATLAB-Funktion `fzero` übergeben:

```matlab
fzero(f,1)
```

Als Startwert für die Nullstellensuche haben wir $x_0 = 1$ gewählt:

```matlab
f=@(x) x.^2-2;
fzero(f,1)
```
```
ans = 1.4142
```

8.1.5 Grafische Darstellung

MATLAB bietet zahlreiche Möglichkeiten zur grafischen Darstellung. Dem Befehl `fplot` muss lediglich die Funktion übergeben werden:

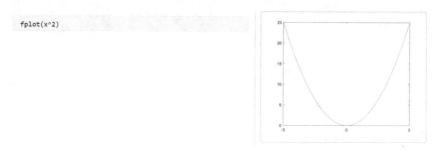

```
fplot(x^2)
```

Standardmäßig wird der Bereich von -5 bis 5 dargestellt. Dies kann man ändern, indem man als zweites Argument den gewünschten Bereich in eckigen Klammern übergibt. Auch Beschriftungen der x- und y-Achse können hinzugefügt werden sowie der Titel der Abbildung.

```
fplot(x^2, [-4 10])
xlabel('Beschriftung x-Achse')
ylabel('Beschriftung y-Achse')
title('Beispiel')
```

Um mehrere Funktionen in einer Grafik darzustellen, benötigt man den Befehl `hold on`, und eine Legende kann mit dem Befehl `legend` hinzugefügt werden. Zudem gibt es zahlreiche Optionen, um die Darstellung nach seinen Wünschen zu gestalten (siehe MATLAB-Hilfe).

```
fplot(x^2, [-4 10],'color','g','LineWidth',2)
hold on
fplot(20*log(x+10),[-4 10],'color','m','LineStyle','--')
hold off
xlabel('Beschriftung x-Achse')
ylabel('Beschriftung y-Achse')
title('Beispiel')
legend('x^2','10ln(x+10)')
```

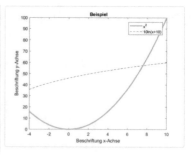

Mit dem Befehl `plot` können Daten dargestellt werden. Es wird somit keine Funktion übergeben, sondern Werte für y und die dazugehörigen x-Werte.

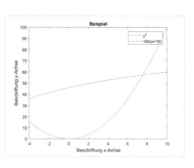

8.2 Mathematica

In diesem Abschnitt geben wir eine Einführung in die CAS-Software Mathematica, die wir in diesem Buch an vielen Stellen verwendet haben. Wir beschränken uns auch hierbei größtenteils auf grundlegende und in diesem Buch benötigte Grundfunktionen im Bereich der Analysis, also Bildung von Ableitungen, Integrale und Plots. Alle Mathematica-Funktionen, die insbesondere die gewöhnlichen und partiellen Differentialgleichungen betreffen, werden an den entsprechenden Stellen im Buch eingeführt. Das systematische Erlernen von Mathematica gelingt aber nur durch selbstständige und häufige Anwendung. Mathematica ist auch eine Programmiersprache, bei der die wichtigsten mathematischen Funktionen sämtlich vorinstalliert sind und nur noch geeignet „zusammengebaut werden müssen". Daher geben wir auch eine Kurzeinführung in das Programmieren unter Mathematica. Für die folgenden Ausführungen wurde die Mathematica-Version 11.3 verwendet.

Um Mathematica zu öffnen, doppelklicken Sie auf das Icon, das bei der Installation der Software auf dem Desktop erstellt wurde. Es öffnet sich der Begrüßungsbildschirm. Klicken Sie auf „New Document" und Sie erhalten die in Abb. 8.5 darstellte Oberfläche.

Rechts finden Sie den „Basic Math Assistant" als Basispalette, mit deren Hilfe Sie die wichtigsten Befehle, wie Konstanten und Symbole einfach durch Klicken eingeben und dann die Platzhalter ausfüllen können. Falls der „Basic Math Assistant" bei Ihnen nicht geöffnet ist, können Sie ihn im Menü „Palettes" finden.

Auch in Mathematica gibt es vordefinierte Konstanten. Beachten Sie, dass all diese vordefinierten Konstanten (z. B. Euler'sche Zahl E, Kreiszahl Pi, imaginäre Einheit I) sowie Funktionen (z. B. Sin und Cos, DSolve) großgeschrieben werden.

Abb. 8.5: Mathematica-Desktop

Überprüfen Sie alle folgenden Ein- und Ausgaben mit Mathematica!

8.2.1 Grundfunktionen

Beispieleingabe einer Funktion:

```
f[x_]:=x^3+2*x^2
```

(Beachten Sie bei der Definition den Doppelpunkt und den Unterstrich.) Um einen Befehl in Mathematica auszuführen, müssen Sie die Strg- und die Enter-Taste gleichzeitig drücken.

Berechnen der Nullstellen der Funktion f erfolgt mittels:

```
Solve[f[x]==0,x]
{{x -> -2}, {x -> 0}, {x -> 0}}
```

Der Output ist in der zweiten Zeile eingefügt. Plotten der Funktion:

```
Plot[f[x],{x,-4,4}]
```

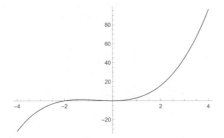

Abb. 8.6: Graph der Funktion f mit $f(x) = x^3 + 2x^2$

Man kann die Ausgabe durch verschiedene Befehle optimieren, z. B. die Achsen beschriften:

```
Plot[f[x],{x,-4,4},AxesLabel->{"x","f(x)"}]
```

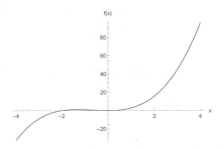

Abb. 8.7: Graph der Funktion f, Beschriftete Achsen

Oder man kann den Graphen dicker zeichnen:

```
Plot[f[x],{x,-4,4},AxesLabel->{"x","f(x)"},PlotStyle->Thickness[0.005]]
```

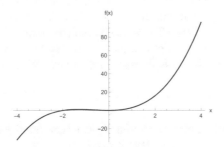

Abb. 8.8: Graph der Funktion f, Graph dicker geplottet

Mit Mathematica lassen sich algebraische Gleichungen bzw. Gleichungssysteme lösen:

```
Solve[x^2-5*x+6==0,x]
{{x -> 2}, {x -> 3}}
```

```
Solve[{2*x-5*y==3,x+y==5},{x,y}]
{{x -> 4, y -> 1}}
```

Der Output, also die Lösung, steht jeweils in der unteren Zeile. Ebenso lassen sich Gleichungen numerisch lösen:

```
NSolve[E^x-5*x==0,x]
{{x -> 0.25917110181907377}, {x -> 2.5426413577735265}}
```

Die Ableitung einer Funktion erhält man mit:

```
D[f[x],x]
```

Output für die oben definierte Funktion:

$$3x^2 + 4x$$

Die zweite Ableitung:

```
D[f[x],{x,2}]
```

Output:

$$6x + 4$$

Integrieren funktioniert so:

```
Integrate[f[x],{x,0,2}]
```

Alternativ können Sie auch den Ausdruck mithilfe des Basic Math Assistant (Palette) zusammenbauen:

$$\int_0^2 f[x]dx$$

Man kann auch von einem Input-Format zum anderen wechseln. Gehen Sie dazu in Ihre letzte Eingabezeile und klicken mit der rechten Maustaste. Es öffnet sich ein Menü, in dem Sie auf „Convert To" gehen und Sie das jeweilige Format auswählen. Die „RawInputForm" ist das Format, das wir in diesem Buch verwenden. Mit der „StandardForm" sehen die Befehle wie Formeln aus. Das Integral liefert in jedem Fall den Output:

$$\frac{28}{3}$$

Unbestimmte Integration, also Bestimmung einer Stammfunktion, funktioniert so:

```
Integrate[f[x],x]
```

Output:

$$\frac{x^4}{4} + \frac{2x^3}{3}$$

Das Lösen von Differentialgleichungen mit Mathematica finden Sie in allen Varianten in den jeweiligen Kapiteln im Buch.

8.2.2 3D-Darstellung mit Mathematica

Mit Mathematica lassen sich auch Funktionen von zwei Variablen plotten. Diese werden im vorliegenden Buch häufig benötigt. Ein Beispiel:

```
Plot3D[Sin[x*y],{x,-2,2},{y,-2,2}]
```

Als Output ergibt sich der Graph:

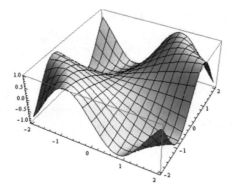

Abb. 8.9: $f(x,y) = \sin(xy)$

Parametrische Plots lassen sich ebenfalls darstellen:

```
ParametricPlot3D[{Cos[t]*Cos[u],Sin[t]*Cos[u],Sin[u]},{t,0,2*Pi},
    {u,-(Pi/2),Pi/2},Axes->None]
```

Als Output ergibt sich hier der Graph:

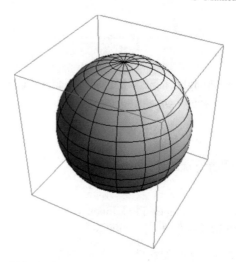

Abb. 8.10: Parametrischer Plot einer Kugel

Der Fantasie sind hier keine Grenzen gesetzt!

Probieren Sie einige 3D-Plots und parametrische Plots aus!

Zur Motivation gibt es noch einen Donut:

```
ParametricPlot3D[{Cos[t]*(3+Cos[u])+Cos[t]*Cos[u],Sin[t]*(3+Cos[u])
    +Sin[t]*Cos[u],2*Sin[u]},{t,0,2*Pi},{u,0,2*Pi},Axes->None]
```

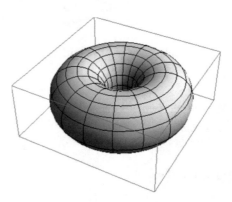

Abb. 8.11: Torus, erinnert im Alltag an einen „Donut"

8.2.3 Programmierung mit Mathematica

Mathematica ist auch eine höhere Programmiersprache. Ebenso wie bei MATLAB oder anderen höheren Programmiersprachen wie C, C++ oder JAVA sind typische For-oder While-Schleifen oder If-Else-Anweisungen möglich. Beachten Sie dabei wieder die Großschreibung. Ein einfaches Beispiel:

```
For[n=1,n<=10,n++,Print[n^2]]
```

liefert als Output die Quadrate der ersten zehn natürlichen Zahlen: 1 4 9 16 25 36 49 64 81 100. Ein schönes Beispiel für eine While-Schleife ist das berühmte *Collatz-Problem*: Man geht von einer beliebigen natürlichen Zahl n aus. Dann bildet man $n/2$, falls n gerade ist, und $3n+1$, falls n ungerade ist. Mit den jeweils neu gebildeten Zahlen fährt man so fort. Die noch ungeklärte(!) Fragestellung ist, ob dieser Prozess immer bei der Zahl 1 endet.

```
While[n>1,If[Mod[n, 2]==0,n=n/2,n=3*n+1]; Print[n]]
```

> Geben Sie diesen Ausdruck in Mathematica ein und überprüfen Sie verschiedene Startzahlen n, die Sie in der Zeile über dem Ausdruck definieren.

In Mathematica lassen sich auch rekursive Strukturen programmieren. Das folgende Kurzprogramm liefert z. B. die ersten 20 Fibonacci-Zahlen:

```
F[1]:=1;
F[2]:=1;
F[n_]:=F[n-1]+F[n-2]
For[n=1,n<=20,n++,Print[F[n]]]
```

Das folgende Programm berechnet das Datum des Ostersonntags in einem bestimmten Jahr, das Sie immer wieder neu eingeben können (im Beispiel wurde $J = 2013$ gewählt). Das Programm basiert auf der sogenannten *Gauß'schen Osterformel*:

```
J=2013;
a=Mod[J,19];
b=Mod[J,4];
c=Mod[J,7];
d=Mod[19*a+m,30];
e=Mod[2*b+4*c+6*d+n,7];
k=Quotient[J,100];
p=Quotient[8*k+13,25];
q=Quotient[k,4];
m=Mod[15+k-p-q,30];
n=Mod[4+k-q,7];
J
Print["ist Ostersonntag am"]
If[22+d+e<=31,N[22+d+e]*"Maerz",N[d+e-9]*"April"]
```

Wir betrachten noch ein weiteres Programmbeispiel aus der Populationsökologie. Es handelt sich um das *Lotka-Volterra'sche Räuber-Beute-Modell*, bei dem zwei

Populationen um begrenzte Nahrungsmittelressourcen konkurrieren. Das Programm
berechnet die zeitliche Entwicklung der Populationen numerisch:

```
Print["Lotka-Volterrasches Raeuber-Beute-Modell"]
a1:=0.007;
d1:=0.00002;
a2:=1;
d2:=0.001;
sol=NDSolve[{Derivative[1][r][t]==(-a1)*r[t]+d1*r[t]*b[t],Derivative[1][b]
    [t]==a2*b[t]-d2*r[t]*b[t],r[0]==500,b[0]==8000},{r,b},{t,500}]
f[t_]:=r[t]/.sol
g[t_]:= b[t]/.sol
Plot[f[t],{t,0,500},AxesLabel-> {"t","Anzahl der Raeuber"}]
Plot[g[t],{t,0,500},PlotRange->{0,11000},AxesLabel->{"t","Anzahl der
    Beutetiere"}]
Plot[{f[t],g[t]},{t,0,500},AxesLabel->{"t","Anzahl der Raeuber/Beutetiere"},
PlotRange->{0, 11000}]
```

Abb. 8.12 und Abb. 8.13 zeigen die Entwicklung der einzelnen Populationen,
Abb. 8.14 den direkten Vergleich.

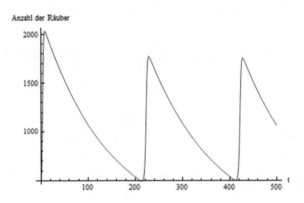

Abb. 8.12: Räuber

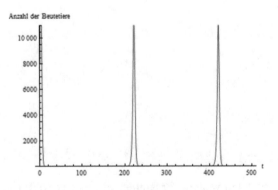

Abb. 8.13: Beute

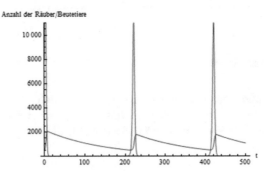

Abb. 8.14: Räuber und Beute

8.3 Aufgaben

Aufgaben mit MATLAB

Übung 8.1. Ⓑ Implementieren Sie eine Funktion in MATLAB, die den Umfang und den Flächeninhalt eines beliebigen Kreises vom Radius r ausgibt. Testen Sie Ihr Programm, in dem Sie es mit $r = 5$ und $r = 8$ aufrufen.

Übung 8.2. Ⓑ Ⓥ Erweitern Sie Ihre Funktion aus Aufg. 8.1, sodass sie auch den Umfang und den Flächeninhalt von Quadraten und gleichseitigen Dreiecken mit der Seitenlänge r berechnen kann. Der Eingabeparameter typ soll dabei festlegen, ob es sich um einen Kreis, ein Quadrat oder ein Dreieck handelt. Beachten Sie auch den Fall, dass der Benutzer einen typ eingibt, den es gar nicht gibt. In diesem Fall soll eine Fehlermeldung erscheinen. Testen Sie Ihr Programm!

Übung 8.3. Ⓑ Erstellen Sie eine Funktion, die das größte Element einer Matrix und dessen Position ausgibt. Testen Sie Ihr Programm!

Übung 8.4. Ⓑ Ⓥ Stellen Sie die Funktion f mit $f(x) = \sin(2x) + \cos^2 x$ zusammen mit ihrer Ableitung im Bereich von -10 bis 10 grafisch dar. Die Funktion soll rot dargestellt werden und die Ableitung grün mit einer gestrichelten Linie. Beschriften Sie die Achsen und fügen Sie eine Legende sowie einen Titel für die Abbildung ein.

Übung 8.5. Ⓑ Zahlenfolgen werden manchmal auch rekursiv definiert. Dabei gibt man ein oder zwei Anfangsglieder an und ein allgemeines Bildungsgesetz. Ein berühmtes Beispiel ist die Folge der *Fibonacci-Zahlen*. Hier ist $a_1 = 1$, $a_2 = 1$ und allgemein

$$a_n := a_{n-1} + a_{n-2} \qquad \text{für} \quad n > 2.$$

Somit lauten die ersten Folgenglieder

$$1;\ 1;\ 2;\ 3;\ 5;\ 8;\ 13;\ \dots$$

(siehe Proß und Imkamp 2018, Abschn. 6.1).

Schreiben Sie eine MATLAB-Funktion, mit der Sie die ersten n Fibonacci-Zahlen berechnen können. Die Fibonacci-Zahlen sollen als Zeilenvektor zurückgegeben werden.

Berechnen Sie mit Ihrer Funktion in einem Live-Script die ersten 20 Fibonacci-Zahlen. Stellen Sie anschließend den Quotienten zweier aufeinanderfolgender Fibonacci-Zahlen $\frac{a_{n+1}}{a_n}$ grafisch dar und zeigen Sie damit, dass dieser Quotient gegen den Grenzwert

$$\Phi = \frac{1 + \sqrt{5}}{2} \approx 1.61803$$

konvergiert. Φ wird auch als *goldene Zahl* bezeichnet.

Übung 8.6. Ⓑ Gegeben sei folgende gebrochenrationale Funktion f mit

$$f(x) = \frac{-3x^4 + 21x^3 - 54x^2 + 60x - 24}{-x^3 + 3x^2 + 9x + 5}.$$

Nutzen Sie die SYMBOLIC MATH-Toolbox in MATLAB, um folgende Eigenschaften der Funktion zu ermitteln:

a) Werten Sie die Funktion an der Stelle $x = -5$ aus.

b) Bestimmen Sie die Definitionslücken der Funktion.

c) Bestimmen Sie die Nullstellen der Funktion.

d) Bestimmen Sie mithilfe des Grenzwertes die Art der Definitionslücken.

e) Bestimmen Sie den Wert des Integrals im Bereich von 0 bis 4. Geben Sie auch den numerischen Wert an.

f) Bestimmen Sie den Flächeninhalt, den der Graph der Funktion und die x-Achse im Bereich von 0 bis 4 einschließen. Geben Sie auch den numerischen Wert an.

g) Bestimmen Sie das Verhalten im Unendlichen.

h) Plotten Sie die Funktion im Bereich von -10 bis 10 und grenzen Sie den Bereich der y-Achse auf -100 bis 100 ein.

Übung 8.7. Implementieren Sie mit möglichst wenigen Code-Zeilen die folgenden Matrizen. Sie sollten dabei die bereits erstellten Matrizen für die Generierung der nachfolgenden Matrizen nutzen.

$$A = \begin{pmatrix} 1&0&0&0&0 \\ 0&2&0&0&0 \\ 0&0&3&0&0 \\ 0&0&0&4&0 \\ 0&0&0&0&5 \end{pmatrix} \quad B = \begin{pmatrix} 1&0&0&1&1 \\ 0&2&0&1&1 \\ 0&0&3&0&0 \\ 0&0&0&4&0 \\ 0&0&0&0&5 \end{pmatrix} \quad C = \begin{pmatrix} 1&1&0&0&0 \\ 1&2&2&0&0 \\ 0&2&3&3&0 \\ 0&0&3&4&4 \\ 0&0&0&4&5 \end{pmatrix}$$

$$D = \begin{pmatrix} 0\,0\,0\,0\,0 \\ 1\,1\,0\,0\,0 \\ 1\,2\,2\,0\,0 \\ 0\,2\,3\,3\,0 \\ 0\,0\,3\,4\,4 \\ 0\,0\,0\,4\,5 \\ 0\,0\,0\,0\,0 \end{pmatrix} \qquad E = \begin{pmatrix} 1\,0\,0\,0\,0\,0\,1 \\ 1\,1\,1\,0\,0\,0\,1 \\ 1\,1\,2\,2\,0\,0\,1 \\ 1\,0\,2\,3\,3\,0\,1 \\ 1\,0\,0\,3\,4\,4\,1 \\ 1\,0\,0\,0\,4\,5\,1 \\ 1\,0\,0\,0\,0\,0\,1 \end{pmatrix}$$

Übung 8.8. Ⓑ Lösen Sie das folgende lineare Gleichungssystem mithilfe von MATLAB:

$$x_1 + x_2 + x_3 = 0$$
$$x_1 + 2x_2 + 4x_3 = 5$$
$$x_1 + 3x_2 + 9x_3 = 12$$

Aufgaben mit Mathematica

Übung 8.9. Ⓑ Implementieren Sie eine Funktion in Mathematica, die den Umfang und den Flächeninhalt eines beliebigen Kreises vom Radius r ausgibt.

Übung 8.10. Ⓑ Lösen Sie das folgende lineare Gleichungssystem mithilfe von Mathematica:

$$3x - y + 6z = 4$$
$$x + y + z = 0$$
$$4x - 5y - 7z = 3.$$

Übung 8.11. Ⓑ Bestimmen Sie mithilfe von Mathematica die fünfte Ableitung der Funktion f mit $f(x) = e^{e^x}$.

Übung 8.12. Ⓑ Erstellen Sie mit Mathematica eine For-Schleife, mit der Sie die ersten 100 natürlichen Zahlen mitsamt ihren Quadratwurzeln und den zugehörigen numerischen Werten auf sechs Dezimalstellen genau auflisten können.

Übung 8.13. Ⓑ Erstellen Sie das folgende Programm mit Mathematica. Um welchen mathematischen Prozess handelt es sich?

```
StepIncrements[n_]:=Table[(-1)^Random[Integer],{n}]
W1D[n_]:=FoldList[Plus,0,StepIncrements[n]]
W1D[150]
```

Übung 8.14. Ⓑ Erstellen Sie mit Mathematica ein Programm, das alle dreistelligen natürlichen Zahlen ausgibt, die die Summe der dritten Potenzen ihrer Ziffernfolge sind (Beispiel für sogenannte *narzisstische Zahlen*).

Tipp: Diese Aufgabe ist etwas schwieriger. Machen Sie sich vorher mit Mathematica-Funktionen wie `Print` und `If` vertraut. Probieren Sie ein wenig aus!

Übung 8.15. Ⓥ Erforschen Sie in Mathematica die Funktion `BaseForm`. Welchem Zweck dient diese Funktion? Lassen Sie Mathematica einige Beispiele durchrechnen.

8.4 Ergänzende und weiterführende Literatur

- Benker H (2010) Ingenieurmathematik kompakt – Problemlösungen mit MAT-LAB – Einstieg und Nachschlagewerk für Ingenieure und Naturwissenschaftler. Springer, Heidelberg, Dordrecht, London, New York

- Benker H (2016) MATHEMATICA kompakt – Mathematische Problemlösungen für Ingenieure, Mathematiker und Naturwissenschaftler. Springer Vieweg, Berlin, Heidelberg

- Pietruska W D (2012) MATLAB® und Simulink® in der Ingenieurpraxis – Modellbildung, Berechnung und Simulation. Vieweg+Teubner Verlag, Wiesbaden

- Proß S, Imkamp T, (2018) Brückenkurs Mathematik für den Studieneinstieg – Grundlagen, Beispiele, Übungsaufgaben. Springer, Berlin, Heidelberg

- Wolfram S (2004) The MATHEMATICA Book. Fifth Edition. Wolfram Media, Inc.

Anhang A

Lösungen

A.1 Lösungen zu Kapitel 2

2.1 Es gilt $s(t) - s(0) = s(t) = \int_0^t v(\tau)d\tau$ wegen $s(0) = 0$. Mithilfe von Substitution erhält man:

$$s(t) = wt - \left(\frac{wm_0}{\mu} - wt\right)\ln\left(\frac{m_0}{m_0 - \mu t}\right) - \frac{1}{2}gt^2$$

2.2 Lösung im Video. Die zu überprüfende Funktion ist in der Aufgabe vorgegeben.

2.3

DGL	linear	nichtlinear	homogen	inhomogen	konstante Koeffizienten
$\sin(4x)y + 3y' + \sqrt{x} = 0$	x			x	
$\sin(y) + 3x = xy'$		x			
$y'y + x = 0$		x			
$\dot{u} + 3u = 0$	x		x		x
$\dot{u} + 3u - t^2 = 0$	x			x	x
$\sqrt{y} + 7x^2 y' = 3$		x			
$\dot{y} + \frac{1}{t^2}y = e^{3t}$	x			x	
$m\dot{v} + kv = mg$	x			x	x
$\frac{dy}{dx} + 3y - e^y = 3$		x			
$\frac{dy}{dx} + 3y = 0$	x		x		x

2.4 Durch Rückwärtsanwenden der Produktregel ergibt sich

$$(f(x) \cdot x^3)' = 2$$

und daraus durch Integrieren die allgemeine Lösung

$$y(x) = \frac{2}{x^2} + \frac{C}{x^3}.$$

2.5

a) $xy'(x) = y(x)$

Die Eingabe sollte so aussehen:

```
syms xx
[x,y] = meshgrid(-3:0.35:3,-3:0.35:3);
dy=y./x;
norm=sqrt(1+dy.^2);
quiver(x,y,ones(size(x))./norm,dy./norm)
hold on
fplot([2*xx,-2*xx,xx,-xx,1/3*xx,-1/4*xx,5*xx,-6*xx],'lineWidth',1.2)
hold off
xlabel('x')
ylabel('y')
xlim([-3 3])
ylim([-3 3])
```

```
Show[StreamPlot[{1,y/x},{x,-3,3},{y,-3,3}],
Plot[{2*x,-2*x,x,-x,(1/3)*x,(-4^(-1))*x,5*x,-6*x},{x,-3,3},
    PlotRange->{-3,3},AspectRatio->Automatic]]
```

Es folgt die Ausgabe in Abb. A.1.

Die allgemeine Lösung der DGL erhalten wir durch die Eingabe:

```
syms y(x)
dsolve(x*diff(y,x)==y)
```

```
DSolve[x*Derivative[1][y][x]==y[x],y[x],x]
```

Die allgemeine Lösung lautet

$$y = Cx.$$

b) $xy'(x) = \frac{y(x)}{2x}$

Die Eingabe sollte so aussehen:

```
clear
syms xx
[x,y] = meshgrid(-3:0.35:3,-3:0.35:3);
dy=y./(2*x^2);
norm=sqrt(1+dy.^2);
quiver(x,y,ones(size(x))./norm,dy./norm)
hold on
fplot([2*exp(-1/(2*xx)),-2*exp(-1/(2*xx)),exp(-1/(2*xx)),...
```

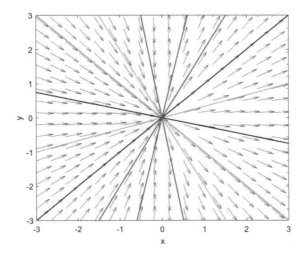

Abb. A.1: Richtungsfeld der DGL $xy'(x) = y(x)$

```
   -exp(-1/(2*xx)),1/3*exp(-1/(2*xx)),-1/4*exp(-1/(2*xx)),...
      5*exp(-1/(2*xx)),-6*exp(-1/(2*xx))],'lineWidth',1.2)
hold off
xlabel('x')
ylabel('y')
xlim([-3 3])
ylim([-3 3])
```

```
Show[StreamPlot[{1,y/(2*x^2)},{x,-3,3},{y,-3,3}],
Plot[{2/E^(2*x)^(-1),-2/E^(2*x)^(-1),1/3/E^(2*x)^(-1),
   -E^(-(2*x)^(-1)),-5^(-1)/E^(2*x)^(-1)},{x,-3,3},
   PlotRange->{-3,3},AspectRatio->Automatic]]
```

Es folgt die Ausgabe in Abb. A.2.

Die allgemeine Lösung der DGL erhalten wir durch die Eingabe:

```
syms y(x)
dsolve(x*diff(y,x)==y/(2*x))
```

```
DSolve[x*Derivative[1][y][x]==y[x]/(2*x),y[x],x]
```

Die allgemeine Lösung lautet

$$y = Ce^{-\frac{1}{2x}}.$$

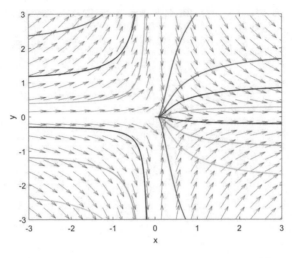

Abb. A.2: Richtungsfeld der DGL $xy'(x) = \frac{y(x)}{2x}$

2.6

a) $y'(x) = 2xy(x)$
Lösung:

$$y(x) = Ce^{x^2}$$

b) $y'(x) + x^2 y(x) = 0$

Lösung:

$$y(x) = Ce^{-\frac{1}{3}x^3}$$

2.7

a) $y'(x) - y(x) = 1$

Lösung:

$$y(x) = Ce^x - 1$$

b) $y'(x) = 2y(x) + e^{-3x}$
Allgemeine Lösung der zugehörigen homogenen DGL:

$$y'_h = 2y_h$$
$$\int \frac{y'_h}{y_h} dx = \int 2dx$$

$$\ln|y_h| = 2x + K$$
$$y_h = Ce^{2x}$$

Partikuläre Lösung der inhomogenen DGL:

$$y_p = Ae^{-3x}$$
$$y_p' = -3Ae^{-3x}$$
$$-3Ae^{-3x} = 2Ae^{-3x} + e^{-3x}$$
$$\Rightarrow A = -\frac{1}{5}$$
$$y_p = -\frac{1}{5}e^{-3x}$$

Allgemeine Lösung der inhomogenen DGL:

$$y = y_h + y_p = Ce^{2x} - \frac{1}{5}e^{-3x}$$

c) $y'(x) = -y(x) + x^2$

Allgemeine Lösung der zugehörigen homogenen DGL:

$$y_h' = -y_h$$
$$\int \frac{y_h'}{y_h}dx = -\int 1\,dx$$
$$\ln|y_h| = -x + K$$
$$y_h = Ce^{-x}$$

Partikuläre Lösung der inhomogenen DGL:

$$y_p = Ax^2 + Bx + C$$
$$y_p' = 2Ax + B$$
$$2Ax + B = -Ax^2 - Bx - C + x^2$$
$$0 = x^2(A - 1) + x(2A + B) + B + C$$
$$A - 1 = 0$$
$$2A + B = 0$$
$$B + C = 0$$
$$\Rightarrow A = 1,\ B = -2,\ C = 2$$
$$y_p = x^2 - 2x + 2$$

Allgemeine Lösung der inhomogenen DGL:

$$y = y_h + y_p = Ce^{-x} + x^2 - 2x + 2$$

d) $y'(x) = 2y(x) + \cos(2x) - \sin(2x)$

Allgemeine Lösung der zugehörigen homogenen DGL:

$$y'_h = 2y_h$$

$$\int \frac{y'_h}{y_h} dx = \int 2dx$$

$$\ln|y_h| = 2x + K$$

$$y_h = Ce^{2x}$$

Partikuläre Lösung der inhomogenen DGL:

$$y_p = A\cos(2x) + B\sin(2x)$$

$$y'_p = -2A\sin(2x) + 2B\cos(2x)$$

$$-2A\sin(2x) + 2B\cos(2x) = 2A\cos(2x) + 2B\sin(2x) + \cos(2x) - \sin(2x)$$

$$0 = \sin(2x)(-2A - 2B + 1) + \cos(2x)(2B - 2A - 1)$$

$$-2A - 2B + 1 = 0$$

$$2B - 2A - 1 = 0$$

$$\Rightarrow A = 0, \ B = \frac{1}{2}$$

$$y_p = \frac{1}{2}\sin(2x)$$

Allgemeine Lösung der inhomogenen DGL:

$$y = y_h + y_p = Ce^{2x} + \frac{1}{2}\sin(2x)$$

e) $2f'(x) + f(x) = e^x \sin x$

Lösung:

$$f(x) = \frac{1}{13}e^x(3\sin x - 2\cos x) + Ce^{-\frac{1}{2}x}.$$

2.8

a) $t\dot{u}(t) + u(t) = t^2$

Lösung:

$$u(t) = \frac{t^2}{3} + \frac{C}{t}$$

b) $y'(x) + y(x) = x\cos x$

Lösung:

$$y(x) = \frac{1}{2}(x\cos x + (x-1)\sin x) + Ce^{-x}$$

Hinweis: Die Berechnung des Integrals $\int xe^x \cos x\,dx$ für $C(x)$ gelingt mit mehrfacher partieller Integration. Zunächst wähle man $u = x\cos x$ und $v' = e^x$. Dies führt u. A. auf $\int xe^x \sin x\,dx$. Nochmalige partielle Integration führt wieder auf das ursprüngliche Integral $\int xe^x \cos x\,dx$, aber diesmal mit negativem Vorzeichen. Durch Addition dieses Integrals erhält man auf der linken Seite der entstandenen Gleichung $2\int xe^x \cos x\,dx$. Daraus lässt sich das Integral berechnen. Alle anderen auftretenden Integrale lassen sich mit einfacher partieller Integration lösen.

2.9

a) $y'(x) = \frac{e^x}{y(x)^4}$
Lösung:
$$y(x) = \sqrt[5]{5e^x + C}$$

b) $y' = e^y \sin x, \quad y(0) = 0$
Allgemeine Lösung:
$$\frac{dy}{dx} = e^y \sin x$$
$$\int e^{-y}\,dy = \int \sin x\,dx$$
$$-e^{-y} = -\cos x + C$$
$$y = -\ln(\cos x - C)$$

Spezielle Lösung:
$$y(0) = -\ln(1 - C) = 0 \Rightarrow C = 0$$
$$y = -\ln(\cos x)$$

c) $t^2 u = (1+t)\dot{u}, \quad u(0) = 1$
Allgemeine Lösung:
$$\frac{du}{dt} = \frac{t^2 u}{1+t}$$
$$\int \frac{1}{u}\,du = \int \frac{t^2}{1+t}\,dt$$
$$\ln|u| = \frac{1}{2}t^2 - t + \ln|t+1| + K$$
$$u = Ce^{\frac{1}{2}t^2 - t + \ln|t+1|}$$

Berechnung des Integrals $\int \frac{t^2}{1+t}\,dt$:
$$\int \frac{t^2}{1+t}\,dt = \int \frac{t^2 - 1 + 1}{1+t}\,dt = \int \frac{t^2 - 1}{1+t}\,dt + \int \frac{1}{1+t}\,dt$$

$$= \int \frac{(t+1)(t-1)}{1+t} dt + \int \frac{1}{1+t} dt$$

$$= \int (t-1) dt + \int \frac{1}{1+t} dt$$

$$= \frac{1}{2} t^2 - t + \ln|t+1| + K$$

Alternativer Lösungsweg:

$$\begin{array}{l} (t^2) : (t+1) = t - 1 + \dfrac{1}{t+1} \\ \underline{-t^2 - t} \\ {-t} \\ \underline{t+1} \\ 1 \end{array}$$

$$\int \frac{t^2}{1+t} dt = \int (t-1) dt + \int \frac{1}{t+1} dt$$

$$= \frac{1}{2} t^2 - t + \ln|t+1| + K$$

Spezielle Lösung:

$$u(0) = Ce^0 = 1 \Leftrightarrow C = 1$$

$$u = e^{\frac{1}{2} t^2 - t + \ln|t+1|}$$

2.10 In allen Fällen ist die Substitution $z := \frac{y}{x}$.

a) $y'(x) = 1 + \frac{y(x)}{x}$
Lösung im Video. Endergebnis:

$$y(x) = x \ln|x| + Cx$$

b) $y'(x) = 1 + \frac{y(x)}{x} + \left(\frac{y(x)}{x} \right)^2$
Lösung:

$$y(x) = x \tan(\ln|x| + C)$$

c) $(5x^2 + 3xy + 2y^2) dx + (x^2 + 2xy) dy = 0$
Allgemeine Lösung:

$$(5x^2 + 3xy + 2y^2) dx + (x^2 + 2xy) dy = 0 \quad \Big| : x^2$$

$$\left(5 + 3\frac{y}{x} + 2\left(\frac{y}{x} \right)^2 \right) dx + \left(1 + 2\frac{y}{x} \right) dy = 0$$

$$\left(1 + 2\frac{y}{x} \right) \frac{dy}{dx} = -5 - 3\frac{y}{x} - 2\left(\frac{y}{x} \right)^2$$

$$\boxed{z = \frac{y}{x} \Rightarrow y = zx \Rightarrow y' = z'x + z}$$

$$(1+2z)(z'x+z) = -5 - 3z - 2z^2$$

$$z'x + z + 2zz'x + 2z^2 = -5 - 3z - 2z^2$$

$$z'(x+2zx) = -5 - 4z - 4z^2$$

$$z' = \frac{-4z^2 - 4z - 5}{x(1+2z)}$$

$$\int \frac{1+2z}{-4z^2 - 4z - 5} dz = \int \frac{1}{x} dx$$

$$-\frac{1}{4}\ln|-4z^2 - 4z - 5| = \ln|Cx|$$

$$\frac{1}{\sqrt[4]{-4z^2 - 4z - 5}} = Cx$$

$$-4z^2 - 4z - 5 = \left(\frac{1}{Cx}\right)^4$$

$$z^2 + z + \frac{5}{4} = -\frac{1}{4}\left(\frac{1}{Cx}\right)^4$$

$$z^2 + z + \frac{5}{4} + \frac{1}{4}\left(\frac{1}{Cx}\right)^4 = 0$$

$$z = -\frac{1}{2} \pm \sqrt{\frac{1}{4} - \frac{5}{4} - \frac{1}{4}\left(\frac{1}{Cx}\right)^4}$$

$$\frac{y}{x} = -\frac{1}{2} \pm \sqrt{-1 - \frac{1}{4}\left(\frac{1}{Cx}\right)^4}$$

$$y = -\frac{1}{2}x \pm x\sqrt{-1 - \frac{1}{4}\left(\frac{1}{Cx}\right)^4}$$

Berechnung des Integrals $\int \frac{1+2z}{-4z^2-4z-5} dz$:

$$\int \frac{1+2z}{-4z^2 - 4z - 5} dz = -\frac{1}{4} \int \frac{1}{u} du$$

$$= -\frac{1}{4}\ln|u| + C$$

$$= -\frac{1}{4}\ln|-4z^2 - 4z - 5| + C$$

$$\boxed{\begin{aligned} u &= -4z^2 - 4z - 5 \\ \frac{du}{dz} &= -8z - 4 \\ &= -4(2z+1) \\ \Leftrightarrow dz &= \frac{du}{-4(2z+1)} \end{aligned}}$$

2.11

a) $xy'(x) - 2y(x) + 3xy^2 = 0$
   Lösung:

$$y(x) = \frac{x^2}{x^3 + C}$$

b) $\dot{u}(t) = t^2 u(t) + t^2 u^4(t)$
   Lösung im Video
   Lösung:

$$u(t) = \frac{1}{\sqrt[3]{Ce^{-t^3} - 1}}$$

2.12

a) $y'(x) = -2y(x) + x$, $y(0) = 1$
   Lösung:

$$y(x) = \frac{1}{4}(2x - 1 + 5e^{-2x})$$

b) $f'(x) \cdot \sin x + f(x) \cdot \cos x = x$, $f\left(\frac{\pi}{2}\right) = 0$
   Lösung:
   Allgemeine Lösung der zugehörigen homogenen DGL:

$$f_h'(x) = -\frac{\cos x}{\sin x} f_h(x)$$

$$\int \frac{f_h'(x)}{f_h(x)} dx = -\int \frac{\cos x}{\sin x} dx$$

$$\ln|f_h(x)| = -\ln|\sin x| + \ln|C|$$

$$f_h(x) = \frac{C}{\sin x}$$

Partikuläre Lösung der inhomogenen DGL:

$$f_C(x) = \frac{C(x)}{\sin x}$$

$$f_C' = \frac{C'(x)\sin x - C(x)\cos x}{\sin^2 x} = \frac{C'(x)}{\sin x} - \frac{C(x)\cos x}{\sin^2 x}$$

Einsetzen in DGL:

$$\left(\frac{C'(x)}{\sin x} - \frac{C(x)\cos x}{\sin^2 x}\right)\sin x + \frac{C(x)}{\sin x}\cos x = x$$

$$C'(x) - C(x)\frac{\cos x}{\sin x} + C(x)\frac{\cos x}{\sin x} = x$$

$$C'(x) = x$$

$$C(x) = \frac{1}{2}x^2$$

$$f_p(x) = \frac{x^2}{2\sin x}$$

Allgemeine Lösung der inhomogenen DGL:

$$f(x) = f_h(x) + f_p(x) = \frac{C}{\sin x} + \frac{x^2}{2\sin x}$$

Spezielle Lösung:

$$f\left(\frac{\pi}{2}\right) = C + \frac{\pi^2}{8} = 0$$

$$\Leftrightarrow C = -\frac{\pi^2}{8}$$

$$f(x) = -\frac{\pi^2}{8\sin x} + \frac{x^2}{2\sin x}$$

c) $f'(x) + f(x) = xe^x$, $f(0) = 2$

Lösung:

$$f(x) = \left(\frac{1}{2}x - \frac{1}{4}\right)e^x + \frac{9}{4}e^{-x}$$

d) $\dot{u}(t) + 2u(t) = te^t$, $u(0) = 1$

Lösung:

$$u(t) = \frac{10}{9}e^{-2t} + \left(\frac{1}{3}t - \frac{1}{9}\right)e^t$$

2.13

a) Der Ansatz

$$\frac{f(x) + C - f(x)}{0 - x} = f'(x)$$

führt auf die Lösung

$$f(x) = -C\ln x + D$$

mit $C, D \in \mathbb{R}$.

b) Der Ansatz

$$\frac{Cf(x) - f(x)}{0 - x} = f'(x)$$

führt auf die Lösung

$$f(x) = Dx^{1-C}$$

mit $C, D \in \mathbb{R}$.

c) Der Ansatz

$$\frac{C}{f(x)} = f'(x)$$

führt auf die Lösung

$$f(x) = \pm\sqrt{2Cx + D}$$

mit $C, D \in \mathbb{R}$.

2.14

a) Anwendung des Zerfallsgesetzes mit den gegebenen Daten führt auf

$$N(20\,000\,\mathrm{a}) = 2.6639 \cdot 10^{15} e^{-\frac{\ln 2}{1600\,\mathrm{a}}t} \approx 4.6 \cdot 10^{11}$$

aktive $^{226}_{88}$Ra-Kerne nach 20 000 Jahren.

b) Anwendung des Zerfallsgesetzes mit den gegebenen Daten führt auf

$$t_{ges} = -\frac{24\,110\,\mathrm{a}}{\ln 2} \cdot \ln 0.01 \approx 160\,183.4\,\mathrm{a},$$

also über 160 000 Jahre.

2.15 Das Modell des begrenzten Wachstums liefert die DGL

$$p'(t) = \frac{8}{100}(500 - p(t))$$

mit der Anfangsbedingung $p(0) = 100$. Die Lösung des Anfangswertproblems lautet

$$p(t) = 500 - 400e^{-\frac{2}{25}t}.$$

Daraus ergibt sich durch Gleichsetzen mit 450 für die gesuchte Zeit $t_{ges} \approx 36.4$ Jahre.

2.16 Das Populationswachstum wird beschrieben durch

$$B(t) = 6000 \cdot 1.25^t = 6000 \cdot e^{0.22314t}.$$

Als DGL ergibt sich somit

$$\dot{B}(t) = 0.22314 B(t)$$

mit dem Anfangswert $B(0) = 6000$.

2.17 Wir messen t in Minuten und den Radius der Eiskugel in Zentimetern. Da die Wassereiskugel mit Radius r die Oberfläche $4\pi r^2$ besitzt, ergibt sich aus der Aufgabenstellung der Ansatz

$$\dot{V}(t) = -k \cdot 4\pi r^2$$

mit $k > 0$.

Andererseits gilt nach der Kettenregel

$$\dot{V}(t) = \frac{dV}{dt} = \frac{dV}{dr}\frac{dr}{dt} = 4\pi r^2 \cdot \dot{r}(t)$$

wegen $V(r) = \frac{4}{3}\pi r^3$.

Somit folgt

$$4\pi r^2 \cdot \dot{r}(t) = -k \cdot 4\pi r^2$$
$$\dot{r}(t) = -k$$
$$r(t) = -kt + C.$$

Die erste Anfangsbedingung lautet $r(0) = 1$, da die Kugel ursprünglich einen Radius von 1 cm hatte. Daraus ergibt sich zunächst

$$r(t) = 1 - kt.$$

Nach 20 Minuten ist die Kugel auf den halben Durchmesser geschrumpft, also gilt $r(20) = 0.5$. Daraus lässt sich k bestimmen:

$$0.5 = 1 - 20 \cdot k \quad \Leftrightarrow \quad k = \frac{1}{40}$$

Mit Einheiten geschrieben ergibt sich also das Schmelzgesetz für die Eiskugel zu

$$r(t) = 1\,\text{cm} - \frac{1}{40}\text{cm}/\min \cdot t.$$

Jetzt können wir die gesuchte Zeit bestimmen:

$$r(t_{ges}) = 0.1\,\text{cm} = 1\,\text{cm} - \frac{1}{40}\text{cm}/\min \cdot t_{ges}$$
$$-0.9\,\text{cm} = -\frac{1}{40}\text{cm}/\min \cdot t_{ges}$$
$$t_{ges} = 36\,\text{min}$$

Nach 36 Minuten ist die Eiskugel auf 2 mm Durchmesser, also 1 mm Radius geschmolzen.

2.18

$$\frac{d[A]_t}{dt} = -k_A[A]_t + k_B[B]_t$$
$$= -k_A[A]_t + k_B([A]_0 + [B]_0 - [A]_t)$$

$$\frac{d[A]_t}{dt} + (k_A + k_B)[A]_t = k_B([A]_0 + [B]_0)$$

Allgemeine Lösung der zugehörigen homogenen DGL:

$$\int \frac{[\dot{A}]_t}{[A]_t} dt = -\int (k_A + k_B)\, dt$$

$$\ln |[A]_t| = -(k_A + k_B)\, t + K$$

$$[A]_t = Ce^{-(k_A + k_B)t}$$

Partikuläre Lösung der inhomogenen DGL:

$$[A]_t = D \quad [\dot{A}]_t = 0$$

Einsetzen in DGL:

$$(k_A + k_B)D = k_B([A]_0 + [B]_0)$$

$$D = \frac{k_B([A]_0 + [B]_0)}{k_A + k_B}$$

Allgemeine Lösung der inhomogenen DGL:

$$[A]_t = \frac{k_B([A]_0 + [B]_0)}{k_A + k_B} + Ce^{-(k_A + k_B)t}$$

Spezielle Lösung:

$$\frac{k_B([A]_0 + [B]_0)}{k_A + k_B} + Ce^{-(k_A + k_B)0} = [A]_0$$

$$\Leftrightarrow \quad C = [A]_0 - \frac{k_B([A]_0 + [B]_0)}{k_A + k_B} = \frac{k_A[A]_0 - k_B[B]_0}{k_A + k_B}$$

$$[A]_t = \frac{k_B([A]_0 + [B]_0)}{k_A + k_B} + \frac{k_A[A]_0 - k_B[B]_0}{k_A + k_B} e^{-(k_A + k_B)t}$$

2.19 Die Lösung des Anfangswertproblems lautet

$$I(z) = I_0 e^{-1.5\,\mathrm{m}^{-1} z}.$$

Aus

$$I(z_{ges}) = 0,1 I_0 = I_0 e^{-1.5\,\mathrm{m}^{-1} z_{ges}}$$

ergibt sich schließlich

$$z_{ges} = 1.535\,\mathrm{m}.$$

In etwa 1.54 m Wassertiefe ist die Intensität auf 10 % gefallen.

2.20 Das Zerfallsgesetz liefert wegen $N_0 = \frac{m_0}{Au}$ und $N(t) = \frac{m(t)}{Au}$ mit $m_0 = 500\,\text{g}$ für die Massen:

$$m(t) = 500\,\text{mg} \cdot e^{-0.0866\,\text{d}^{-1}t}$$

für Iod und

$$m(t) = 500\,\text{mg} \cdot e^{-0.1155\,\text{h}^{-1}t}$$

für Technetium. Gleichsetzen mit $1\,\text{mg}$ ergibt $t_{ges} = 71\,\text{d}$ für Iod und $t_{ges} = 53.8\,\text{h}$ für Technetium.

2.21 Lösung im Video

a)

$$\frac{dc(t)}{dt} = \frac{r}{V}k - \frac{r}{V}c(t) + \frac{s}{v}$$

b)

$$c(t) = \left(c_0 - k - \frac{s}{k}\right)e^{-\frac{r}{v}t} + k + \frac{s}{r}$$

c)

$$c_\infty = k + \frac{s}{r}$$

d)

$$t_H = \frac{\ln 2 \cdot v}{r}, \quad t_Z = \frac{\ln 10 \cdot v}{r}$$

e)

$$t_H \approx 18.06\,\text{a}, \quad t_Z \approx 60\,\text{a}$$

2.22

a)

```
t=0:18;
N=[9.6 18.3 29.0 47.2 71.1 119.1 174.6 257.3 350.7 441.0 513.3 559.7 594.8
   629.4 640.8 651.1 655.9 659.6 661.8]
scatter(t,N)
xlabel('Zeit in Stunden')
ylabel('Hefemenge in mg')
grid on
```

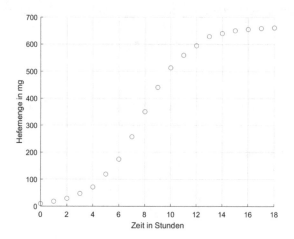

Abb. A.3: Wachstum einer Hefekultur

b) Das logistische Wachstum passt am besten.

c)

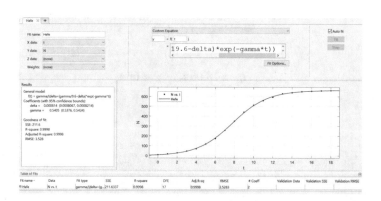

Abb. A.4: CURVE FITTING-Tool in MATLAB

d) Die Trägerkapazität beträgt

$$K = \frac{\gamma}{\delta} = \frac{0.5405}{0.0000814} \approx 664.$$

Die Hefemenge kann maximal 664 mg betragen.

e)   Laut Modell beträgt die Hefemenge nach 12 Tagen

$$p(12) = \frac{\gamma}{\delta + \left(\frac{\gamma}{p_0} - \delta\right) e^{-\gamma \cdot 12}} \approx 601.49 \, \text{mg}$$

mit $\gamma = 0.5405$, $\delta = 0.000814$ und $p_0 = 9.6$. Der Messwert zu diesem Zeitpunkt beträgt 594.8 mg.

f)

$$\dot{p}(t) = 0.5405 p(t) - 0.000814 p(t)^2 = p(t) \left(0.5405 - 0.000814 p(t)\right) > 0$$

$$\Rightarrow 0.5405 - 0.000814 p(t) > 0 \quad \Leftrightarrow \quad p(t) < \frac{0.5405}{0.000814} \approx 664$$

Da die Hefekultur immer kleiner als die Trägerkapazität $K = 664 \, \text{mg}$ ist, wächst die Hefekultur durchgängig.

g) Da $p(0) = 9.6 < \frac{664}{2}$, hat die logistische Funktion an der Stelle

$$t_W = -\frac{1}{\gamma} \ln \left(\frac{\delta}{\frac{\gamma}{p_0} - \delta}\right) \approx 7.81 \, \text{h}$$

einen Wendepunkt mit dem Funktionswert

$$p(t_W) = \frac{\gamma}{2\delta} = \frac{K}{2} = 332 \, \text{mg}.$$

Ab diesem Wendepunkt nimmt die Wachstumsrate ab.

A.2 Lösungen zu Kapitel 3

3.1

a) $\ddot{u} - 5\dot{u} + 6u = 0$
Lösung:
$$u(t) = C_1 e^{2t} + C_2 e^{3t}$$

b) $\ddot{u} + 6\dot{u} + 9u = 9t$
Lösung:
$$u(t) = \frac{1}{3}(3t - 2) + C_1 e^{-3t} + C_2 t e^{-3t}$$

c) $\ddot{u} + 3\dot{u} - 10u = 10\sin t$
Bestimmung der allgemeinen Lösung der homogenen Gleichung

$$\ddot{u} + 3\dot{u} - 10u = 0:$$

Die charakteristische Gleichung lautet

$$\lambda^2 + 3\lambda - 10 = 0.$$

Sie hat die Lösungen $\lambda = -5 \vee \lambda = 2$. Somit erhalten wir als allgemeine Lösung der homogenen DGL
$$u_h(t) = C_1 e^{-5t} + C_2 e^{2t}.$$

Als Ansatz für eine partikuläre Lösung der inhomogenen DGL wählen wir gemäß unserer Lösungstheorie (siehe Tab. 3.1)

$$u_p(t) = A\sin t + B\cos t.$$

Diese Funktion setzen wir gemeinsam mit ihren Ableitungen

$$u_p(t) = A\sin t + B\cos t$$
$$\dot{u}_p(t) = A\cos t - B\sin t$$
$$\ddot{u}_p(t) = -A\sin t - B\cos t$$

ein:

$$\ddot{u}_p(t) + 3\dot{u}_p(t) - 10u_p(t)$$
$$= -A\sin t - B\cos t + 3A\cos t - 3B\sin t - 10A\sin t - 10B\cos t$$
$$= (-11A - 3B)\sin t + (3A - 11B)\cos t = 10\sin t$$

Koeffizientenvergleich führt auf das lineare Gleichungssystem

$$-11A - 3B = 10$$
$$3A - 11B = 0$$

mit der Lösung $A = -\frac{11}{13}$ und $B = -\frac{3}{13}$. Somit lautet die allgemeine Lösung der inhomogenen DGL:

$$u(t) = -\frac{1}{13}(3\cos t + 11\sin t) + C_1 e^{-5t} + C_2 e^{2t}.$$

d) $\ddot{u} - 6\dot{u} + 9u = e^t$
Lösung:

$$u(t) = \frac{1}{4}e^t + C_1 e^{3t} + C_2 t e^{3t}$$

e) $\ddot{u} + 4u = 0$, $u(0) = 0$, $\dot{u}(0) = 1$
Lösung:

$$u(t) = \frac{1}{2}\sin 2t$$

f) $\ddot{u} - 2\dot{u} + u = \sin t + \cos t$, $u(0) = 1$, $\dot{u}(0) = 1$
Lösung im Video. Endergebnis:

$$u(t) = \frac{1}{2}e^t + te^t + \frac{1}{2}(\cos t - \sin t).$$

g) Bestimmung der allgemeinen Lösung der homogenen Gleichung

$$\ddot{u} - 6\dot{u} + 9u = 0 :$$

Die charakteristische Gleichung lautet

$$\lambda^2 - 6\lambda + 9 = 0.$$

Sie hat die Lösungen $\lambda_{1,2} = 3$. Somit erhalten wir als allgemeine Lösung der homogenen DGL

$$u_h(t) = C_1 e^{3t} + C_2 t e^{3t}.$$

Als Ansatz für eine partikuläre Lösung der inhomogenen DGL wählen wir gemäß unserer Lösungstheorie (siehe Tab. 3.1)

$$u_p(t) = At^2 e^{3t} + B\cos(2t) + C\sin(2t).$$

Diese Funktion setzen wir gemeinsam mit ihren Ableitungen

$$\dot{u}_p(t) = 2Ate^{3t} + 3At^2 e^{3t} - 2B\sin(2t) + 2C\cos(2t)$$
$$\ddot{u}_p(t) = 12Ate^{3t} + 9At^2 e^{3t} + 2Ae^{3t} - 4B\cos(2t) - 4C\sin(2t)$$

ein:

$$\ddot{u}_p(t) - 6\dot{u}_p(t) + 9u_p(t)$$
$$= 12Ate^{3t} + 9At^2e^{3t} + 2Ae^{3t} - 4B\cos(2t) - 4C\sin(2t)$$
$$- 6\left(2Ate^{3t} + 3At^2e^{3t} - 2B\sin(2t) + 2C\cos(2t)\right)$$
$$+ 9\left(At^2e^{3t} + B\cos(2t) + C\sin(2t)\right)$$
$$= 2Ae^{3t} + (5B - 12C)\cos(2t) + (12B + 5C)\sin(2t) = e^{3t} + \cos(2t).$$

Koeffizientenvergleich führt auf das lineare Gleichungssystem

$$2A = 1$$
$$5B - 12C = 1$$
$$12B + 5C = 0$$

mit der Lösung $A = -\frac{1}{2}$, $B = \frac{5}{169}$ und $C = -\frac{12}{169}$. Somit lautet die allgemeine Lösung der inhomogenen DGL:

$$u(t) = C_1e^{3t} + C_2te^{3t} + \frac{1}{2}t^2e^{3t} + \frac{5}{169}\cos(2t) - \frac{12}{169}\sin(2t).$$

3.2

a) $\ddot{u}(t) - 2\dot{u}(t) + u(t) = 3te^t$
Lösung im Video. Endergebnis:

$$u(t) = \frac{1}{2}t^3e^t + C_1e^t + C_2te^t$$

b) $\ddot{u}(t) + u(t) = \tan t$
Lösung:

$$u(t) = \ln\frac{\cos\frac{t}{2} - \sin\frac{t}{2}}{\cos\frac{t}{2} + \sin\frac{t}{2}}\cos t + C_1\cos t + C_2\sin t$$

c) $y''(x) - y(x) = \sinh x$
Dabei gilt

$$\sinh x = \frac{1}{2}(e^x - e^{-x}).$$

Bestimmung der allgemeinen Lösung der homogenen Gleichung

$$y''(x) - y(x) = 0:$$

Die charakteristische Gleichung lautet

$$\lambda^2 - 1 = 0.$$

Sie hat die Lösungen $\lambda = -1 \vee \lambda = 1$. Somit erhalten wir als allgemeine Lösung der homogenen DGL

$$y_h(x) = C_1 e^{-x} + C_2 e^x.$$

Um eine partikuläre Lösung der inhomogenen DGL zu finden, verwenden wir die Methode der Variation der Konstanten. Wir setzen an:

$$y_C(x) = C_1(x)e^{-x} + C_2(x)e^x,$$

und berechnen die ersten beiden Ableitungen:

$$y_C'(x) = C_1'(x)e^{-x} - C_1(x)e^{-x} + C_2'(x)e^x + C_2(x)e^x$$
$$y_C''(x) = C_1''(x)e^{-x} - 2C_1'(x)e^{-x} + C_1(x)e^{-x}$$
$$+ C_2''(x)e^x + 2C_1'(x)e^x + C_2(x)e^x$$

Mit den üblichen Vereinfachungen ergibt sich für $C_1'(x)$ und $C_2'(x)$ das typische Gleichungssystem

$$C_1'(x)e^{-x} + C_2'(x)e^x = 0$$
$$-C_1'(x)e^{-x} + C_2'(x)e^x = \frac{1}{2}(e^x - e^{-x}).$$

Wir addieren die beiden Gleichungen und erhalten für $C_2'(x)$ die Gleichung:

$$2C_2'(x)e^x = \frac{1}{2}(e^x - e^{-x})$$

und somit

$$C_2'(x) = \frac{1}{4}(1 - e^{-2x}).$$

Integration ergibt (auf die additive Konstante können wir hier wieder verzichten, weil wir auf der Suche nach einer partikulären Lösung sind)

$$C_2(x) = \frac{1}{4}\left(x + \frac{1}{2}e^{-2x}\right).$$

Dies setzen wir in die Gleichung $C_1'(x)e^{-x} + C_2'(x)e^x = 0$ ein und erhalten schließlich

$$C_1'(x) = -\frac{1}{4}(e^{2x} - 1),$$

also

$$C_1(x) = -\frac{1}{4}\left(\frac{1}{2}e^{2x} - x\right).$$

Somit erhalten wir für die partikuläre Lösung der inhomogenen DGL:

$$y_p(x) = C_1(x)e^{-x} + C_2(x)e^x$$

$$= -\frac{1}{4}\left(\frac{1}{2}e^{2x} - x\right)e^{-x} + \frac{1}{4}\left(1 - e^{-2x}\right)e^x$$

$$= -\frac{1}{8}e^x + \frac{1}{4}xe^{-x} + \frac{1}{4}xe^x + \frac{1}{8}e^{-x}$$

Die allgemeine Lösung der inhomogenen DGL ist also:

$$y(x) = -\frac{1}{8}e^x + \frac{1}{4}xe^{-x} + \frac{1}{4}xe^x + \frac{1}{8}e^{-x} + C_1 e^{-x} + C_2 e^x$$

3.3 Wir multiplizieren die gegebene DGL zweiter Ordnung beidseitig mit $2y'(x)$ und erhalten

$$2y'(x)y''(x) = -\frac{-2y'(x)}{y(x)^5}.$$

Integration liefert

$$y'(x)^2 = \frac{1}{2y(x)^4} + C.$$

Wegen der Anfangsbedingungen wählen wir

$$y'(x) = \sqrt{\frac{1}{2y(x)^4} + C}.$$

Aus

$$y'(0) = \frac{1}{\sqrt{2}} = \sqrt{\frac{1}{2y(0)^4} + C} = \sqrt{\frac{1}{2} + C}$$

folgt $C = 0$ und daher

$$y'(x) = \sqrt{\frac{1}{2y(x)^4}} = \frac{1}{\sqrt{2}y(x)^2}.$$

Trennung der Variablen:

$$\frac{dy}{dx} = \frac{1}{\sqrt{2}}\frac{1}{y^2}$$

$$\sqrt{2}y^2 dy = dx$$

$$\sqrt{2}y^2 dy = dx \qquad \Big| \int$$

$$\frac{\sqrt{2}}{3}y^3 = x + C_1$$

Damit ergibt sich

$$y(x) = \sqrt[3]{\frac{3}{\sqrt{2}}x + \frac{3C_1}{\sqrt{2}}}.$$

Einarbeiten der Anfangsbedingung $y(0) = 1$ bringt uns schließlich auf

$$y(0) = 1 = \sqrt[3]{\frac{3C_1}{\sqrt{2}}},$$

somit $C_2 = \frac{\sqrt{2}}{3}$. Also lautet unsere Lösung:

$$y(x) = \sqrt[3]{\frac{3}{\sqrt{2}}x + 1}$$

3.4

a)

$$\mathscr{L}\{y''\} + 4\mathscr{L}\{y'\} + 3\mathscr{L}\{y\} = \mathscr{L}\{e^{3t}\}$$

$$s^2 Y(s) - sy(0) - y'(0) + 4sY(s) - 4y(0) + 3Y(s) = \frac{1}{s-3}$$

$$s^2 Y(s) - 1 + 4sY(s) + 3Y(s) = \frac{1}{s-3}$$

$$Y(s) = \frac{s-2}{(s+1)(s+3)(s-3)}$$

Die Laplace-Transformierte der Funktion e^{3t} wurde der Tabelle in Abschn. 3.2.4 (Nr. 3) entnommen. Die Partialbruchzerlegung liefert folgendes Ergebnis:

$$Y(s) = \frac{3}{8}\frac{1}{s+1} - \frac{5}{12}\frac{1}{s+3} + \frac{1}{24}\frac{1}{s-3}$$

Die Rücktransformation wird mithilfe der Tabelle in Abschn. 3.2.4 (Nr. 3) durchgeführt:

$$y(t) = \frac{3}{8}\mathscr{L}^{-1}\left\{\frac{1}{s+1}\right\} - \frac{5}{12}\mathscr{L}^{-1}\left\{\frac{1}{s+3}\right\} + \frac{1}{24}\mathscr{L}^{-1}\left\{\frac{1}{s-3}\right\}$$

$$= \frac{3}{8}e^{-t} - \frac{5}{12}e^{-3t} + \frac{1}{24}e^{3t}$$

b)

$$\mathscr{L}\{y''\} + 2\mathscr{L}\{y'\} + \mathscr{L}\{y\} = 5\mathscr{L}\{1\} + 2\mathscr{L}\{t\}$$

$$s^2 Y(s) - sy(0) - y'(0) + 2sY(s) - 2y(0) + Y(s) = \frac{5}{s} + \frac{2}{s^2}$$

$$s^2 Y(s) - s + 2sY(s) - 2 + Y(s) = \frac{5}{s} + \frac{2}{s^2}$$

$$Y(s) = \frac{s^3 + 2s^2 + 5s + 2}{s^2(s+1)^2}$$

Die Laplace-Transformierte der Funktionen 1 und t wurden der Tabelle in Abschn. 3.2.4 (Nr. 2 und 4) entnommen. Die Partialbruchzerlegung liefert folgendes Ergebnis:

$$Y(s) = \frac{1}{s} + 2\frac{1}{s^2} - 2\frac{1}{(s+1)^2}$$

Die Rücktransformation wird mithilfe der Tabelle in Abschn. 3.2.4 (Nr. 2, 4 und 6) durchgeführt:

$$y(t) = \mathscr{L}^{-1}\left\{\frac{1}{s}\right\} + 2\mathscr{L}^{-1}\left\{\frac{1}{s^2}\right\} - 2\mathscr{L}^{-1}\left\{\frac{1}{(s+1)^2}\right\}$$
$$= 1 + 2t - 2te^{-t}$$

3.5

a) Wir erhalten die charakteristische Gleichung

$$\lambda^2 + 3\lambda - 10 = 0$$

mit den Lösungen

$$\lambda_1 = 2 \quad \wedge \quad \lambda_2 = -5$$

und damit die allgemeine Lösung

$$y(x) = C_1 e^{2x} + C_2 e^{-5x}.$$

Wir setzen die Randwerte ein und erhalten die Gleichungen

$$y(0) = C_1 + C_2 = 1$$
$$y(1) = C_1 e^2 + C_2 e^{-5} = 2$$

mit den Lösungen

$$C_1 = \frac{e^{-5} - 2}{e^{-5} - e^2}$$
$$C_2 = \frac{2 - e^2}{e^{-5} - e^2}$$

und damit die Lösung des Randwertproblems

$$y(x) = \frac{e^{-5} - 2}{e^{-5} - e^2} e^{2x} + \frac{2 - e^2}{e^{-5} - e^2} e^{-5x}.$$

b) Wir erhalten die charakteristische Gleichung

$$\lambda^2 + 6\lambda + 9 = 0$$

mit den Lösungen

$$\lambda_{1,2} = -3$$

und damit die allgemeine Lösung

$$y(x) = C_1 e^{-3x} + C_2 x e^{-3x}.$$

Wir setzen die Randwerte ein und erhalten die Gleichungen

$$y(0) = C_1 = 5$$
$$y(2) = C_1 e^{-6} + 2C_2 e^{-6} = 3$$

mit den Lösungen

$$C_1 = 5$$
$$C_2 = \frac{3}{2} e^6 - \frac{5}{2}$$

und damit die Lösung des Randwertproblems

$$y(x) = 5e^{-3x} + \left(\frac{3}{2} e^6 - \frac{5}{2} \right) x e^{-3x}.$$

3.6 Allgemeine Lösung:

$$\lambda^2 + \frac{D}{M} = 0$$
$$\lambda_{1,2} = \pm \sqrt{\frac{D}{M}} i$$
$$u = C_1 \cos \left(\sqrt{\frac{D}{M}} t \right) + C_2 \sin \left(\sqrt{\frac{D}{M}} t \right)$$

Spezielle Lösung:

$$x(0) = C_1 = x_{\max}$$
$$\dot{x} = -C_1 \sqrt{\frac{D}{M}} \sin \left(\sqrt{\frac{D}{M}} t \right) + C_2 \sqrt{\frac{D}{M}} \cos \left(\sqrt{\frac{D}{M}} t \right)$$
$$\dot{x}(0) = C_2 \sqrt{\frac{D}{M}} = 0 \quad \Leftrightarrow \quad C_2 = 0$$

$$x = x_{\text{max}} \cos\left(\sqrt{\frac{D}{M}}\, t\right)$$

3.7 Es gilt

$$x(t) = e^{-\delta t}(C_1 \cos \omega t + C_2 \sin \omega t)$$

und daher

$$\dot{x}(t) = e^{-\delta t}((-\delta C_1 + \omega C_2) \cos \omega t + (-\delta C_2 - \omega C_1) \sin \omega t).$$

Einsetzen der Anfangsbedingungen liefert die jeweiligen Ergebnisse in der Tabelle.

3.8 Es gilt

$$x(t) = C_1 e^{\lambda_1 t} + C_2 e^{\lambda_2 t}$$

und daher

$$\dot{x}(t) = \lambda_1 C_1 e^{\lambda_1 t} + \lambda_2 C_2 e^{\lambda_2 t}.$$

Einsetzen der Anfangsbedingungen liefert die jeweiligen Ergebnisse in der Tabelle.

3.9 Es gilt

$$x(t) = e^{-\delta t}(C_1 + C_2 t)$$

und daher

$$\dot{x}(t) = e^{-\delta t}(C_2 - \delta C_1 - \delta C_2 t).$$

Einsetzen der Anfangsbedingungen liefert die jeweiligen Ergebnisse in der Tabelle.

3.10 Wir bestimmen die Ableitungen der für den Ansatz gewählten Wellenfunktion:

$$\Psi(x) = e^{-\frac{r}{a_0}}$$

$$\Psi'(x) = -\frac{1}{a_0} e^{-\frac{r}{a_0}}$$

$$\Psi''(x) = \frac{1}{a_0^2} e^{-\frac{r}{a_0}}.$$

Dies setzen wir in die DGL ein:

$$\frac{1}{a_0^2} e^{-\frac{r}{a_0}} - \frac{2}{r a_0} e^{-\frac{r}{a_0}} + \frac{2m_e}{\hbar^2} E e^{-\frac{r}{a_0}} + \frac{2m_e e^2}{4\pi\varepsilon_0 \hbar^2} \frac{1}{r} e^{-\frac{r}{a_0}} = 0$$

Da der Exponentialterm nie den Wert 0 annehmen kann, können wir durch $e^{-\frac{r}{a_0}}$ dividieren und erhalten nach Zusammenfassen:

$$\frac{1}{r}\left(-\frac{2}{a_0} + \frac{m_e e^2}{2\pi\varepsilon_0 \hbar^2}\right) + \frac{1}{a_0^2} + \frac{2m_e}{\hbar^2} E = 0.$$

Da diese Gleichung für jeden Radius r gültig sein soll, erhalten wir

$$-\frac{2}{a_0} + \frac{m_e e^2}{2\pi\varepsilon_0\hbar^2} = 0,$$

und daher nach Umformung und Einsetzen der in der Aufgabe angegebenen Werte:

$$a_0 = \frac{4\pi\varepsilon_0\hbar^2}{m_e e^2} = 5.29 \times 10^{-11}\,\text{m}.$$

Auch der Term $\frac{1}{a_0^2} + \frac{2m_e}{\hbar^2}E$ muss selbstverständlich gleich null sein. Dies gelingt, weil für die Energie $E < 0$ gilt.

3.11 Lösung im Video.

3.12 Aus

$$\Psi''(x) + \frac{2mE}{\hbar^2}\Psi(x) = 0.$$

und den Randbedingungen

$$\Psi\left(-\frac{L}{2}\right) = \Psi\left(\frac{L}{2}\right) = 0$$

folgt auch hier die Existenz einer Lösung nur im Fall diskreter Energiezustände

$$E_n = \frac{\pi^2\hbar^2}{2mL^2}n^2.$$

Die Lösungswellenfunktionen (Energieeigenfunktionen) sind hier bis auf den konstanten normierenden Vorfaktor

$$\Psi_n(x) = \sin\left(\frac{n\pi}{L}x\right),$$

falls n gerade ist, und

$$\Psi_n(x) = \cos\left(\frac{n\pi}{L}x\right),$$

falls n ungerade ist.

A.3 Lösungen zu Kapitel 4

4.1

a)

$$u(t) = \frac{1}{3}e^{\frac{5}{2}t}\left(3C_1\cos\left(\frac{\sqrt{3}t}{2}\right) + \sqrt{3}(C_1 + 2C_2)\sin\left(\frac{\sqrt{3}t}{2}\right)\right)$$

$$v(t) = \frac{1}{3}e^{\frac{5}{2}t}\left(3C_2\cos\left(\frac{\sqrt{3}t}{2}\right) - \sqrt{3}(2C_1 + C_2)\sin\left(\frac{\sqrt{3}t}{2}\right)\right)$$

b)

$$u(t) = -\frac{1}{12} - \frac{t}{2} + \frac{1}{5}e^{-2t}(C_1 - 2C_2 + 2e^{5t}(2C_1 + C_2))$$

$$v(t) = -\frac{1}{6} + \frac{1}{5}e^{-2t}(-2C_1 + 2C_1e^{5t} + C_2(4 + e^{5t}))$$

c)

$$u(t) = e^{2t}(3 - 2e^t)$$

$$v(t) = -e^{2t}(e^t - 3)$$

d) Lösung im Video. Endergebnis:

$$u(t) = \frac{1}{50}(-3 - 15t + e^t(53\cos 3t + 4 - \sin 3t))$$

$$v(t) = \frac{1}{50}(4 - 5t + e^t(53\sin 3t - 4\cos 3t))$$

e) Wir bilden die Ableitung bei der ersten Gleichung und setzen den Term für $\dot{v}$ aus der unteren Gleichung ein:

$$\ddot{u} = \dot{u} + 3(5u - v) + e^t$$

Zusammenfassen führt auf die DGL

$$\ddot{u} - 16u = 2e^t.$$

Die allgemeine Lösung dieser DGL lautet

$$u(t) = -\frac{2}{15}e^t + C_1e^{4t} + C_2e^{-4t}.$$

Durch Bilden der Ableitung erhalten wir

$$\dot{u}(t) = -\frac{2}{15}e^t + 4C_1e^{4t} - 4C_2e^{-4t}.$$

Einsetzen in

$$3v = \dot{u} - u - e^t$$

liefert nach Division durch 3 die allgemeine Lösung für v:

$$v(t) = -\frac{1}{3}e^t + C_1e^{4t} - \frac{5}{3}C_2e^{-4t}.$$

Wir arbeiten die Anfangsbedingungen ein und erhalten das GLS

$$u(0) = 1 = C_1 + C_2 - \frac{2}{15}$$
$$v(0) = 0 = C_1 - \frac{5}{3}C_2 - \frac{1}{3}$$

mit der Lösung $C_1 = \frac{5}{6}$ und $C_2 = \frac{3}{10}$. Damit folgt die Lösung unter den angegebenen Anfangsbedingungen:

$$u(t) = -\frac{2}{15}e^t + \frac{5}{6}e^{4t} + \frac{3}{10}e^{-4t}$$

und

$$v(t) = -\frac{1}{3}e^t + \frac{5}{6}e^{4t} - \frac{1}{4}e^{-4t}.$$

4.2

c)

$$\mathscr{L}\{\dot{u}(t)\} = 4\mathscr{L}\{u(t)\} - 2\mathscr{L}\{v(t)\}$$
$$\mathscr{L}\{\dot{v}(t)\} = \mathscr{L}\{u(t)\} + \mathscr{L}\{v(t)\}$$

$$sU(s) - u(0) = 4U(s) - 2V(s)$$
$$sV(s) - v(0) = U(s) + V(s)$$

$$(s-4)U(s) + 2V(s) = 1$$
$$-U(s) + (s-1)V(s) = 2$$

$$U(s) = \frac{s-5}{(s-3)(s-2)} = \frac{3}{s-2} - \frac{2}{s-3}$$

$$V(s) = \frac{2s - 7}{(s-3)(s-2)} = \frac{3}{s-2} - \frac{1}{s-3}$$

Es wurde die Partialbruchzerlegung angewendet.

Rücktransformation mithilfe der Tabelle in Abschn. 3.2.4 (Nr. 3):

$$u(t) = \mathscr{L}^{-1}\{U(s)\} = 3e^{2t} - 2e^{3t}$$
$$v(t) = \mathscr{L}^{-1}\{V(s)\} = 3e^{2t} - e^{3t}$$

e)

$$\mathscr{L}\{\dot{u}(t)\} = \mathscr{L}\{u(t)\} + 3\mathscr{L}\{v(t)\} + \mathscr{L}\{e^t\}$$
$$\mathscr{L}\{\dot{v}(t)\} = 5\mathscr{L}\{u(t)\} - \mathscr{L}\{v(t)\}$$

$$sU(s) - u(0) = U(s) + 3V(s) + \frac{1}{s-1}$$
$$sV(s) - v(0) = 5U(s) - V(s)$$

$$(s-1)U(s) - 3V(s) = \frac{1}{s-1} + 1$$
$$-5U(s) + (s+1)V(s) = 0$$

$$U(s) = \frac{s(s+1)}{(s-4)(s+4)(s-1)} = \frac{5}{6(s-4)} + \frac{3}{10(s+4)} - \frac{2}{15(s-1)}$$
$$V(s) = \frac{5s}{(s-4)(s+4)(s-1)} = \frac{5}{6(s-4)} - \frac{1}{2(s+4)} - \frac{1}{3(s-1)}$$

Es wurde die Partialbruchzerlegung angewendet.

Rücktransformation mithilfe der Tabelle in Abschn. 3.2.4 (Nr. 3):

$$u(t) = \mathscr{L}^{-1}\{U(s)\} = \frac{3}{10}e^{-4t} + \frac{5}{6}e^{4t} - \frac{2}{15}e^t$$
$$v(t) = \mathscr{L}^{-1}\{V(s)\} = -\frac{1}{2}e^{-4t} + \frac{5}{6}e^{4t} - \frac{1}{3}e^t$$

4.3 Das DGLS für eine dreistufige Zerfallsreihe liefert für $N_3(t)$, also die Anzahl der gebildeten stabilen $^{90}_{40}$Zr-Kerne, die Gleichung

$$N_3(t) = N_0\left(1 + \frac{\lambda_2}{\lambda_1 - \lambda_2}e^{-\lambda_1 t} - \frac{\lambda_1}{\lambda_1 - \lambda_2}e^{-\lambda_2 t}\right).$$

Mit den Daten der Aufgabe ergibt sich für die Anzahl der Ausgangskerne $\binom{90}{38}\text{Sr}$ $N_0 = 1.316 \cdot 10^{23}$ und für die beiden Zerfallskonstanten $\lambda_1 = 7.6 \times 10^{-10}\,\text{s}^{-1}$ und $\lambda_2 = 3.0 \times 10^{-6}\,\text{s}^{-1}$. 30 bzw. 100 Jahre werden nun in Sekunden umgerechnet und es folgt:

$$N_3(30\,\text{a}) = N_3(9.467 \times 10^8\,\text{s}) = 6.75 \cdot 10^{22}$$
$$N_3(100\,\text{a}) = N_3(3.156 \times 10^9\,\text{s}) = 1.196 \cdot 10^{23}.$$

Beachten Sie bei Ihren Rechnungen, dass ein Jahr durchschnittlich etwa 365.25 Tage hat!

4.4 Das gesuchte DGLS ergibt sich mithilfe der Kirchhoff'schen Regeln:

Aus der Knotenregel folgt
$$I_1(t) = I_2(t) + I_3(t).$$

Die Maschenregel ergibt für die linke Masche
$$R_1 I_1(t) + L\dot{I}_3(t) = U_0 \sin \omega_0 t$$

und für die rechte Masche
$$R_2 I_2(t) - L\dot{I}_3(t) = 0.$$

Daher lautet das gesuchte DGLS:

$$I_1(t) = I_2(t) + I_3(t)$$
$$R_1 I_1(t) + L\dot{I}_3(t) = U_0 \sin \omega_0 t$$
$$R_2 I_2(t) - L\dot{I}_3(t) = 0$$

Zu Beginn der Zeitmessung schalten wir die Spannungsquelle ein, sodass $I_1(0) = 0$ gilt. Wir geben das DGLS mit den angegebenen Werten in Mathematica ein (MATLAB kann dieses Differential-algebraische-System mit dem Befehl dsolve nicht lösen):

```
R1:=20;
R2:=10;
L:=5;
U0:=10;
Omega0:=2;
DSolve[{I1[t]==I2[t]+I3[t],
    R1*I1[t]+L*Derivative[1][I3][t]==U0*Sin[Omega0*t],
    R2*I2[t]-L*Derivative[1][I3][t]==0,
    I1[0]==0,I2[0]==0},{I1[t],I2[t],I3[t]},t]
```

Es ergibt sich die Lösung:

$$I_1(t) = \frac{-\frac{1}{13}\left(-1 + e^{\frac{4}{3}t}\cos 2t - 5e^{\frac{4}{3}t}\sin 2t\right)}{e^{\frac{4}{3}t}}$$

$$I_2(t) = \frac{\frac{1}{13}\left(-2 + 2e^{\frac{4}{3}t}\cos 2t + 3e^{\frac{4}{3}t}\sin 2t\right)}{e^{\frac{4}{3}t}}$$

$$I_3(t) = \frac{-\frac{1}{13}\left(-3 + 3e^{\frac{4}{3}t}\cos 2t - 2e^{\frac{4}{3}t}\sin 2t\right)}{e^{\frac{4}{3}t}}$$

4.5 Wir setzen aufgrund der Voraussetzungen $L \approx 0$ und $\dot{I}_A(t) \approx 0$. Mithilfe der Eliminationsmethode erhalten Sie für ω in guter Näherung die DGL

$$\dot{\omega}(t) + \left(\frac{r}{J} + \frac{\Phi_e^2}{RJ}\right)\omega(t) + \frac{M_l(t)}{J} = \frac{\Phi_e}{RJ}U_A(t).$$

4.6 Lösung im Video. Endergebnis für die Massenfunktionen der Salzgehalte (in Kilogramm) in Becken 1 und 2 (t in Stunden):

$$M_1(t) = 30000 - 18000e^{-\frac{1}{300}t}$$

$$M_2(t) = 10000 + 5000e^{-\frac{1}{100}t} - 9e^{-\frac{1}{300}t}$$

4.7

$$\mathscr{L}\{\ddot{z}_1(t)\} + 9\mathscr{L}\{z_1(t)\} - 7\mathscr{L}\{z_2(t)\} = 0$$
$$\mathscr{L}\{\ddot{z}_2(t)\} - 7\mathscr{L}\{z_1(t)\} + 9\mathscr{L}\{z_2(t)\} = 0$$

$$s^2 Z_1(s) - s z_1(0) - \dot{z}_1(0) + 9Z_1(s) - 7Z_2(s) = 0$$
$$s^2 Z_2(s) - s z_2(0) - \dot{z}_2(0) - 7Z_1(s) + 9Z_2(s) = 0$$

$$s^2 Z_1(s) - v_0 + 9Z_1(s) - 7Z_2(s) = 0$$
$$s^2 Z_2(s) + v_0 - 7Z_1(s) + 9Z_2(s) = 0$$

$$(s^2 + 9)Z_1(s) - 7Z_2(s) = v_0$$
$$-7Z_1(s) + (s^2 + 9)Z_2(s) = -v_0$$

Lösung des linearen Gleichungssystems:

$$Z_1(s) = \frac{v_0}{s^2 + 16}$$
$$Z_2(s) = -\frac{v_0}{s^2 + 16}$$

Rücktransformation mit der Tabelle aus Abschn. 3.2.4 (Nr. 18):

$$z_1(t) = \frac{v_0 \sin(4t)}{4}$$

$$z_2(t) = -\frac{v_0 \sin(4t)}{4} = \frac{v_0 \sin(4t + \pi)}{4}$$

A.4 Lösungen zu Kapitel 5

5.1

a)

$$\frac{\partial}{\partial x} f(x,y,z) = 2xyz - e^x y^2 z^3$$

$$\frac{\partial^2}{\partial x^2} f(x,y,z) = 2yz - e^x y^2 z^3$$

$$\frac{\partial^2}{\partial y \partial z} f(x,y,z) = x^2 - 6e^x yz^2$$

$$\frac{\partial^3}{\partial z^3} f(x,y,z) = -6e^x y^2$$

b) Lösung im Video. Ergebnisse:

$$\frac{\partial}{\partial z} g(x,y,z) = e^x + \frac{1}{1+z^2} + 2z \ln y \sin x$$

$$\frac{\partial^2}{\partial x^2} g(x,y,z) = e^x(y+z) - z^2 \ln y \sin x$$

$$\frac{\partial^2}{\partial y \partial z} g(x,y,z) = \frac{2}{y} z \sin x$$

5.2 Mit $du = -dx$ folgt aus den Anfangsbedingungen von Bsp. 5.5 zunächst $u = -x + x_0 + 2$. Mit $dt = -dx$ ergibt sich wieder mithilfe der Anfangsbedingungen $x_0 = t + x + 1$ und daraus durch Einsetzen $u = t + 1$.

5.3

a)
$$u(x,t) = -2(tv - x)$$

b)
$$u(x,t) = xe^{-\frac{3t}{2}}$$

c) Lösung im Video. Endergebnis:

$$u(x,t) = (x - \ln t)t^2$$

d) Wir betrachten

$$u = u(x,t) = u(x(s),t(s)) \equiv u(s)$$

mit einem Parameter s. Die Kettenregel liefert wieder

$$\frac{du}{ds} = \frac{\partial u}{\partial x}\frac{dx}{ds} + \frac{\partial u}{\partial t}\frac{dt}{ds}.$$

Vergleich mit der DGL ergibt folgende Gleichungen:

$$\frac{du}{ds} = u, \quad \frac{dx}{ds} = x+1, \quad \frac{dt}{ds} = 1.$$

Für die Anfangsbedingung gilt

$$u(s=0) = u(x(s=0), t(s=0)) = e^{x_0},$$

wobei $x(s=0) = x_0$ und $t(s=0) = 0$. Aus den ersten beiden Gleichungen folgt wieder durch formale Division

$$\frac{du}{dx} = \frac{u}{x+1}.$$

Damit ergibt sich:

$$\frac{du}{dx} = \frac{u}{x+1}$$
$$\frac{du}{u} = \frac{dx}{x+1}$$
$$\frac{du}{u} = \frac{dx}{x+1} \quad \Big|\int$$
$$\ln|u| = \ln|x+1| + C_1$$
$$u = C_2(x+1).$$

Nun gilt
$$e^{x_0} = u(s=0) = C_2(x(s=0)+1) = C_2(x_0+1).$$

Daraus folgt

$$C_2 = \frac{e^{x_0}}{x_0+1}$$

und daher

$$u = \frac{e^{x_0}}{x_0+1}(x+1).$$

Da nun gilt

$$\frac{dx}{dt} = x+1,$$

folgt:

$$\frac{dx}{x+1} = dt$$
$$\frac{dx}{x+1} = dt \quad \Big|\int$$

$$\ln(x+1) = t + C_3$$
$$x+1 = C_4 e^t$$
$$x = C_4 e^t - 1$$

Einarbeiten der Anfangsbedingungen:

$$x(s=0) = x_0 = C_4 e^{t(s=0)} - 1$$

Daraus folgt

$$C_4 = x_0 + 1.$$

Wir erhalten also

$$x = (x_0 + 1)e^t - 1.$$

Aufgelöst nach x_0 und eingesetzt in den obigen Ausdruck für u ergibt sich die Lösung:

$$u = \frac{x+1}{x_0+1} e^{x_0} = e^t e^{\frac{x+1}{e^t}-1} = e^{t-1+e^{-t}(x+1)}.$$

5.4 Aufgrund der zweimaligen stetigen Differenzierbarkeit von u und v gilt

$$\frac{\partial^2 u}{\partial x \partial y} = \frac{\partial^2 u}{\partial y \partial x} \quad \text{und} \quad \frac{\partial^2 v}{\partial x \partial y} = \frac{\partial^2 v}{\partial y \partial x}.$$

Daraus folgt die Behauptung durch jeweilige Bildung der partiellen Ableitung.

5.5 Lösung im Video. Endergebnis:

$$w(x,z,t) = C_1 e^{kz} \cos(\omega t - kx)$$

5.6 Mit $\Psi(x,t) = N e^{-i(Et-px)}$ folgt für die Ableitungen:

$$\frac{\partial}{\partial t} \Psi(x,t) = -iE\Psi(x,t)$$

$$\frac{\partial^2}{\partial t^2} \Psi(x,t) = -E^2 \Psi(x,t)$$

$$\frac{\partial^2}{\partial x^2} \Psi(x,t) = -p^2 \Psi(x,t)$$

Daraus folgt

$$\left(\frac{\partial^2}{\partial t^2} - \frac{\partial^2}{\partial x^2} \right) \Psi(x,t) = (p^2 - E^2)\Psi(x,t) = -m_0^2 \Psi(x,t)$$

und damit

$$\left(\frac{\partial^2}{\partial t^2} - \frac{\partial^2}{\partial x^2} + m_0^2 \right) \Psi(x,t) = 0.$$

5.7 Eingaben in Mathematica:

```
u[x_,t_]:=-(c/2)/Cosh[(Sqrt[c]/2)*(x-c*t)]^2
Simplify[D[u[x,t],{t,1}]]
Simplify[D[u[x,t],{x,1}]]
Simplify[D[u[x,t],{x,3}]]
Simplify[D[u[x,t],{t,1}]-6*u[x,t]*D[u[x,t],{x,1}]+D[u[x,t],{x,3}]]]
```

Die Ergebnisse sind:

```
-4 c^(5/2) Csch[Sqrt[c] (-c t + x)]^3 Sinh[1/2 Sqrt[c] (-c t + x)]^4

4 c^(3/2) Csch[Sqrt[c] (-c t + x)]^3 Sinh[1/2 Sqrt[c] (-c t + x)]^4

1/4 c^(5/2) (-5 + Cosh[Sqrt[c] (-c t + x)]) Sech[1/2 Sqrt[c] (-c t + x)]^4
Tanh[1/2 Sqrt[c] (-c t + x)]

0
```

Mathematica liefert die Ausgabe mit den in Amerika üblichen Funktionen $csch = sinh^{-1}$ (Kosecans hyperbolicus) und $sech = cosh^{-1}$ (Secans hyperbolicus).

Eingaben in MATLAB:

```
syms x t c
u=-c/2*1/(cosh(sqrt(c)/2*(x-c*t))^2)
dudt=simplify(diff(u,t))
dudx=simplify(diff(u,x))
dudx3=simplify(diff(u,x,3))
simplify(dudt-6*u*dudx+dudx3)
```

Die Ergebnisse sind:

u =

$$-\frac{c}{2\cosh\left(\frac{\sqrt{c}\,(x-c\,t)}{2}\right)^2}$$

dudt =

$$-\frac{c^{5/2}\sinh\left(\frac{\sqrt{c}\,(x-c\,t)}{2}\right)}{2\cosh\left(\frac{\sqrt{c}\,(x-c\,t)}{2}\right)^3}$$

dudx =

$$\frac{c^{3/2}\sinh\left(\frac{\sqrt{c}\,(x-c\,t)}{2}\right)}{2\cosh\left(\frac{\sqrt{c}\,(x-c\,t)}{2}\right)^3}$$

dudx3 =

$$\frac{c^{5/2}\sinh\left(\frac{\sqrt{c}\,(x-c\,t)}{2}\right)\left(\sinh\left(\frac{\sqrt{c}\,(x-c\,t)}{2}\right)^2-2\right)}{2\cosh\left(\frac{\sqrt{c}\,(x-c\,t)}{2}\right)^5}$$

ans = 0

A.5 Lösungen zu Kapitel 6

6.1

a)   Euler-Verfahren

$$h = \frac{4-0}{4} = 1$$
$$y_1 = y_0 + hf(x_0, y_0) = 2 + 1 \cdot 0 = 2$$
$$y_2 = y_1 + hf(x_1, y_1) = 2 + 1 \cdot 2 = 4$$
$$y_3 = y_2 + hf(x_2, y_2) = 4 + 1 \cdot 8 = 12$$
$$y_4 = y_3 + hf(x_3, y_3) = 12 + 1 \cdot 36 = 48$$

Mittelpunktsregel

$$k_1 = f\left(x_{i-1}, y_{i-1}\right)$$
$$k_2 = f\left(x_{i-1} + \frac{h}{2}, y_{i-1} + \frac{h}{2}k_1\right)$$

i	x_i	k_1	k_2	y_i
0	0			2
1	1	0	1	3
2	2	3	6.75	9.75
3	3	19.5	48.5	58.5
4	4	175.5	511.875	570.350

Runge-Kutta-Verfahren

$$k_1 = f(x_{i-1}, y_{i-1})$$
$$k_2 = f(x_{i-1} + \frac{h}{2}, y_{i-1} + \frac{h}{2}k_1)$$
$$k_3 = f(x_{i-1} + \frac{h}{2}, y_{i-1} + \frac{h}{2}k_2)$$
$$k_4 = f(x_{i-1} + h, y_{i-1} + hk_3)$$
$$y_i = y_{i-1} + h\left(\frac{k_1}{6} + \frac{k_2}{3} + \frac{k_3}{3} + \frac{k_4}{6}\right)$$

i	x_i	k_1	k_2	k_3	k_4	y_i
0	0					2
1	1	0	1	1.2500	3.2500	3.2917
2	2	3.2917	7.4063	10.4922	27.5677	14.4010
3	3	28.8021	72.0052	126.0091	421.2305	155.4112
4	4	466.2337	1359.8484	2923.6740	12316.3409	3713.6811

b)

```
function ys=fdgl2(x,y)
    ys=x*y;
```

```
[x1,y1]=eulerverfahren(5,@fdgl2,0,4,2)
[x2,y2]=mittelpunktsregel(5,@fdgl2,0,4,2)
[x3,y3]=rungekutta(5,@fdgl2,0,4,2)
x=0:0.01:4;
y=2*exp(0.5*x.^2);
plot(x1,y1,x2,y2,x3,y3,x,y)
xlabel('x')
ylabel('y(x)')
legend('Euler','Mittelpunktsregel','Runge-Kutta',...
       'Exakte Loesung','Location','northwest')
```

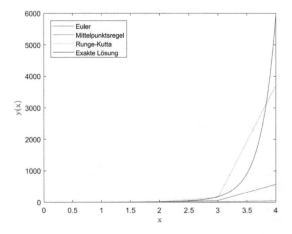

Abb. A.5: Vergleich $N = 5$

c)

```
N=50;
[x1,y1]=eulerverfahren(N,@fdgl2,0,4,2);
[x2,y2]=mittelpunktsregel(N,@fdgl2,0,4,2);
[x3,y3]=rungekutta(N,@fdgl2,0,4,2);
x=0:0.01:4;
y=2*exp(0.5*x.^2);
plot(x1,y1,x2,y2,x3,y3,x,y)
```

```
xlabel('x')
ylabel('y(x)')
legend('Euler','Mittelpunktsregel','Runge-Kutta',...
       'Exakte Loesung','Location','northwest')
```

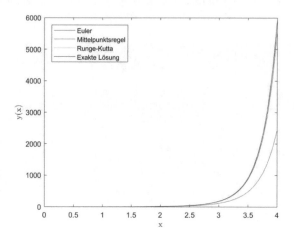

Abb. A.6: Vergleich $N = 50$

6.2

a)

Struktogramm des Verfahrens von Heun

Eingaben: Anzahl der Punkte N, rechte Seite der DGL $f(x, y(x))$, Intervallanfang a, Intervallende b, Anfangswert y_a
$h = \frac{b-a}{N-1}$
$x(0) = a$
$y(0) = y_a$
Zähle i von 1 bis $N-1$, Schrittweite 1

$y_T = y(i-1) + hf(x(i-1), y(i-1))$
$y(i) = y(i-1) + \frac{h}{2}\left(f(x(i-1), y(i-1)) + f(x(i), y_T)\right)$
$x(i) = x(i-1) + h$

Ausgabe: y

b)

x_i	y_T	y_i
1.0		2.0000
1.1	1.9000	1.9100
1.2	1.8290	1.8381
1.3	1.7742	1.7842
1.4	1.7342	1.7416

c)

```
function [x,y]=vonHeun(N,f,a,b,ya)
    h=(b-a)/(N-1);
    x=a:h:b;
    y(1)=ya;
    for i=2:N
        yT=y(i-1)+h*f(x(i-1),y(i-1));
        y(i)=y(i-1)+h/2*(f(x(i-1),y(i-1))+f(x(i),yT));
    end
```

```
[x,y]=vonHeun(5,@fdgl,1,1.4,2)
```

6.3

```
function ys=fdgls1(x,y)
    ys(1,1)=-y(1)+3*y(2);
    ys(2,1)=2*y(1)-2*y(2);
```

```
function [x,y]=mittelpunktsregel_dgls(N,f,a,b,ya)
    h=(b-a)/(N-1);
    x=a:h:b;
    y(1,:)=ya;
    for i=2:N
        yT=y(i-1,:)+h/2*f(x(i-1),y(i-1,:)')';
        y(i,:)=y(i-1,:)+h*f(x(i-1)+h/2,yT')';
    end
```

```
[x,y]=mittelpunktsregel_dgls(10,@fdgls1,0,3,[1, 0])
C1=2/5;
C2=3/5;
xx=0:0.0001:3;
y1=C1*exp(-4*xx)+C2*exp(xx);
y2=-C1*exp(-4*xx)+2/3*C2*exp(xx);
plot(xx,y1,'b',x,y(:,1),'b--',xx,y2,'g',x,y(:,2),'g--')
legend('y1(x) - exakte Loesung','y1 - Naeherung', 'y2(x) - ...
    exakte Loesung','y2 -Naeherung','Location','northwest',...
    'Orientation','vertical')
xlabel('x')
ylabel('y')
```

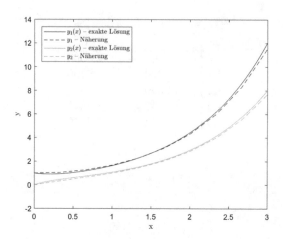

Abb. A.7: Vergleich

6.4

a)

$$\dot{x}(t) = v(t)$$
$$\dot{v}(t) = -\omega_0^2 x(t) + A\omega_0^2 \cos(\Omega t)$$
$$x(0) = 0, \quad v(0) = 0.1$$

b)

```
function xs=fdgls_schwingung(t,x)
    xs(1,1)=x(2);
    xs(2,1)=-x(1)+0.1*cos(0.5*t);
```

```
[t,x]=ode45(@fdgls_schwingung,[0 100],[0 0.1])
[tm,xm]=mittelpunktsregel_dgls(500,@fdgls_schwingung,0,100,[0 0.1])
```

c)

```
plot(t,x(:,1))
xlabel('t')
ylabel('x(t)')
plot(tm,xm(:,1))
xlabel('t')
ylabel('x(t)')
syms x(t)
Dx=diff(x,t);
conds=[x(0)==0,Dx(0)==0.1];
sol=dsolve(diff(x,t,2)+x==0.1*cos(0.5*t),conds);
simplify(sol)
fplot(sol,[0 100])
xlabel('t')
ylabel('x(t)')
```

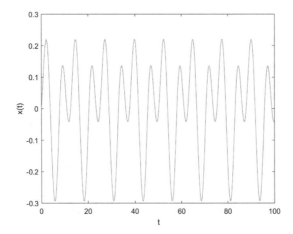

Abb. A.8: Numerische Lösung der Schwingungsdifferentialgleichung

6.5

a)

```
i=1;
for s=-5:5
    [x,y]=ode45(@fdgls_schiess2,[0 1],[1 s]);
    F(i,:)=[s y(end,1)-2];
    i=i+1;
end
F
```

```
function ys=fdgls_schiess2(x,y)
    ys=[y(2); -3*y(2)+10*y(1)];
```

s liegt zwischen −4 und −3. Genaue Berechnung mit der MATLAB-Funktion fzero:

```
s=fzero(@gl_schiess2,-4)
[xn,yn]=ode45(@fdgls_schiess2,[a b],[ya s]);
plot(xn,yn(:,1),'k')
xlabel('x')
ylabel('y(x)')
```

```
function F=gl_schiess2(s)
    [x,y]=ode45(@fdgls_schiess2,[0 1],[1 s]);
    F=y(end,1)-2;
```

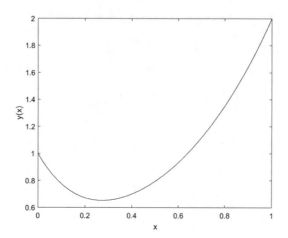

Abb. A.9: Lösung des Randwertproblems

b)   Die allgemeine Lösung der DGL lautet (siehe Aufg. 3.5)

$$y(x) = C_1 e^{2x} + C_2 e^{-5x}.$$

Wir setzen die Anfangswerte

$$y(0) = 1 \quad \text{und} \quad y'(0) = s$$

ein und erhalten die Gleichungen

$$C_1 + C_2 = 1$$
$$2C_1 - 5C_2 = s$$

mit den Lösungen

$$C_1 = \frac{5+s}{7}$$
$$C_2 = \frac{2-s}{7}.$$

Die Lösungen setzen wir in die allgemeine Lösung ein und erhalten

$$y(x;s) = \frac{5+s}{7} e^{2x} + \frac{2-s}{7} e^{-5x}.$$

Nun berechnen wir s so, dass der Randwert $y(1) = 2$ erfüllt wird:

$$y(1;s) = \frac{5+s}{7} e^2 + \frac{2-s}{7} e^{-5} = 2$$

$$s = \frac{2 - \frac{5}{7}e^2 - \frac{2}{7}e^{-5}}{\frac{1}{7}e^2 - \frac{1}{7}e^{-5}} \approx 3.1100,$$

und erhalten damit die Lösung der Randwertaufgabe

$$y(x) = 0.27e^{2x} + 0.73e^{-5x}.$$

6.6

a)

$$\frac{y_i - 2y_{i-1} + y_{i-2}}{h^2} + 6\frac{y_i - y_{i-2}}{2h} + 9y_{i-1} = 0$$
$$y_i - 2y_{i-1} + y_{i-2} + 3h(y_i - y_{i-2}) + 9h^2 y_{i-1} = 0$$
$$(3h+1)y_i + (9h^2 - 2)y_{i-1} + (1-3h)y_{i-2} = 0, \quad i = 2, \ldots, N-1$$

b)

$$h = \frac{2-0}{5} = \frac{2}{5} = 0.4$$

$$y_0 = 5$$
$$(3h+1)y_2 + (9h^2 - 2)y_1 + (1-3h)y_0 = 0$$
$$(3h+1)y_3 + (9h^2 - 2)y_2 + (1-3h)y_1 = 0$$
$$(3h+1)y_4 + (9h^2 - 2)y_3 + (1-3h)y_2 = 0$$
$$(3h+1)y_5 + (9h^2 - 2)y_4 + (1-3h)y_3 = 0$$
$$y_5 = 3$$

$$\begin{pmatrix} 1 & 0 & 0 & 0 & 0 & 0 \\ 1-3h & 9h^2-2 & 3h+1 & 0 & 0 & 0 \\ 0 & 1-3h & 9h^2-2 & 3h+1 & 0 & 0 \\ 0 & 0 & 1-3h & 9h^2-2 & 3h+1 & 0 \\ 0 & 0 & 0 & 1-3h & 9h^2-2 & 3h+1 \\ 0 & 0 & 0 & 0 & 0 & 1 \end{pmatrix} \begin{pmatrix} y_0 \\ y_1 \\ y_2 \\ y_3 \\ y_4 \\ y_5 \end{pmatrix} = \begin{pmatrix} 5 \\ 0 \\ 0 \\ 0 \\ 0 \\ 3 \end{pmatrix}$$

c)

```
N=6;
h=2/(N-1);
A1=diag((9*h^2-2)*ones(1,N-2))+diag((3*h+1)*ones(1,N-3),1)+...
    diag((1-3*h)*ones(1,N-3),-1);
A2=[zeros(1,N-2); A1; zeros(1,N-2)];
A=horzcat([1;1-3*h;zeros(N-2,1)],A2,[zeros(N-2,1);3*h+1;1]);
```

d)

```
N=6;
h=2/(N-1);
A1=diag((9*h^2-2)*ones(1,N-2))+diag((3*h+1)*ones(1,N-3),1)+...
    diag((1-3*h)*ones(1,N-3),-1);
A2=[zeros(1,N-2); A1; zeros(1,N-2)];
A=horzcat([1;1-3*h;zeros(N-2,1)],A2,[zeros(N-2,1);3*h+1;1]);
c=zeros(N,1);
c(1)=5;
c(end)=3;
y=linsolve(A,c)
```

$$y = \begin{pmatrix} 5.0000 \\ 98.6098 \\ 25.5552 \\ 15.4695 \\ 6.2609 \\ 3.0000 \end{pmatrix}$$

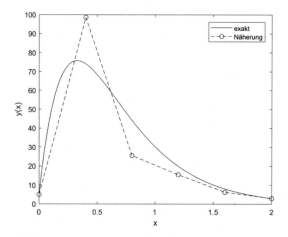

Abb. A.10: Näherung mithife der Differenzenmethode ($N = 6$)

e)

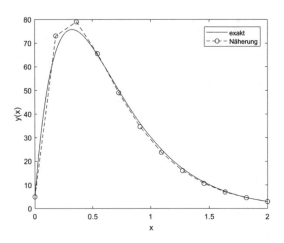

Abb. A.11: Näherung mithife der Differenzenmethode ($N = 12$)

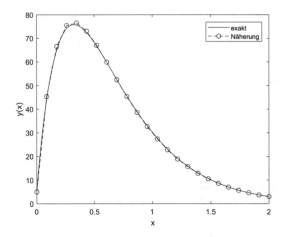

Abb. A.12: Näherung mithife der Differenzenmethode ($N = 24$)

6.7

```
function ys=fdgls3(x,y)
    ys=[y(2); -6*y(2)-9*y(1)];
```

```
function res=randb2(ya,yb)
    res=[ya(1)-5;yb(1)-3];
```

```
solinit=bvpinit(linspace(0,2,10),[1 0]);
sol=bvp4c(@fdgls3,@randb2,solinit);
```

```
x=linspace(0,2,50);
y=deval(sol,x);
plot(x,y(1,:),'k--','LineWidth',1.5)
xlabel('x')
ylabel('y(x)')
```

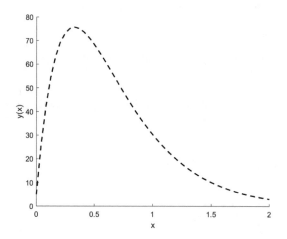

Abb. A.13: Numerische Lösung des Randwertproblems, ermittelt mit der
MATLAB-Funktion bvp4c

6.8

a) Wir nähern die in der PDGL enthaltenen zweiten partiellen Ableitungen an den
Gitterpunkten über die zentralen Differenzenquotienten an:

$$z_{xx}(x_{i-1}, t_{k-1}) \approx \frac{z_{i,k-1} - 2z_{i-1,k-1} + z_{i-2,k-1}}{\Delta x^2}$$

$$z_{tt}(x_{i-1}, t_{k-1}) \approx \frac{z_{i-1,k} - 2z_{i-1,k-1} + z_{i-1,k-2}}{\Delta t^2},$$

und erhalten die Differenzengleichung

$$\frac{z_{i-1,k} - 2z_{i-1,k-1} + z_{i-1,k-2}}{\Delta t^2} = \frac{z_{i,k-1} - 2z_{i-1,k-1} + z_{i-2,k-1}}{\Delta x^2}.$$

Wir stellen die Differenzengleichung um, sodass wir die Werte der Zeitstufe k aus den Werten der zwei vorhergehenden Zeitstufen berechnen können (siehe Abb. A.14):

$$z_{i-1,k} = 2(1-\alpha^2)z_{i-1,k-1} + \alpha^2 \left(z_{i,k-1} + z_{i-2,k-1}\right) - z_{i-1,k-2}$$

mit $\alpha = \frac{\Delta t}{\Delta x}$.

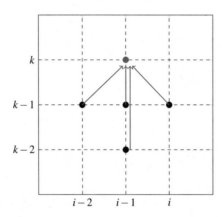

Abb. A.14: Zur Berechnung der Näherungen der Zeitstufe k

Da wir zur Berechnung der Werte der Zeitstufe k immer Werte der zwei vorhergehenden Zeitstufen benötigen, stellt sich die Frage, wie wir die Näherungen für die erste Zeitstufe erhalten.

Um die Werte der ersten Zeitstufe zu berechnen, verwenden wir die Anfangsbedingung

$$z_t(x,0) = 0, \quad x \in [0,1].$$

Wir nähern die erste partielle Ableitung mit den zentralen Differenzenquotienten an:

$$z_t(x_{i-1}, t_0) \approx \frac{z_{i-1,1} - z_{i-1,-1}}{2\Delta t} = 0,$$

und erhalten daraus die Beziehung

$$z_{i-1,-1} = z_{i-1,1}.$$

Wir setzen dies in die Differenzengleichung ein und erhalten

$$z_{i-1,1} = 2(1-\alpha^2)z_{i-1,0} + \alpha^2 \left(z_{i,0} + z_{i-2,0}\right) - z_{i-1,-1}$$

$$z_{i-1,1} = 2(1-\alpha^2)z_{i-1,0} + \alpha^2 \left(z_{i,0} + z_{i-2,0}\right) - z_{i-1,1}$$

$$2z_{i-1,1} = 2(1-\alpha^2)z_{i-1,0} + \alpha^2 \left(z_{i,0} + z_{i-2,0}\right)$$

$$z_{i-1,1} = (1 - \alpha^2)z_{i-1,0} + \frac{\alpha^2}{2}\left(z_{i,0} + z_{i-2,0}\right)$$

zur Berechnung der Werte der ersten Zeitstufe.

b) Implementierung in MATLAB:

```
dx=0.1;
dt=0.002;
xa=0;
xb=1;
ta=0;
tb=1;
Nx=(xb-xa)/dx+1;
Nt=(tb-ta)/dt+1;
alpha=dt/dx;
Z=zeros(Nt,Nx);
i=0:Nx-1;
Z(1,:)=sin(i*dx);
for i=2:Nx-1
    Z(2,i)=(1-alpha^2)*Z(1,i)+alpha^2/2*(Z(1,i+1)+Z(1,i-1));
end
for k=3:Nt
    for i=2:Nx-1
        Z(k,i)=2*(1-alpha^2)*Z(k-1,i)+alpha^2*(Z(k-1,i+1)+Z(k-1,i-1))-Z(k-2,i
            );
    end
end
mesh(xa:dx:xb,ta:dt:tb,Z)
colormap('winter')
xlabel('x')
ylabel('t')
zlabel('z')
```

c) Für unsere Differenzengleichung muss gelten:

$$\frac{\Delta t}{\Delta x} \leq 1$$

Wenn $\Delta t = 0.2$ und $\Delta x = 0.1$ gewählt wird, ist diese Bedingung nicht erfüllt und das Verfahren ist instabil.

6.9

a)

$$f(x_{i-1}, y_{k-1}) = \frac{1}{h^2}\left(4u_{i-1,k-1} - u_{i,k-1} - u_{i-2,k-1} - u_{i-1,k} - u_{i-1,k-2}\right)$$

b)

$$9\begin{pmatrix} 4 & -1 & -1 & 0 \\ -1 & 4 & 0 & -1 \\ -1 & 0 & 4 & -1 \\ 0 & -1 & -1 & 4 \end{pmatrix}\begin{pmatrix} u_{1,1} \\ u_{1,2} \\ u_{2,1} \\ u_{2,2} \end{pmatrix} = \begin{pmatrix} f(x_1, y_1) + 9(u_{0,1} + u_{1,0}) \\ f(x_1, y_2) + 9(u_{0,2} + u_{1,3}) \\ f(x_2, y_1) + 9(u_{3,1} + u_{2,0}) \\ f(x_2, y_2) + 9(u_{3,2} + u_{2,3}) \end{pmatrix}$$

c)

```
A=9*[4 -1 -1 0; -1 4 0 -1; -1 0 4 -1; 0 -1 -1 4]
c=[3/2*pi^2;3/2*pi^2;3/2*pi^2;3/2*pi^2];
u=linsolve(A,c)
```

d) Ergebnis als 3-D-Plot:

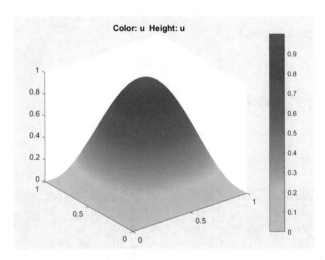

Abb. A.15: Numerische Lösung des Randwertproblems (PDE Modeler)

6.10

a)

$$\frac{dB_1}{dt} = a_1 B_1 - b_1 B_1 R$$
$$\frac{dB_2}{dt} = a_2 B_2 - b_2 B_2 R$$
$$\frac{dR}{dt} = -a_3 R + b_1 B_1 R + b_2 B_2 R$$

b)

$$a_1 B_1 - b_1 B_1 R = 0 \Leftrightarrow B_1 (a_1 - b_1 R) = 0$$
$$a_2 B_2 - b_2 B_2 R = 0 \Leftrightarrow B_2 (a_2 - b_2 R) = 0$$
$$-a_3 R + b_1 B_1 R + b_2 B_2 R = 0 \Leftrightarrow R(-a_3 + b_1 B_1 + b_2 B_2) = 0$$

$$B_1 = 0 \vee R = \frac{a_1}{b_1}$$

$$B_2 = 0 \vee R = \frac{a_2}{b_2}$$

$$R = 0 \vee -a_3 + b_1 B_1 + b_2 B_2 = 0$$

1. Gleichgewichtspunkt:

$$B_1 = B_2 = R = 0$$

2. Gleichgewichtspunkt:

$$B_1 = \frac{a_3}{b_1}, \ B_2 = 0, \ R = \frac{a_1}{b_1}$$

3. Gleichgewichtspunkt:

$$B_1 = 0, \ B_2 = \frac{a_3}{b_2}, \ R = \frac{a_2}{b_2}$$

c)

```
[t,y]=ode45(@raeubermitzweibeuten,[0 1500],[50 50 20]);
plot(t,y)
legend('Beute 1','Beute 2','Raeuber')
xlabel('Zeit in Jahren')
ylabel('Raeuber/Beute')
plot(y(:,2),y(:,3))
xlabel('Beute 2')
ylabel('Raeuber')
```

```
function dydt=raeubermitzweibeuten(t,y)
dydt=[0.05*y(1)-0.002*y(1)*y(3);
    0.03*y(2)-0.001*y(2)*y(3);
    -0.02*y(3)+0.002*y(1)*y(3)+0.001*y(2)*y(3)];
```

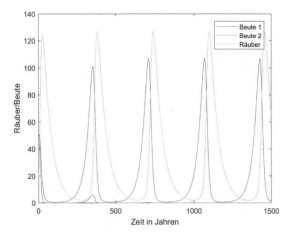

Abb. A.16: Ein Räuber mit zwei Beuten – Ergebnis

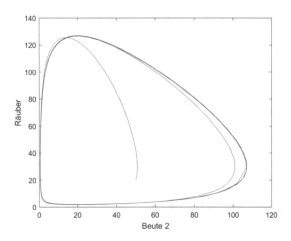

Abb. A.17: Ein Räuber mit zwei Beuten – Phasendiagramm

Langfristig überleben die Räuber und die Beutetiere 2.

Der Gleichgewichtspunkt ist bei

$$B_1 = 0,\ B_2 = \frac{a_3}{b_2} = \frac{0.02}{0.001} = 20,\ R = \frac{a_2}{b_2} = \frac{0.03}{0.001} = 30.$$

6.11

a)

```
function dy=SIRModell(t,y,a,b)
    dy=zeros(3,1);
    dy(1)=-a*y(1)*y(2);
    dy(2)=a*y(1)*y(2)-b*y(2);
    dy(3)=b*y(2);
```

b)

```
a=0.005;
b=0.5;
[t,y]=ode45(@(t,y) SIRModell(t,y,a,b),[0 13],[762 1 0]);
plot(t,y(:,1),'b',t,y(:,2),'r',t,y(:,3),'g')
xlabel('Tag')
ylabel('Anzahl Jungen')
legend('S','I','R')
```

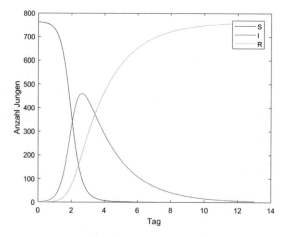

Abb. A.18: Ergebnisse des SIR-Modells mit $a = 0.005\,\mathrm{d}^{-1}$ und $b = 0.5\,\mathrm{d}^{-1}$

c)

	A	B
1	Tag	I
2	0	1
3	1	3
4	2	25
5	3	72
6	4	222
7	5	292
8	6	256
9	7	233
10	8	189
11	9	123
12	10	70
13	11	25
14	12	11
15	13	4
16		

Abb. A.19: Daten in Excel-Tabelle

d)

```
data=readtable('datenSIR.xlsx');
td=data.Tag;
Id=data.I;
plot(td,Id,'r*')
xlabel('Tag')
ylabel('Anzahl Jungen')
legend('Id')
```

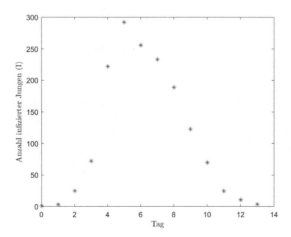

Abb. A.20: Anzahl infizierter Jungen

e)

```
function z=zielfkt(x,Id)
    [t,y]=ode45(@(t,y) SIRModell(t,y,x(1),x(2)),0:1:13,[762 1 0]);
    z=sum((y(:,2)-Id).^2);
```

f)

```
x=fminsearch(@(x) zielfkt(x,Id),[0 0])
```

g)

```
[t,y]=ode45(@(t,y) SIRModell(t,y,x(1),x(2)),[0 30],[762 1 0]);
plot(t,y(:,1),'b',t,y(:,2),'r',t,y(:,3),'g',td,Id,'r*')
xlabel('Tag')
ylabel('Anzahl Jungen')
legend('S','I','R')
```

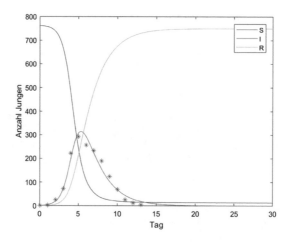

Abb. A.21: Ergebnisse der Optimierung

h)   Ab dem 20. Tag nach Ausbruch der Infektion, da dann laut Modell $I < 1$.

A.6 Lösungen zu Kapitel 7

7.1 Lösung im Video.

7.2

a)

```
model wechselstromnetzwerk_BSP04_09_Text
  parameter Real R1=20;
  parameter Real R2=20;
  parameter Real L1=10;
  parameter Real L2=10;
  parameter Real U0=5;
  parameter Real Omega0=2;
  Real I1(start=0);
  Real I2(start=0);
  Real I3(start=0);
equation
  I1=I2+I3;
  R1*I1+R2*I2+L1*der(I1)=U0*cos(Omega0*time);
  L2*der(I3)-R2*I2=0;
end wechselstromnetzwerk_BSP04_09_Text;
```

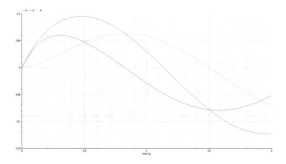

Abb. A.22: Simulationsergebnisse für Bsp. 4.9

```
model wechselstromnetzwerk_A04_04_Text
  parameter Real R1=20;
  parameter Real R2=10;
  parameter Real L=5;
  parameter Real U0=10;
  parameter Real Omega0=2;
  Real I1(start=0);
  Real I2(start=0);
  Real I3(start=0);
equation
  I1=I2+I3;
  R1*I1+L*der(I3)=U0*sin(Omega0*time);
  R2*I2-L*der(I3)=0;
end wechselstromnetzwerk_A04_04_Text;
```

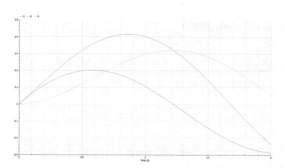

Abb. A.23: Simulationsergebnisse für Aufg. 4.4

b)

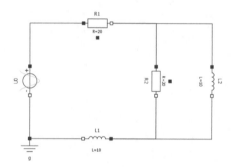

Abb. A.24: Grafische Modellierung des Wechselstromnetzwerkes in Bsp. 4.9

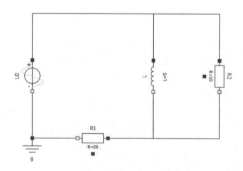

Abb. A.25: Grafische Modellierung des Wechselstromnetzwerkes in Aufg. 4.4

7.3

a)

```
model bakterium_temp
  parameter Real YXN = 6.383 "Ausbeute an g Biomasse pro g Stickstoff";
  parameter Real YXS = 0.113 "Ausbeute an g Biomasse pro g Kohlenstoff";
  parameter Real mS = 0.000050833 "Aufrechterhaltungskoeffizient";
  parameter Real kP = 0.000003806 "Maximale spezifische Produktionsrate";
  parameter Real X0 = 0.057 "Biomassekonzentration bei t=0";
  parameter Real N0 = 0.25 "Stickstoffkonzentration bei t=0";
  parameter Real S0 = 40 "Kohlenstoffkonzentration bei t=0";
  parameter Real P0 = 0 "Xanthankonzentration bei t=0";
  parameter Real a = 0.0003741 "Steigung der Regressionsgerade";
  parameter Real T0 = 6.867 "konzeptionelle Temperatur";
  parameter Real T = 28 "Temperatur in Grad Celsius";
  Real X(start = X0) "Biomassekonzentration";
  Real N(start = N0) "Stickstoffkonzentration";
  Real S(start = S0) "Kohlenstoffkonzentration";
  Real P(start = P0) "Xanthankonzentration";
  parameter Real muX=(a*(T-T0))^2 "Maximale spezifische Wachstumsrate";
equation
  der(X)=muX*X*(1-X/(N0*YXN+X0));
  der(N)=-1/YXN*der(X);
  der(S)=(-1/YXS*der(X))-mS*X;
  der(P)=kP*S*X;
end bakterium_temp;
```

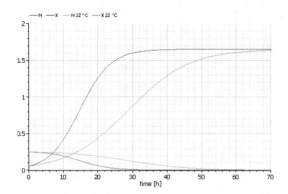

Abb. A.26: Ergebnis Aufg. 7.3 a) Stickstoff (N) und Biomasse (X) bei 22 °C

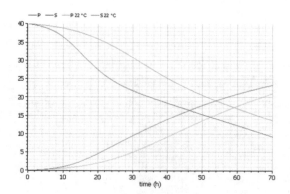

Abb. A.27: Ergebnis Aufg. 7.3 a) Kohlenstoff (S) und Xanthan (P) bei 22 °C

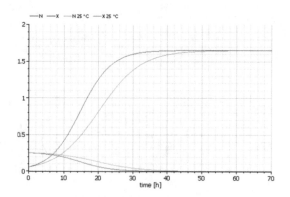

Abb. A.28: Ergebnis Aufg. 7.3 a) Stickstoff (N) und Biomasse (X) bei 25 °C

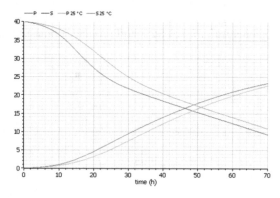

Abb. A.29: Ergebnis Aufg. 7.3 a) Kohlenstoff (S) und Xanthan (P) bei 25 °C

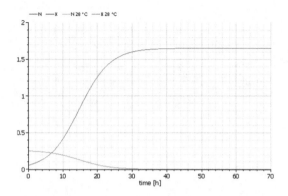

Abb. A.30: Ergebnis Aufg. 7.3 a) Stickstoff (N) und Biomasse (X) bei 28 °C

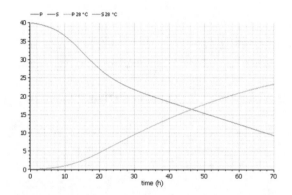

Abb. A.31: Ergebnis Aufg. 7.3 a) Kohlenstoff (S) und Xanthan (P) bei 28 °C

b)

```
model bakterium_temp2
  parameter Real YXN = 6.383 "Ausbeute an g Biomasse pro g Stickstoff";
  parameter Real YXS = 0.113 "Ausbeute an g Biomasse pro g Kohlenstoff";
  parameter Real mS = 0.000050833 "Aufrechterhaltungskoeffizient";
  parameter Real kP = 0.000003806 "Maximale spezifische Produktionsrate";
  parameter Real X0 = 0.057 "Biomassekonzentration bei t=0";
  parameter Real N0 = 0.25 "Stickstoffkonzentration bei t=0";
  parameter Real S0 = 40 "Kohlenstoffkonzentration bei t=0";
  parameter Real P0 = 0 "Xanthankonzentration bei t=0";
  parameter Real a = 0.000525 "Regressiosnkoeffizient";
  parameter Real b= 0.11 "Regressiosnkoeffizient";
  parameter Real Tmin = 6.867 "Temperatur, unter der kein Wachstum mehr
      moeglich ist";
  parameter Real Tmax = 39 "Temperatur, ab der kein Wachstum mehr moeglich
      ist";
  parameter Real T = 28 "Temperatur in Grad Celsius";
  Real X(start = X0) "Biomassekonzentration";
  Real N(start = N0) "Stickstoffkonzentration";
```

```
Real S(start = S0) "Kohlenstoffkonzentration";
Real P(start = P0) "Xanthankonzentration";
parameter Real muX=(a*(T-Tmin)*(1-exp(b*(T-Tmax))))^2 "Maximale
    spezifische Wachstumsrate";
equation
der(X)=muX*X*(1-X/(N0*YXN+X0));
der(N)=-1 /YXN*der(X);
der(S)=(-1/YXS*der(X))-mS*X;
der(P)=kP*S*X;
end bakterium_temp2;
```

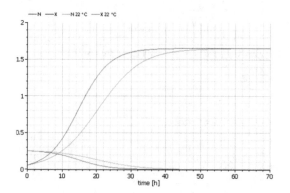

Abb. A.32: Ergebnis Aufg. 7.3 b) Stickstoff (N) und Biomasse (X) bei 22 °C

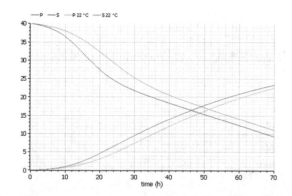

Abb. A.33: Ergebnis Aufg. 7.3 b) Kohlenstoff (S) und Xanthan (P) bei 22 °C

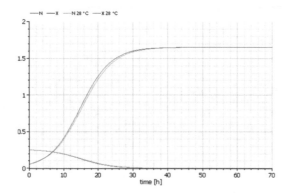

Abb. A.34: Ergebnis Aufg. 7.3 b) Stickstoff (N) und Biomasse (X) bei 28 °C

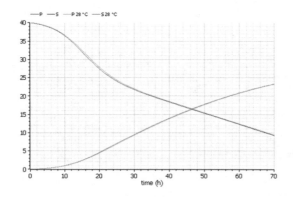

Abb. A.35: Ergebnis Aufg. 7.3 b) Kohlenstoff (S) und Xanthan (P) bei 28 °C

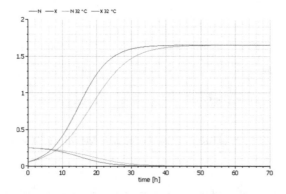

Abb. A.36: Ergebnis Aufg. 7.3 b) Stickstoff (N) und Biomasse (X) bei 32 °C

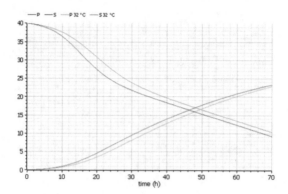

Abb. A.37: Ergebnis Aufg. 7.3 b) Kohlenstoff (S) und Xanthan (P) bei 32 °C

7.4

a)

```
model SISModell
//S->I->S (Stoppzeit=900.000 sec = 250 h)
  parameter Real a=0.00015/3600; //Infektionsrate pro sec a=0.00015 1/h
  parameter Real b=0.1/3600; //Heilungsrate pro sec b=0.1 1/h
  Real S(start=990); //Infizierbare Personen
  Real I(start=10); //Infizierte Personen
equation
  der(S)=-a*S*I+b*I;
  der(I)=a*S*I-b*I;
end SISModell;
```

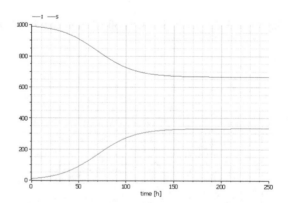

Abb. A.38: Simulationsergebnis des SIS-Modells (Aufg. 7.4 a))

Die Infektion bleibt erhalten und konvergiert gegen den Gleichgewichtspunkt $S = 666.\overline{6}$ und $I = 333.\overline{3}$.

b)

```
model SISModell
//S->I->S (Stoppzeit=180.000 sec = 50 h)
  parameter Real a=0.00015/3600; //Infektionsrate pro sec a=0.00015 1/h
  parameter Real b=0.2/3600; //Heilungsrate pro sec b=0.1 1/h
  Real S(start=990); //Infizierbare Personen
  Real I(start=10); //Infizierte Personen
equation
  der(S)=-a*S*I+b*I;
  der(I)=a*S*I-b*I;
end SISModell;
```

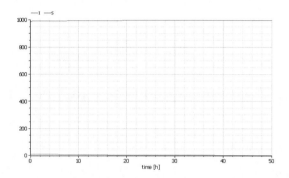

Abb. A.39: Simulationsergebnis des SIS-Modells (Aufg. 7.4 b))

Die Infektion stirbt nach wenigen Stunden aus.

c) SIR-Modell:

$$\frac{dS}{dt} = -aSI$$

$$\frac{dI}{dt} = aSI - bI$$

$$\frac{dR}{dt} = bI$$

$$S(0) = S_0,\ I(0) = I_0,\ R(0) = R_0$$

d)

```
model SIRModell
//S->I->R (Stoppzeit =900.000 sec = 250 h)
  parameter Real a=0.00015/3600; //Infektionsrate pro sec a=0.00015 1/h
  parameter Real b=0.1/3600; //Heilungsrate pro sec b=0.1 1/h
  Real S(start=990); //Infizierbare Personen
  Real I(start=10); //Infizierte Personen
  Real R(start=0); //Immune Personen
equation
  der(S)=-a*S*I;
  der(I)=a*S*I-b*I;
```

```
   der(R)=b*I;
end SIRModell;
```

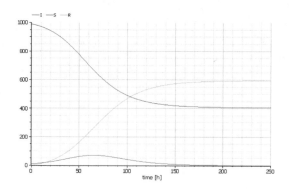

Abb. A.40: Simulationsergebnis des SIR-Modells (Aufg. 7.4 d))

Die Infektion stirbt aus.

e) SIRS-Modell:

$$\frac{dS}{dt} = -aSI + cR$$

$$\frac{dI}{dt} = aSI - bI$$

$$\frac{dR}{dt} = bI - cR$$

$$S(0) = S_0,\ I(0) = I_0,\ R(0) = R_0$$

f)

```
model SIRSModell
//S->I->R->S (Stoppzeit =900.000 sec = 250 h)
  parameter Real a=0.00015/3600; //Infektionsrate pro sec a=0.00015 1/h
  parameter Real b=0.1/3600; //Heilungsrate pro sec b=0.1 1/h
  parameter Real c=0.15/3600; //Immunverlustrate pro sec c=0.15 1/h
  Real S(start=990); //Infizierbare Personen
  Real I(start=10); //Infizierte Personen
  Real R(start=0); //Immune Personen
equation
  der(S)=-a*S*I+c*R;
  der(I)=a*S*I-b*I;
  der(R)=b*I-c*R;
end SIRSModell;
```

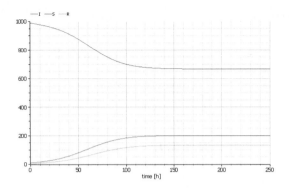

Abb. A.41: Simulationsergebnis des SIRS-Modells (Aufg. 7.4 f))

Die Infektion bleibt erhalten und konvergiert gegen den Gleichgewichtspunkt $S = 666.\overline{6}$, $I = 200$ und $R = 133.\overline{3}$.

g)

```
model SIRSModell
//S->I->R->S (Stoppzeit =900.000 sec = 250 h)
  parameter Real a=0.00015/3600; //Infektionsrate pro sec a=0.00015 1/h
  parameter Real b=0.2/3600; //Heilungsrate pro sec b=0.1 1/h
  parameter Real c=0.15/3600; //Immunverlustrate pro sec c=0.15 1/h
  Real S(start=990); //Infizierbare Personen
  Real I(start=10); //Infizierte Personen
  Real R(start=0); //Immune Personen
equation
  der(S)=-a*S*I+c*R;
  der(I)=a*S*I-b*I;
  der(R)=b*I-c*R;
end SIRSModell;
```

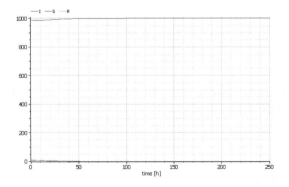

Abb. A.42: Simulationsergebnis des SIRS-Modells (Aufg. 7.4 g))

Die Infektion stirbt nach wenigen Stunden aus.

h) SIR-Modell (Endemie):

$$\frac{dS}{dt} = -aSI + d(S + I + R) - dS$$

$$\frac{dI}{dt} = aSI - bI - dI$$

$$\frac{dR}{dt} = bI - dR$$

$$S(0) = S_0, \ I(0) = I_0, \ R(0) = R_0$$

i)

```
model SIRModellEndemie
//S->I->R (Stoppzeit =864.000.000 sec = 10.0000 d)
  parameter Real a=0.00002/3600; //Infektionsrate pro sec a=0.00002 1/h
  parameter Real b=0.01/3600; //Heilungsrate pro sec b=0.01 1/h
  parameter Real d=0.00005/3600; //Sterbe- und Geburtenrate d=0.00005 1/h
  Real S(start=990); //Infizierbare Personen
  Real I(start=10); //Infizierte Personen
  Real R(start=0); //Immune Personen
equation
  der(S)=-a*S*I+d*(S+I+R)-d*S;
  der(I)=a*S*I-b*I-d*I;
  der(R)=b*I-d*R;
end SIRModellEndemie;
```

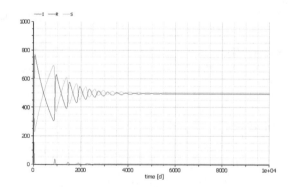

Abb. A.43: Simulationsergebnis des SIR-Modells für den Fall der Endemie
(Aufg. 7.4 i))

Nach etwa 6220 Tagen stellt sich der stationäre Zustand $S = 502.5$, $I = 2.48$ und $R = 497.02$ ein.

j) SIR-Modell (Endemie mit Impfung):

$$\frac{dS}{dt} = -aSI + dq(S+I+R) - dS$$

$$\frac{dI}{dt} = aSI - bI - dI$$

$$\frac{dR}{dt} = bI - dR + dp(S+I+R)$$

$$S(0) = S_0, \ I(0) = I_0, \ R(0) = R_0$$

k)

```
model SIRModellEndemieImpfung
//S->I->R (Stoppzeit =864.000.000 sec = 10.0000 d)
  parameter Real a=0.00002/3600; //Infektionsrate pro sec a=0.00002 1/h
   parameter Real b=0.01/3600; //Heilungsrate pro sec b=0.01 1/h
  parameter Real d=0.00005/3600; //Sterbe- und Geburtenrate d=0.00005 1/h
  parameter Real p=0.9; //Anteil der geimpften Neugeborenen
  parameter Real q=1-p; //Anteil der nicht geimpften Neugeborenen
  Real S(start=990); //Infizierbare Personen
  Real I(start=10); //Infizierte Personen
  Real R(start=0); //Immune Personen
equation
  der(S)=-a*S*I+d*q*(S+R+I)-d*S;
  der(I)=a*S*I-b*I-d*I;
  der(R)=b*I-d*R+d*p*(S+R+I);
end SIRModellEndemieImpfung;
```

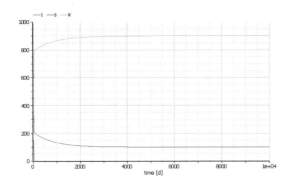

Abb. A.44: Simulationsergebnis des SIR-Modells für den Fall der Endemie mit Impfung (Aufg. 7.4 k))

l) Durch die Impfung ist die Infektion nach etwa 150 Tagen ausgestorben und die Werte für die infizierbaren und immunen Individuen streben geben $S = q \cdot 1000 = 100$ und $R = p \cdot 1000 = 900$. Ohne Impfung bleibt die Infektion erhalten.

A.7 Lösungen zu Kapitel 8

8.1

```
function [U,A]=umfangFlaecheKreis(r)
    U=2*pi*r;
    A=pi^2*r;
```

```
[U1,A1]=umfangFlaecheKreis(5)
[U2,A2]=umfangFlaecheKreis(8)
```

Ausgabe:
U1 = 31.4159
A1 = 49.3480
U2 = 50.2655
A2 = 78.9568

8.2

```
function [U,A]=umfangFlaeche(r,typ)
    if typ=='k'
        U=2*pi*r;
        A=pi^2*r;
    elseif typ=='q'
        U=4*r;
        A=r^2;
    elseif typ=='d'
        U=3*r;
        A=sqrt(3)/4*r^2;
    else
        error('Sie haben keinen gueltigen Typ eingegeben!')
    end
```

```
[Uk,Ak]=umfangFlaeche(5,'k')
[Uq,Aq]=umfangFlaeche(5,'q')
[Ud,Ad]=umfangFlaeche(5,'d')
[Ur,Ar]=umfangFlaeche(5,'r')
```

Ausgabe:
Uk = 31.4159
Ak = 49.3480
Uq = 20
Aq = 25
Ud = 15
Ad = 10.8253
Error using umfangFlaeche (line 12)
Sie haben keinen gueltigen Typ eingegeben!

8.3

```
function [mmax,idxz,idxs]=matrixmax(M)
    mmax=-inf;
    for i=1:size(M,1)
```

```
        for j=1:size(M,2)
            if M(i,j)>mmax
                mmax=M(i,j);
                idxz=i;
                idxs=j;
            end
        end
    end
```

```
M=[2 3 1 7; 4 5 9 10; 65 3 41 9; 101 4 2 17; 5 1 22 91]
[mmax,idxz,idxs]=matrixmax(M)
```

Ausgabe:

M =

2	3	1	7
4	5	9	10
65	3	41	9
101	4	2	17
5	1	22	91

mmax = 101

idxz = 4

idxs = 1

8.4

```
syms x
f=sin(2*x)+cos(x)^2;
wb=[-10 10];
df=diff(f,x)
fplot(f,wb,'color','r');
hold on
fplot(df,wb,'color','g','LineStyle','--');
hold off
xlabel('x')
ylabel('f')
legend('f','Ableitung von f','Location','southeast','Orientation',
    'horizontal')
title('Plot der Funktion und der Ableitung')
```

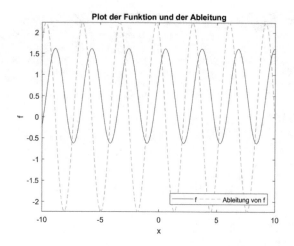

Abb. A.45: Ergebnis von Aufg. 8.4

8.5

```
function F=fibonacci(n)
    F=ones(1,n);
    for i=3:n
        F(i)=F(i-2)+F(i-1);
    end
```

```
n=20;
F=fibonacci(n);
for i=1:n-1
    FQ(i)=F(i+1)/F(i);
end
plot(1:1:n-1,FQ,'LineStyle','none','Marker','o','MarkerEdgeColor','b',
    'MarkerFaceColor','b')
hold on
plot([0 n],[1 1]*(1+sqrt(5))/2,'g--','LineWidth',1.5)
hold off
xlabel('n')
ylabel('a_n')
legend('Goldene Zahl','Quotient Fibonacci-Zahlen')
```

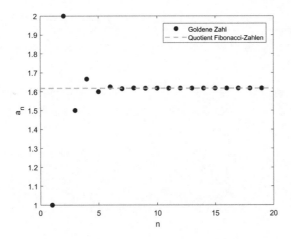

Abb. A.46: Ergebnis von Aufg. 8.5

8.6

```
syms x
expand((3*(x-1)*(x-2)^3)/((x-5)*(x+1)^2))
p=-3*x^4+21*x^3-54*x^2+60*x-24;
q=-x^3+3*x^2+9*x+5;
f=p/q;
```

a)

```
fs=subs(f,x,-5)
```

b)

```
DL=solve(q,x)
```

c)

```
N=solve(p,x)
```

d)

```
gl1=limit(f,x,-1,'left')
gr1=limit(f,x,-1,'right')
gl2=limit(f,x,5,'left')
gr2=limit(f,x,5,'right')
```

e)

```
I=int(f,x,0,4)
Ie=eval(I)
```

f)

```
A=abs(int(f,x,0,1))+abs(int(f,x,1,2))+abs(int(f,x,2,4))
Ae=eval(A)
```

g)

```
limInfPos=limit(f,x,inf)
limInfNeg=limit(f,x,-inf)
```

h)

```
fplot(f,[-10 10])
ylim([-100 100])
xlabel('x')
ylabel('f(x)')
grid on
```

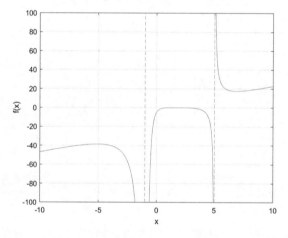

Abb. A.47: Ergebnis von Aufg. 8.6 h)

8.7

```
A=diag(1:1:5)
B=A;
B(1:2,4:5)=ones(2,2)
C=A+diag(1:1:4,1)+diag(1:1:4,-1)
D=[zeros(1,5); C; zeros(1,5)]
E=[ones(7,1) D ones(7,1)]
```

8.8

```
A=[1 1 1; 1 2 4; 1 3 9];
c=[0;5;12];
x=A\c
```

Ausgabe:

x =

   -3

   2

   1

8.9

```
a[r_]:=Pi*r^2
u[r_]:=2*Pi*r
r=5;
Print["Der Flaecheninhalt betraegt "]
Evaluate[a[r]]
Print["Der Umfang betraegt "]
Evaluate[u[r]]
```

Es erscheint die Ausgabe:

```
Der Flaecheninhalt betraegt

25*Pi

Der Umfang betraegt

10*Pi
```

Wenn Ihnen eine numerische Ergebnisausgabe lieber ist, können Sie auch jeweils
N[a[r]] und N[u[r]] mit Angabe der gewünschten Genauigkeit verwenden.

8.10 Eingabe:

```
Solve[{3*x-y+6*z==4,x+y+z==0,4*x-5*y-7*z==3},{x,y,z}]
```

Ergebnisausgabe:

```
{{x -> 29/71, y -> -(53/71), z -> 24/71}}
```

8.11 Eingabe:

```
FullSimplify[D[E^E^x,{x,5}]]
```

Ergebnis:

$$e^{e^x+x}\left(1+e^x\left(15+e^x(5+e^x)^2\right)\right)$$

8.12 Eingabe:

```
For[n=1,n<=100,n++,Print[{n,Sqrt[n],N[Sqrt[n],6]}]]
```

8.13

```
StepIncrements[n_]:=Table[(-1)^Random[Integer],{n}]
W1D[n_]:=FoldList[Plus, 0, StepIncrements[n]]
W1D[150]
```

Lösung: Es handelt sich um einen 150-schrittigen eindimensionalen Random Walk, d. h., man startet im Nullpunkt auf der reellen Achse. Dann hüpft man jeweils einen Schritt nach links oder rechts mit jeweils Wahrscheinlichkeit 0.5. Das Ergebnis kann z. B. so aussehen:

```
{0,  1,  0,  1,  2,  1,  2,  1,  0,  -1,  -2,  -3,  -4,  -3,  -4,  -3,  -2,  -3,
 -4,  -3,  -2,  -3,  -2,  -1,  -2,  -3,  -4,  -5,  -6,  -5,  -4,  -3,  -2,  -1,
 0,  -1,  -2,  -1,  -2,  -1,  0,  1,  2,  1,  0,  -1,  -2,  -3,  -2,  -3,  -4,
 -5,  -4,  -3,  -4,  -3,  -4,  -3,  -4,  -3,  -2,  -1,  -2,  -3,  -2,  -1,  -2,
 -3,  -4,  -3,  -2,  -1,  -2,  -3,  -2,  -3,  -2,  -1,  0,  1,  0,  -1,  -2,
 -3,-4,  -5,  -6,  -7,  -6,  -5,  -4,  -3,  -4,  -3,  -2,  -1,  -2,  -1,
 -2,  -3,  -4,  -5,  -4,  -5,  -4,  -3,  -2,  -3,  -4,  -5,  -6,  -7,  -8,  -9,
 -8,  -9,  -10,  -9,  -8,  -7,  -8,  -9,  -10,  -9,  -10,  -11,  -12,  -11,
 -12,  -11,  -10,  -11,  -10,  -9,  -8,  -9,  -10,  -11,  -10,  -9,  -8,  -9,
 -8,  -9,  -8,  -7,  -6,  -7,  -6,  -7,  -6}
```

8.14 Eingabe:

```
For[a=1,a<=9,a++,For[b=0,b<= 9,b++,For[c=0,c<=9,c++,
    If[100*a+10*b+c==a^3+b^3+c^3,Print[100*a+10*b+c]]]]]
```

Es ergeben sich vier Lösungen:

```
153

370

371

407
```

8.15 Lösung im Video.

Sachverzeichnis

© Springer-Verlag GmbH Deutschland, ein Teil von Springer Nature 2019
T. Imkamp und S. Proß, *Differentialgleichungen für Einsteiger*,
https://doi.org/10.1007/978-3-662-59831-3

417

Sabrina Proß
Thorsten Imkamp

Brückenkurs Mathematik für den Studieneinstieg

Grundlagen, Beispiele, Übungsaufgaben

Printed in the United States
By Bookmasters